21世纪高等学校系列教材

电力线路金具基础与应用

主编 李光辉 王 伟

编写 汪 理 刘 民 张 进

主审 刘树堂

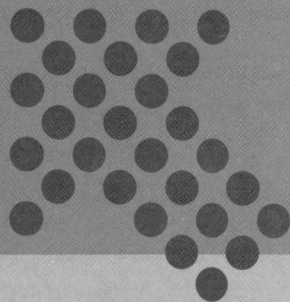

中国电力出版社
CHINA ELECTRIC POWER PRESS

内 容 提 要

本书系统地阐述了电力线路用悬吊、锚固、连接、保护、接续金具，架空线路用预绞式金具、光缆金具、架空绝缘导线金具等电力线路用其他金具，以及发电厂、变电站用金具的品种、结构性能、使用范围与要求等。此外，还简要介绍了与电力金具密切相关的绝缘子的基本类型、绝缘子串组装技术，以及绝缘子的性能分析及其运行与维护等。

本书既可作为高等院校及职业技术学院输电线路工程专业及相关专业的电力金具和绝缘子的教学教材，还可作为线路施工、线路运行管理及电力线路设计、管理人员的日常工作参考书。

图书在版编目（CIP）数据

电力线路金具基础与应用/李光辉，王伟主编. —北京：中国电力出版社，2014.9（2023.1重印）
21世纪高等学校规划教材
ISBN 978-7-5123-5599-6

Ⅰ.①电…　Ⅱ.①李…②王…　Ⅲ.①输电线路金具-高等学校-教材　Ⅳ.①TM75

中国版本图书馆 CIP 数据核字（2014）第 035554 号

中国电力出版社出版、发行
（北京市东城区北京站西街 19 号　100005　http://www.cepp.sgcc.com.cn）
北京雁林吉兆印刷有限公司印刷
各地新华书店经售

*

2014 年 9 月第一版　2023 年 1 月北京第四次印刷
787 毫米×1092 毫米　16 开本　17.75 印张　433 千字
定价 **45.00** 元

前　言

　　为了适应国民经济发展和人民生活的需求，我国输电网正朝着特高压、智能化方向发展。新理论、新材料、新工艺也不断应用其中。相应的电力线路金具也在不断地发展和创新。本教材从满足电力工程方向专业的教学要求出发，介绍了电力线路金具的基本原理和应用技术，叙述注重理论和实践相结合，能使读者全面了解和掌握电力线路金具的基础与应用，以适应电力工程中线路金具的设计、施工、检测和科学试验的需求。

　　本书主要介绍悬吊、锚固、连接、保护、接续金具的型号、结构、技术参数和应用，简要叙述这五种金具的基本设计知识和安装、试验的方法，以及电力线路用其他金具和发电厂、变电站用金具的类型及应用。绝缘子是电力系统中使用数量最多的绝缘器件，是构成电力系统不可或缺的。在电力系统中，电力金具必须与绝缘子组合后才能实现机械支撑和对地绝缘。本书将绝缘子作为一个独立的章节呈现给读者，目的在于让读者了解、认识绝缘子在电力系统中的重要性。

　　全书共分九章。第一章简单介绍了电力金具的基础知识，可使读者对电力金具及绝缘子有全面、系统、直观的认识；第二～八章系统阐述了电力线路金具、发电厂和变电站用金具的分类、结构性能；并简要叙述了电力金具的设计基础，以及电力线路金具在运行线路中的应用实景，以比较直观形象地将电力金具呈现给读者。这样不仅可大大提高读者对电力金具的认识和理解能力，也能较好地启迪读者对电力金具工程的设计构思及应用技术水平。第九章介绍了绝缘子的基本类型、结构特点，以及绝缘子串的组装技术等。

　　第一章和第二章由李光辉编写，第三章、第四章和第九章由广西电力职业技术学院王伟编写，第五章由王伟和李光辉共同编写，第六章由三峡大学刘民编写，第七章由广州康大职业技术学院汪理编写，第八章由江西电力职业技术学院张进编写。本书主审为刘树堂教授。

　　本书在编写过程中，参考了一些专家、学者的专著和研究成果，在此表示衷心的感谢！

　　由于编写时间仓促，编者的学术水平和实践经验有限，书中难免存在不妥和疏漏之处，敬请同行专家和广大读者批评指正。

编　者

2014 年 5 月

目　录

第一章　电力金具基础

第一节　电力金具概述

电力线路广泛使用的铁制或铝制金属附件，升压变电站和降压变电站配电装置中的设备与导体、导体与导线、输电线路导线自身的连接及绝缘子连接成串，导线、绝缘子自身的保护等所用金属（铁制或铝制）附件均称为电力金具。

GB/T 2314—2008《电力金具通用技术条件》电力金具定义：连接和组合电力系统中的各类装置，起到传递机械负荷、电气负荷及某种防护作用的金属附件。

电力金具，包括电力线路金具（主要指架空线路金具）、发电厂和变电站用金具等。

一、架空线路金具

用于架空电力线路安装的金属金具，称为架空线路金具，包括架空裸导线用金具和电力线路用其他金具。

（一）架空裸导线用金具

根据架空裸导线用金具的分类及用途可将其分为五类，见表 1-1。这五类架空裸导线用金具部分实物图如图 1-1～图 1-6 所示。

表 1-1　　　　　　　　　　　　架空裸导线用金具的分类及用途

分　类	用　途
悬吊金具（又称支持金具或悬垂线夹）	主要用于架空电力线路或变电站，通过连接金具将导线、避雷线悬挂在绝缘子上或将避雷线悬挂在杆塔上
锚固金具（又称紧固金具或耐张线夹）	用于固定导线，以承受导线张力，并将导线挂至耐张串组或杆塔上，起锚固作用，也用来固定拉线杆塔的拉线
连接金具（又称挂线零件）	用于与球形绝缘子连接，绝缘子串相互间的连接，绝缘子串与杆塔及绝缘子串与其他金具之间的连接
保护金具	对各类电气装置或金具本身起电气性能或机械性能保护作用
接续金具	用于两根导线之间的接续，并能满足导线所具有的机械及电气性能要求，承担与导线相同的电气负荷，大部分接续金具承担导线或避雷线的全部张力

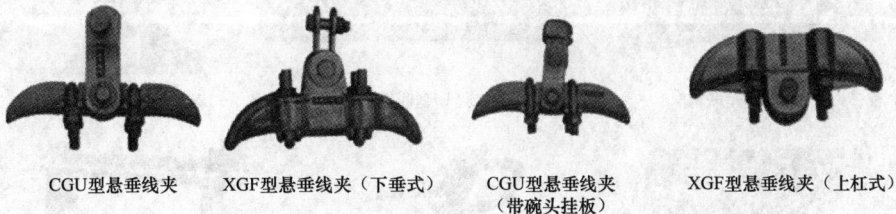

CGU型悬垂线夹　　XGF型悬垂线夹（下垂式）　　CGU型悬垂线夹（带碗头挂板）　　XGF型悬垂线夹（上杠式）

图 1-1　部分悬吊金具（悬垂线夹）实物图（一）

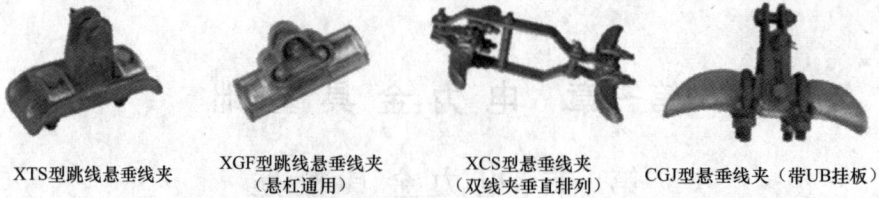

| XTS型跳线悬垂线夹 | XGF型跳线悬垂线夹（悬杠通用） | XCS型悬垂线夹（双线夹垂直排列） | CGJ型悬垂线夹（带UB挂板） |

图 1-1　部分悬吊金具（悬垂线夹）实物图（二）

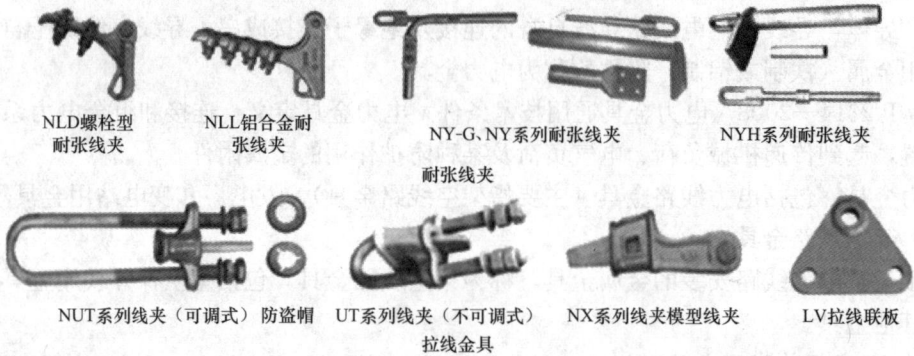

| NLD螺栓型耐张线夹 | NLL铝合金耐张线夹 | NY-G、NY系列耐张线夹　耐张线夹 | NYH系列耐张线夹 |

| NUT系列线夹（可调式）　防盗帽 | UT系列线夹（不可调式）拉线金具 | NX系列线夹模型线夹 | LV拉线联板 |

图 1-2　部分锚固金具（耐张线夹、拉线金具）实物图

| UB直角挂板 | PS型挂板及挂环 | GD型挂点金具 | U型螺栓 | LV型联板 |

| QP、QU型球头挂环 | W、WS型碗头挂板 | YL型拉杆 | 十字联板 |

| DB型（扇形）联板 | QY型牵引板 | PT型调整板 |

| LL型联板 | L型联板 |

| LK型联板 | LJ型联板 | LX型联板 |

| LBD型联板 | DT调整板 | ZJC型支持架 |

图 1-3　部分连接金具（挂线零件）实物图

防振锤　　　重锤　　　预绞丝

FJZ方框阻尼间隔棒　　跳线用间隔棒（500kV线路用）　　双分裂导线用间隔棒　　圆环式均压环　　招弧角（ZXJ型）

三分裂阻尼间隔棒　　六分裂阻尼间隔棒　　八分裂阻尼间隔棒　　FJP型均压屏蔽环（500kV线路用）（一）　　FJP型均压屏蔽环（500kV线路用）（二）

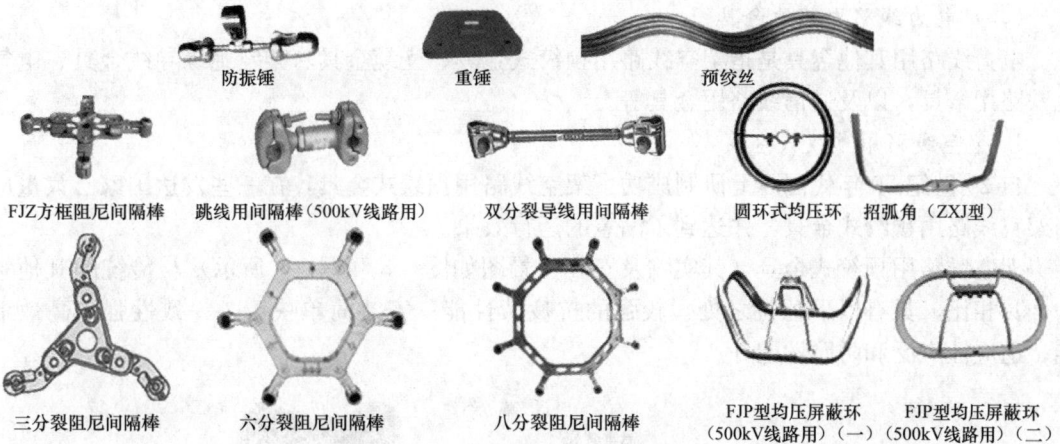

图 1-4　部分保护金具实物图

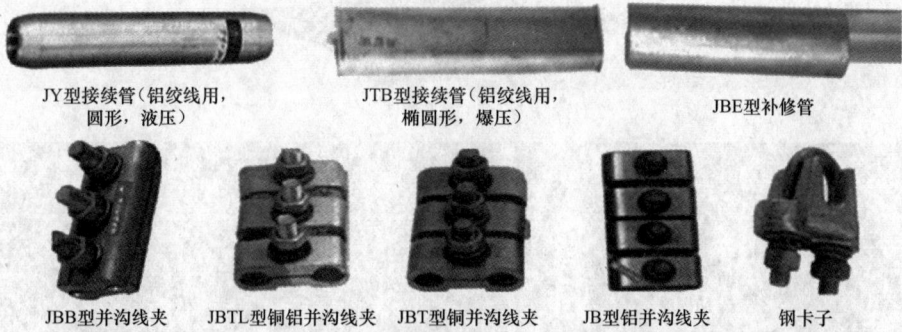

JY型接续管（铝绞线用，圆形，液压）　　JTB型接续管（铝绞线用，椭圆形，爆压）　　JBE型补修管

JBB型并沟线夹　　JBTL型铜铝并沟线夹　　JBT型铜并沟线夹　　JB型铝并沟线夹　　钢卡子

图 1-5　部分接续金具实物图

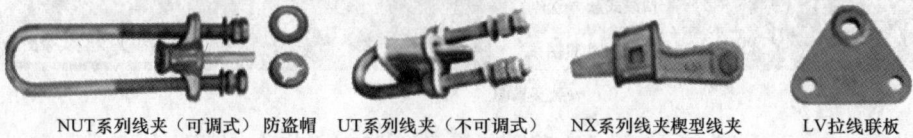

NUT系列线夹（可调式）防盗帽　　UT系列线夹（不可调式）　　NX系列线夹楔型线夹　　LV拉线联板

图 1-6　部分拉线金具实物图

图 1-7 所示为部分线路金具的线路安装实景。

悬垂线夹实物图

图 1-7　不同结构的悬垂线夹在不同电压等级的线路安装实景图

（二）电力线路用其他金具

电力线路用其他金具是指架空线路用预绞式金具、光缆金具、架空绝缘导线金具、电气化铁路用金具，以及通信线路用金具等。

1. 架空线路用预绞式金具

自 20 世纪 50 年代国际上研制成功了架空线路用预绞式金具，在一些发达国家已大量应用架空线路用预绞式金具，并达到了满意的运行效果。

架空线路用预绞式金具（其实物及安装实景图如图 1-8 和图 1-9 所示）与传统的其他结构金具相比，具有以下独特之处：较强的抗疲劳性能；安装简单快捷，一致性强；高效节能；适应性广泛和防腐性能好。

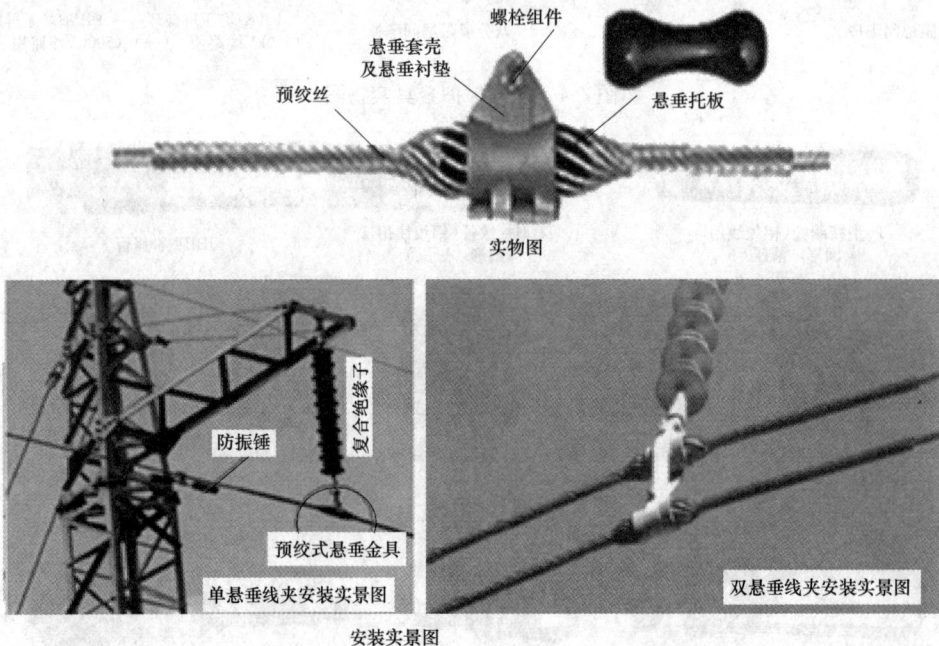

图 1-8　预绞式悬垂线夹实物及在线路中的安装实景图

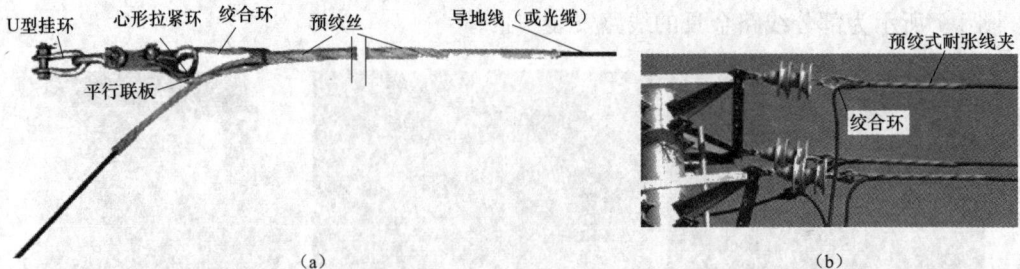

图 1-9　预绞式耐张线夹实物及安装实景图
(a) 实物图；(b) 安装实景图

2. 架空绝缘导线金具

用于架空绝缘导线的金具称为架空绝缘导线金具。它与架空裸导线用线路金具相同，仅在金具外罩有绝缘罩,用以保护线路安全运行。

架空绝缘导线金具也包括绝缘耐张线夹、悬垂线夹、绝缘连接金具等。图1-10所示为架空绝缘导线金具在配电线路中的安装实景。

图1-10 架空绝缘导线金具(如耐张线夹、验电环等)在配电线路中的安装实景图

二、发电厂、变电站用金具

发电厂、变电站用于连接铜线、架空线,以及组合各类母线、配电装置,以传递机械、电气负荷,改善绝缘子串的电压分布,减少或消除电晕现象等用途的金具,称为发电厂、变电站用金具。其部分实物图如图1-11所示。

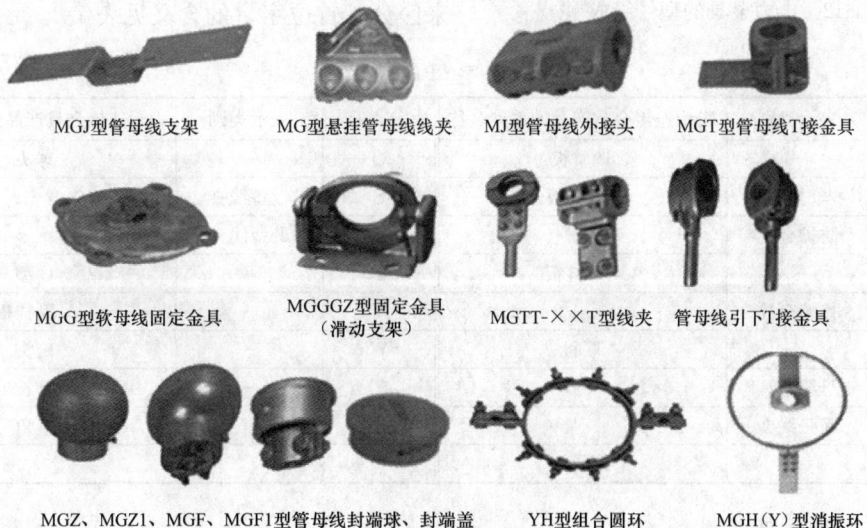

图1-11 部分变电站用金具实物图(一)

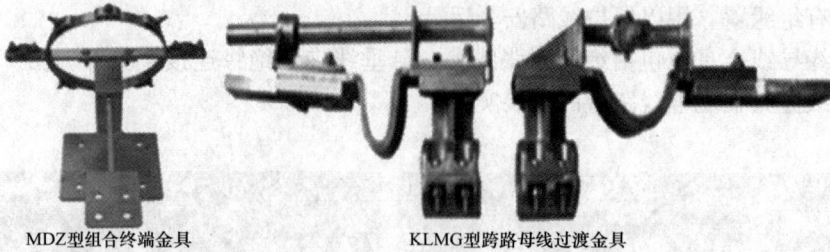

MDZ型组合终端金具　　　　　KLMG型跨路母线过渡金具

图 1-11　部分变电站用金具实物图（二）

第二节　电力金具型号命名方法

一、电力金具型号命名一般要求

（1）电力金具型号一般由汉语拼音字母（简称字母）和阿拉伯数字（简称数字）组成，不使用罗马字母和其他数字。

（2）型号中的字母应采用大写汉语拼音字母，不使用 I 和 O，字母不加角标。

（3）型号中的符号采用星号（＊）、左斜杠（/）、连接符（-）、小数点（.）。

二、电力金具型号的组成

根据 DL/T 683—2010《电力金具产品型号命名方法》，电力金具型号组成如图 1-12 所示。

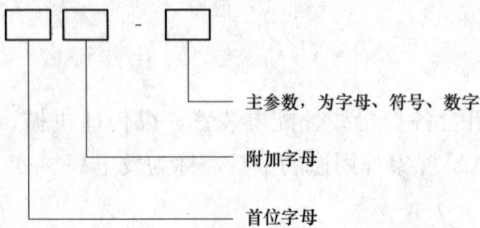

主参数，为字母、符号、数字
附加字母
首位字母

图 1-12　电力金具的型号组成

（一）首位字母

电力金具型号中，首位字母代表类别或连接金具产品的系列名称。当首位字母出现重复时，或需使用字母 I 和 O 时，可选用金具类别或名称的第二个汉字的汉语拼音的第二个字母表示，也可选用其他字母表示，或用附加字母来区分。首位字母的含义见表 1-2。

表 1-2　　　　　　　　　　首 位 字 母 的 含 义

字母	表示类别	表示连接金具产品的系列名称	字母	表示类别	表示连接金具产品的系列名称
D	—	调整板	Q	—	球头
E	—	EB 挂板	S	设备线夹	—
F	防护金具	—	T	T 型线夹	—
G	—	GD 挂板	U	—	U 型
J	接续金具	—	V	—	V 型挂板
L	—	联板	W	—	碗头
M	母线金具	—	Y	—	延长
N	耐张线夹	—	Z	—	直角
P	—	平行			

（二）附加字母

电力金具型号中的附加字母是对首位字母的补充，以区别不同结构、特征和用途，同一字母允许表示不同的含义。一般附加字母的含义见表 1-3（但不限于表 1-3）。

表 1-3 一般附加字母的含义

字　母	代表含义
B	板、爆压、并（沟）、变（电）、避（雷）、包
C	槽（形）、垂（直）、（下、悬）垂
D	倒（装）、单（板、联、线）、导（线）、搭（接）、镀锌、跑（道）
F	方（形）、封（头）、防（晕、盗、振）、覆（铜）
G	固（定）、过（渡）、管（形）、沟、钢、间隔垫
H	护（线）、环、弧、合（金）
J	均（压）、矩（形）、间（隔）、支（架）、加（强）、（预）绞、绝
K	卡（子）、（上）杠、扩（径）
L	螺（栓）、立（放）、拉（杆）、菱（形）、轮（形）、铝
N	耐（热、张）、户（内）
P	平（行、面、放）、屏（蔽）
Q	球（绞）、轻（型）、牵（引）
R	软（线）
S	双（线、联）、三（腿）、伸（缩）、设（备）
T	T（形）、椭（圆）、跳（线）、（可）调
U	U（形）
V	V（形）
W	（户）外
X	楔（形）、悬（垂）、悬（挂）、下（垂）、补（修）
Y	液压、圆（形）、（牵）
Z	组（合）、终（端）、重（锤）、自（阻尼）

（三）主参数

电力金具型号标记组成中，以数字、字母、符号表示主参数。

1. 数字

主参数中的数字采用以下一种或多种组合表示：

（1）表示适用于导线的标称截面积（mm^2）或直径（mm）。

（2）当产品可用于多个标号的导线时，为简化主参数数字，采用组合号代表相应范围导线标称直径。或按不同产品型号单独组合号，见表 1-4。

表 1-4 组　合　号

组合号	导线地线标称直径 D（mm）		组合号	导线地线标称直径 D（mm）	
	用于导线	用于地线		用于导线	用于地线
0	$5.4 \leqslant D < 8.0$	—	6	$30.0 \leqslant D < 35.0$	$20 \leqslant D < 23$
1	$8.0 \leqslant D < 2.0$	$6.4 \leqslant D < 8.6$	7	$35.0 \leqslant D < 39.0$	—
2	$12.0 \leqslant D < 16.0$	$8.6 \leqslant D < 12.0$	8	$39.0 \leqslant D < 45.0$	
3	$16.0 \leqslant D < 18.0$	$12.0 \leqslant D < 14.5$	9	$45.0 \leqslant D < 51.0$	
4	$18 \leqslant D < 22.5$	$14.5 \leqslant D < 17$	10	$51.0 \leqslant D < 70.0$	
5	$22.5 \leqslant D < 30$	$17 \leqslant D < 20$			

（3）表示标称破坏荷载，按 GB/T 2315—2008《电力金具　标称破坏载荷系列及连接型式尺寸》的规定执行。

（4）表示间距（mm、cm）。

（5）表示母线规格（mm、cm）。

（6）表示母线片数及顺序号。

（7）表示承重导线根数和载流导线根数。

（8）表示导线根数。

（9）表示圆杆的直径或长度（mm、cm）。

2. 字母

DL/T 683—2010 指出：电力金具型号中，主参数的字母用于补充的区分标记。其字母的含义：以 A、B、C、D 做区分标记，其含义见表1-5。

表 1-5 区分标记

区分标记字母	区分总长度	区分引流角度	区分附属构件
A	短形	0°	附碗头挂板
B	长形	30°	附 U 型挂板
C		90°	

以字母作为导线标记，导线型号和名称表示方法按 GB/T 1179—2008《圆线同心绞架空导线》执行。

以字母作为区分导线的型号标记，导线的型号和名称表示方法按 GB/T 1179—2008 执行，见表1-6。

表 1-6 导线的型号和名称对应表

型　号	名　称	型　号	名　称
JL	铝绞线	JL/LB1A	铝合金芯铝绞线
JLHA2、JLHA1	铝合金绞线	JLHA2/LB1A、JLHA1/LB1A	铝包钢芯铝绞线
JL/GIA、JLG1A、JL/G2B、JLG3A	钢芯铝绞线	JG1A、JG1B、JG3A	钢绞线
JL/G1AF、JLG2AF、JLG3AF	防腐性钢芯铝绞线	JLB1AJ、LB1B、JLB2	铝包钢绞线
JLHA2G1A、JLHA2/G1B、JLHA2G3A	钢芯铝合金绞线	T	铜绞线
JL/LHA2、JLHA1	钢芯铝合金绞线	K	扩径导线

三、型号命名的管理

（1）新产品型号的命名不应与已有的型号重复。

（2）已有产品改进设计，如主参数和性能不变或只是不同形态，可沿用原有产品名称和型号，仅需在原型号标记的最后加（·），再以 A、B、C、D、…、Y、Z 表示改进顺序，并在技术文件中加以说明。

第三节　绝　缘　子

绝缘子在电力系统中的应用很广，一般属于外绝缘，在大气条件下工作。架空输电线路、发电厂和变电站的母线和各种电气设备的外部带电导体均需用绝缘子支持，并使之与大地（或接地物体）或其他有电位差的导体绝缘。

1. 盘形绝缘子

盘形绝缘子一般分瓷质和玻璃两种，在电网建设和发展中着巨大的作业。广泛用于各级电压线路上。盘形绝缘子具有良好的绝缘性能、耐气候性、耐热性和组装灵活等特点，部分实物图如图 1-13、图 1-14 所示。

标准型（钟罩）　　　普通型　　　防污（双伞）型

钟罩型　　　防污（三伞）型　　　地线（瓷）绝缘

图 1-13　部分绝缘子实物图

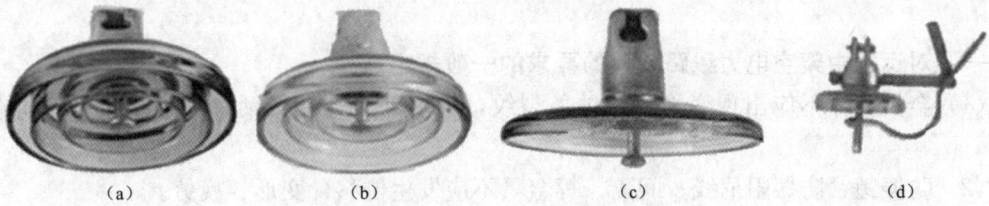

（a）　　　　（b）　　　　（c）　　　　（d）

图 1-14　部分盘形悬式钢化玻璃绝缘子实物图

（a）标准型；（b）防污型；（c）空气动力型；（d）地线（玻璃）绝缘子

除盘形绝缘子外，还有蝶式瓷绝缘子、针式瓷绝缘子、瓷横担绝缘子、悬式棒形瓷绝缘子、支柱式瓷绝缘子等。

2. 复合绝缘子

复合绝缘子，也称合成绝缘子或硅橡胶绝缘子、有机复合绝缘子或非瓷绝缘子，如图 1-15 所示。该类绝缘子，也分复合针式绝缘子、复合横担绝缘子、悬式（耐张）复合绝缘子、支柱式复合绝缘子等。图 1-16 所示为复合绝缘子安装实景。

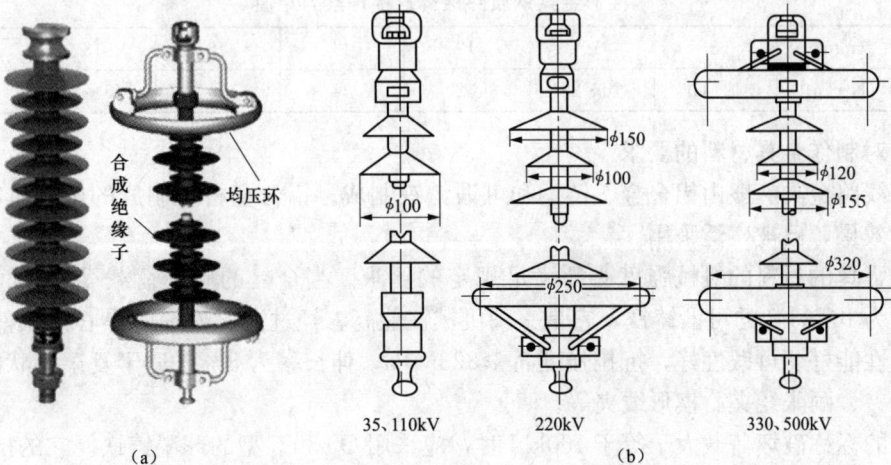

合成绝缘子　　均压环

35、110kV　　　220kV　　　330、500kV

（a）　　　　　　　　（b）

图 1-15　部分合成绝缘子实物图及结构图

（a）实物（等伞）图；（b）结构（大小伞）图

图 1-16　复合绝缘子安装实景图

第四节　电力线路对金具及绝缘子的要求

一、对运行中架空电力线路金具的要求的一般规定

（1）金具本体不应出现变形、锈蚀、裂纹，连接处应转动灵活，强度不应低于原值的80％。

（2）防振锤、防振阻尼线、间隔棒等金具不应发生位移、变形、疲劳。

（3）屏蔽环、均压环不应出现松动、变形，均压环不得反装。

（4）OPGW 型预绞线夹不应出现疲劳、断脱、弧滑移。

（5）接续金具不应出现下列任一情况：

1）外观鼓包、裂纹、烧伤、滑移或出口处断股，弯曲度不符合有关规程要求。

2）温度高于相邻导线温度 10℃，跳线联板温度高于导线温度 10℃。

3）过热变色或连接螺栓松动。

4）金具内部严重烧伤、断股或压接不实（有抽头、弧位移）。

5）并沟线夹、跳线引流板螺栓扭矩值未达到表 1-7 给出的相应规格螺栓力矩。

表 1-7　　　　　　　　　　　螺栓形金具钢质热镀锌螺栓拧紧力矩值

螺栓直径（mm）	8	10	12	14	16	18	20
拧紧力矩（N·m）	9～11	18～22	32	40	50	115～140	105

二、对制作金具材料的要求

电力线路金具一般由铝合金、铸钢和可锻铸铁制成。铝合金材料制成的金具具有节能、防电晕的效果，已被广泛采用。

制作金具的材料的机械强度必须满足规定的要求。当金具的破坏荷载 $T_P \leqslant 120\text{kN}$ 时，采用牌号为 KT33-8 的可锻铸铁，它是一种机械性能高、经过退火处理的黑心铸铁件，韧性高、切削性能好、可锻性好，抗拉强度 $\delta_b \geqslant 323\text{MPa}$，伸长率为 8％，适于复杂形状的制作，如悬垂线夹、耐张线夹、楔形线夹等。

金具的标称破坏荷载大于等于 160kN 时，应采用 QT50-5 型的球墨铸铁。它的抗拉强度 $\delta_b \geqslant 490\text{MPa}$（$\text{N/mm}^2$），伸长率为 5％，具有强度高、韧性好的特点，适于制造碗头挂板、联板等。

连接金具中对机械强度要求最严格的是球头挂环、各种挂板、U 型环和耐张线夹等。对于这些部件应采用 Q235、Q245 型优质碳素结构钢，且采取特定的工艺制造。

三、电力线路金具及绝缘子安全系数

为了保证线路的安全运行，金具的机械强度必须满足线路的破坏荷载作用的要求，并应留出足够的裕度，即具有安全系数 K_J。安全系数 K_J 可按下式计算

$$K_J = \frac{T_P}{T_{max}} \tag{1-1}$$

式中　T_P——金具的破坏荷载有 39、69、98、118、157、196、245、295、585kN 等十个等级；

　　　T_{max}——金具所承受的最大荷载力，kN。

GB 50545—2010《110kV～750kV 架空输电线路设计规范》规定（强制性条文），悬式绝缘子机械强度安全系数不应小于下列数值：在最大使用荷载时为 2.7，在断线情况下为 1.8，在断联情况下为 1.5；对瓷质悬式盘形绝缘子，还应满足正常运行情况下常年荷载状态下安全系数不小于 4.5 的要求。各国绝缘子、金具的安全系数 K_J 见表 1-8。

表 1-8　　　　　　　　　　各国绝缘子、金具的安全系数

国别	强度设计方式	安全系数（最大允许荷载）		备　注
		绝缘子	金具	
美国	A	2.0～2.5		按加荷性质分别使用
	B	100% RUS		
加拿大	A	2.0		
	B	(60%～85%) RUS	(60%～85%) RUS	按加荷性质分别使用
法国	A	3.0		
	B	60% RUS	60% RUS	覆冰
德国	A	3.0～3.6	2.5～5.0	按绝缘子种类、金具材质不同，分别使用
瑞典	A	2.0～3.0	2.0	按绝缘子不同分别使用
前苏联	A	2.7	2.5	
日本	A	2.5	2.5	
	A	2.5	2.5	
	B	60% RUS	60% RUS	

注　1. 强度设计方式：A—对应于最大平均荷载，取最大的安全系数；B—对应于极限荷载，适当地取标称强度百分比。

　　2. RUS—极限强度。

GB 50061—2010《66kV 及以下架空电力线路设计规范》规定，绝缘子和金具的选择可采用机械强度安全系数法，绝缘子和金具的机械强度安全系数应符合表 1-9 的规定。

表 1-9　　　　　　　　　　绝缘子和金具的机械强度安全系数

类　型	安全系数		
	运行工况	断线工况	断联工况
悬式绝缘子	2.7	1.8	1.5
针式绝缘子	2.5	1.5	1.5

续表

类 型	安全系数		
	运行工况	断线工况	断联工况
蝶式绝缘子	2.5	1.5	1.5
瓷横担绝缘子	3.0	1.5	—
合成绝缘子	3	1.8	1.5
金具	2.5	1.5	1.5

DL/T 5220—2005《10kV 及以下架空配电线路设计技术规程》规定：绝缘子和金具的安装设计宜采用安全系数。绝缘子和金具的机械强度安全系数，应符合表 1-10 的规定。

表 1-10 绝缘子和金具的机械强度安全系数

类 型	安全系数		类 型	安全系数	
	运行情况	断线		运行情况	断线
悬垂绝缘子	2.7	1.8	蝶式绝缘子	3	2
针式绝缘子	2.7	1.5	有机复合绝缘子	3	2
瓷横担绝缘子	2.5	1.5	金具	2.5	1.5

注 配电线路采用钢制金具应热镀锌，且符合 DL/T 765.1—2001《架空配电线路金具技术条件》技术规定。

第二章　悬　吊　金　具

第一节　概　　述

在架空电力线路或变电站，通过连接金具将导线、避雷线悬挂在绝缘子上或将避雷线悬挂在杆塔上的金具，称为悬吊金具，又称支持金具或悬垂线夹（为统一起见，以下统称为"悬垂线夹"），其不同结构与实物如图 1-1 所示。

一、悬垂线夹基本结构

悬垂线夹一般包括线夹船体、压板（含紧固螺栓）及 R 销等部件。图 2-1 所示为普通型悬垂线夹，也称平行挂板式悬垂线夹。其工作原理是利用两个 U 型螺栓压紧压板，使线夹夹紧在线夹船体中。

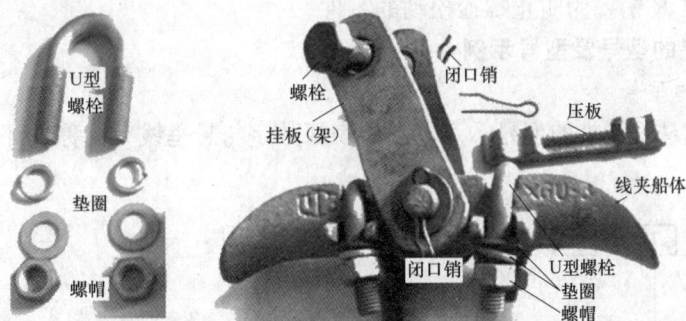

图 2-1　普通型悬垂线夹实物图

图 2-2 所示为悬垂线夹的另外两种结构，它们的基本结构与普通型悬垂线夹相似，带碗头挂板式悬垂线夹仅在挂板式悬垂线夹上再连接碗头挂板，带 U 型挂板式悬垂线夹在平行挂板式悬垂线夹上再连接 U 型挂板。

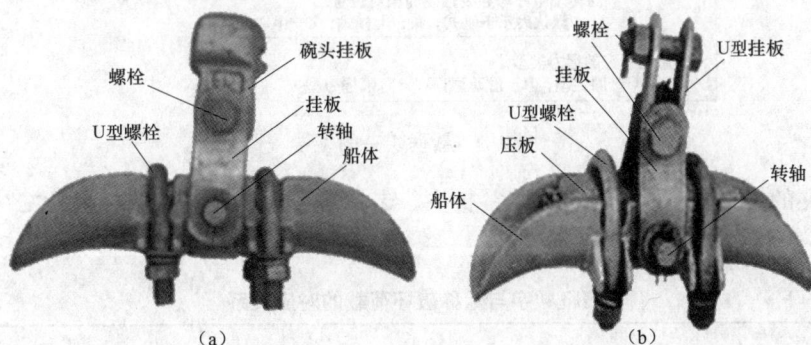

图 2-2　悬垂线夹实物图
(a) CGU-×××悬垂线夹（带碗头挂板）；(b) CGU-×××悬垂线夹（带 U 型挂板）

1. 线夹船体

线夹船体和压板通常用可锻铸铁、铝合金制造或用钢板冲压成形，船体槽内放置导线、地线，其船体的曲率半径应大于被悬挂导体直径的 8 倍。

（1）用锻铸铁制成的线夹。用锻铸铁制成的线夹围绕导线构成一个闭合的磁回路，即使磁阻很小，在交流电的交变磁场作用下也将产生磁滞电能损失，还会产生热量使导线温度升高。导线过热，将会使其机械强度降低，从而限制了输电能力。因此，用铁（或钢）质材料制作导线线夹虽然投资低，但增加了线路损耗和年运行费用。

（2）钢板冲压悬垂线夹的船体由钢板冲压而成，无挂板，悬挂点位于导线轴线上方，U型螺栓向上安装，施工方便。该型线夹具有生产工艺简单、周期短、成品率高、质量轻、配件少等优点，适合安装中小截面的钢芯铝绞线及铝绞线。

（3）用铝合金制成的线夹。目前大力推行铝合金材质的悬垂线夹，能实现节能、防晕，并且线夹轻便。

2. 压板

压板借助 U 型螺栓的拧紧压力作用与压板形成握紧力握住导线、地线。

3. 闭口销（R 销）

闭口销，又名 R 销，为防止螺栓松动的零件。

二、悬垂线夹的型号及型号示例

1. 悬垂线夹的型号

图 2-3 所示为悬垂线夹的型号示意。图中表征数字与悬垂线夹标称破坏荷载的对应关系见表 2-1。

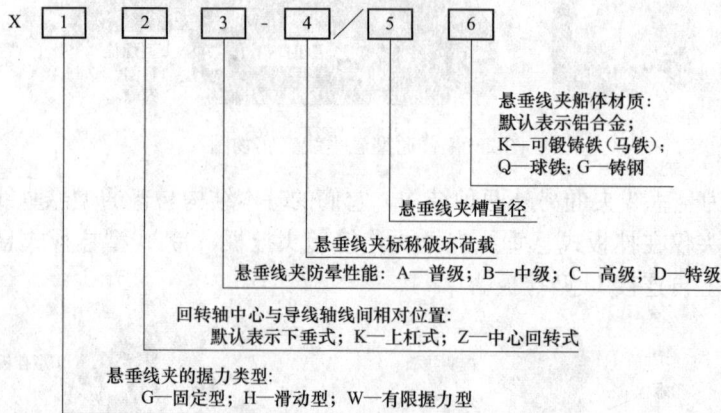

图 2-3　悬垂线夹的型号

悬垂线夹的型号在新标准中用"X"打头，老标准不允许用"X"，而用"C"，生产厂家二者都在用。

表 2-1　　　　　　　　表征数字与标称破坏荷载的对应关系

表征数字	4	6	8	10	12	15	20	25	30	35
标称破坏荷载（kN）	40	60	80	100	120	150	200	250	300	350

例如：CGU-3 型悬垂线夹："C"表示悬垂线夹；"G"表示固定式；U 表示带 U 型螺栓；"3"表示组合编号。查表 1-4 或金具产品样本知，它适用于铝绞线直径 16.0～18.0mm，适用于钢芯铝绞线直径为 13.0～14.5mm。

CGU-5A 型悬垂线夹表示 U 型螺栓固定式悬垂线夹。"5"组合编号之后有附加字母代号 A，表示带碗头挂板。

XTS-2A 型悬垂线夹：X 表示悬垂线夹，"T"表示跳线用，数字"2"表示使用导线组合号（导线直径），"A"表示带碗头挂板。

2. 悬垂线夹型号示例

根据 DL/T 683—2010 的规定，悬垂线夹型号示例见表 2-2。

表 2-2　　　　　　　　　　　悬 垂 线 夹 型 号 示 例

型　号	握力类型	防晕类型	标称破坏荷载（kN）	线槽直径（mm）	转动方式	船体材质
XGA-6/14K	固定型	普级	60	14	下垂式	可锻铸铁
XWZC-20/46	有限握力型	高级	200	46	中心回转式	铝合金

三、运行线路对悬垂线夹的要求及失效分析

（一）技术要求

悬垂线夹技术要求，必须执行 DL/T 756—2009《悬垂线夹》的规定。

（1）悬垂线夹一般技术条件应符合 GB/T 2314—2008 的规定，并按规定的程序批准图样制造。

（2）悬垂线夹应考虑减少微风振动对导线、地线产生的影响；线夹应具有良好的动态特性，其船体能自由、灵活地转动，相对于回转轴的转动惯量应尽量小。

（3）悬垂线夹应尽量减少因磁滞、涡流引起的电能损耗。

（4）悬垂线夹船体线槽的曲率半径不应小于导线、地线直径的 8 倍。

（5）悬垂线夹与安装的导线、地线之间，应具有充分的接触面，以降低由短路电流引起的导线损伤。

（6）悬垂线夹的线槽及压条等与导线、地线相互接触的表面应平整光滑，不应存在毛刺、凸出物及可能磨损导线的缺陷。

（7）悬垂线夹的结构应便于带电作业，线夹的组成部件数应减为最少，并可采用带电作业工具进行线夹的安装或拆卸。

（8）悬垂线夹船体的两端应呈圆滑的喇叭口形状，压条的两端应呈圆滑的曲线状。

（9）悬垂线夹应考虑适用于安装裸导线、地线或包缠铝包带、护线条等的多种使用条件。

（10）线夹船体的线槽半径值应按表 2-3 选取。

表 2-3　　　　　　　　　　线夹船体的线槽半径值　　　　　　　　　　mm

线槽半径	4.0	7.0	11	14	17	20	23	27	30	35
适用最大导线、地线直径（含包缠物）	7.0	13	21	27	33	39	45	53	59	69
适用最大导线、地线直径（含包缠物）	4.0	7.0	13	27	32	37	37	43	40	50

（11）悬垂线夹应提供的主要尺寸包括总长度、全高、总质量、船体单侧的最大出口角（一般不小于 25°）、最小出口角（一般不大于 3°，用于大跨越的线夹除外）及挂架的允许回转角（不小于最大出口角的 1.5 倍）。

（12）悬垂线夹的标称破坏荷载，挂架（耳）螺栓直径及挂架（耳）开档应按表 2-4 规定的数值进行选取，导体截面积 300～400mm² 导线用的线夹不小于 60kN，导体截面积 630～720mm² 导线用的线夹应不小于 80kN。

表 2-4　　　　　　　　　　　　　　　　悬垂线夹标称破坏荷载

标称破坏载荷（kN）	40	60	80	100	120	150	200	250	300	350
挂架（耳）螺栓直径（mm）	16	16	18	18	22	24	24	27	30	36
挂架（耳）开档（mm）	15	19	19	19	20	22	34	28	32	36

注　标称破坏荷载 150kN 及以上为 6.8 级螺栓。

（二）运行线路中悬垂线夹的失效分析

1. 悬垂线夹磨损

悬垂线夹的销轴与挂板、挂环等零件形成挂板运动副、环—链运动副，将在接触部位形成点、线接触的相对运动，产生局部压力过大而导致摩擦损伤、出现断裂等，导致无法正常工作。其原因是：

（1）风力作用，悬垂线夹的船体与挂板产生相对运动，挂板绕着船体挂轴做小角度的摆动。由于挂板的厚度较薄，摆动时犹如刀片在切割船体，导致船体挂轴受力截面变细变小，当槽痕到达一定的程度时，在导线、地线本身重力作用下从悬垂线夹中掉落，发生事故。

（2）悬垂线夹太大或导线、地线没有压紧，在风力作用下，产生相对运动，使之磨损，在风力或强大的雷电流的作用下，发生刮断或烧断导线、地线现象，造成线索从线夹中脱落，发生事故。

2. 产品加工质量及环境条件影响

（1）采用钢铁零件加工，为了防锈蚀而采取的热镀锌，质量不合格或较差，运行中受到环境污染及电晕引起腐蚀。

（2）本体结构本身有裂纹及断裂，运行会出现应力集中问题，或加工制造时热处理工艺不当而产生内应力，长期运行就会产生疲劳破坏等。

第二节　悬垂线夹类型

一、根据悬垂线夹对握力的分类

对于固定型悬垂线夹，DL/T 756—2009 定义：仅规定最小值，荷载不大于规定值时，导线、地线等不能在线内滑动，而对线夹的握力不做规定，但不应损伤导线。

滑动及释放型悬垂线夹，主要特点是导线、地线在线夹内可能出现滑动现象，释放握力，即在正常运行状况下和固定型悬垂线夹一样夹紧导线，当发生断线时，由于线夹两侧导线的张力严重不平衡，使绝缘子串发生偏斜（一般可达 $30°\pm5°$）时，导线外的线夹船体部件从线夹的托架中脱落，导线在托架的滑轮中顺线路方向滑落到地面。这样可减小直线杆塔在断线所承受的不平衡张力，从而减轻杆塔的受力。滑动及释放型线夹，仅规定最大握力值，荷载达到或超过此握力值，导线、地线在线夹内出现滑动现象。

有限握力型悬垂线夹，具有规定的最小握力值，荷载不大于此握力值，导线、地线不在线夹内滑动；同时线夹还规定最大握力值，荷载达到或超过此握力值时，导线、地线在线夹内出现滑动现象。

DL/T 756—2009 明确指出，额定电压 330kV 及以上线路所用悬垂线夹，若其本身具有防电晕特性，则称为防晕型悬垂线夹。其他各类悬垂线夹，都需要配置屏蔽装置以后方可使用。关于防晕特性，现行标准按线路额定电压及海拔的中和要求，划分为四个等级进行设计。

（1）普级。海拔 1000m 及以下的 500kV 架空线路，含海拔 4000m 及以下的 330kV 架空线路。

（2）中级。海拔 1000m 及以下的 7500kV 架空线路，含海拔 1000～4000m 的 500kV 或 ±500kV 架空线路。

（3）高级。海拔 1500m 及以下的 1000kV 或 ±800kV 架空线路，含海拔 1000～4000m 的 750kV 架空线路。

（4）特级。海拔 1500～4000m 的 1000kV 或 ±800kV 架空线路。

二、根据回转中心线与导线之间的相对位置分类

悬垂线夹根据回转轴中心线与导线之间的相对位置分为中心回转式、下垂式及上杠式。

（一）中心回转式悬垂线夹

中心回转式悬垂线夹是指线夹的回转中心与导线的回转中心相同，其旋转与导线的偏转一致，有利于相邻档距不平衡张力的传递。

1. 平行挂板式悬垂线夹

平行挂板安装在船体两侧的挂轴上，线夹转动轴和导线在同一轴上，转动灵活；另外，U 型螺钉的握力较大，适用于安装中小截面的铝绞线及钢芯铝绞线。由于该线夹的挂板有一定的宽度，当挂板与船体间的摆动角大于 45°时，有可能挂板边缘碰到 U 型螺栓产生干涉现象。为保护导线，避免 U 型螺栓的较大握力对导线的影响，导线外应包缠 1mm×10mm 的铝包带 1～2 层。

图 2-4 所示为平行挂板式悬垂线夹结构，技术参数见表 2-5。

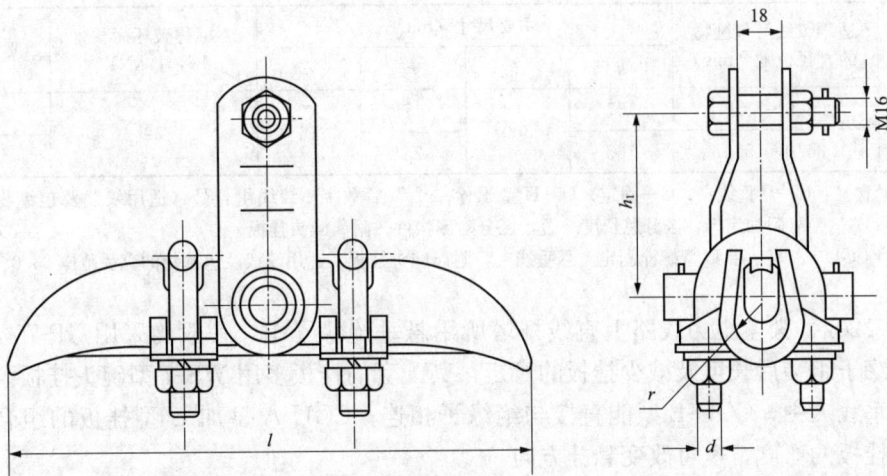

图 2-4 平行挂板式悬垂线夹结构图

表 2-5 CGU 螺栓（平行挂板）固定式悬垂线夹技术参数

型号	适用绞线及包缠物的直径范围	主要尺寸（mm）				标称破坏荷载（≥，kN）	质量（kg）
		h_1	l	r	d		
CGU-1	5.0～7.0	82.5	180	4.0	16	39	1.4
CGU-2	7.1～13.0	82	200	7.0			1.8
CGU-3	13.1～21.0	101	220	11.0			2.0
CGU-4	21.1～26.0	109	250	13.5			3.0

注 型号含义：C—悬垂线夹；G—固定；U—U 型螺栓；数字—使用导线组合号。

例：型号 CGU-1 表示带 U 型螺栓（平行挂板）固定式悬垂线夹，使用绞线及包缠物的直径范围 5.0～7.0mm。

2. 带碗头挂板式悬垂线夹

带碗头挂板式悬垂线夹线槽直径大，加 U 型挂板可减少挂板的弯曲，适用于安装大截面的钢芯铝绞线或包缠预绞丝护线条的钢芯铝绞线。带碗头挂板式悬垂线夹的结构如图 2-5所示，其技术参数见表 2-6。

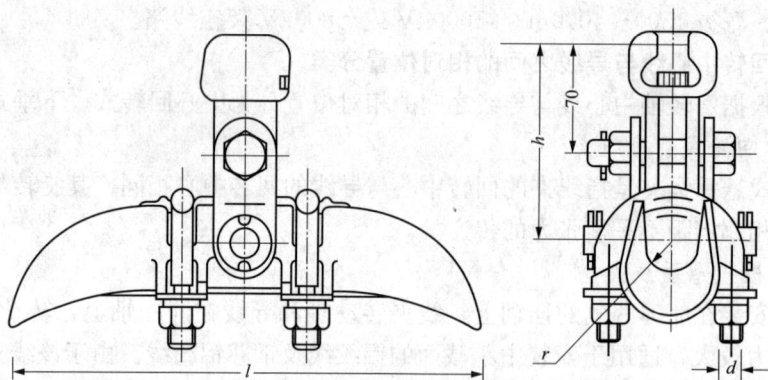

图 2-5　带碗头挂板式悬垂线夹结构图

表 2-6　　　　　　　　悬垂线夹（带碗头挂板，CGU 固定型）技术参数

型　号	适用绞线及包缠物的直径范围（mm）	主要尺寸（mm）				标称破坏荷载（≥，kN）	质量（kg）
		h	l	r	d		
CGU-5A	23.0～33.0	157	300	17	16	59	5.7
CGU-6A	34.0～45.0	163		23			6.1

注　型号含义：C—悬垂线夹；G—固定；U—U 型螺栓；"-"后数字—绞线组合号（适用绞线及包缠物的直径范围）；A—型号附加字母，区分总长度—短，区分附属构件—附属碗头挂板。

例：型号 CGU-5A 表示带 U 型螺栓固定型悬垂线夹，附属碗头挂板，适用绞线及包缠物的直径范围 23.0～33.0mm。

110～220kV 架空电力线路上直线杆塔所用悬垂绝缘子串，一般均采用 XP-70 绝缘子，为缩短绝缘子组装后长度及减少挂板的弯矩，其配套的挂板多用 WS-7 型碗头挂板。带碗头挂板式悬垂线夹中，CGU-B 型能直接与绝缘子相连；CGU-A 型加 U 型挂板的组合，不仅可以减少挂板的弯度，也可改变悬挂方向。

3. 带 U 型挂板的悬垂线夹

该类线夹的制作材料与带碗头挂板式悬垂线夹相同，用于大截面钢芯铝绞线或包缠有预绞丝式护线条的导线时，线夹槽直径较大，采用普通挂板容易产生变形，因而在线路挂板上端增加 U 型挂板，这样的组合不仅可以减少挂板的弯矩，也可改变悬挂方向。该线夹的特点是悬挂点位于导线轴上，U 型螺栓向上安装，施工方便。该类线夹在加工、制造方面具有加工工艺简单、生产周期短、成品率高、质量轻、配件少等优点。

带 U 型挂板的悬垂线夹结构如图 2-6 所示，技术参数见表 2-7。

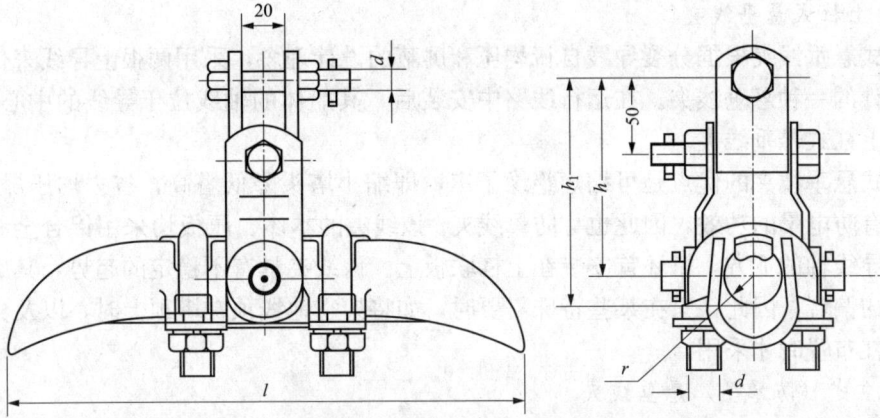

图 2-6 带 U 型挂板悬垂线夹结构图

表 2-7   **带 U 型挂板悬垂线夹技术参数**

型 号	适用绞线及包缠物的直径范围（mm）	主要尺寸（mm）					标称破坏荷载（≥，kN）	质量（kg）
		l	h_1	h	d	r		
CGU-5B	23.0～33.0	300	137	120	16	17	59	5.4
CGU-6B	34.0～45.0	300	143	120	16	23	59	5.8

注 型号含义：C—悬垂线夹；G—固定；U—U 型螺栓；"-" 后数字—绞线组合号（适用绞线及包缠物的直径范围）；B—型号附加字母，区分总长度—长，区分附属构件—附属 U 型挂板。

例：型号 CGU-5B 表示带 U 型螺栓固定型悬垂线夹，附属 U 型挂板，适用绞线及包缠物的直径范围 23.0～33.0mm。

（二）下垂式悬垂线夹

下垂式悬垂线夹的船体旋转轴位于导线的中心线以上，因而具有不稳定趋势，其旋转往往超过导线的偏转。防晕下垂式悬垂线夹的结构如图 2-7 所示，技术参数见表 2-8。

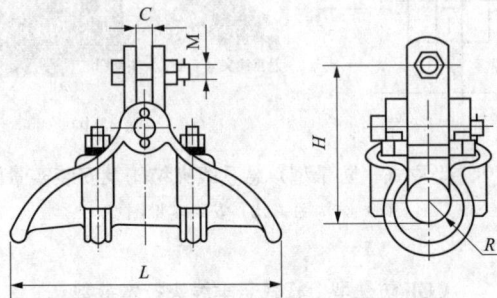

图 2-7 防晕下垂式悬垂线夹结构图

表 2-8   **防晕下垂式悬垂线夹技术参数**

型 号	适用导线及包缠物的直径范围（mm）	主要尺寸（mm）				标称破坏荷载（≥，kN）	质量（kg）
		C	H	R	L		
CGF-5C	24.2～33.0	18	147	17.0	300	70	3.55
CGF-6C	34.0～45.0	20	140	23.0	300	90	4.00

注 型号含义：C—悬垂线夹；G—固定；F—防电晕；数字—使用导线组合号；附加字母 C—下垂。

例：型号 CGF-5C 表示螺栓固定式防晕下垂式悬垂线夹，适用导线直径范围（包括加包缠物）24.2～33.0mm。

（三）上杠式悬垂线夹

上杠式悬垂线夹根据分裂导线自行均压和屏蔽的设计理念，采用两根上导线来代替均压环，而设计的一种悬垂线夹。在运行线路中安装后，其船体的轴线位于导线的中心线以下，因此称为上杠式悬垂线夹。

上杠式悬垂线夹的优点是可缩短绝缘子串，即缩小塔头降低塔高，省去均压屏蔽金具。由于其具有防电晕的功效，因此也称防晕线夹。该线夹的本体、压板均采用铝合金制造，固定轴位于导线轴的下方，籍环首安装在上杠联板上。该线夹具有不稳定的趋势，其旋转往往超过导线的偏转，因此，只在某些特殊需要时，如将架空地线顶在塔顶上时，以及分裂导线要进行上杠布置时才采用。

1. 坐立式（防晕型）悬垂线夹

该类线夹由非磁性材料制造，消除了磁滞损失，强度高，握力大，表面光滑，边缘呈流线型，减少了电晕的产生。它与下垂铝合金线夹可组成 500kV 线路悬垂组合。坐立式（防晕型）悬垂线夹的结构及安装实景如图 2-8 所示，技术参数见表 2-9。

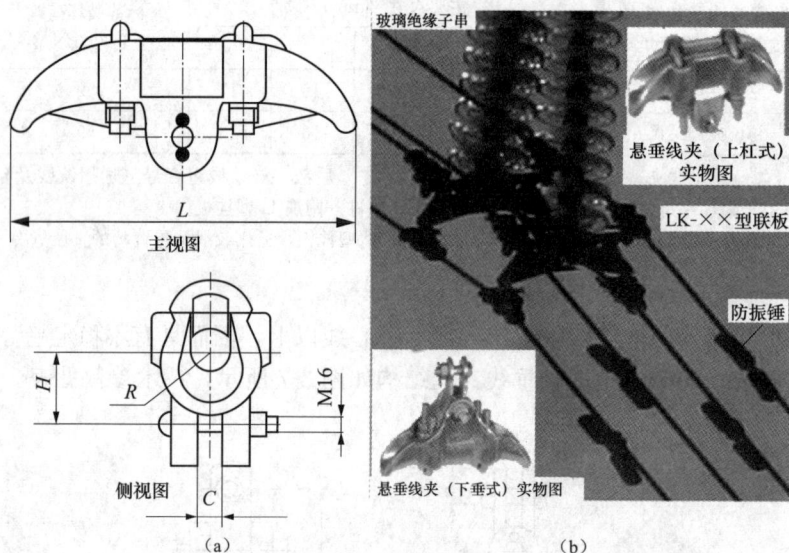

图 2-8　坐立式（防晕型）悬垂线夹结构及安装实景图
(a) 结构图；(b) 安装实景图

表 2-9　　　　　　　　　　　　CGF 防晕型上杠式悬垂线夹技术参数

型　号	适用导线及包缠物的直径范围（mm）	主要尺寸（mm）				标称破坏荷载（≥，kN）	质量（kg）
		C	H	R	L		
CGF-5K	24.2～33.0	20	50	17.0	300	70	2.38

注　型号含义：C—悬垂线夹；G—固定；F—防电晕；数字—使用导线组合号；附加字母 K—上杠。
例：型号 CGF-5K 表示防晕型上杠式螺栓固定型悬垂线夹，适用导线直径范围（包括加包缠物）24.2～33.0mm。

2. 改进型（提包式）悬垂线夹

为了发挥杠式悬垂线夹的优点，在其基础上实施改进，或为改进型悬垂线夹。因其外形酷似提包，因此称为提包式悬垂线夹，其实物及结构如图 2-9 所示，技术参数见表 2-10。

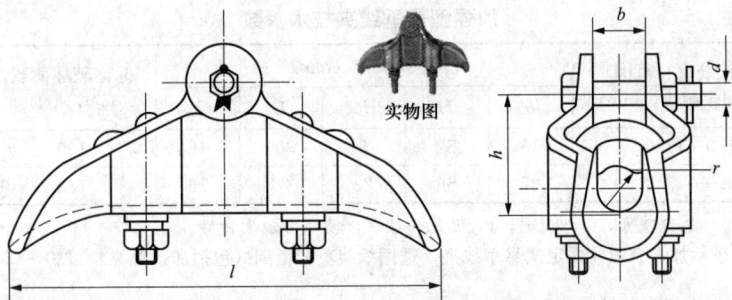

图 2-9 改进型（提包式）悬垂线夹（CGT-××型）实物图及结构图

表 2-10   **CGH 型提包式悬垂线夹技术参数**

型　号	适用绞线直径范围（包括加包缠物，mm）	主要尺寸（mm）					标称破坏荷载（≥，kN）	质量（kg）
		h	b	d	r	l		
CGH-3T	12.4～17.0	53	20	16	10	180	40	1.5
CGH-3A	12.4～17.0	50	22	16	10	180	50	1.5
CGH-4T	19.0～23.5	74	28	16	12	226	40	2.3
CGH-5T	24.2～28.0	87	35	16	15	262	60	2.8
CGH-6T	34.0～45.0	90	36	16	23	300	70	3.5

注 型号含义：C—悬垂线夹；G—固定；H—铝合金；数字—使用导线组合号；附加字母 T—提包式。

例：型号 CGH-4T 表示提包式（滑动型）铝合金固定式悬垂线夹，适用导线组合号 4，绞线直径范围 19.0～23.5mm。

3. 加强型悬垂线夹

实现承受较高垂直破坏荷载的能力及足够的握紧力，即使在邻档覆冰不均衡的条件下，导线仍不会从线夹中滑出的线夹，称为加强型悬垂线夹。其结构如图 2-10 所示，技术参数见表 2-11。

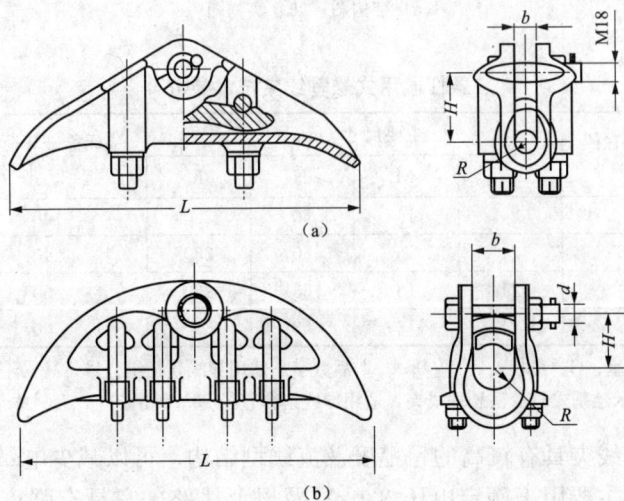

图 2-10 加强型悬垂线夹结构图

(a) CGJ-×型（带两个螺栓）；(b) CGJ-×型（带四个螺栓）

表 2-11　　　　　　　　　　　　　　加强型悬垂线夹技术参数

型　号	适用绞线直径范围（包括加包缠物，mm）	主要尺寸（mm）					标称破坏荷载（≥，kN）	质量（kg）
		b	H	R	L	d		
CGJ-2	11.0～13.0	15	52	8	300	16	100	3.3
CGJ-5	23.0～43.0	22	56	22	390	16	120	5.8

注　型号含义：C—悬垂线夹；G—固定；J—加强；数字—使用导线组合号。
例：型号 CGJ-2 表示加强型螺栓固定式悬垂线夹，适用绞线直径范围（包括加包缠物）11.0～13.0mm。

　　用于避雷线的加强型线夹的握力应不小于钢绞线额定抗拉力的 25％；钢芯铝绞线用加强型线夹的握力应不小于导线额定抗拉力的 30％。

三、其他结构的悬垂线夹

　　悬垂线夹还可按结构、线夹布置及用途分为，如悬杠通用式悬垂线夹、垂直排列双悬垂线夹、跳线用悬垂线夹、耐磨型悬垂线夹、大跨越线路用悬垂线夹及预绞丝悬垂线夹等。

　　（一）悬杠通用式悬垂线夹

　　该类悬垂线夹的线夹本体、压板采用非磁性的高强度稀土铝合金材料压铸而成。它通常由两片船体、两个或四个螺栓（用以夹紧船体）和船体外中部悬吊部位的钢箍组成，其结构图及实物图如图 2-11 所示，技术参数见表 2-12。

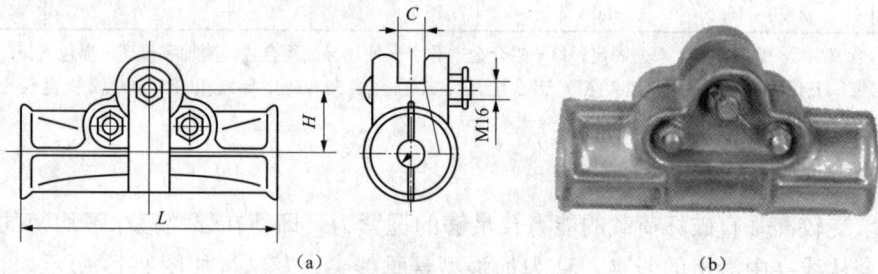

图 2-11　悬杠通用式悬垂线夹结构图及实物图
（a）结构图；（b）实物图

表 2-12　　　　　　　　　　　　　悬杠通用式悬垂线夹技术参数

型　号	适用导线直径（mm）	主要尺寸（mm）				标称破坏荷载（≥，kN）	质量（kg）
		C	M	H	L		
XGF-300	23.7	24	16	60	250	40	3.0
XGF-400	26.8	24	16	60	250	40	3.5
XGF-1400	51.0	24	16	63	260	60	4.8
XGF-1440N	51.36	24	16	63	300	60	5.5

注　型号含义：X—悬垂；G—悬杠；F—防晕；"-"后数字—适用导线直径组合号，N—耐热。
例：型号 XGF-300 表示悬垂式防晕型悬垂线夹，适用导线组合直径 23.7mm。

　　悬杠通用式悬垂线夹具有较高的粗糙度及流线型结构，可以减少电晕的产生，因此，又称防晕型悬垂线夹，主要用于额定电压 330kV 及以上线路。它具有强度高、防腐性强、磁滞损耗少及有利于控制电晕的产生、耗能低等特点；同时，最大的优点是不需安装屏蔽装置，而非防晕型悬垂线夹都需要配置屏蔽装置以后方可使用。

（二）垂直排列双悬垂线夹

垂直排列双悬垂线夹由两只防晕型线夹和一副挂架，通过螺栓组装而成。上线夹和下线夹各自独立悬挂，互不干扰。因该线夹用于双导线垂直悬挂，所以称为垂直排列双悬垂线夹，其实物图及结构图如图2-12所示，技术参数见表2-13。

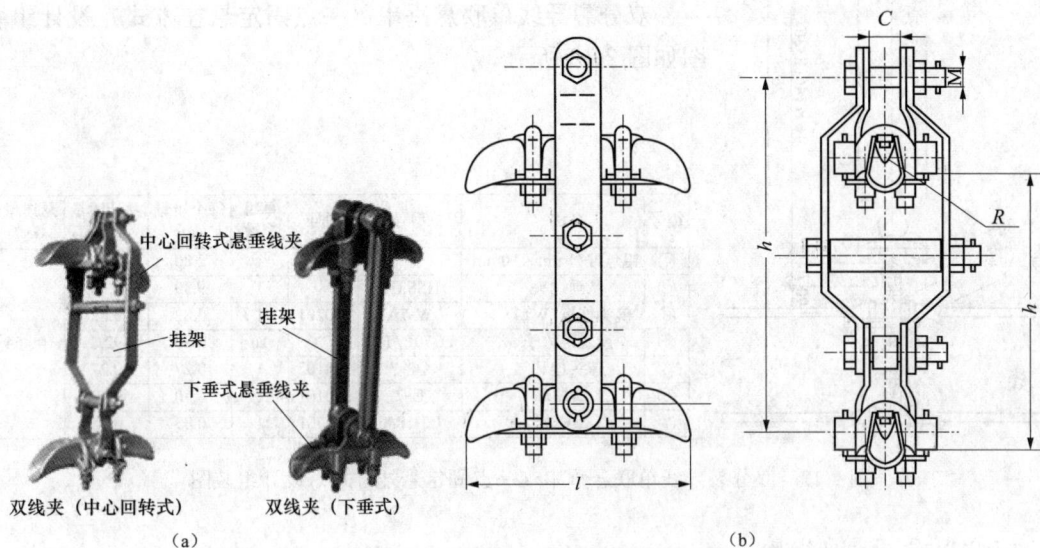

图2-12　部分垂直排列双悬垂线夹实物图及结构图

(a) 垂直排列双线夹实物图；(b) 双线夹（下垂式）结构图

表 2-13　　　　　　　　　　　　CCS防晕型悬垂线夹技术参数

型　号	适用绞线包缠物直径范围	主要尺寸（mm）					标称破坏荷载（≥，kN）
		C	M	H	l	R	
CCS-5	23～33	38	16	400	300	17.0	58.8
CCS-6	34～45					23.0	

　注　型号含义：C—悬垂线夹；C—垂直；S—双；数字—适用导线组合号。

采用垂直排列双悬垂线夹时，线路不需要安装间隔棒，各线夹可以独立在挂板上转动，受到风荷载时，线夹与绝缘子一起转动。

垂直排列双悬垂线夹具有以下优点：

（1）使用两只定型的线夹，只加工大小挂板，简化了加工程序，降低了成本。

（2）上下两只线夹各自独立悬挂，线夹船体可绕中心回转，保证了悬垂角得到充分利用。

（3）当悬挂点两侧导线产生不平衡张力时，由于线夹可向张力较大的一侧偏斜，从而避免了因线夹不能偏移使挂板产生的附加弯矩。

（4）上下线夹是各自独立悬挂的线夹，在平行线路方向有一定的可活动范围，为施工和运行检修需要提供了方便。

但图2-12（a）所示的组合式挂架线夹的不足之处是在外面的大挂板易遮挡视线，在运行巡线时有些不便。为避免上述不足，可采用图2-12（b）所示的结构（整体铝合金式挂

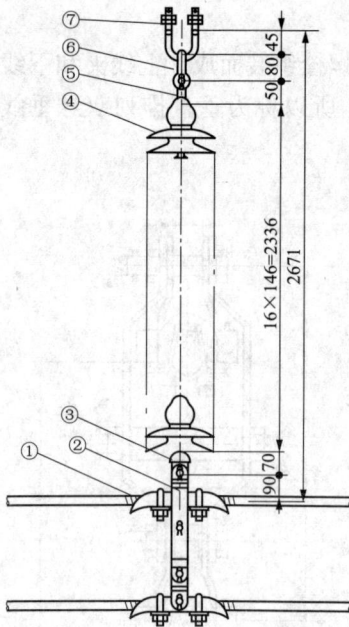

架），它相对前者的结构，少了两副挂板及支撑螺栓、套管等零部件，结构简单、部件少、安装方便；又由于线夹、挂架等主体都采用高强度稀土铝合金压铸而成，因而耗能低，强度高、耐腐性。

双分裂导线单联悬垂串（一点固定悬挂方式）设计组装图如图 2-13 所示。

编号	名称	型号	图号	每组个数	每个质量(kg)	共计质量(kg)	总质量(kg)
①	铝包带(1mm×10mm)			1	2.00	2.00	
②	悬垂线夹	HSS330		1	9.30	9.30	
③	碗头挂板(W型)	W-7A	310201	1	0.82	0.82	
④	悬式绝缘子	FC70P/146		16	5.80	92.8	106.54
⑤	球头挂环	QP-7	310102	1	0.27	0.27	
⑥	U型挂环	U-7	330101	1	0.50	0.50	
⑦	U型螺栓	UJ-1880	330701	1	0.85	0.85	

图 2-13　双分裂导线单联悬垂串（一点固定悬挂方式）设计组装图

（三）跳线用悬垂线夹

为了保证线路正常运行，有必要对分裂跳线进行间隔，即采用分裂跳线悬垂线夹。它根据跳线根数分为双分裂跳线用、四分裂及以上跳线用悬垂线夹。

（1）图 2-14 所示为双分裂跳线用悬垂线夹，线夹本体和压板为可锻铸铁件，闭口销用不锈钢制件，其余则为钢制件、可锻铸铁件和钢制件热镀锌。

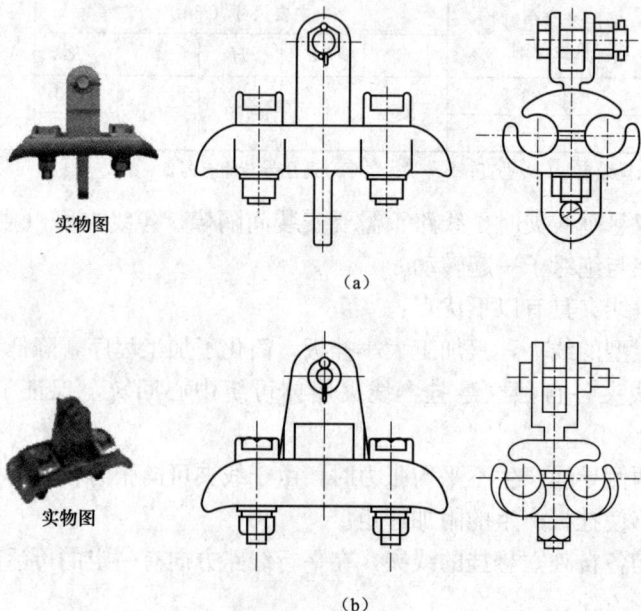

实物图

（a）

实物图

（b）

图 2-14　双分裂跳线用悬垂线夹（XTS 双跳线用）结构图
（a）XTS-×型（带联板）；（b）XTS-×型（普通型）

(2) 四分裂跳线用悬垂线夹, 目前有两种常用结构, 如图 2-15 所示, 其技术参数见表 2-14。

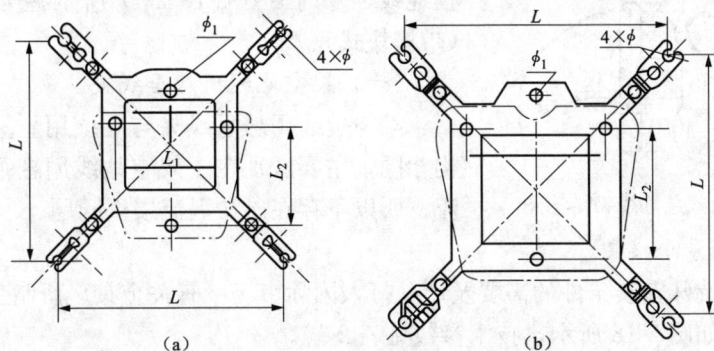

图 2-15 四分裂跳线用悬垂线夹结构图

(a) XTF-××型; (b) XT-××型

表 2-14 四分裂跳线用悬垂线夹技术参数

型 号	图 号	适用导线直径范围 (mm)	主要尺寸 (mm)					质量 (kg)
			L	L_1	L_2	ϕ	ϕ_1	
XTF$_4$-45/300	图 2-15 (a)	20.8～24.0	450	240	165	—	26	8.6
XTF$_4$-45/400	图 2-15 (a)	24.6～28.0	450	240	165	—	26	8.6
XT$_4$-45/300	图 2-15 (b)	20.8～24.0	450	240	175	28	26	6.6
XT$_4$-45/400	图 2-15 (b)	24.0～28.0	450	240	175	28	26	6.6

注 型号含义: X—悬垂线夹; T—跳线; F—防晕; 角标 4—四分裂导线用; "-"后数字—分裂导线线间距离 (mm)/导线截面积 (mm^2)。

例: 型号 XTF$_4$-45/300 表示四分裂跳线用悬垂线夹, 线夹间距 L 为 450mm, 适用导线直径范围 20.8～24.0mm。

XT$_4$-×型四分裂跳线用悬垂线夹的线槽上通过 U 型螺栓固定压板, 其特征是线夹体为铝合金材料, 线夹体的顶部设有挂耳, 挂耳上设置带孔螺栓的穿孔, 线夹体两侧的上边口设置边耳, 线夹体线槽的两端口设置喇叭口。

(四) 跳线托架

跳线托架是用于上干字型塔的中相跳线绕跳安装的一种金具。跳线绝缘子串所采用的线夹为跳线托架 (俗称扁担线夹), 如图 2-16 所示。托架利用角钢从并沟线夹里通过。

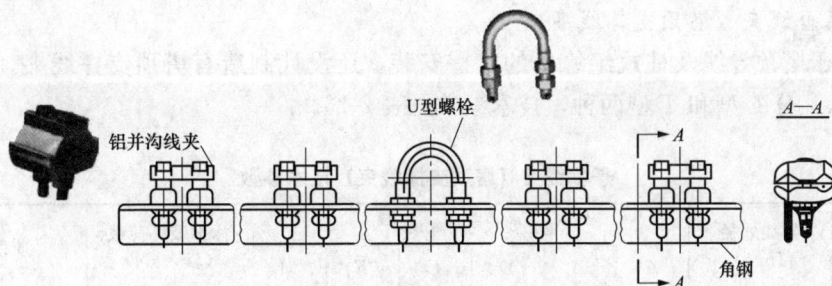

图 2-16 双分裂绕跳跳线悬垂线夹 (简称跳线托架) 结构图

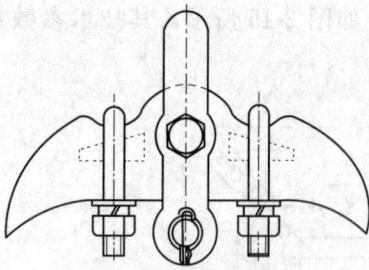

图 2-17 带楔块式悬垂线夹结构图

（五）带楔块式悬垂线夹

为供重冰区直线杆塔上悬挂导线及直线杆塔上悬挂地线，专门设计如图 2-17 所示握力大的悬垂线夹（带楔块式）。

（六）架空地线用悬垂线夹

架空地线用悬垂线夹与导线用悬垂线夹的基本结构相同，主要区别在于架空地线用悬垂线夹不输送电流，所以不存在磁滞涡流损失问题。

（七）耐磨型悬垂线夹

为满足线路特殊安装条件的需要及产品打入国际市场，有关金具厂研制生产出耐磨型悬垂线夹。其结构如图 2-18 所示，技术参数见表 2-15。

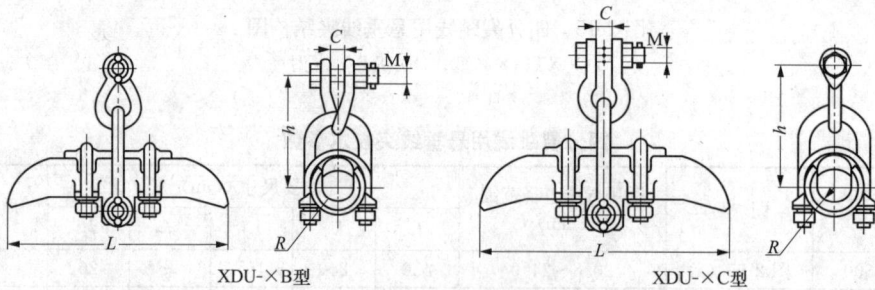

XDU-×B型   XDU-×C型

图 2-18 耐磨型悬垂线夹结构图

表 2-15 耐磨型悬垂线夹技术参数

型　号	适用导线范围（mm）	主要尺寸（mm）					标称破坏荷载（≥，kN）	质量（kg）
		L	M	h	C	R		
XDU₄-3B/C	13.1～21.0	220	16	121（111）	20	11.0	50	2.9（2.8）
XDU₄-4B/C	21.1～26.0	250	16	132（122）	20	13.5	50	3.9（3.8）
XDU₄-5B/C	23.0～33.0	300	16	136（126）	20	17.0	65	4.2（4.1）
XDU₄-6B/C	34.0～45.0	300	16	142（132）	20	23.0	65	4.6（4.4）

注　型号含义：X—悬垂线夹；D—导线；U—U 型；角标"4"—四分裂导线用；"-"后的数字—导线外径，B-B 型，C-C 型。

例：型号 XDU-4B/C 表示导线用耐磨型悬垂线夹，适用导线直径范围 13.1～21.0mm。
B 型线夹的质量为 2.9kg，C 型线夹的质量为 3.3kg。

（八）悬垂线夹（塔顶支撑线夹）

为了便于塔顶导线及柱式绝缘子的支撑安装，还设计制造有塔顶支撑线夹。其结构如图 2-19 所示，分 L 型和 T 型两种，技术参数见表 2-16。

表 2-16 悬垂线夹（塔顶支撑线夹）技术参数

型　号	导线外径（mm）	主要尺寸（mm）						标称破坏荷载（≥，kN）	质量（kg）
		A	B	D	E	F	M		
XZZ₄-1T	7.0～12.0	130	70	—	90	—	12	70	3.5
XZZ₄-2T	12.0～18.0	150	70	—	90	—	12	70	4.0

续表

型 号	导线外径 （mm）	主要尺寸（mm）						标称破坏荷载 （≥，kN）	质量（kg）
		A	B	D	E	F	M		
XZZ₄-1L	7.0～16.0	—	70	16	140	34	12	70	2.50
XZZ₄-2L	16.0～26.0	—	70	16	140	34	12	70	2.90

注 型号含义：X—悬垂线夹；Z—支撑；Z—柱式绝缘子；T—T型；L—L型；角标"4"—四分裂导线用；"-"后的数字—导线外径。

例：型号 XZZ-1T 表示用于塔顶支撑、柱式绝缘子上导线安装 T 型悬垂线夹，适用导线直径范围 7.0～12.0mm。

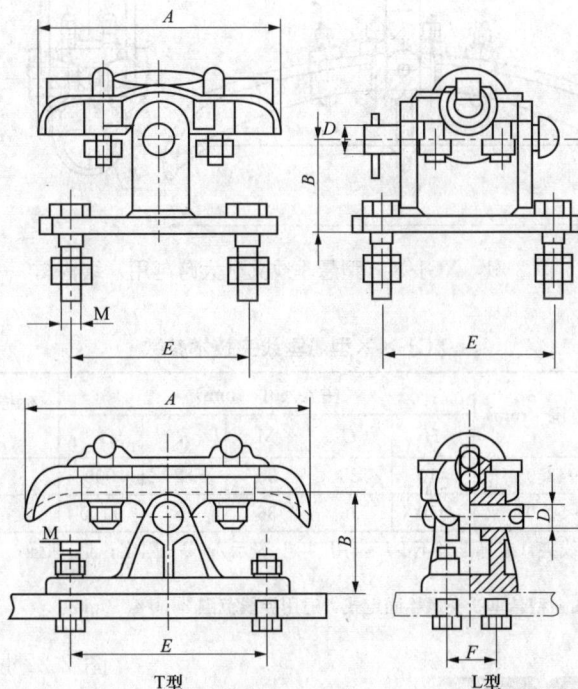

图 2-19 悬垂线夹（塔顶支撑线夹）

这类悬垂线夹用于柱式绝缘子支撑，其线夹本体、压板为可锻铸铁或铝合金件，支柱为钢或可锻铸铁件。

另外，为满足国际市场的需求，某些金具厂还制造了如图 2-20 所示的外销型悬挂线夹。

四、大跨越及特高压输电线路用悬垂线夹

大跨越，即跨越档距离在 1000m 及以上，跨越塔的高度达 100m。由于导线需承受的张力很大，若用固定线夹，在断线张力作用下，要保证铁塔能安全

图 2-20 外销型悬挂线夹实物图

运行，必须具有足够的强度，这将会使铁塔质量大大增加。另外，因大跨越档导线弛度很大，线夹应在断线时释放导线，且具有较大的悬垂角和较大的曲率半径，并使导线可以在其上来回窜动。因此研制出大跨越及特高压输电线路用悬垂线夹。

（一）加强型大跨越用悬垂线夹

加强型大跨越悬垂线夹属固定型悬垂线夹的结构如图 2-21 所示，技术参数见表 2-17。

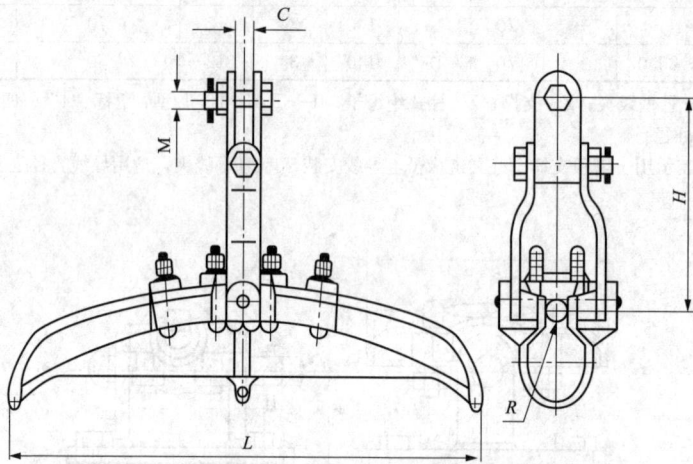

图 2-21　XGJ-××型悬垂线夹（大跨越用）结构图

表 2-17　　　　　　　　　　　XGJ-××型悬垂线夹技术参数

型　号	适用导线范围（mm）	主要尺寸（mm）					标称破坏荷载（kN）	质量（kg）
		H	C	M	R	L		
XGJ-6.1	36.0～43.0	410	38	36	32	900	200	70.0
XGJ-7.1	43.0～50.0	410	36	36	25	1100	300	82.0

注　型号含义：X—悬垂线夹（老标准及不少厂家用"C"表示）；G—固定；J—加强；"-"后的数字—适用导线组合号。

例：型号 XGJ-6.1 表示加强型悬垂线夹螺栓固定式，适用导线范围 36.0-43.0mm。

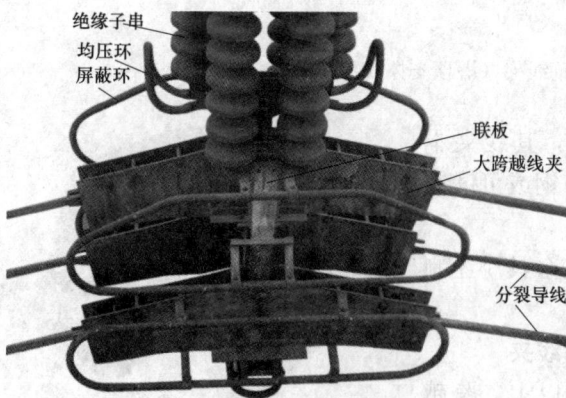

图 2-22　加强型大跨越线夹安装实景图

图 2-22 所示为某加强型大跨越线夹安装实景。

（二）大跨越单导线悬垂线夹

大跨越单导线悬垂线夹由一定数量装有轴承的滚轮（或称滑轮）的线夹组成，一部分滚轮作为线夹的船体，一部分滚轮作为压线轮，导线置于滑轮上（导线实际做多边形活动），避免了导线在线托内滑动摩擦受损。

活动式线夹，如图 2-23（a）所示。

履带式线夹，加工复杂，价格昂贵，很少见，如图 2-23（b）所示。

滚筒式线夹，接触点介于上述两种悬垂线夹之间，若滚筒安排高度不齐，出现个别滚筒凹凸现象，会使导线应变增加，如图 2-23（c）所示。

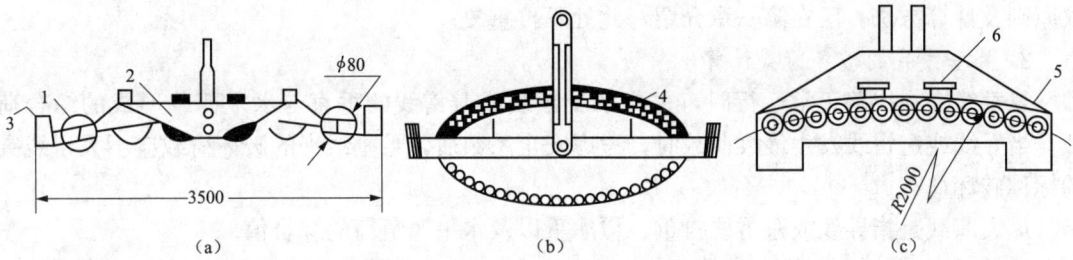

图 2-23 大跨越单导线悬垂线夹结构图
(a) 活动式；(b) 履带式；(c) 滚筒式
1—滑轮；2—滑轮托架；3—碰击防振锤释放机构的挡板；4—履带；5—滚筒；6—压板

（三）释放型线夹

分裂导线上装有间隔棒，如果允许导线在线夹内任意窜动，子导线在线夹内窜动的不同步会使间隔棒在正常情况下承受过大的纵向负荷而损坏。为此可利用导线与线托的摩擦产生握力来握紧导线，当实际作用力超过导线与线托摩擦产生的握力时，其线托式悬垂线夹允许导线在线槽内滑动（线槽内衬有铝套）。按此思路设计出具有释放机构的滑轮线托悬垂线夹。如将我国早期采用的插闩式释放机构（即剪切销式防振锤释放线夹）改为破断式防振锤释放线夹。它的原理是对线夹颈部的顺线路方向有意削弱，使在断线时碰撞悬垂线夹（或悬挂架）后，线夹被撞断，从而保护导线。破断式防振锤释放型线夹，相对剪切销式防振锤释放型线夹释放机构而言，不仅质量大大的减轻，而且还提高了防振锤和阻尼线的防振性能，使用效果较好。

（四）特高压输电线路用悬垂线夹

特高压输电线路的导线分裂数多，悬垂负荷更大，其选型与设计难度很大。图 2-24 所示为我国 750kV 直线塔悬垂线夹组装设计图。

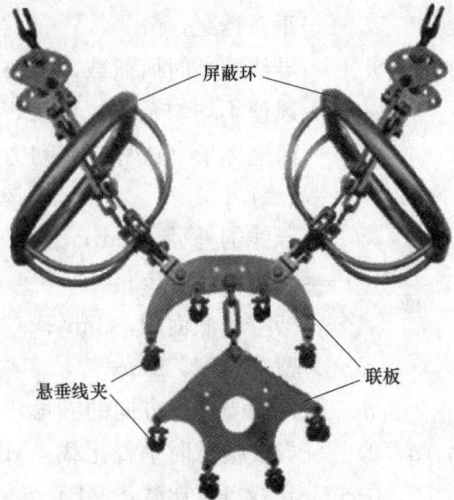

图 2-24 我国 750kV 直线塔悬垂线夹组装设计图

第三节 悬垂线夹设计基础

对于导线来说，悬垂线夹是个支点，要承受由导线上传递过来的全部负荷，容易造成机械损伤。因此，悬垂线夹的设计对于确保线路正常运行有着重要的作用，而特高压输电线路由于分裂导线数多，线夹负荷更大，选型设计显得更为重要。

一、悬垂线夹机械强度计算

1. 安全系数的选取

悬垂线夹根据安装和运行情况，分正常情况和断线情况进行分析。断线情况是与线夹的握力紧密相关的，正常运行主要承受由导线的垂直荷载和水平风荷载组成的总荷载（冬季时也可能有附冰荷载），因此在选择悬垂线夹时，要注意选取合适的安全系数。安全系数的选取原则及计算方法，已在第一章介绍，此处不再重复。

2. 悬垂线夹的破坏荷载计算

悬垂线夹在线路正常运行时，主要承受导线或避雷线的垂直与水平荷载形成的综合荷载。当导线或避雷线发生最大荷载时，考虑安全系数后，悬垂线夹的破坏荷载应不大于线夹的标称破坏荷载。

最大荷载是指导线或避雷线自重、覆冰重以及水平风负荷的综合值。

悬垂线夹的破坏荷载 p_n 计算式为

$$p = K\sqrt{[l_h\gamma_5(b,v)]^2 + [l_v\gamma_3(b,0)]^2} \leqslant p_n \tag{2-1}$$

$$\gamma_5(b,v) = \alpha_f c(d+2b)\frac{W_v}{A}\sin^2\theta \times 10^{-3} \tag{2-2}$$

$$\gamma_3(b,0) = \gamma_1(0,0) + \gamma_2(b,0) \tag{2-3}$$

$$\gamma_1(0,0) = \frac{qg}{A} \times 10^{-3} \tag{2-4}$$

式中 l_h——水平档距，m；

l_v——垂直档距，m；

$\gamma_5(b,v)$——导线覆冰时风荷载，MPa/m；

α_f——风速不均匀系数，见表 2-18；

c——风速体形（或称空气动力）系数，线径 $d<17mm$ 时 $c=1.2$，线径 $d\geqslant17mm$ 时 $c=1.1$；

d——导线的外径，mm；

W_v——理论风压，Pa；

A——架空线截面积，mm^2；

b——覆冰厚度，mm；

θ——风向与线路方向的夹角，(°)；

$\gamma_3(b,0)$——导线覆冰时垂直比载，MPa/m；

$\gamma_1(0,0)$——导线自重比载，MPa/m；

q——架空线的单位长度质量，kg/km；

g——重力加速度，$g=9.81m/s^2$；

$\gamma_2(b,0)$——冰重比载，MPa/m。

表 2-18 线路用风速不均匀系数 α_f

设计风速（m/s）		15	20 以下	20~30 以下	30~35 以下	≥35
α_f (MPa/m)	330kV 及以下线路	—	1.0	0.85	0.75	0.7
	500kV 线路	0.75	0.61			

若取覆冰的密度 $\rho=0.9\times10^{-3}kg/(m \cdot mm^2)$，则冰重比载为

$$\gamma_2(b,0) = \frac{\rho\pi(d+b)g}{A} = 27.2728 \times \frac{\rho\pi(d+b)g}{A} \times 10^{-3} \tag{2-5}$$

定型的悬垂线夹的机械强度余度较大，除特大重冰区需要经过验算外，一般地区均能满足要求，因此，一般可进似地简化为

$$l\gamma_7(b,v)K \leqslant p_n \tag{2-6}$$

式中 p_n——悬垂线夹的破坏荷载,N;

        K——安全系数,一般取 $K=2.5$;

$\gamma_7(b,v)$——导线或避雷线覆冰时综合比载,MPa/m。

$\gamma_7(b,v)$ 可按式(2-6)计算或查相关手册直接选取,如导线 LGJ-240/40,覆冰厚度为 5、10、15mm 时,覆冰时综合比载分别为 13.90、19.20、25.8 N/m;避雷线 GJ-19×2.2,覆冰时综合比载分别为 8.55、12.30、17.5N/m。

若经计算,所选用的悬垂线夹的机械强度不能满足工程要求时,可采用双悬垂线夹或设计新型线夹。

二、悬垂线夹的握力计算

在架空线正常运行情况下,导线、避雷线出现不均匀覆冰或不均匀风负荷时,悬垂线夹对导线、避雷线应具有一定的握力,即此时导线不许从线夹中滑出。

悬垂线夹的握力,是根据导线断线张力确定的。断线张力与导线的最大使用张力有关。一般情况下,导线的断线张力为导线最大使用张力的 50%～60%,而断线张力又为导线额定抗拉力的 40%,因此可用导线额定抗拉力 T_S 表示的线夹握力,即线夹握力等于 $(0.22\sim 0.24)T_S$。用于架空避雷线的悬垂线夹,其设计握力应不小于避雷线最大使用张力的 1/2。

三、导线在线槽中产生的附加弯曲应力及线槽的曲率

悬垂线夹线槽有一定的曲率,导线安装在线槽中将会出现弯曲,必然要产生附加弯曲应力。

1. 导线在线槽中产生的附加弯曲应力

(1)根据 IEEE 期刊提出的论文设计思想,认为导线(铝股丝直径为 d)在线槽中产生的附加弯曲应力 σ 可由下式确定

$$\sigma = \frac{d}{2R}E_a = 0.5\frac{d}{R}E_a \tag{2-7}$$

式中 R——线槽曲率半径,cm;

      E_a——铝的弹性模量,一般取 $E_a=0.63\times 10^7 \text{N/cm}^2$。

(2)前苏联设计思想认为各股铅丝(铝股丝直径为 d)互不干涉,平行弯曲,此时附加弯曲应力 σ 为

$$\sigma = \frac{3}{8}\times\frac{d}{D}E_a \tag{2-8}$$

前苏联的经验认为船体长度应不低于导线直径的 10 倍。

(3)我国取悬垂线夹的曲率半径为被安装导线直径的 8～10 倍。此时,若取悬垂线夹的曲率半径为被安装导线直径的 10 倍,则各种情况下的附加弯曲应力如下:

对 7 股导线

$$\sigma = \frac{3}{8}\times\frac{d}{D}E_a = \frac{3}{8}\times\frac{1}{2\times 10\times 3}\times 0.63\times 10^7 = 3937.5(\text{MPa})$$

对 19 股导线

$$\sigma = \frac{3}{8}\times\frac{d}{D}E_a = \frac{3}{8}\times\frac{1}{2\times 10\times 5}\times 0.63\times 10^7 = 2362.5(\text{MPa})$$

对 37 股导线

$$\sigma = \frac{3}{8} \times \frac{d}{D} E_a = \frac{3}{8} \times \frac{1}{2 \times 10 \times 7} \times 0.63 \times 10^7 = 1687.5 \text{(MPa)}$$

对 61 股导线

$$\sigma = \frac{3}{8} \times \frac{d}{D} E_a = \frac{3}{8} \times \frac{1}{2 \times 10 \times 9} \times 0.63 \times 10^7 = 1312.5 \text{(MPa)}$$

2. 悬垂线夹线槽的曲率

关于悬垂线夹线槽的曲率的取值。加拿大认为，直径范围在 24～28mm 的导线，应按图 2-25 所示考虑。

前苏联学者研究认为，悬垂夹线线槽的曲率分两部分组成（如图 2-26 所示）：一部分是线槽的中段，曲率半径 $R = (150～200)d$；另一部分是线槽的出口段，曲率半径 $r = (2～3)d$，d 表示导线直径。船体长度应不低于导线直径的 8 倍。

我国采用的线槽曲率如图 2-27 所示：图 2-27（a）用在 0°开始的悬垂角，悬垂线夹线槽的曲率为 ρ，一般取 $\rho \geqslant (8～10)d$，d 为导线直径；图 2-27（b）仅用在悬垂角较大时，其最小使用角度不得小于压板末端的悬垂角 25°，并考虑两段曲率 ρ_1、ρ_2，取 ρ_1、$\rho_2 \geqslant (8～10)d$。

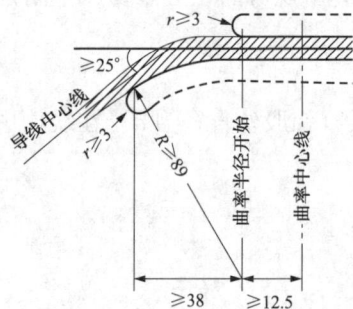

图 2-25　加拿大采用的线槽曲率示意图　　　　图 2-26　前苏联采用的线槽曲率示意图

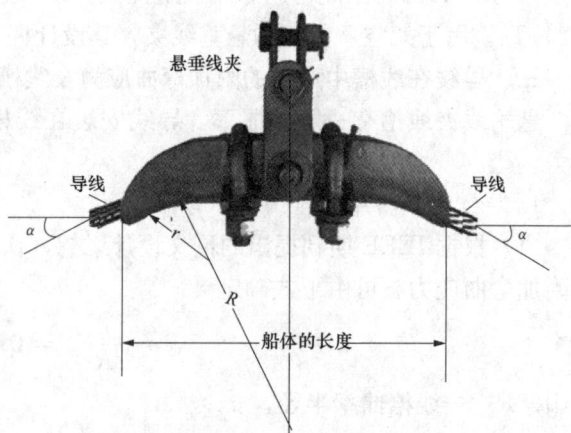

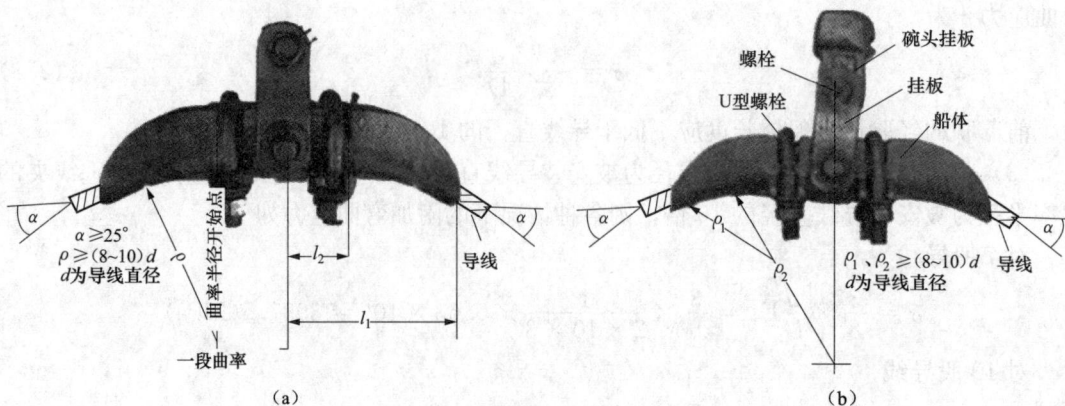

图 2-27　我国采用的线槽曲率示意图
（a）一段曲率；（b）两段曲率

四、悬垂线夹悬垂角的求解

1. 图解法确定悬垂角

为不使绞线在线夹出口处承受过高的弯曲应力而引起损伤，应进行必要的验算，以保证绞线在线夹两侧出口处的实际悬垂角不超过悬垂线夹允许的悬垂角，使导线、避雷线在线夹出口附近免受较大的弯曲应力，以免发生局部机械破坏，而引起断股、断线。

如图 2-27（a）所示，悬垂角 α 可按下式计算

$$\alpha = \arcsin \frac{l_1 - l_2}{\rho} \tag{2-9}$$

式中 l_1、l_2——线夹在不同船体处相对线夹转动中心的长度，mm；

         ρ——线夹船体处的曲率，mm。

由式（2-9）可以看出，线夹使用成品线夹时，线夹的曲率 ρ 和长度 l_1、l_2 是一定的，则线夹的悬垂角 α 也是一定的。

事实上，运行线路中导线或避雷线的悬垂角是变化的，悬垂线夹船体的偏转角 β 也会随之发生变化（如图 2-28 所示）。当船体转到某角度 β_0 时，船体上的 U 型螺栓将被挂架挡住，此时的 β_0 则为悬垂线夹的最大偏转角。

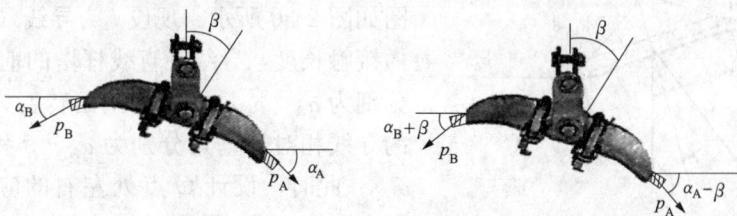

图 2-28 悬垂线夹偏转角

当 $\alpha_A > \alpha_B$ 时，导线或避雷线在线夹上的安全运行条件应满足

$$\alpha_A - \beta < \alpha \text{ 或 } \alpha_B + \beta < \alpha$$

式中 α_A、α_B——导线或避雷线两侧的悬垂角，（°）；

         β——悬垂线夹船体的偏转角，（°）。

当输电线路通过平坦地带，一般悬垂角 α 为 5°～8°及 10°～12°；通过山区高差较大时，允许悬垂角 α 取 20°～25°，极少有超过 25°的悬垂角。悬垂线夹的通用条件：悬垂角计算取值为 27°，实际使用范围为 25°以下。当线路实际悬垂角超过这一范围时，应考虑使用双线夹，调整杆塔位置、杆塔高度或使用特殊设计的悬垂线夹（如大跨越段采用蜗牛悬垂线夹、剪切销式防振锤释放线夹、破断式防振锤释放线夹等）。

2. 图解法求悬垂线夹偏转角

当悬垂线夹的船体转到某一角度时，U 型螺栓将被挂架挡住，此时形成的角度为最大偏转角。最大偏转角除与杆塔悬挂点两侧导线或地线的悬垂角有关外，还与导线、地线的直径（导线外径应包括缠铝包带厚度或护线条直径）有关，直径越大，U 型螺栓越往上移，则最大偏转角越小。若转到的角度大于最大偏转角则要采取措施，如改为双线夹、调整塔高或使用特殊设计新型线夹等。因此，最大偏转角也是安全运行条件。

应用图解法求悬垂线夹偏转角 β 的方法如下：

（1）首先在图纸（如图 2-29 所示，偏转角计算简图）上画出导线或避雷线的悬垂角 α_A、

α_B，并取导线或避雷线直径 d 的 $1/2$ 长画出外缘线。

（2）于另一张透明纸上画出悬垂线夹船体底部的剖面。

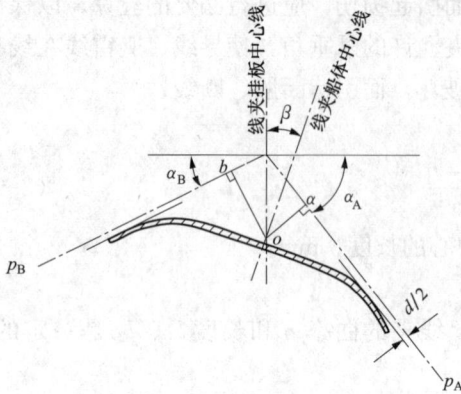

图 2-29　悬垂线夹偏转角 β 的求解

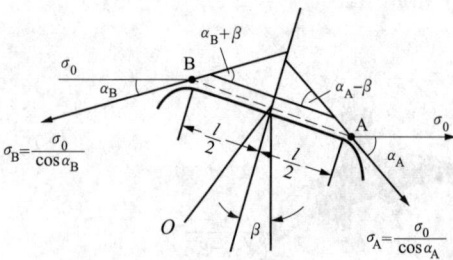

图 2-30　中心回转式悬垂线夹的旋转简图

（3）调整透明纸上船体底部剖面，使其悬垂角部分的某一点与导线或避雷线的外缘线相切，此时量出线段 $\overline{Oa}$、$\overline{Ob}$。若不相等，可再调整 $\overline{Oa}$ 及 $\overline{Ob}$，直到相等为止。此时量出的 β 角即为所求。

3. 解析法计算偏转角

由于悬垂线夹安装位置的不同，其旋转点位置也不同，在使用中将产生不同的偏转角 β，此时线夹两侧的导线对线夹的相对悬垂角也会不同。为此，根据悬垂线夹旋转点位置的不同，参照下述方法求解偏转角 β 值。

（1）中心回转式线夹出口处导线对线夹的相对偏转角计算。中心回转式悬垂线夹的旋转简图如图 2-30 所示。现设 l 为导线（或避雷线）线槽接触长度，导线在直线杆塔的前后两侧的俯角分别为 α_A、α_B，而船体偏角转度为 β，船体两侧的导线相对悬垂角分别为 $\alpha_A-\beta$ 和 $\alpha_B+\beta$（$\alpha_A > \alpha_B$）。此时，设计 O 点处左右的应力分别为 σ_A、σ_B（实际是杆塔前后）。于是，由力矩平衡条件有

$$\frac{\sigma_0}{\cos\alpha_B} \times \frac{l}{2} \times \sin(\alpha_B+\beta) = \frac{\sigma_0}{\cos\alpha_A} \times \frac{l}{2} \times \sin(\alpha_A-\beta) \tag{2-10}$$

因此，可解得中心回转式线夹的偏转角 β 为

$$\beta = \arctan\frac{\tan\alpha_A - \tan\alpha_B}{2} \tag{2-11}$$

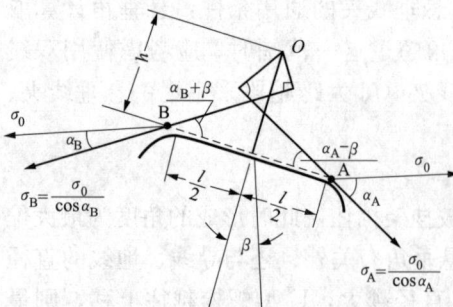

图 2-31　提包式线夹的旋转简图

（2）提包式线夹的相对偏转角计算。提包式线夹的旋转简图如图 2-31 所示。设 h 为旋转轴与导线中心线的垂直距离，图中的 O 点处为旋转轴，l 为导线与线槽接触的长度。根据力矩平衡式原理列力矩平衡方程，可解得提包式线夹的偏转角 β 的值为

$$\beta = \arctan\left[\frac{\tan\alpha_A - \tan\alpha_B}{2} \times \frac{1}{1+\frac{h}{l}(\tan\alpha_A + \tan\alpha_B)}\right] \tag{2-12}$$

（3）上杠式线夹的相对偏转角计算。图 2-32 所示，O 点为旋转轴，由此列出力矩平衡式，解得上杠式线夹出口处导线对线夹的相对偏转角为

$$\beta = \arctan\left[\frac{\tan\alpha_A - \tan\alpha_B}{2} \times \frac{1}{1 - \dfrac{h}{l}(\tan\alpha_A + \tan\alpha_B)}\right] \tag{2-13}$$

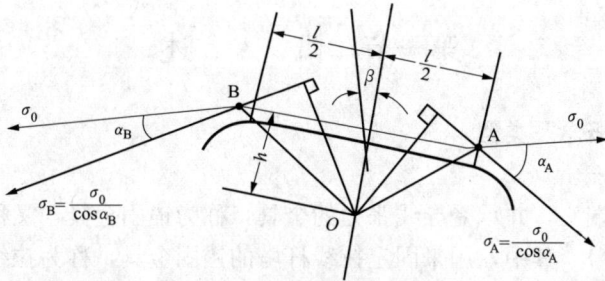

图 2-32　上杠式线夹的船体旋转简图

　　显然，从上述计算式可看出提包式线夹的偏转角较中心回转式的小，上杠式线夹较中心回转式的偏转角大。为此，在线路排杆定位时，必须考虑偏转角。

第三章　锚固金具

第一节　概　述

一、锚固金具的概念及类型

1. 锚固金具的概念

用于固定导线的端头，并承受导线张力的金具，称为锚固金具，又称紧固金具或耐张线夹（统称"耐张线夹"）。其中，用来固定拉线杆塔的锚固金具，称为拉线金具。

2. 耐张线夹的类型

耐张线夹按结构和安装方式分为螺栓型、压缩型、楔形和预绞丝式。

螺栓型耐张线夹是用螺栓件固定导线的耐张线夹。

压缩型耐张线夹是用压缩方法固定导线的耐张线夹。

楔形耐张线夹是用楔子固定导线的耐张线夹。

预绞丝式耐张线夹是将预成型螺旋条状物缠绕于导线或地线上，用于承受机械或电气荷载。

另外，耐张线夹根据线夹安装后电流流经线夹与不流经线夹分两大类。电流不流经线夹而由导线本身流过的，多是靠螺栓紧固的线夹，称为螺栓型耐张线夹，其实物及安装实景如图 3-1 所示。电流流经线夹的，多是以压接方法紧固的线夹，称为压缩型耐张线夹，其实物及安装实景如图 3-2 所示。

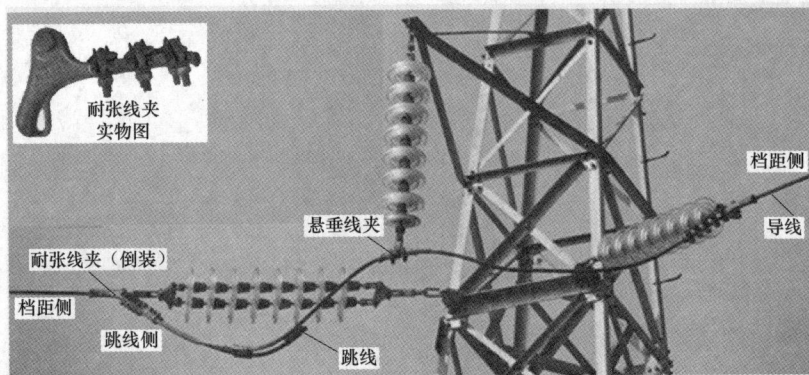

图 3-1　倒装式螺栓型耐张线夹实物及安装实景图

二、耐张线夹的型号

耐张线夹的型号如图 3-3 所示。

耐张线夹的型号示例见表 3-1。

三、技术要求

（1）耐张线夹一般技术条件应符合 GB/T 2314—2008 的规定，并按规定的程序批准图样制造。

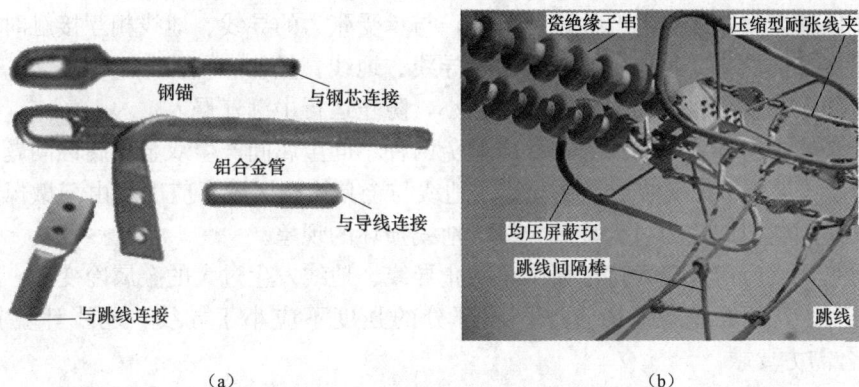

(a) (b)

图 3-2 压缩型耐张线夹实物及安装实景图

(a) 实物图；(b) 安装（含保护金具等）实景图

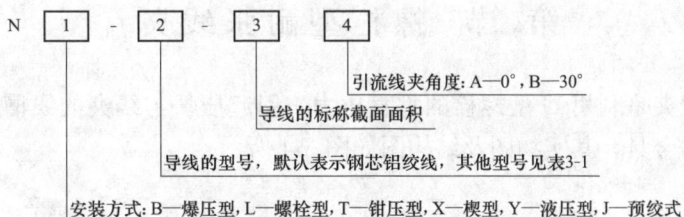

图 3-3 耐张线夹的型号

表 3-1 耐张线夹的型号示例

型 号	安装方式	名 称	导线标称截面面积（mm²）	引流线夹角度（°）
NY-400/35A	液压型	钢芯铝绞线	400/35	0
NY-JLHA1/LB1A-450/60B	液压型	铝包钢芯铝合金绞线	450/60	30
NL-JG1A-85	螺栓型	钢绞线	85	

（2）耐张线夹的连接尺寸应保证与其所连接金具配合。

（3）承受电气负荷的耐张线夹不应降低导线的导电能力，其电气性能应满足如下要求：

1）导线接触处两端点之间的电阻，对于压缩型耐张线夹，应不大于同样长度导线的电阻；对非压缩型耐张线夹，应不大于同样长度导线电阻的 1.1 倍。

2）导线接触处的温升不应大于被接续导线的温升。

3）耐张线夹的载流量不应小于被安装导线的载流量。

（4）耐张线夹握力强度应满足 GB/T 2314—2008 的要求，其导线、地线计算拉断力的百分比不应小于表 3-2 的规定。

表 3-2 耐张线夹导线、地线计算拉断力的百分比

金具类型	百分比（%）	金具类型	百分比（%）
压缩型耐张线夹	95	配电线路用耐张线夹	65
预绞丝式耐张线夹	95	绝缘线用耐张线夹（剥皮）	65
螺栓型耐张线夹	90	变电站用耐张线夹	65
楔形耐张线夹	90		

（5）非压缩型耐张线夹的弯曲延伸部分，与承受张力的导线、地线相互接触时，此弯曲延伸部分出口处的曲率半径应不小于被安装导线、地线直径的 8 倍。

（6）应使压缩型耐张线夹内部孔隙为最小，防止运行中潮气侵入。

（7）耐张线夹与导线、地线连接处应避免两种不同金属间产生双金属腐蚀问题。

（8）耐张线夹应考虑安装后，在导线、地线与金具接触区域不应出现由于微风振动、导线振荡或其他因素引起应力过大导致导线、地线损坏的现象。

（9）耐张线夹应避免应力过于集中，防止导线、地线发生过大的金属冷变形。

（10）压缩型耐张线夹钢锚管非压缩部分的强度不应小于导线、地线计算拉断力的 105％或符合需方要求。

（11）螺栓型耐张线夹强度不应小于导线计算拉断力的 105％或符合需方要求。

（12）压缩型耐张线夹应在管材外表面标注压缩部位及压缩方向。

第二节　螺栓型耐张线夹

螺栓型耐张线夹是利用 U 型螺栓的垂直压力，引起压块与线夹的线槽对导线产生的摩擦力来固定导线的金具，其实物图及结构图如图 3-4 所示。

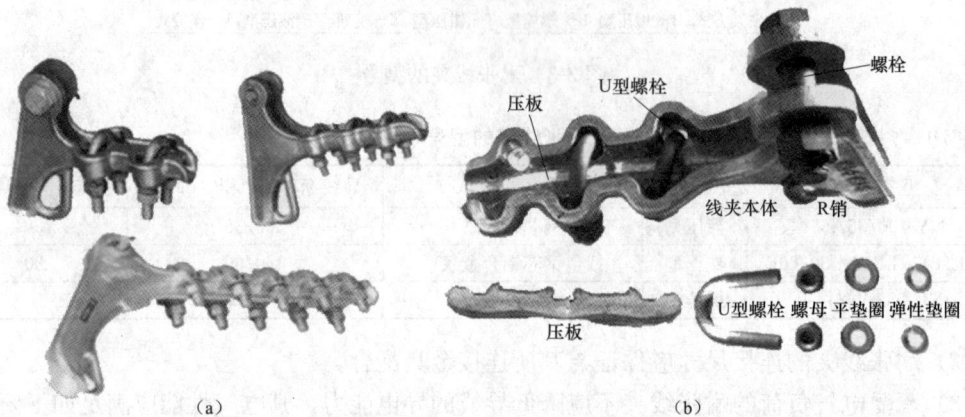

图 3-4　螺栓型耐张线夹实物图及结构图
(a) 螺栓型耐张线夹实物图；(b) 螺栓型耐张线夹结构图

一、螺栓型耐张线夹的类型

螺栓型耐张线夹根据制作材料可分为可锻铸铁类螺栓型耐张线夹、冲压式螺栓型耐张线夹、铝合金螺栓型耐张线夹。这些线夹因安装后，再拆卸下来，还能继续在其他地方安装，并具有相同的功能和作用，因此称为活线夹，也称第一类线夹。

1. 可锻铸铁类螺栓型耐张线夹

该线夹本体和压板为可锻铸铁件，闭口销为不锈钢件，其余为钢制件，可锻铸铁和钢制件经热镀锌处理，适用于安装中小截面铝绞线及钢芯铝绞线。

2. 冲压式螺栓型耐张线夹

冲压式螺栓型耐张线夹采用钢板冲压成型，闭口销为不锈钢件，其余为经热镀锌处理的钢制件。该类耐张线夹，属于磁性材料，其电磁损耗较大，已逐渐被铝合金螺栓型耐张线夹所代替。

3. 铝合金螺栓型耐张线夹

采用铝合金材料铸造成的螺栓型耐张线夹，称为铝合金螺栓型耐张线夹。它采用高强度铝合金铸造，强度高、抗腐性能好，并具有节能效果，主要可用于输电线路、配电线路和变电站设备耐张锚固安装。

螺栓型耐张线夹结构如图 3-5 所示，NLL-××型线夹技术参数见表 3-3。

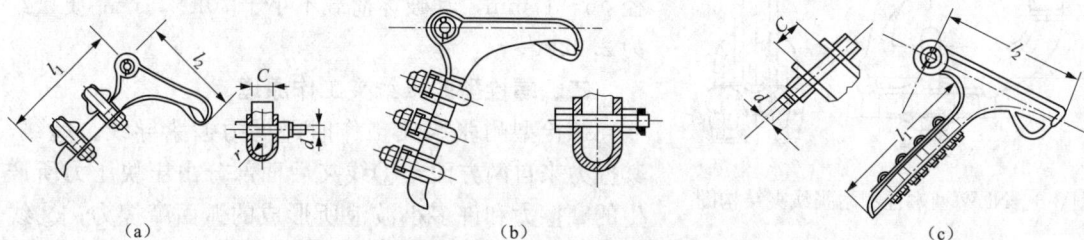

图 3-5 螺栓型耐张线夹结构图
(a) NLD-××型；(b) ND-××型；(c) NLL-××型

表 3-3   NLL-××型线夹技术参数

型 号	适用绞线直径范围 (mm)	主要尺寸 (mm)				U 型螺栓		使用范围
		C	d	l_1	l_2	个数	直径	
NLL-16	5.0～11.5	16	16	115	140	2	M12	配电线路用，握力不应小于导线计算拉断力的 65%
NLL-19	7.5～15.75	19	16	120	160	2	M12	
NLL-22	8.16～18.90	22	16	125	170	2	M12	
NLL-29	11.4～21.66	29	16	130	200	2	M12	
NLL-18	5.10～14.50	18	16	185	200	2	M12	输电线路用，握力不应小于导线计算拉断力的 95%
NLL-21	7.75～18.70	21	16	225	220	4	M12	
NLL-27	12.48～21.66	27	16	275	290	4	M16	
NLL-35	18.00～30.00	35	24	400	350	5	M16	
NLL-32	14.8～25.2	32	16	160	240	3	M12	变电站用，握力不应小于导线计算拉断力的 65%
NLL-42	19.00～33.5	42	16	265	360	5	M16	

注 型号含义：N—耐张线夹；第一个 L—螺栓；第二个 L—铝合金；数字—适用绞线直径范围。
例：型号 NLL-16 表示铝合金螺栓型耐张线夹，适用绞线直径范围 5.0～11.5mm。

若运行线路需将耐张线夹按图 3-1 方式安装，则此时的线夹，称倒装式螺栓型耐张线夹。这种安装方式叫做"倒装安装"。即受力侧（档距侧）没有 U 型螺栓固定，而 U 型螺栓均装在跳线侧。也就是说，线夹不能装反，否则会降低线夹机械强度，甚至造成断裂事故。

NLD 型线夹技术参数见表 3-4。

表 3-4   NLD 型线夹技术参数

型 号	适用绞线直径范围 (包括加缠物, mm)	主要尺寸 (mm)					U 型螺栓		标称破坏荷载 (kN)	参考质量 (kg)
		C	d	l_1	l_2	r	直径	个数		
NLD-1	5.0～10.0	18	16	150	120	6.5	M12	2	18 [20]	1.3
NLD-2	10.1～14.0	18	16	205	130	8.0	M12	3	41 [40]	2.1
NLD-3	14.1～18.0	22	18	310	160	11.0	M16	4	71 [70]	4.6
NLD-4	18.1～23.0	25	18	410	220	12.5	M16	5	91 [90]	7.1 [7.0]

注 1. 方括号内为内六角头带孔螺栓数据。
    2. 型号含义：N—耐张线夹；D—倒装；L—铝合金；数字—适用绞线直径。
例：型号 NLD-1 表示耐张倒装螺型铝合金线夹，适用绞线直径 5.0～10.0mm。

4. 其他类型螺栓型耐张线夹

除上述几类螺栓型耐张线夹外，根据输配电线路的需要，电力金具科研单位及金具厂家

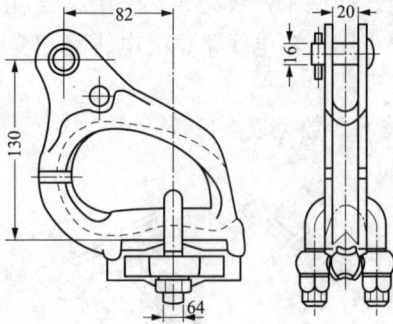

图 3-6　NLW 型螺栓型耐张线夹结构图

设计制造出如图 3-6 所示的 NLW 型螺栓型耐张线夹。如 NLW-1 型螺栓型耐张线夹，适用绞线直径 $\phi 4 \sim 14\text{mm}$，其破坏荷载不小于 64kN，产品质量约为 1.8kg；又如 NLW-2 型螺栓型耐张线夹，适用绞线直径 $\phi 6 \sim 17\text{mm}$，其破坏荷载不小于 70kN，产品质量约为 2.32kg。

二、螺栓型耐张线夹工作原理

螺栓型耐张线夹工作时靠握力握紧导线、地线，其握力来自两方面：①线夹后面部分由压块压力所产生的摩擦力和许多小波浪所形成的弧面摩擦力；②线夹前部弧面所产生的摩擦力，也可说是借助于几个 U 型螺栓（根据结构设计 2、3、4、5 个螺栓）的垂直压力与波浪形线夹所产生的摩擦效应来固定导线的。它的优点是结构较简单，在线路上使用时，对于非终端杆塔可不断开导线，以减少线路接头，便于施工，并有利于线路的安全运行。

1. 导线的拉力计算

根据螺栓型耐张线夹的工作原理知，其线夹的握力是靠紧固几个 U 型螺栓压紧导线产生尾部张力，而在前面的圆弧段产生更大的摩擦力而将导线拉紧，圆弧面上的摩擦力大小依摩擦系数及圆弧所包的角度而定。图 3-7 所示为螺栓型耐张线夹受力分析示意图及线夹弧面应力分析。

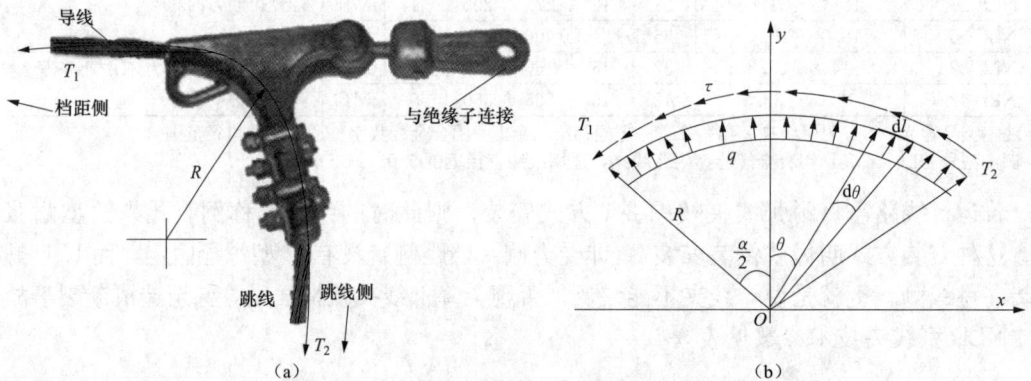

图 3-7　螺栓型耐张线夹受力分析示意图及线夹弧面应力分析图
（a）螺栓型耐张线夹受力分析示意图；（b）线夹弧面应力分析图

如图 3-7（b）所示，在线夹上取一微段 $\mathrm{d}l$ 为分离体，则

$$\mathrm{d}N = T\sin\frac{\mathrm{d}\theta}{2} + (T + \mathrm{d}T)\sin\frac{\mathrm{d}\theta}{2}$$

式中，因 $\mathrm{d}\theta$ 很小，可取 $\sin\left(\dfrac{\mathrm{d}\theta}{2}\right) \approx \dfrac{\mathrm{d}\theta}{2}$，并略去二次微量 $\mathrm{d}T\sin\left(\dfrac{\mathrm{d}\theta}{2}\right)$，可得 $\mathrm{d}N = T\mathrm{d}\theta$。

又因 $f\mathrm{d}N+T\cos\left(\dfrac{\theta}{2}\right)=(T+\mathrm{d}T)\cos\left(\dfrac{\mathrm{d}\theta}{2}\right)$，若取 $\cos\left(\dfrac{\mathrm{d}\theta}{2}\right)\approx1$，因此得出 $f\mathrm{d}N=\mathrm{d}T$，于是

$\mathrm{d}N=T\mathrm{d}\theta=\dfrac{\mathrm{d}T}{f}$ 或 $f\mathrm{d}\theta=\dfrac{\mathrm{d}T}{T}$，在其两边进行积分有 $\displaystyle\int_{T_2}^{T_1}\dfrac{\mathrm{d}T}{T}=\int_0^\alpha f\mathrm{d}\theta$，故可得 $\ln\dfrac{T_1}{T_2}=f\alpha$，即有

$$T_1=T_2\mathrm{e}^{f\alpha} \tag{3-1}$$

式中　T_1——导线的拉力，N；

　　　T_2——线槽尾部张力，N；

　　　e——自然对数的底，e 取 2.718；

　　　f——滑动摩擦系数；

　　　α——圆弧段包含角度，rad。

由式（3-1）可以看出，加大 α 角，就能增大摩擦力，但导线所受的附加弯曲应力与曲率半径 R 成反比，为了避免导线在线夹出口处受到过大的附加应力，线夹的曲率半径就要加大，而对于普通螺栓型耐张线夹，增大弧角 α 和曲率半径 R 是有一定限度的，过大将导致尺寸过大、质量过重而不实用。

为了克服"一定限度"的问题。一般情况是，将线夹尾部做成波浪形小凹槽（波浪太深对于钢芯铝线是不合适的），并采用 U 型螺栓把导线压进凹槽中去，以此增加一些弧面摩擦力。但由于导线有一定刚度（大导线刚度更大），要将导线压弯，需要一定的压力。因此，安装 U 型螺栓的拧紧力首先要克服导线的刚度，待导线压到贴紧槽底后，剩余的力才可用来压紧导线（重要的是压紧钢芯）。常常由于压紧导线的力不大，使弧面摩擦力主要发生在铝股线与线夹之间，而使铝股线被拉断、钢芯被抽出，形成"抽芯"现象。因此，必须考虑弧面的压应力，如图 3-7 所示。计算方法如下

$$T_1-T_2=\Delta T=qf\varphi R=\sum\tau \tag{3-2}$$
$$q=\dfrac{T_1-T_2}{\varphi Rf} \tag{3-3}$$

式中　φ——圆弧角，rad；

　　　R——曲率半径，m；

　　　q——单位长度的压力，N/cm；

　　　τ——单位长度上的摩擦力，N/cm。

根据力平衡条件有 $\sum T_y=0$，则

$$0=(T_1+T_2)\cos\left(\dfrac{\varphi}{2}\right)=\int_{-\frac{\varphi}{2}}^{\frac{\varphi}{2}}qR\cos\dfrac{\theta}{2}\mathrm{d}\theta=2qR\sin\left(\dfrac{\varphi}{2}\right)$$

于是可解得

$$q=\dfrac{(T_1+T_2)\cos\left(\dfrac{\varphi}{2}\right)}{2R\sin\left(\dfrac{\varphi}{2}\right)}=\dfrac{(T_1+T_2)\cot\left(\dfrac{\varphi}{2}\right)}{2R}$$

$$f=\dfrac{T_1-T_2}{T_1+T_2}\cdot\dfrac{2\tan\dfrac{\varphi}{2}}{\varphi}$$

将其代入式（3-3），得线槽弧面单位长度上的压力为

$$q = \frac{T_1 + T_2}{2R\tan\left(\dfrac{\varphi}{2}\right)} \qquad (3\text{-}4)$$

2. 耐张线夹螺栓压力计算

计算螺栓的压力的目的是保证耐张线夹安装后有足够的静摩擦力。

M10～M60 的粗牙螺纹的拧紧力矩 $M = 0.2pd$（p 为螺栓的预紧力，d 为螺栓的公称直径）。为充分发挥螺栓的预紧力和保证预紧可靠，要求达到材料屈服极限的 50%～70%。此时，可推知螺栓的预紧力为

$$p = \frac{M}{0.2d} = 5\frac{M}{d} \qquad (3\text{-}5)$$

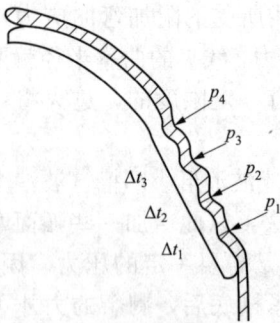

图 3-8　螺栓型耐张线夹
的线槽受力示意图

为方便分析和估算，现假定耐张线夹的线槽轮廓对导线的握力是由四个螺栓压力 p_1、p_2、p_3、p_4 及三个小圆弧产生的摩擦力 Δt_1、Δt_2、Δt_3（如图 3-8 所示）和大圆弧摩擦力 ΔT 组成。

根据材料力学理论，将两个螺栓帽布置情况理解为简支梁结构（如图 3-9 所示），并假定两个螺栓帽的总压力为 p'，梁的变形为 δ，EJ 为抗弯强度，则两个螺栓帽形成的简支梁的总压力为

$$p' = \frac{48EJ\delta}{L^3} \qquad (3\text{-}6)$$

用来压紧导线的力 p_1 则为

$$p_1 = 2p - p' \qquad (3\text{-}7)$$

若钢线夹与铝股之间的摩擦系数为 f（一般取 $f = 0.25$），此时摩擦力 T_2 为

$$T_2 = T_1 f = 0.25T_1 \qquad (3\text{-}8)$$

图 3-9　简支梁

由式（3-1）可得，三个小圆弧产生的摩擦力计算式为

$$\Delta t_1 = T_1 - T_2 = T_2(\mathrm{e}^{f\alpha} - 1)$$
$$\Delta t_2 = (2T_2 + \Delta t_1)(\mathrm{e}^{f\alpha} - 1)$$
$$\Delta t_3 = (3T_2 + \Delta t_1 + \Delta t_2)(\mathrm{e}^{f\alpha} - 1)$$

大圆弧摩擦力 ΔT 为

$$\Delta T = (T_1 + \Delta t_1 + \Delta t_2 + \Delta t_3)(\mathrm{e}^{f\alpha} - 1) \qquad (3\text{-}9)$$

线夹总的握力 T 为

$$T = T_1 + \Delta t_1 + \Delta t_2 + \Delta t_3 + \Delta T \qquad (3\text{-}10)$$

导线的导线拉断力可按下式计算

$$T_B = \sigma_{AB}F_A + \sigma_{SB}F_S \qquad (3\text{-}11)$$

式中　σ_{AB}——铝股丝破坏应力，N/mm²；

　　　　σ_{SB}——钢铝股丝破坏应力，N/mm²；

F_A——铝股截面积，mm^2；

F_S——钢股截面积，mm^2。

3. 弧面上导线铝丝所受应力计算

弧面上导线铝丝所受应力有横向挤压应力、顺向的拉力和弯曲应力，按式（3-1）计算。弧面单位长度上的压力 q 为

$$q = \frac{T_1 + T_2}{2R\tan(\varphi/2)} \tag{3-12}$$

式中　φ——大弧面的弧度，rad；

R——大弧半径，mm。

弧面上导线铝丝单位面积上的压应力 σ_N，根据架空线路机械力学计算原理有

$$\sigma_N = q/D \tag{3-13}$$

式中　D——导线外径，mm；

q——弧面单位长度上的压力，N/mm。

由于导线在滑车中弯曲所引起的附加应力 σ 为

$$\sigma = \frac{3}{8} \times \frac{d}{D} E_A = 0.375 \frac{d}{D} E_A \tag{3-14}$$

根据材料力学关于二维应力的计算理论，综合应力 σ_z 为

$$\sigma_z = \sqrt{\sigma_t^2 + \sigma_t^2 \sigma_N^2 + \sigma_N^2} \tag{3-15}$$

事实上，弧面压应力 σ_N 对总应力 σ_z 的影响不大，可以忽略不计。

三、运行中对耐张线夹失效的简单分析

耐张线夹有螺栓式、压缩式等，运行中的耐张线夹失效主要表现在以下方面：

（1）螺栓式耐张线夹的弯曲部分出口处曲率半径过小、弯曲应力过大而引起的疲劳破坏。

（2）压缩型耐张线夹因压接质量不符合要求或运行中压接性能劣化，接触面氧化，接触电阻增大，导致局部发热。

（3）压缩型耐张线夹本体内部存在空隙，长期受到潮气影响导致锈蚀。

（4）耐张线夹与导线为两种不同的金属材料，其连接处产生双金属腐蚀问题。

（5）因微风振动、导线振荡或其他因素引起耐张线夹与导线接触区域产生过高的应力破坏，以及振动引起的钢锚握力降低，导致导线从线夹内滑移及脱落。图 3-10 所示为某线路因过载引起的钢锚断裂实景。

图 3-10　某线路因过载引起的钢锚断裂实景图

第三节　压缩型耐张线夹

用压缩（液压或爆压）工艺接续导线、地线的线夹，称为压缩型耐张线夹，分为液压型

和爆压型。

常用的液压型耐张线夹主要由管体、引流板、引流线夹和钢锚等组成，其中管体用热挤压成型铝管制造，引流板用热挤压成型铝板制造，引流线夹由铝管部分压扁而成，而钢锚一般采用优质碳素结构钢锻制成型。

液压型耐张线夹在运行线路上的安装实景如图 3-2 所示：钢锚用来接续和锚固钢芯铝绞线的钢芯，以压力压固方式使钢锚产生塑性变形，从而使钢锚与钢芯铝绞线的钢芯结合为一个整体，在套铝管与钢芯铝绞线的铝线压接完成压接过程。

压缩型耐张线夹具有安装方便等特点。

一、导线用液压型耐张线夹

导线用液压型耐张线夹包括普通钢芯铝绞线用液压型耐张线夹、（83）标准钢芯铝绞线用液压型耐张线夹、铝合金绞线用压缩型耐张线夹等。

1. 普通钢芯铝绞线用液压型耐张线夹

普通钢芯铝绞线用液压型耐张线夹结构如图 3-11 所示，技术参数见表 3-5。

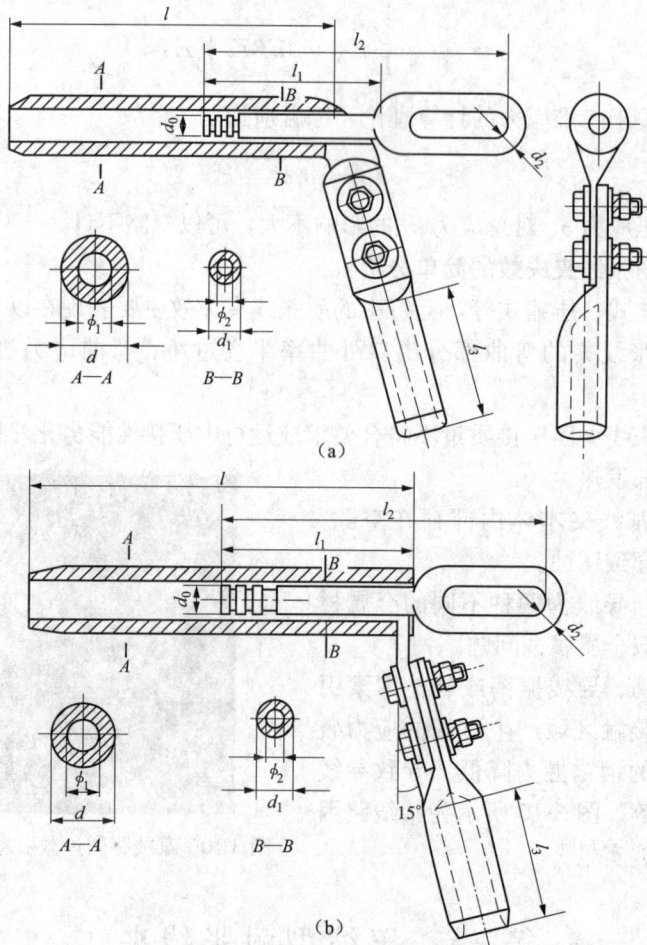

图 3-11　普通钢芯铝绞线用液压型耐张线夹结构图
(a) 结构图（一）；(b) 结构图（二）

表 3-5 普通钢芯铝绞线用液压型耐张线夹技术参数

型 号	图号	适用导线型号	主要尺寸（mm）											质量（kg）
			外径		ϕ_1	ϕ_2	d	d_0	d_1	d_2	l_1	l_2	l_3	l	
NY-150Q	图 3-11（a）	LGJQ-150	16.6	5.4	18.0	6.0	32	16	16	12	125	210	90	205	1.35
NY-180Q	图 3-11（a）	LGJQ-185	18.4	6.0	20.0	6.6	34	18	18	16	135	220	90	225	1.51
NY-500Q	图 3-11（b）	LGJQ-500	27.36		32.0	10.7	50	29	26	20	195	325	130	370	4.35
NY-600	图 3-11（b）	LGJQ-600	30.16		35.0	11.7	55	32	30	22	210	340	150	400	5.50
NY-300	图 3-11（a）	LGJQ-300	25.20		27.0	10.7	40	24	24	18	190	300	110	340	2.52
NY-400	图 3-11（a）	LGJJ-400	27.68		29.5	11.7	45	26	26	20	210	340	120	360	4.10
NY-300J	图 3-11（a）	LGJJ-300	25.68		27.5	11.7	40	24	24	20	110	320	110	350	3.44
NY-400J	图 3-11（a）	LGJJ-300	29.18		30.8	3.2	45	28	28	22	230	360	120	390	4.58

注 型号含义：N—耐张线夹；Y—压缩型；数字—适用导线直径；附加字母 Q—轻型，J—加强型。
例：型号 NY-150Q 表示压缩型耐张线夹，适用导线型号 LGJ-150 轻型钢芯铝绞线。

2.（83）标准钢芯铝绞线用液压型耐张线夹

（83）标准钢芯铝绞线用液压型耐张线夹，也有形象称之"冲锋枪型"，属于（74）标准钢芯铝绞线用液压型钢芯铝绞线耐张线夹的改进型式。改进型的钢锚管的外径与直线管外径相同，压接连接时仍可采用同规格的压缩钢模。这种结构的耐张线夹的钢锚环位于钢管后部，环箍承受导线全部拉力，而钢管仅承受钢芯拉力。该线夹结构如图 3-12 所示，技术参数见表 3-10。

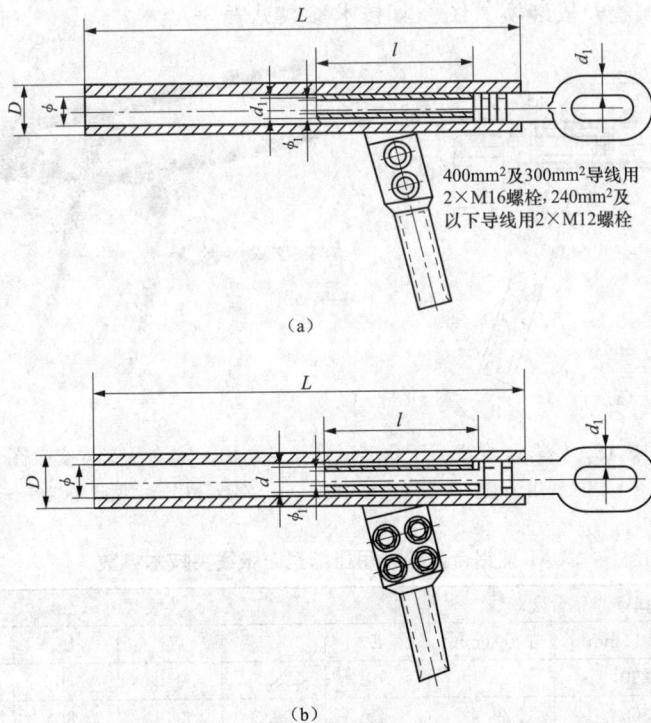

图 3-12 （83）标准钢芯铝绞线用液压型耐张线夹结构图
（a）NY-150～400 型液压型钢芯铝绞线用耐张线夹；（b）NY-150～800 型液压型用耐张线夹

（83）标准钢芯铝绞线用液压型耐张线夹包括 NY-150～400 型、NY-150～800 型钢芯铝绞线用液压型耐张线夹，它们的结构基本相同，如图 3-12 所示。NY-500～800 型钢芯铝绞线用液压型耐张线夹的技术参数见表 3-6。

表 3-6　　　　　　　　　NY-500～800 型钢芯铝绞线用液压型耐张线夹技术参数

型　号	适用导线型号	外径（mm）	主要尺寸（mm）						
			D	d	d_1	L	l	ϕ	ϕ_1
NY-500/35	LGJ-500/35	30.00	52	16	22	480	100	31.5	8.2
NY-500/45	LGJ-500/45	30.00	52	18	22	480	110	31.5	9.1
NY-500/55	LGJ-500/55	30.96	52	22	22	510	140	31.5	11.0
NY-630/45	LGJ-630/45	33.60	60	18	22	490	110	35.5	9.1
NY-630/55	LGJ-630/55	34.32	60	20	24	510	130	36.0	10.3
NY-630/80	LGJ-630/80	38.42	60	24	24	550	160	36.5	12.3
NY-800/55	LGJ-800/55	38.40	65	20	24	580	130	40.0	10.3
NY-800/70	LGJ-800/70	38.58	65	22	26	580	145	40.5	11.5
NY-800/100	LGJ-800/100	38.98	65	26	26	610	180	40.5	13.7

注　型号含义：N—耐张线夹；Y—压缩型；数字—铝截面面积（mm²）/钢截面面积（mm²）。
例：型号 NY-500/35 表示适用型号为 LGJ-500/35 的钢芯铝绞线（铝截面 500mm²/钢截面 35mm²）导线液压型耐张线夹。

3. 铝绞线用压缩型耐张线夹

铝绞线用压缩型耐张线夹，由铝管本体和钢锚组成。图 3-13 所示为铝合金绞线用压缩型耐张线夹结构、实物及安装实景图。其技术参数见表 3-7。

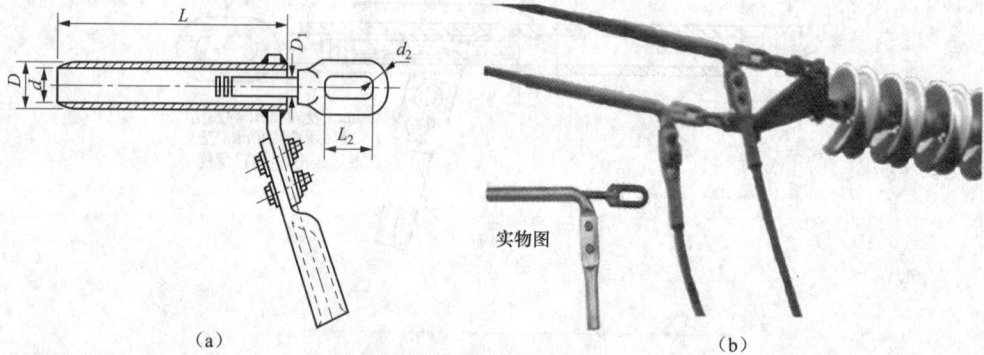

（a）　　　　　　　　　　　　　　　　　　　　（b）

图 3-13　铝合金绞线用压缩型耐张线夹结构、实物及安装实景图
（a）铝绞线用压缩型耐张线夹结构图；（b）铝绞线用压缩型耐张线夹

表 3-7　　　　　　　　　JLA1 型铝合金绞线用压缩型耐张线夹技术参数

型　号	JLA1 型铝合金绞线		主要尺寸（mm）					
	截面积（mm²）	外径（mm）	D	d	L	L_2	d_2	D_1
NY-200LH	290	22.1	40	23.5	310	70	18	
NY-360LH	366	29.7	45	26.5	340	80	20	
NY-825LH	825	37.8	65	39.0	490	110	26	
NY-930LH	930	39.6	70	41.5	540	130	30	

注　型号含义：N—耐张；Y—压缩；LH—铝合金绞线；"-"后数字—LA1 型铝合金绞线截面积。
例：型号 NY-200LH 表示适用 JLA1 型铝合金绞线（截面积为 290mm²）用压缩型耐张线夹。

二、地线用压缩型耐张线夹

架空输电线路上，以压接方法连接避雷线的承力线夹，称为避雷线压接型耐张线夹，用于安装 GJ-35～GJ-150 型钢绞线，用作非直线杆塔避雷线的终端固定或拉线的终端固定的金具。该线夹的结构与（83）标准导线用耐张线夹相同，其钢锚的钢管仅承担钢芯拉力，导线全部拉力由钢锚的环箍承担。

用于地线的压缩型耐张线夹，一般由钢锚直接构成，同样分液压型和爆压型两种。

1. 地线用液压型耐张线夹

NY-G 型地线用液压型耐张线夹结构图及实物图如图 3-14 所示，技术参数见表 3-8。

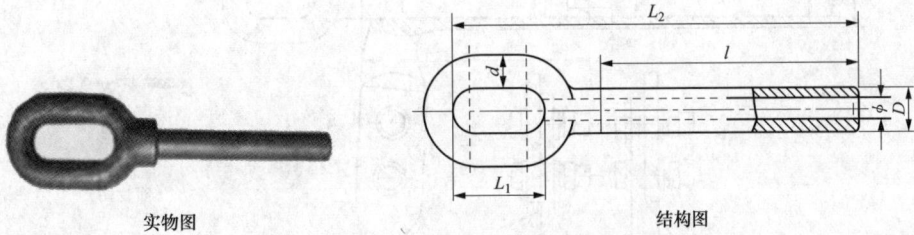

实物图　　　　结构图

图 3-14　NY-G 型地线用液压型耐张线夹

表 3-8　　　　　　　　地线用液压型耐张线夹技术参数

型 号	适用绞线直径范围（mm）	主要尺寸（mm）						握着力（≥，kN）	质量（kg）
	标记	ϕ	D	d	L_1	L_2	l		
NY-35G	1×7-7.8	8.4	16	16	50	195	115	45	0.52
NY-55G	1×7-9.6	10.2	20	16	50	220	140	70	0.70
NY-80G	1×19-11.5	12.2	24	18	55	260	170	100	1.30
NY-100GC	1×19-13	13.7	28	22	70	325	220	130	1.64
NY-125GC	1×19-14.5	15.2	32	24	80	360	250	165	1.70
NY-120G	1×19-14	14.7	28	22	70	310	195	140	1.90
NY-135G	1×19-15	15.7	30	22	70	330	215	155	2.3

注　1. 型号含义：N—耐张线夹；Y—压缩（液压或爆压）；G—钢绞线；C—钢绞线抗拉强度 1370MPa。
　　2. 液压地线用耐张线夹（NG-Y）也可用作爆压型地线用耐张线夹（NB-G），两者相同。
例：型号 NY-100GC 表示适用 NY-G 型钢绞线压缩型耐张线夹，钢绞线抗拉强度为 1370MPa。

2. 钢绞线用防腐耐张线夹

钢绞线用防腐耐张线夹的结构与地线用耐张线夹结构相似，如图 3-15 所示。它是在钢管压缩后套上铝管，两端压接而成。钢绞线用防腐耐张线夹，是国家标准系列产品，型号有 NY-50G、NY-70GF、NY-80GF、NY-100GF、NY-120GF、NY-125GCF 等。型号含义：N—耐张；Y—压缩；F—防腐蚀（加罩）；G—钢绞线；C—钢绞线单丝抗拉强度等级 C 级（1370N/mm²）；数字—钢绞线标称截面积。例如：型号 NY-125GCF，表示耐张压缩线夹，适用钢绞线标称截面积 125mm²，钢绞线单丝抗拉强度等级 C 级（1370N/mm²）。

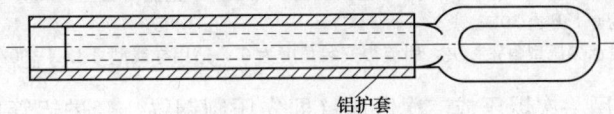

铝护套

图 3-15　钢绞线用防腐耐张线夹结构图

三、爆压型耐张线夹

在架空输电线路和发电厂、变电站母线上以爆炸压接导线的承力线夹，称为爆压型耐张线夹。它除承受导线或避雷线顺线路方向的全部拉力外，还要作为导电体传输电流。爆压型耐张线夹安装后，不能拆卸，故又称之死线夹，即为第二类耐张线夹。它是在用第一类耐张线夹安装大截面钢芯铝绞线时，线夹的握力达不到规定的要求时，必须采用的线夹。

爆压型耐张线夹结构图及实物图如图 3-16 所示，技术参数见表 3-9。

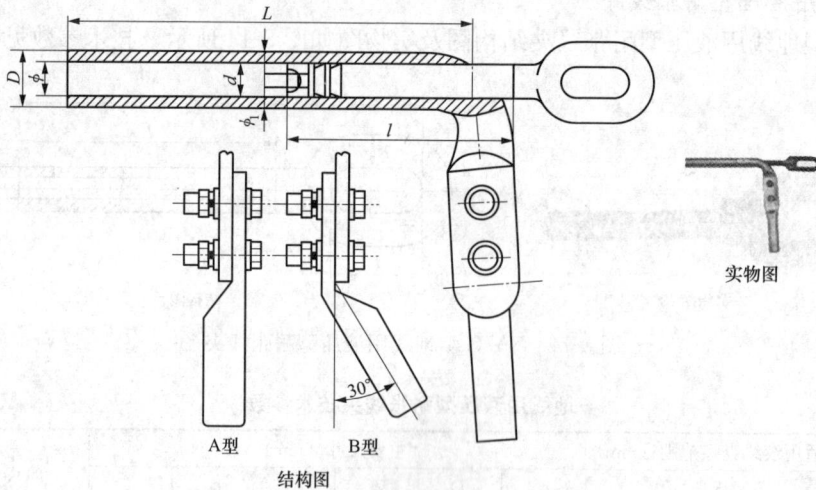

图 3-16　爆压型耐张线夹结构图及实物图

表 3-9　　　　　　　　　　　　　　爆压型耐张线夹技术参数

型　号	适用导线	主要尺寸（mm）						握力（kN）	质量（kg）
		D	d	ϕ	ϕ_1	L	l		
NB-300/15A（B）	LGJ-300/15			24.5	5.7	260	130	65	2.7
NB-300/20A（B）	LGJ-300/20		22	25.0	6.5	280	140	72	2.7
NB-300/25A（B）	LGJ-300/25	42		25.5	7.3	300	160	80	3.0
NB-300/40A（B）	LGJ-300/40			25.5	8.6	320	160	88	3.0
NB-300/50A（B）	LGJ-300/50		24	26.0	9.6	340	190	98	3.2
NB-300/70A（B）	LGJ-300/70	42		27.0	11.5	350	200	122	3.6
NB-400/20A（B）	LGJ-400/20			28.5	6.6	280	140	84	3.6
NB-400/25A（B）	LGJ-400/25	45	26	28.0	7.3	300	160	91	3.8
NB-400/35A（B）	LGJ-400/35			28.5	8.2	320	180	99	3.8
NB-400/50A（B）	LGJ-400/50			29.5	9.8	340	170	118	4.2
NB-400/65A（B）	LGJ-400/65	48		29.5	11.0	360	200	128	4.2
NB-400/95A（B）	LGJ-400/95		28	31.0	13.2	390	220	163	

注　型号含义：N—耐张线夹；B—爆压；数字—铝截面面积（mm²）/钢截面面积（mm²）；数字后面的 A/B—引流板角度（这里 A 为 0°，B 为 30°）。

例：型号 NB-300/15 表示爆压型耐张线夹，引流板安装角度为 0°，适用导线型号 LGJ-300/15。

采用爆压时，可用一次爆压或二次爆压（即先压制钢锚，套进铝管后再爆压铝管）。爆压前将铝线端头剥露的钢芯后部铝线内层铝线剥落 10mm，插入钢锚的防烧孔内，以防爆压时烧伤钢芯，如图 3-17 所示。

四、其他耐张线夹

1. 扩径导线用耐张线夹

导线采用耐张线夹接续时，为保证金属软管受压后具有良好的质量，其钢锚应插入空心的金属软管后再进行压缩操作。

扩径导线用耐张线夹如图 3-18 所示。它由压缩型耐张线夹的铝管、套管及压接耐张线夹的钢锚管等组成。

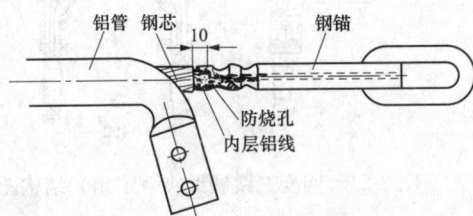

图 3-17 爆压型耐张线夹的钢锚出口处的防烧孔

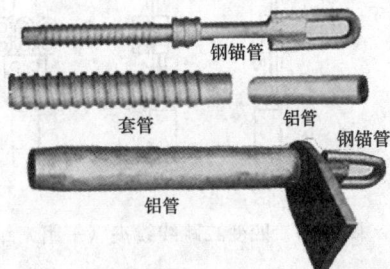

图 3-18 扩径导线用耐张线夹实物图

安装时，中空扩径导线贯穿线夹铝管，再套入套管，填充棒插入导线内层的铝材空心部分，导线待拉引连接端的钢绞线置入所述环间隙并包置耐张棒，将线夹铝管移动至套管的适当位置，即完成安装。

2. 大跨越用耐张线夹

大跨越用耐张线夹，常见的有蜗牛耐张线夹和浇铅耐张线夹两类。

从线夹的结构特点来看，蜗牛耐张线夹在安装时将导线缠绕在蜗牛型螺旋（绕 3～4 圈）线槽内，然后用螺栓固定。由于曲率半径的不断减小，线尾部张力也将逐渐减小。此时弯曲产生的附加应力有所增加，但总应力将不会超过允许值。在蜗牛耐张线夹的线槽内衬以氯丁橡胶，可以保护导线免被擦伤。蜗牛耐张线夹的拉力值，按式（3-1）计算。导线经过线夹以后的尾部拉力 T_2 将由螺栓承担。

浇铅耐张线夹的铅盒是用钢制作的。安装时先将导线套入圆锥形的钢套筒中，然后将导线线股端部弯成弯钩，再注入熔化了的铅基合金，冷却后即完成安装工作。

3. 跳线用耐张线夹

为了解决输电线路跳线存在的容易翻转、电磁干扰和电损大等问题，可采用跳线用耐张线夹，该线夹消除了跳线间的电位差，从而减小了跳线的电损失，降低了能源的消耗，并大大减轻了跳线的阻力；同时，也减小了跳线本身的电磁干扰，减轻跳线振动的振幅，有利于输电线路的安全运行。

常见跳线用耐张线夹安装实景如图 3-19 所示，该图为 30°跳线用压缩型耐张线夹的安装实景。在架设

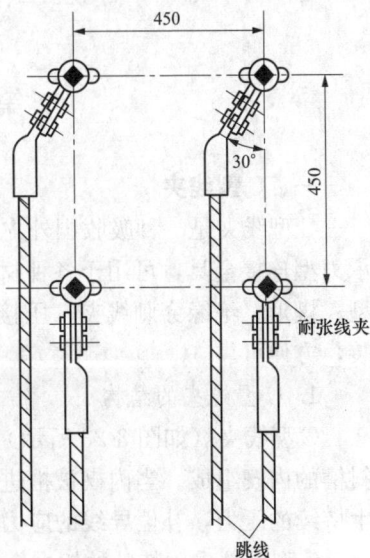

图 3-19 30°跳线用压缩型
耐张线夹安装实景图

500kV 线路中耐张杆塔的跳线正方形排列的四分裂导线，为避免上、下两根子导线引下线处产生碰击和磨伤，上、下两根导线的耐张线夹跳线呈 30°的安装方式。四变二跳线线夹（一组）、四变二跳线线夹（二组）、六变四跳线线夹的结构图分别如图 3-20～图 3-22 所示。

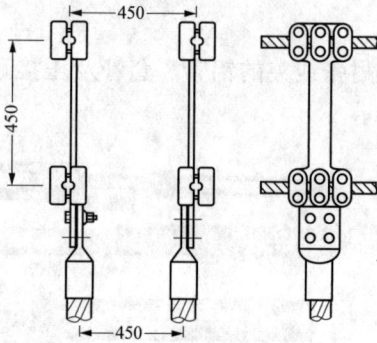

图 3-20　四变二跳线线夹（一组）结构图

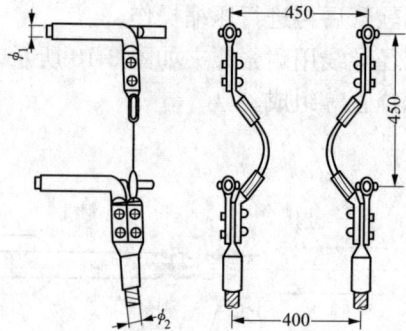

图 3-21　四变二跳线线夹（二组）结构图

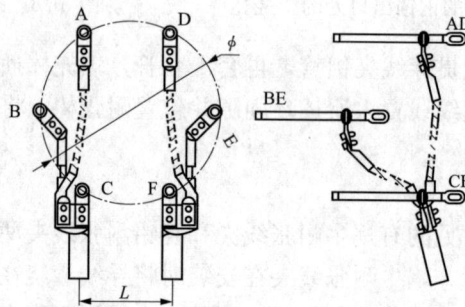

图 3-22　六变四跳线线夹（六导线、引下两导线）结构图

第四节　新型耐张线夹

一、C 型线夹

C 型线夹是一种吸收国外先进技术并将之改进提高后而开发的一种用于输配电系统的非承力型连接金具，可用于各种材料的导线的连接，是替代现有的非承力线夹（包括并沟、异型、楔形、绝缘穿刺线夹、压接管）的一种新型节能线夹。C 型线夹采用专用工具弹射安装，方便可靠。

1. C 型线夹的结构

C 型线夹（如图 3-23 所示）为一斜楔结构，由一个具有弹性的 C 型元件和一个两边带斜槽的内楔组成。当内楔被推进两条导线之间并锁紧，C 型元件的弹簧作用便可以对导线产生持续的压力，补偿导线的应力松弛，从而保证了良好的电气接触性能。

C 型元件采用特殊的铝合金制成，由于其弹性与导线形成"呼吸"关系，可以补偿导线的应力松弛，使线夹与导线得到恒定的接触力；螺栓在安装到位后保持恒定拉力可起到保险定位的作用。

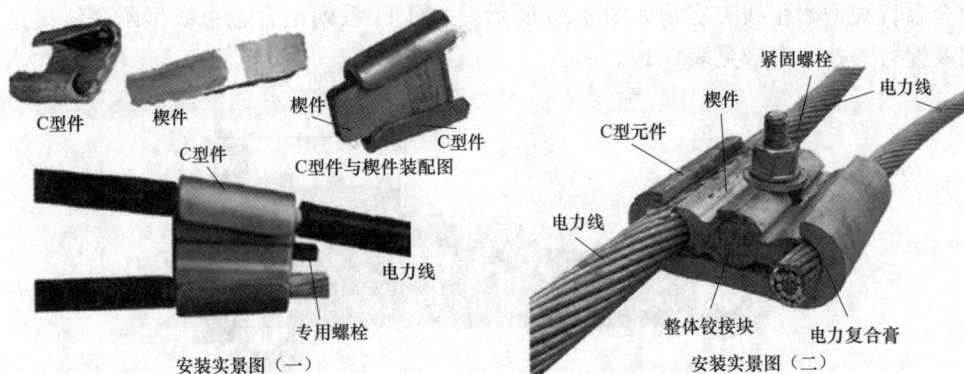

图 3-23 C 型线夹实物及安装实景图

2. C 型线夹安装

现以在绝缘导线上安装螺栓型 C 型线夹为例，其安装工艺如图 3-24 所示。

（1）剥离绝缘导线绝缘层，剥离长度应大于线夹长度 5cm。

（2）将 C 型元件和分接线一起挂在主线上，将楔块用力插入两导线之间，如图 3-24（a）所示。

（3）将专用螺栓插入 C 型元件预留孔与楔块的螺纹孔相连，用套筒扳手拧紧螺栓直到第一个螺帽自行断落，如图 3-24（b）、（c）所示。

（4）将线夹和绝缘导线剥离部分用绝缘自粘带缠绕好，或使用线夹罩将线夹保护起来，如图 3-24（d）所示。

图 3-24 C 型线夹安装示意图

（a）嵌入 C 楔块；（b）拧上专用螺栓；（c）用扳手拧紧至螺帽脱落；（d）完成安装

C 型线夹，也可采用专用工具安装。选购拟定该线夹后，生产厂家会提供技术支持及介绍专用工具。

除上述用于输配电线路导线用 C 型线夹外，还有绝缘型 C 型线夹。

二、铝合金直线型耐张线夹

铝合金耐张线夹（直线型）适用 10kV 及以下配电线路铝绞线或钢芯铝绞线的张拉，将架空铝导线和杆塔相连接。该线夹主体采用高强度、抗氧化的铝合金，楔块夹紧结构，安装方便，无磁滞涡流损耗，节能效果显著。

铝合金直线型耐张线夹实物如图 3-25 所示。NXLH 系列铝合金直线型耐张线夹适用导线规格及握力等技术参数见表 3-10。

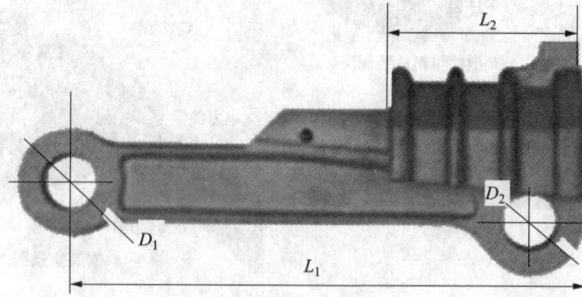

图 3-25　铝合金直线型耐张线夹实物图

表 3-10　　　　　　　　NXLH 系列铝合金直线型耐张线夹技术参数

型　号	适用导线	导线外径（mm）	主要尺寸（mm）				线夹握力（kN）
			L_1	L_2	D_1	D_2	
NXLH-1-1-L	LJ70、LJ50	10.8（9.0）	230	80	17	20	10.95
NXLH-1-LG	LGJ70/10、LGJ50/8	11.4（9.6）	230	80			23.4
NXLH-2-L	LJ120、LJ95	14.25（12.48）	240	85	17	20	19.42
NXLH-2-LG	LGJ120/7、LGJ95/15	14.5（13.61）	240	85			27.57

注　型号含义：N—耐张；X—楔形；LH—铝合金；"-"后数字—适用导线型号；附加字母 L—铝绞线，LG-钢芯铝绞线。

例：型号 NXLH-1-1-L 表示 NXLH 系列铝合金直线型耐张线夹，适用铝绞线型号 LJ70 或 LJ50。

铝合金直线型耐张线夹实物图、组装图及安装实景如图 3-26 所示。

实物图

组装图　　　　　　　　　安装实景图

架空电力线

图 3-26　NXH 系列铝合金直线型耐张线夹实物图、组装图及安装实景图

三、碳纤维导线接续管、耐张线夹

碳纤维导线接续管由内螺纹拉锚、套管、内锥外螺纹芯套、外锥弹性夹芯、衬套等组成。安装时，套管一端通过内螺纹拉锚连接一个内锥外螺纹芯套，内锥外螺纹芯套中间通过外锥弹性夹芯，将 JRLX/T（ACCC）碳纤维导线复合芯穿过外锥弹性夹芯内部，通过径向作用力，使外锥弹性夹芯与内锥外螺纹芯套自动夹紧，锁紧导线复合芯，将 JRLX/T（AC-CC）碳纤维导线连接、固定在 JRLX/T（ACCC）碳纤维导线耐张线夹上，最终通过内螺纹

拉锚将 JRLX/T（ACCC）碳纤维导线连接、固定在杆塔上。JRLX/T 型碳纤维导线接续管、耐张线夹实物图如图 3-27 所示。

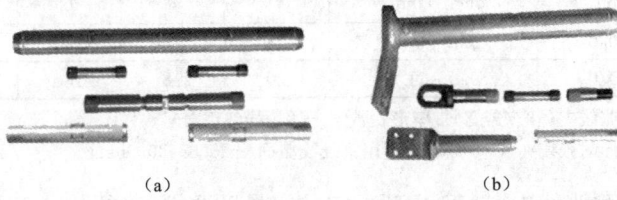

图 3-27 JRLX/T 型碳纤维导线接续管、耐张线夹实物图
(a) 接续管；(b) 耐张线夹

第五节 拉 线 金 具

拉线金具主要用于拉线杆塔，包括杆顶引至地面拉线之间的所有金属零件。它是用来抵消杆塔上的作用荷载，以减少杆塔上的材料消耗，降低造价。拉线杆塔的安全运行，主要依靠拉线及其拉线金具（统称拉线系统）来保证。

输电线路用拉线金具根据使用条件可分为紧固、调节和连接 3 类。紧固金具用于紧固拉线端部，与拉线直接接触，必须有足够的握力。调节金具用于调节拉线的松紧。连接金具用于拉线组装。

输电线路中常用拉线金具有楔形耐张线夹、UT 型线夹、拉线用 U 型环。楔形耐张线夹，用于拉线上端与杆塔的连接，也可用作避雷线耐张线夹。UT 型线夹，分可调（用于拉线上端）和不可调（用于拉线下端，以便调整拉线的松紧）两种。

一、楔形耐张线夹

楔形耐张线夹的工作原理是在楔（楔块）的劈力作用下将钢绞线锁紧在线夹内。

1. NE 型楔形耐张线夹（不可调）

NE 型楔形耐张线夹主要用于固定拉线杆塔的上端拉线，以及紧固避雷线。它的优点是安装和拆除均较方便。线夹在安装好钢绞线后，线夹出口端头与承力线可用 8 号镀锌铁线绑紧或采用钢线卡子将端头在切线点固定。用楔形耐张线夹安装困难时应使用压缩型耐张线夹。

图 3-28 所示为楔形耐张线夹结构图、零件图及组装图，其技术参数见表 3-11。

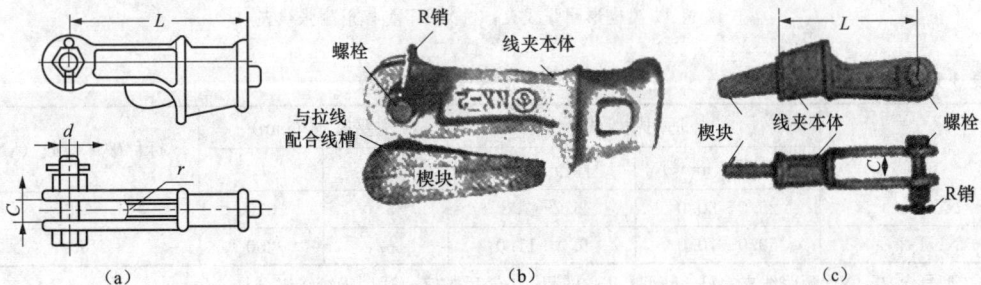

图 3-28 典型楔形耐张线夹（NE 型）结构图、零件图及组装图
(a) 结构图；(b) 零件图；(c) 组装图

表 3-11　　　　　　　　　　部分楔形耐张线夹技术参数

型　号	适用钢绞线		主要尺寸（mm）				标称破坏荷载（kN）
	截面积（mm²）	外径（mm）	C	d	L	r	
NE-1	25.0～30.0	6.7～7.8	18	16	150	6.0	45
NE-2	50.0～70.0	9.0～11.0	20	18	180	7.3	88

注　型号含义：N—耐张线夹；E（或 X）—楔形；数字—适用导线组合号。
例：型号 NE-1 表示楔形耐张线夹（不可调），适用钢绞线截面积 25.0～30.0mm²。

运行线路中楔形耐张线夹（NE-X 型）安装实景及要求，如图 3-29 所示。

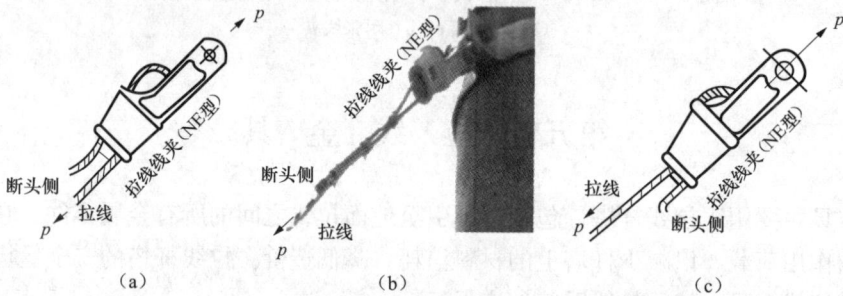

图 3-29　楔形耐张线夹在运行线路中的安装实景要求
（a）正确设计组合图；（b）安装实景图；（c）错误设计组合图

2. NUT 型、UT 型楔形耐张线夹

NUT 型楔形耐张线夹（可调）实物如图 3-30（a）所示，一般情况下用于拉线下部连接拉线和拉线棒，其技术参数见表 3-12。

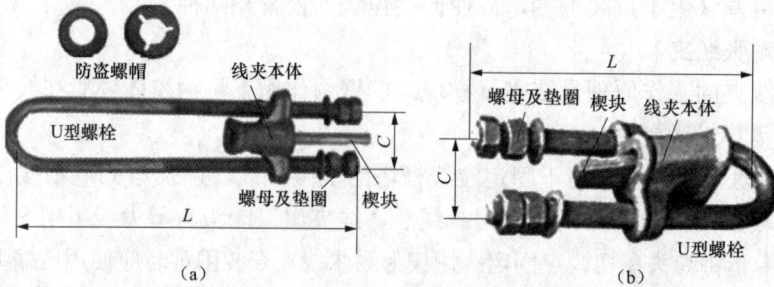

图 3-30　NUT 型、UT 型典型楔形耐张线夹实物图
（a）NUT 型楔形耐张线夹；（b）UT 型楔形耐张线夹

表 3-12　　　　　　　　　　楔形可调耐张线夹技术参数

型　号	适用钢绞线		主要尺寸（mm）		标称破坏荷载（kN）
	截面积（mm²）	直径（mm）	C	L	
NUT-1	25.0～30.0	6.7～7.8	56	370	45
NUT-2	50.0～70.0	9.0～11.0	62	250	88

注　型号含义：N—耐张线夹；U—U 型；T—可调；"-"后数字—适用钢绞线组合号。
例：型号 NUT-2 表示可调式楔形耐张线夹，适用钢绞线截面积 25.0～30.0mm²。

UT 型线夹结构如图 3-30（b）所示。它是不可调线夹，主要用于拉线上端，也有倒装安装的。

图 3-31 所示为 NUT 型、UT 型拉线线夹及并沟线夹、钢卡子等现场安装实景图。

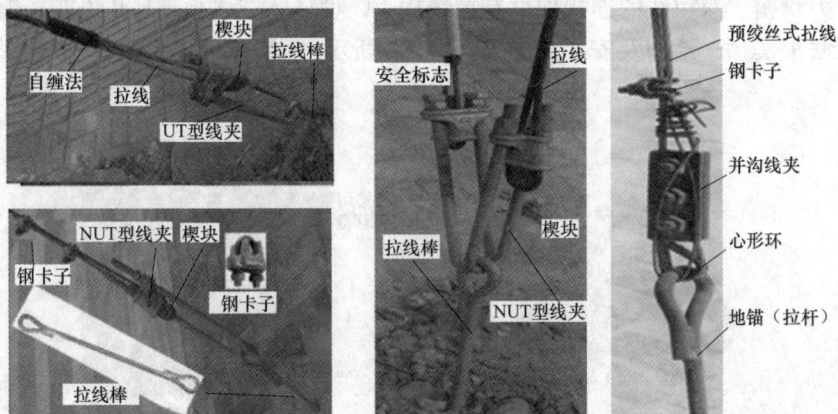

图 3-31 NUT 型、UT 型拉线线夹及并沟线夹、钢卡子等在拉线结构（尾端）中的安装实景图

3. 螺栓型（液压）拉线耐张线夹

螺栓型（液压）拉线耐张线夹由钢压接管、可调整的长 U 型螺栓及拉板组成。该类线夹加工工艺简单、安全可靠，可采用液压或爆压工艺安装。图 3-32 所示为 NLY-×× 型线夹结构图，技术参数见表 3-13。

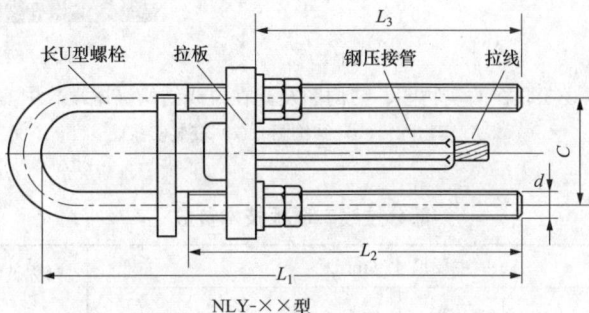

图 3-32 螺栓型（液压）拉线耐张线夹结构图

表 3-13 NLY-×× 型耐张线夹技术参数

型　号	适用钢绞线直径 (mm)	主要尺寸 (mm)					标称破坏荷载 (kN)	质量 (kg)
		C	d	L_1	L_2	L_3		
NLY-100GB	13.0	84	26	420	300	210	120	7.9
NLY-120GB	14.0	94	28	480	340	220	140	8.4
NLY-135GB	15.0	94	30	480	340	240	155	12.2
NLY-100 GC	13.0	84	28	420	340	220	130	12.5
NLY-125GC	14.5	96	32	480	330	250	165	13.6
NLY-150GC	16.0	104	34	550	380	270	200	14.4

注 型号含义：N—耐张线夹；L—拉线；Y—压缩（液压或爆压）；G—钢绞线；B—钢绞线的抗拉强度—1225N/mm²；C 钢绞线的抗拉强度—1370N/mm²；数字—适用钢绞线截面积。

例：型号 NLY-100GB 表示液压型拉线耐张线夹，适用钢绞线直径 13.0mm，钢绞线的抗拉强度 1225N/mm²。

4. 拉线二联板

拉线二联板用于将两根小型号截面的钢绞线组装起来代替一根大型号截面的钢绞线，使两根拉线受力均衡。双拉线的连接部件有拉线棒、U型环、二联板、UT线夹、钢绞线。

拉线二联板实物、结构及安装实景如图 3-33 所示。LV-×型拉线二联板的技术参数见表 3-14。

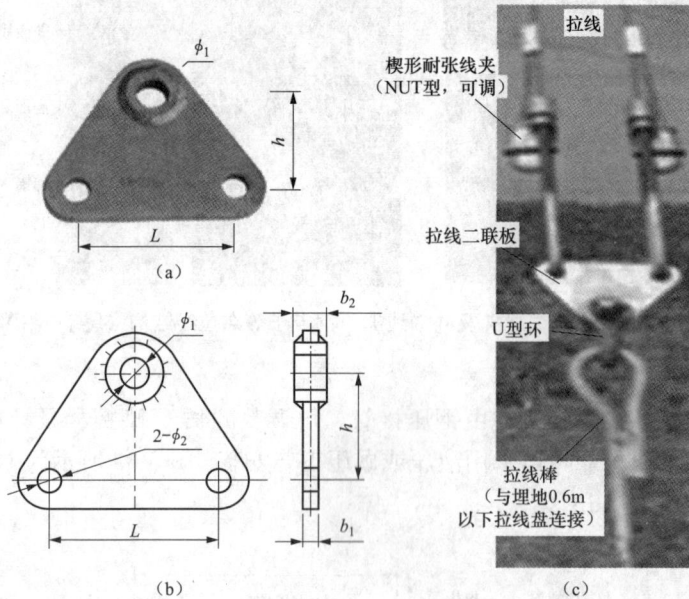

图 3-33　拉线二联板的实物图、结构图及其在拉线结构（尾端）中安装实景图
（a）实物图；（b）结构图；（c）安装实景图

表 3-14　　　　　　　　　　部分拉线二联板技术参数

型　号	主要尺寸（mm）						标称破坏荷载（≥，kN）	质量（kg）
	h	b_1	b_2	ϕ_1	ϕ_2	L		
LV-1012	60	16	16	20	20	120	100	1.80
LV-1212	90	16	16	24	20	120	120	2.30
LV-1620	120	16	61	38	28.5	200	160	3.40
LV-2115	100	16	24	30	24	150	210	2.50
LV-2518	100	16	30	33	24	180	250	2.70
LV-3014	120	18	34	44	28.5	140	300	4.60

注　型号含义：L—拉线；V—V型；数字—前两位表示标称破坏荷载，后两位表示孔间距。

例：型号 LV-1012 表示拉线二联板，标称破坏荷载≥100kN，联板孔距 L 为 120mm。

5. 拉线用预绞式耐张线夹

拉线用预绞式拉线耐张线夹是一种新型线夹，见第七章论述。

二、楔形耐张线夹本体的受力计算

对楔形耐张线夹的强度计算，这里只做某些简化后的近似计算，以作为验算用。设计一般应通过试验验证。由于耐张线夹是利用其楔体的劈力作用，将钢绞线锁紧在线夹，因此双楔式耐张线夹较单楔式耐张线夹更为可靠。

楔形耐张线夹的受力问题分析如下所述。

先设图 3-34 所示的线夹本体长度为 l，一般可取 $l=(10\sim15)d$，其中 d 表示钢绞线直径。

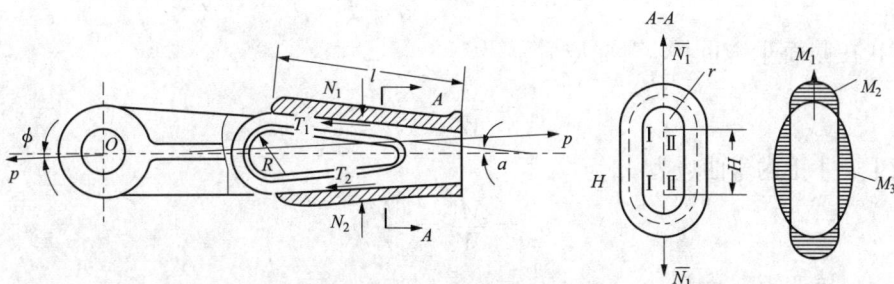

图 3-34 双楔式耐张线夹受力分析示意图

由力平衡原理，可列出方程式

$$p - N_1\sin(\alpha+\varphi) - \mu N_1\cos(\alpha+\varphi) - N_2\sin(\alpha-\varphi) - \mu N_2\cos(\alpha-\varphi) = 0$$

$$N_2[\cos(\alpha-\varphi) - \mu\sin(\alpha-\varphi)] - N_1[\cos(\alpha+\varphi) - \mu\sin(\alpha+\varphi)] = 0$$

式中　p——钢线拉力，N；

N_1、N_2——垂直分力，N；

　　μ——摩擦系数，一般可取 $\mu=0.2$；

　　α——楔块的斜度，一般可取 $\alpha=5°\sim7°$；

　　φ——本体中心线与方向线之间的夹角，(°)。

根据上述力的平衡方程，若令 $\beta=\dfrac{N_1}{N_2}$，则有

$$\beta = \frac{\cos(\alpha-\varphi) - \mu\sin(\alpha-\varphi)}{\cos(\alpha+\varphi) - \mu\sin(\alpha+\varphi)} \tag{3-16}$$

$$N_1 = \frac{p}{\sin(\alpha+\varphi) + \mu\cos(\alpha+\varphi) + \dfrac{1}{\beta}[\sin(\alpha-\varphi) + \mu\cos(\alpha-\varphi)]} \tag{3-17}$$

若假定 N_1 均匀分布在线夹本体上，且线夹本体的厚度为 t，则线夹本体单位长度的张力为

$$\overline{N}_1 = \frac{N_1}{t} \tag{3-18}$$

在截面 A—A 上可近似看成 N_1 的对称扩张，分析该长圆形断面上的弯矩（如图 3-35 所示）列出上半截面的平衡方程式

$$M_1 - M_2 + S_2(2r+H) = 0$$

因为 $M_1=M_2$，所以 $S_2=0$；$\sum F_x = 0$，$S_2 + S_1 = 0$，$S_1 = 0$。

于是切口 1 与 4 处只有力矩 M_1、M_4 在，其他内力均为零。首先，求出圆框的应变能，为方便起见，仅考虑半个圆框的应变能。为此，根据材料力学的变能理论（推导与求解过程从略），可

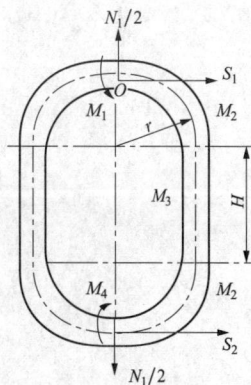

图 3-35 线夹断面
力矩分析

解得力矩 M_1、M_2 分别为

$$M_1 = \frac{\overline{N_1}(r + H/2)}{\pi + H/2} = \frac{\overline{N_1}r(r + H/2)}{\pi r + H} \tag{3-19}$$

$$M_2 = M_1 - \frac{\overline{N_1}r}{2} = \frac{\overline{N_1}r^2 + \overline{N_1}r(H/2)}{\pi r + H} - \frac{\overline{N_1}r}{2} \tag{3-20}$$

于是，在截面 Ⅱ—Ⅱ 上，弯曲应力 σ_2 为

$$\sigma_2 = \frac{M_3}{W} = \frac{6M_3}{t^2} \tag{3-21}$$

截面 Ⅰ—Ⅰ 上的弯曲应力 σ_1 为

$$\sigma_1 = \frac{M_3}{W} = \frac{6M_3}{t^2} \tag{3-22}$$

式中　W——抗弯矩，cm^3；

　　　t——线夹本体长度，cm。

线夹的几何参数 R 取决于安装其上的钢绞线直径即

$$R = (2 \sim 3)d \tag{3-23}$$

根据上述分析推知，由于大截面钢绞线弯转比较困难，因此楔形耐张线夹一般只用于 GJ—100 型以下的较小截面钢绞线上。

第四章　连　接　金　具

第一节　概　述

用于将绝缘子、悬垂线夹、耐张线夹及保护金具等连接组合成悬垂或耐张串的金具，称为连接金具，又称挂线零件。其部分不同结构的实物图，如图1-3所示。在运行线路中连接金具是不起导电作用的，仅起连接作用，承受机械荷载。

一、连接金具的型号

根据DL/T 683—2010，连接金具型号如图4-1所示，各部分的含义见表4-1。

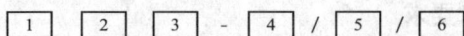

$$\boxed{1}\ \boxed{2}\ \boxed{3}\ -\ \boxed{4}\ /\ \boxed{5}\ /\ \boxed{6}$$

图4-1　连接金具型号

表4-1　　　　　　　　连接金具型号各部分的含义

1	2	3	4	5	6
U—U型挂环（板）	默认表示普通型 B—UB挂板 L—加长型	—	标称破坏荷载（t）	—	—
Q—球头	默认表示环体截面为圆形 P—环体截面为平面和方形的组合 H—具有延长功能，环体截面为圆形		标称破坏荷载（t）	—	—
W—碗头挂板	默认表示单板型 S—双板型	J—安装均压环	标称破坏荷载（t）	—	—
Y—延长环或延长拉杆	H—延长环				
	Z—直角延长拉杆 P—平行延长拉杆	—		连接长度（cm）	
GD—GD挂板			标称破坏荷载（t）	—	—
V—V型挂板			标称破坏荷载（t）	—	—
Z—直角挂板	默认表示双板 D—单板		标称破坏荷载（t）	—	—
P—平行挂板	默认表示双板 D—单板 S—板间间距不同 T—可调长组合平行挂板		标称破坏荷载（t）	连接长度（cm）	—
D—调整板	B—可调长单板		标称破坏荷载（t）	最小连接长度（cm）	最大连接长度（cm）

续表

1	2	3	4	5	6
	PQ—牵引板	—	标称破坏荷载（t）	—	—
L—联板	默认表示普通对称三角联板 P—不对称三角联板 F—方形联板	—	标称破坏荷载（t）	—	底部相距最远的两孔距离（cm）
	X—悬垂联板，适用于中心回转式悬垂线夹或下垂式悬垂线夹	默认表示适用于Ⅰ型悬垂串 V—适用于V型悬垂串	标称破坏荷载（对V型悬垂串为单肢标称破坏荷载，t）	导线分裂数	导线分裂间距（cm）
	K—悬垂联板，适用于上杠式悬垂线夹				

二、对连接金具的技术要求

对连接金具的技术要求，必须执行 DL/T 759—2009《连接金具》的规定，即：

（1）连接金具一般技术条件应符合 GB/T 2314—2008 的规定，并按规定程序批准的图样制造。

（2）连接金具的标称荷载、连接型式及尺寸应符合 GB/T 2315—2008 的规定。

（3）连接金具应承受安装、维护及运行中可能出现的机械荷载及环境条件等。

（4）连接金具的连接部件应有锁紧装置，保证在运行中不松脱，锁紧销应符合 DL/T 764.2—2001《电力金具专用紧固件　闭口销》的规定。

（5）球头挂环、球头挂板的球头及碗头挂板的球窝连接部位尺寸和偏差应符合 GB/T 4056—2008《绝缘子串元件的球窝连接尺寸》的规定。

（6）连接金具的挂耳螺栓孔中心同轴度公差不大于 1mm。

（7）连接金具受剪螺栓的螺纹进入板件的长度不得大于受力板件壁厚的 1/3。

三、连接金具类型

（1）DL/T 759—2009 将连接金具归为球头挂环（球头挂板）、碗头挂板（单板、双板）、U 型挂环、挂环、挂板、延长拉杆、调整板、U 型螺栓和联板系列。

挂环系列连接金具分延长环连接金具和直角环连接金具。

挂板系列连接金具分 GD 型挂点金具、耳轴挂板金具、Z 型挂板金具、ZS 型挂板金具、PD 型挂板金具、P 型挂板金具、UB 型挂板金具、V 型挂点金具和 PS 型挂板金具。

联板系列连接金具分 L 型联板、方形联板和悬垂型联板。

（2）连接金具，根据安装条件分专用连接金具和通用连接金具。专用连接金具指与绝缘子相连的球头挂环和碗头挂板。

第二节　专 用 连 接 金 具

球—窝系列连接金具是专用连接金具，包括锁紧销、球头挂环（Q 型、QP 型、QG 型、QH 型、QS 型）、碗头挂板（W 型、WS 型）等。用于连接槽形绝缘子的专用连接金具有平行挂板、直角挂板和直角挂环等。

图 4-2 所示为专用连接金具部分实物图。

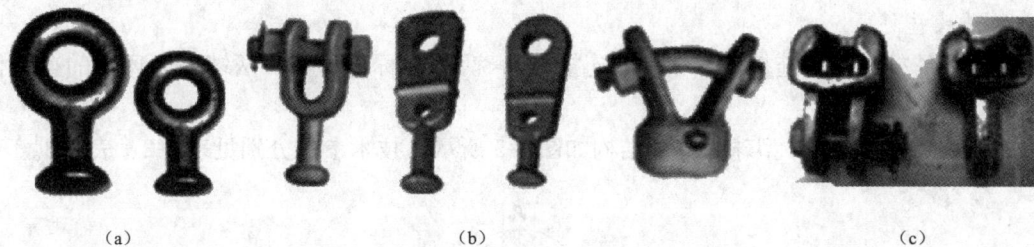

图 4-2 专用连接金具部分实物图

(a) Q、QP 型球头挂环；(b) Q 型球头挂环（代孔）；(c) WS、W 型碗头挂板

球—窝系列连接金具与球窝型悬式绝缘子配套使用，连接部位的结构和尺寸必须与绝缘子相同。

1. 锁紧销

锁紧销，俗称弹簧销子。其质量只有绝缘子的 1/250，但绝缘子串如不装锁紧销或其质量不合格甚至装法不当，造成的损失是无法估量的。

锁紧销分 W 型销和 R 型销，均用铜材制成，弹性及防腐性好，拆装方便。槽形连接的结构中，采用圆柱销，并用开口销（表面热镀锌）或驼背销（铜材制造）锁紧。

根据现行产品及设计要求，XP 系列绝缘子在 160kN 级及以下的采用 W 型推拉销［如图 4-3（a）所示］，210kN 级及以上的锁紧销采用 R 型推拉销［如图 4-3（b）所示］。推拉销的特点是绝缘子装卸时只需将销子从销孔拉出（但仍挂在钢帽窝内）推进，无需取出，并可重新打入，既方便装卸，又可避免销子丢失。图 4-4 所示为 W 型或 R 型弹簧销子在锁住及开放时的位置示意。

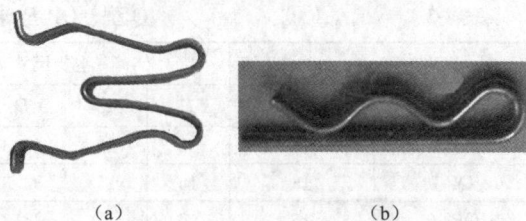

图 4-3 球—窝系列连接金具配用锁紧销实物图
(a) W 销；(b) R 销

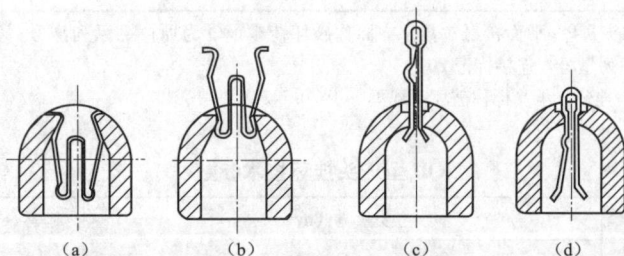

图 4-4 W 型或 R 型弹簧销子在锁住与开放时的位置示意图

(a) "W" 型弹簧销子在锁住时的位置；(b) "W" 型弹簧销子在开放时的位置；
(c) "R" 型弹簧销子在锁住时的位置；(d) "R" 型弹簧销子在开放时的位置

连接金具的螺栓尾部用的锁紧销（执行 DL/T 764.2—2001 的规定）用铜或不锈钢制成。其特点是当把闭口销装入孔后就会自动弹开，不需将销尾弯曲 45°，从销孔中拔出时比较容易，工作可靠，带电装卸灵活。

2. 球头挂环

外形为球杆的一种连接件（相配的连接件为碗头），称为球头。两端均为环形的连接件的金具，称为挂环。

Q 型、QH 型、QP 型球头挂环结构如图 4-5 所示，技术参数分别见表 4-2、表 4-3。

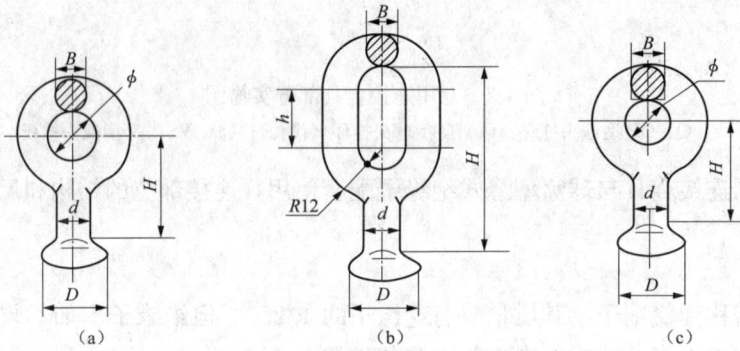

图 4-5　球头挂环结构图
（a）Q 型球头挂环；（b）QH 型球头挂环；（c）QP 型球头挂环

表 4-2　　　　　　　　　　　Q 型、QP 型球头挂环技术参数

型　号	连接标记	主要尺寸（mm）					标称破坏荷载（≥，kN）	质量（kg）
		B	d	D	ϕ	H		
Q-7	16	16	17	33.3	12	50	70	0.3
QP-7	16	16	17	33.3	18	50	70	0.3
QP-10	16	16	17	33.3	20	50	100	0.3
QP-12	16	16	17	33.3	24	50	120	0.5
QP-16	20	20	21	41.0	26	60	160	1.0
QP-20	24	24	25	49.0	30	80	200	1.0
QP-21	20	20	21	41.0	30	80	210	1.1
QP-30	24	28	25	49.0	39	100	300	1.0

注　型号含义：Q—球头；P—平面接触；数字—标称破坏荷载。Q 为原产品系列型号，暂时保留，连接标记 24；
　　QP-21 为新产品系列型号，连接标记 20。

例：型号 Q-7 表示球头挂环，承受标称破坏荷载不少于 70kN。

表 4-3　　　　　　　　　　　QH 型球头挂环技术参数

型　号	适用绝缘子	主要尺寸（mm）					标称破坏荷载（≥，kN）	质量（kg）
		H	h	D	d	B		
QH-7	XP-7	114	57	17	11	16	70	0.6
QH-10	XP-10	110	60	17	11	18	100	1.1
QH-12	XP-12	120	63	17	11	19	120	1.3
QH-16S	XP-16	155	100	21	17	20	160	1.2
QH-21S	XP-21	155	100	21	17	20	210	1.2
QH-25S	XP-25	165	100	25	17	24	250	1.8

型 号	适用绝缘子	主要尺寸（mm）					标称破坏荷载（≥，kN）	质量（kg）
		H	h	D	d	B		
QH-32S	XP-30	175	110	25	17	28	320	2.2
QH-42S	XP-30	200	120	29	20	32	420	3.4

注 型号含义：Q—球头；H—环；数字—标称破坏荷载；S—板间间距。

例：型号 QH-7 表示球头挂环，承受标称破坏荷载不少于 70kN；

型号 QH-21S 表示扇形椭圆球头环，标称破坏荷载不少于 210kN。

球头挂板有多种结构，如图 4-6 和图 4-7 所示部分 QB 型球头挂板技术参数见表 4-4。

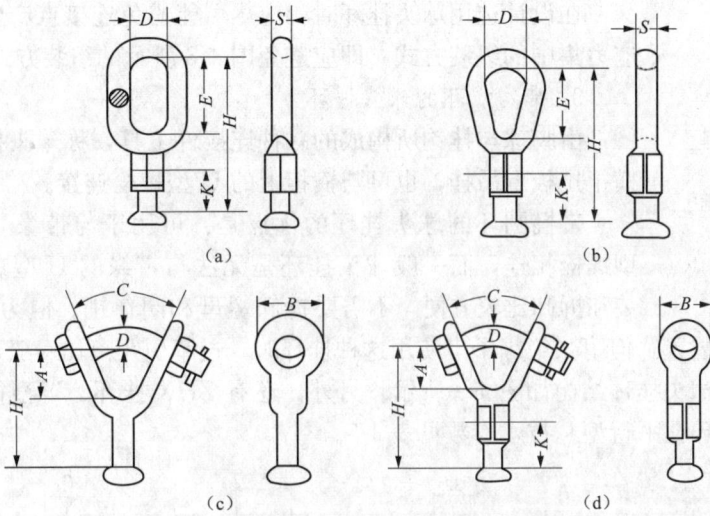

图 4-6 QB 型球头挂板结构

（a）、（b）Q-×HC 型；（c）QB-××Y 型；（d）QB-××H 型

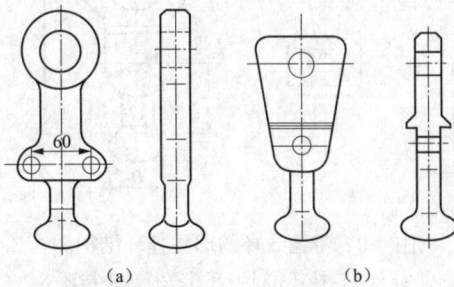

图 4-7 Q-××型球头挂板

（a）环孔平行球头挂板；（b）扇形环孔平行球头挂板

表 4-4						球头挂环（QB 型）技术参数			
型 号	主要尺寸（mm）					球头尺寸代号	标称破坏荷载（≥，kN）	质量（kg）
	A	B	C	D	K			
QB-7Y	38	40	45	16	—	16mmA.B	70	0.55
QB-10Y	40	42	45	18	—	16mmA.B	100	0.78
QB-12Y	40	44	45	18	—	16mmA.B	120	0.80

型　号	主要尺寸（mm）					球头尺寸代号	标称破坏荷载（≥，kN）	质量（kg）
	A	B	C	D	K			
QB-7YH	38	40	45	16	39	16mmA. B	70	0.72
QB-10YH	40	42	45	18	42	16mmA. B	100	0.98
QB-12YH	40	44	45	18	42	16mmA. B	120	1.20

注　型号含义：Q—球头；B—挂板；Y—延长型；H—圆环；"-"后数字—标称破坏荷载。

例：型号 QB-7YH 表示球头圆环延长型挂板，标称破坏荷载不少于 70kN。

除上述球头挂环外，为安装需要，不少金具厂还设计制造出图 4-7 所示的 Q-××型球头挂板（钢制件，热镀锌）。

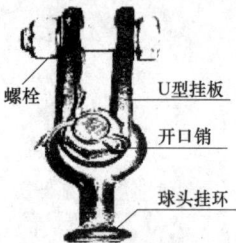

图 4-8　球头挂环应
避免的组装图

在设计选用球头挂环时，应尽可能避免连接点产生点接触造成的应力集中的组装方式，即应避免图 4-8 所示的组装方式。

3. 带钩或环的球头挂环

由脚球与挂钩所构成的一种连接件金具，称球头挂环，可直接在横担拉板上吊挂，也可与横担上的 U 型螺栓连接。

带椭圆环的球头挂环的优点是：可用于与带缘（加强型）的 U 型螺栓相连，而一般球头挂环是无法与带缘的 U 型螺栓相连的；吊装和拆卸比较方便，不需要拆卸螺母和闭口销。但为确保运行安全，其挂钩应有锁住装置。但耐张绝缘子串使用这种挂环时，过牵引距离比一般连接金具要大。

带钩或环的球头挂环结构如图 4-9 所示。另外，还有 ZHX 挂环、V 型挂环等金具。带环的球头挂环（环孔平行型）技术参数见表 4-5。

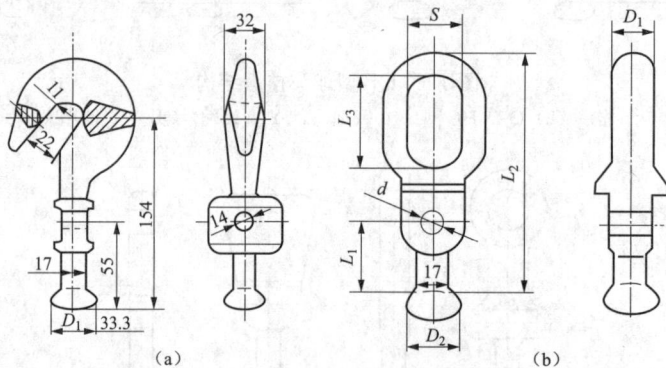

图 4-9　带钩或环的球头挂环结构图
（a）带钩挂环；（b）环孔平行球头挂环

表 4-5　　　　　　　　带环的球头挂环（环孔平行型）技术参数

型　号	主要尺寸（mm）							标称破坏荷载（≥，kN）	质量（kg）
	L_1	L_2	L_3	S	D_1	D_2	d		
Q-7M	40	136	55	20	16	33.3	14	70	1.1
Q-12M	40	145	70	24	16	33.3	14	120	1.3
Q-12AH	42	145	70	22	18	33.3	14	120	1.2
Q-20M1	56	145	65	30	20	41.0	14	200	1.4

注　型号含义：Q—球头；"-"后数字—标称破坏荷载；附加字母（与标准 DL/T 683—2010 不同，属厂家标记）M—带钩，H—环孔，A—长。

例：型号 Q-7M 表示带钩球头挂环（环孔平行型），标称破坏荷载不少于 70kN。

与悬垂线夹配套使用的还有其他球头挂环，如 U 型球头，常见有无角隙型（QU-××型）、带角隙安装孔型（QU-×H 型），如图 4-10 所示。该类产品闭口销为不锈钢制件，其余为热镀锌钢制件。

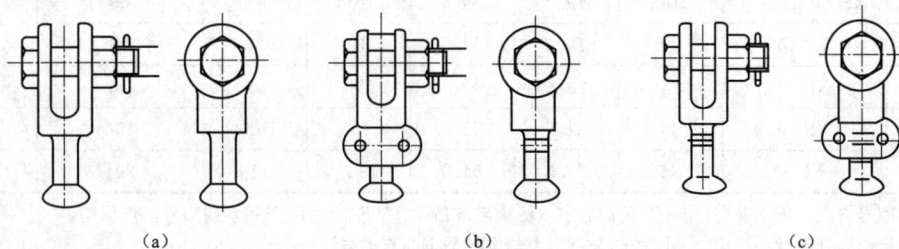

图 4-10　U 型球头结构图

（a）QU-××型（无角隙型）；（b）、（c）QU-×H 型（带角隙安装孔型）

4．碗头挂板

外形为帽窝的一种连接件（相配的连接件为球头）金具，称为碗头。

使用螺栓组装的一种板形（单片或双片）连接件或两端均为板形连接件的连接余具，称为挂板。也可解释为两端均为螺栓组装的板形连接件金具。

碗头挂板，是由帽窝与双片或单片挂板构成的一种连接件金具。分单联碗头挂板（W 型）、双联碗头挂板（WS 型）和鼓型（W 型）碗头挂板。

由于碗头挂板只用于绝缘子直接相连的部位，而不能做其他用途，所以称作专用连接金具。

单联碗头挂板（W 型）适用的绝缘子型号为 XP-70 型，可装招弧角。单联碗头挂板结构如图 4-11（a）所示，技术参数见表 4-6。

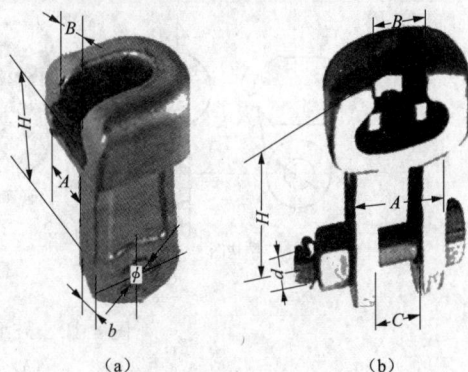

图 4-11　碗头挂板
（a）单联碗头挂板实物图；
（b）双联碗头挂板实物图

表 4-6　　　　　　　　　　　　单联碗头挂板技术参数

型　号	适用绝缘子型号	主要尺寸（mm）					标称破坏荷载（≥，kN）	质量（kg）
		b	B	A	H	ϕ		
W-7A	XP-7，XP-4.5	16	19.2	34.5	70	20	66	0.8
W-7B	XP-7，XP-4.5	16	19.2	34.5	115	20	66	0.92
W-10 *	XP-10	18	20.0	35.0	85	20	98	0.90

注　1．型号含义：W—碗头；数字—标称破坏荷载；A—短；B—长。
　　2．* 表示〈74〉定型产品。
　　3．标称破坏荷载一栏中，不同线路金具厂给定的数据略有差异。
例：型号 W-7A 表示短联碗头挂板，标称破坏荷载不少于 66kN，适用绝缘子型号 XP-7 或 XP-4.5。

双联碗头挂板的结构如图 4-11（b）所示，技术参数见表 4-7。

表 4-7 　　　　　　　　　　双联碗头挂板技术参数

型　号	适用绝缘子型号	主要尺寸（mm）					标称破坏荷载（≥，kN）	质量（kg）
		C	B	A	d	H		
WS-7	XP-7，XP-4.5	18	19.2	34.5	16	70	69	0.97
WS-10	XP-10	20	19.2	34.5	18	85	98	1.70
WS-16	XP-16	26	23.0	42.5	24	95	157	2.04
WS-20	XP-16	30	27.5	51.0	27	100	196	4.30
WS-30	XP-3	38	27.0	51.0	36	110	294	5.70

注 　1. 型号含义：W—碗头；S—双联；数字—标称破坏荷载。WS-20 为原产品系列型号，仍保留。
　　2. 标称破坏荷载一栏中，不同线路金具厂家给定的数据略有差异。
　例：型号 WS-7 表示双联碗头挂板，标称破坏荷载不少于69kN（有的路金具厂家为70kN），适用绝缘子型号 XP-7、XP-4.5。

　　为了改善槽形连接螺栓受弯条件，设计生产出各类碗头挂板，如 W 型耐磨鼓型碗头挂板，WS 型、WSH 型碗头挂板等。鼓型碗头挂板结构图及实物图如图 4-12 所示，技术参数见表 4-8。

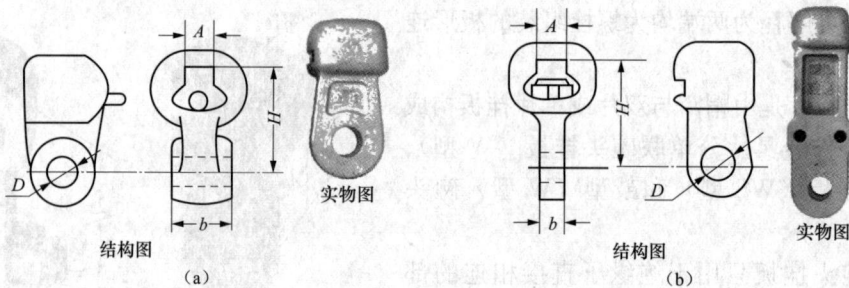

图 4-12　鼓型碗头挂板结构图及实物图
(a) W 型；(b) WSH 型

表 4-8 　　　　　　　　　　W 型鼓型碗头挂板技术参数

型　号	主要尺寸（mm）				碗头尺寸（mm）	标称破坏荷载（≥，kN）	质量（kg）
	b	A	H	D			
W-7A	16	19.2	70	20	IEC 16mmB	70	0.80
W-7B	16	19.2	115	20	IEC 16mmB	70	0.92
W1-10	18	23.0	85	20	IEC 20mm	100	0.90
W-12A	38	19.2	65	20	IEC 16mmA	120	0.85
W-12B	34	19.2	65	20	IEC 16mmA	120	0.90
W-12C	61	19.2	85	20	IEC 16mmA	120	0.92

注 　1. 型号含义：W—碗头；附加字母 A—长；B—短；C—槽形。
　　2. 16t（160kN）以下采用 W 销，20t（200kN）以上采用 R 销。
　　3. 标称破坏荷载一栏中，不同线路金具厂家给定的数据略有差异。
　例：型号 W-7A 表示 W 型鼓型碗头挂板，标称破坏荷载不少于70kN（有的路金具厂家为66kN）。

　　图 4-13 所示为碗头挂板与球头挂环组装图。

5. ZHX 挂环

ZHX 挂环与悬垂线夹配套使用,适用于架空输电线路、配电线路和变电站在杆搭上固定导线、地线用的 ZHX 挂环,如图 4-14 所示。ZHX 挂环闭口销为不锈钢制件,其余为热镀锌钢制件,型号主要有 ZHX-15B、ZHX-20B、ZHX-25B、ZHX-25M 等。

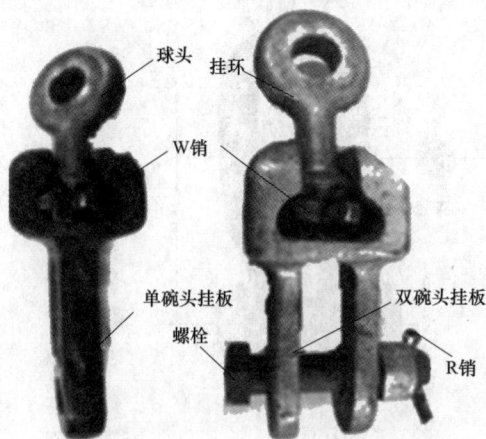

图 4-13 碗头挂板与球头挂环组装图

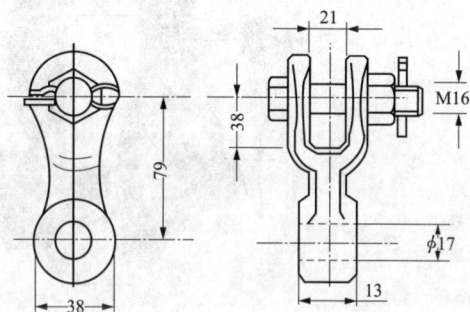

图 4-14 ZHX-×× 挂环结构图

6. 球头连棍

球头连棍的结构尺寸及组装图如图 4-15 (a) 所示。

球头连棍为双球头,用于两个碗头(绝缘子钢帽窝)之间的连接,如两个棒式绝缘子的相互连接,一般用于高压试验大厅,如图 4-15 (b) 所示。

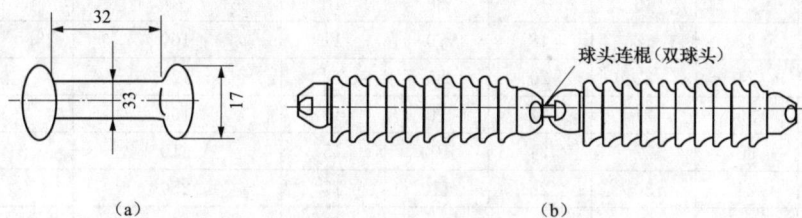

(a)

(b)

图 4-15 QS 型球头连棍结构尺寸及组装图
(a) 结构尺寸图;(b) 组装图

第三节 通用连接金具

通用连接金具是指环—链系列连接金具和板—板系列连接金具。通用连接金具有不同种类,包括联板、调整环、挂板、延长环、挂环、花篮螺栓、拉环、支撑架、避雷线悬垂吊架、U 型螺栓等。

一、环—链系列连接金具

环—链系列连接金具包括 U 型挂环、直角环、延长环(又名平行环或椭圆环)及 U 型螺栓等,实际是线—线接触金具。这类金具特点是结构简单,受力条件好,转动灵活,不受方向的限制,转动角度比球窝型大得多。

1．U型挂环

U型挂环是由U型环与双片挂板所构成的一种连接金具。它的用途较广，可以单独使用，也可以两个串装使用。

图4-16所示分别为U型、UL型（加长U型）挂环，技术参数分别见表4-9、表4-10。

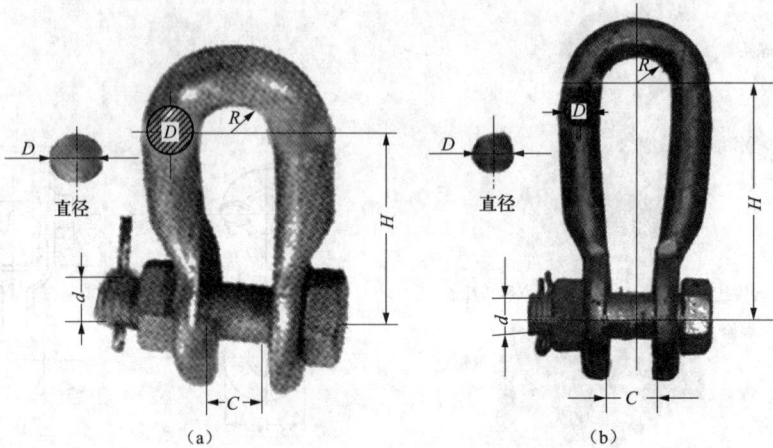

图 4-16　U 型、UL 型挂环实物图

(a) U 型挂环；(b) UL 型挂环

表 4-9　　　　　　　　　　　　　　　　U 型挂环技术参数

型　号	主要尺寸（mm）					标称破坏荷载（≥，kN）	质量（kg）
	C	d	D	H	R		
U-7	20	16	16	80	10	70	0.5
U-10	22	18	18	70	11	100	0.6
U-12	24	22	20	85	12	120	1.0
U-16	26	27	22	90	15	160	1.47
U-21	30	27	24	100	15	210	2.30
U-25	24	30	26	110	17	250	2.8
U-30	38	36	30	130	19	300	3.70
U-50	44	42	36	150	22	500	7.0

注　型号含义：U—U 型；数字—标称破坏荷载。

例：型号 U-7 表示 U 型挂环，承受标称破坏荷载不少于 70kN。

表 4-10　　　　　　　　　　　　　　　　UL 型挂环技术参数

型　号	主要尺寸（mm）					标称破坏荷载（≥，kN）	质量（kg）
	C	d	D	H	R		
UL-7	20	16	16	120	15	70	0.65
UL-10	22	18	18	140	17	100	0.92
UL-12	24	22	20	140	18	120	1.36
UL-16	26	24	22	140	19	160	1.64
UL-21	30	27	24	160	22	210	2.61

注　型号含义：U—U 型；L—延长；数字—标称破坏荷载。

例：型号 UL-21 表示 U 型延长挂环，承受标称破坏荷载不少于 210kN。

图 4-17 所示为 UL 型挂环等部分连接金具的安装实景图。

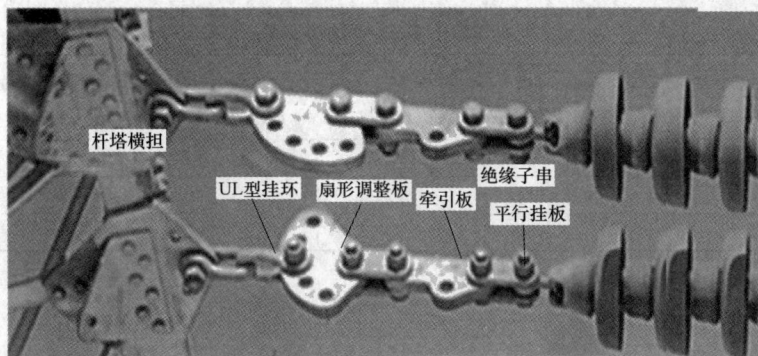

图 4-17 UL 型挂环等部分连接金具的安装实景图

除上述常用的 U 型挂环、UL 型挂环外，还有加强型 U 型挂环以及 VH 型、V 型、UN 型 、UX 型挂环等。加强型 U 型挂环和 VH 型、UN 型、UX 型挂环的结构分别如图 4-18、图 4-19 所示。这类挂环，主要用于与杆塔横担连接，也称联塔联板。V 型挂环与悬垂线夹配套使用，适用于在架空输电线路、配电线路和变电站的杆搭上固定导线、地线用。

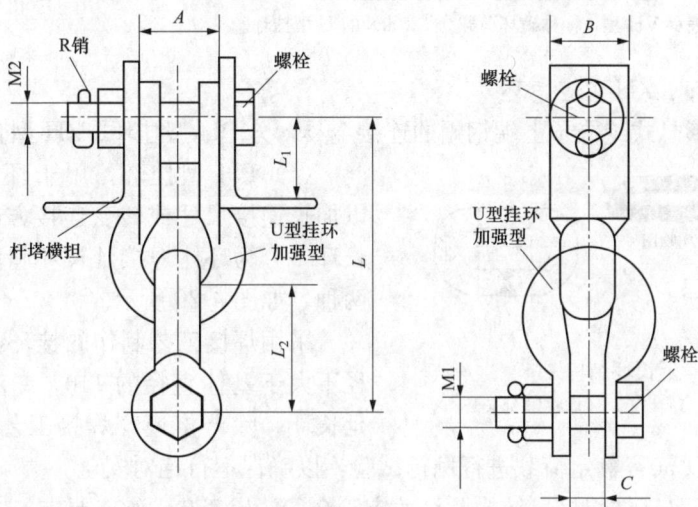

图 4-18 加强型 U 型挂环结构图

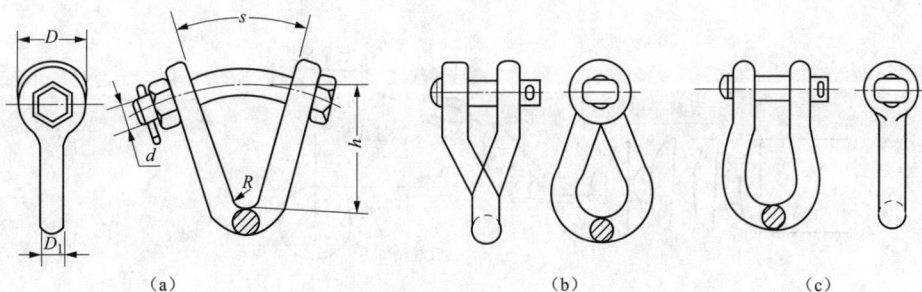

图 4-19 VH 型、UN 型、UX 型挂环结构图
(a) VH 型挂环；(b) UN 型挂环；(c) UX 型挂环

加强型 U 型挂环、VH 型挂环技术参数，分别见表 4-11、表 4-12。

表 4-11　　　　　　　　　　加强型 U 型挂环技术参数

型　号	主要尺寸（mm）								标称破坏荷载（kN）	质量（kg）
	A	B	C	M1	M2	L	L_1	L_2		
U-16J	60	60	30	24	24	195	75	87	160	5.7
U-20J	60	60	30	27	27	230	75	110	200	5.7
U-40J	70	108	44	42	42	323	125	120	400	13.9

注　型号含义：U—U 型；数字—标称破坏荷载；J-加强型。

例：型号 U-40J，表示加强型，承受标称破坏荷载为 400kN 的 U 型挂环。

表 4-12　　　　　　　　　　VH 型挂环技术参数

型　号	主要尺寸（mm）						标称破坏荷载（≥，kN）	质量（kg）
	h	R	s	D	D_1	d		
VH-12	90	13	35°	44	18	22	120	0.98
VH-16	90	13	35°	48	20	22	160	1.10
VH-22	100	42	35°	54	22	24	220	1.45

注　型号含义：V—V 型；H—H 型；数字—标称破坏荷载。

例：型号 VH-12 表示 VH 型，标称破坏荷载为 120 kN 的 U 型挂环。

2. PH 型挂环、ZH 型直角环

用来连接槽形悬式绝缘子上端钢帽的连接金具，分 PH 型挂环、ZH 型直角环。

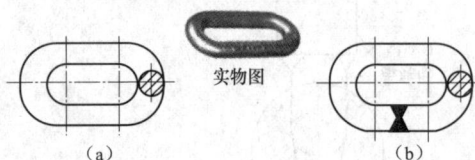

图 4-20　延长环结构图
(a) 环体焊接延长环；(b) 环体整锻延长环

（1）PH 型挂环。用于环形金具的连接，以加长连接尺寸或转变连接方向，因此又称延长环，分为环体焊接延长环和环体整锻延长环两种，如图 4-20 所示。

采用焊接工艺制作的挂环，焊接处焊后直径不大于基体直径的 110%。对焊工艺制造的延长环，除严格遵守焊接工艺规程的规定外，焊好的延长环应以 50% 额定荷载进行例行试验，以确保运行绝对安全。

PH 型延长环（环体焊接）结构及尺寸应符合 DL/T 759—2009 要求。

在孤立档紧线时，采用延长环可以解决过牵引的施工的技术措施，如图 4-21 所示。

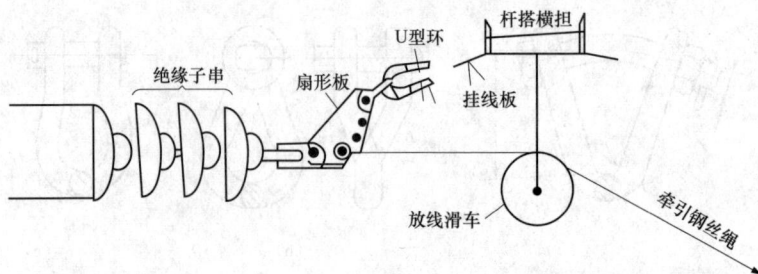

图 4-21　孤立档紧线时采用延长环解决过牵引的施工技术问题

（2）ZH 型直角环。ZH 型直角
环的结构如图 4-22 所示，技术参数
见表 4-13。在非直线杆塔上，两串耐
张绝缘子串之间的跳线，由于风偏致
使对横担的间隙距离不足时，也可以
在绝缘子串上加装延长环。当采用干
字型杆塔换位时，在耐张绝缘子串上
有时也要加装延长环以满足跳线对杆
塔间隙的要求。

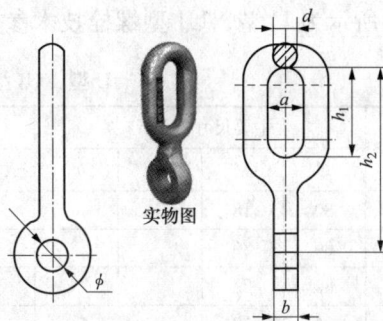

实物图

图 4-22　ZH 型直角环结构图

表 4-13　　　　　　　　　　　　　　ZH 型直角环技术参数

型 号	主要尺寸（mm）					标称破坏荷载（≥，kN）	质量（kg）
	a	b	d	h_1	h_2	ϕ		
ZH-7	24	16	16	57	95	20	70	0.85
ZH-10	24	16	18	55	100	20	100	1.12
ZH-12	24	16	20	65	103	24	120	1.20
ZH-16	26	18	22	75	135	26	160	1.80

注　型号含义：Z—直角；H—环；"-"后的数字—标称破坏荷载。
例：型号 ZH-7 表示直角（椭圆形）环，标称破坏荷载不少于 70kN。

3. U 型螺栓

U 型螺栓是由 U 型环与螺纹杆所构成的一种连接件金具，用于直线杆塔悬挂悬垂绝缘
子串、避雷线悬垂组合，作为杆塔横担的首件。

U 型螺栓由普通碳素结构钢（抗拉强度不低于 372.5MPa）制造。

（1）普通型 U 型螺栓如图 4-23（a）所示。它适用于 35～110kV、垂直荷载较小、风偏
横向弯矩不大的地区及中小截面导线。U 型螺栓与杆塔横担连接时，可以直接与球头挂环或
U 型挂环相连。

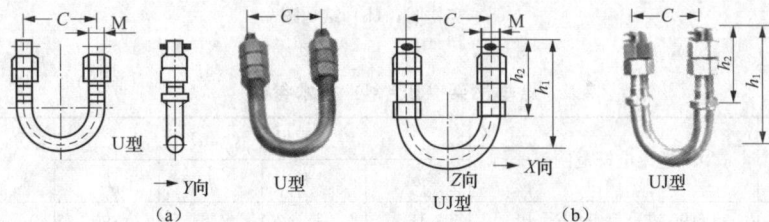

图 4-23　U 型、UJ 型螺栓结构图及实物图
(a) U 型；(b) UJ 型

（2）加强型（带缘台）U 型螺栓，如图 4-23（b）所示。它是将普通型 U 型螺栓下端的
螺母改为与螺杆锻成一个带缘整体而成。加强型 U 型螺栓螺纹部分安装于横担钢板上方，
风偏时横向荷载由缘台作为支撑点，螺杆受弯而不损伤螺纹，提高了 U 型螺栓的横向承载
能力。它适用于电压为 220kV 及以上，线路导线截面较大输电线路的悬垂绝缘子串。但由
于它的螺杆带缘用一般球头挂环无法组装，因此必须加装长椭圆球头环或加装 U 型挂环。

表 4-14 所示为 U 型、UJ 型螺栓技术参数。

表 4-14　　　　　　　　　　**U 型、UJ 型螺栓技术参数**

型　号	主要尺寸（mm）				标称破坏荷载（≥，kN）			质量（kg）
	C	M	h_1	h_2	X 向（纵向）	Y 向（横向）	Z 向（垂直）	
U-1880	80	18			18	3.5	35	0.83
U-2080	80	20			24	4.9	47	1.08
U-2280	80	22			28	6.5	57	1.30
UJ-1880	80	18	105	50	18	5.3	35	0.85
UJ-2080	80	20	120	0	24	7.4	47	1.10
UJ-2280	80	22	127	65	28	10.8	57	1.40

注　型号含义：U—U 型；J—加强；"-"后数字——、二位表示标称破坏荷载，三、四位表示开档距离 C。
例：型号 U-1880 表示 U 型螺栓，椭圆形环，标称破坏荷载不少于 18kN，开档距离 C 为 80mm。

4. 避雷线悬垂吊架

在电杆上支持避雷线代替横担的组合件金具，称避雷线悬垂吊架。它由钢锻制的吊杆及生铁铸造的垫块组成。

BD（或 DJ）型避雷线悬垂吊架实物图及结构图如图 4-24 所示，技术参数见表 4-15。

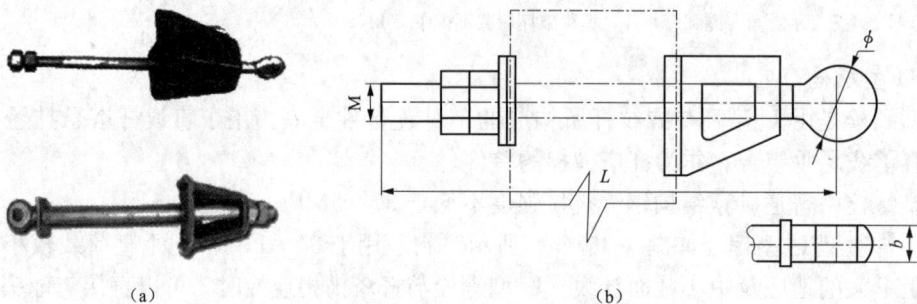

（a）　　　　　　　　　　　　　　　　　（b）

图 4-24　避雷线悬垂吊架结构图及实物图
（a）实物图；（b）结构图

表 4-15　　　　　　　　　　**悬垂吊架（BD 型）技术参数**

型　号	适用电杆范围	主要尺寸（mm）				质量（kg）
		b	M	ϕ	L	
BD-1839	ϕ190 锥形钢筋混凝土	18	18	18	390	43
BD-2244	ϕ230 锥形钢筋混凝土	18	22	22	440	48
BD-2451	ϕ300 锥形钢筋混凝土	18	24	24	510	53
BD-2762	ϕ400 锥形钢筋混凝土	18	27	28	620	71

注　型号含义：B—避雷线；D—吊架；"-"后数字—第一、二位表示螺栓直径 M，第三、四位表示吊架长度 L。
例：BD-1839 表示避雷线吊架长度 L 为 390mm，螺栓直径 M 为 18mm。

5. 拉杆

拉杆也称延长拉环，分为 YL 型、YLP 型。拉杆采用圆钢锻制而成，用于延长连接距离。拉杆两端耳环呈 90°角，可用于转换连接方向。用延长拉环可使垂直排列分裂导线的上导线与下导线的耐张线夹错开，避免了上下两根导线的耐张线夹相碰或保持跳的四根导线线束距离不变。

图 4-25 所示为 YL 型、YLP 型拉杆的结构图及实物图。YLP 型拉杆技术参数见表 4-16。

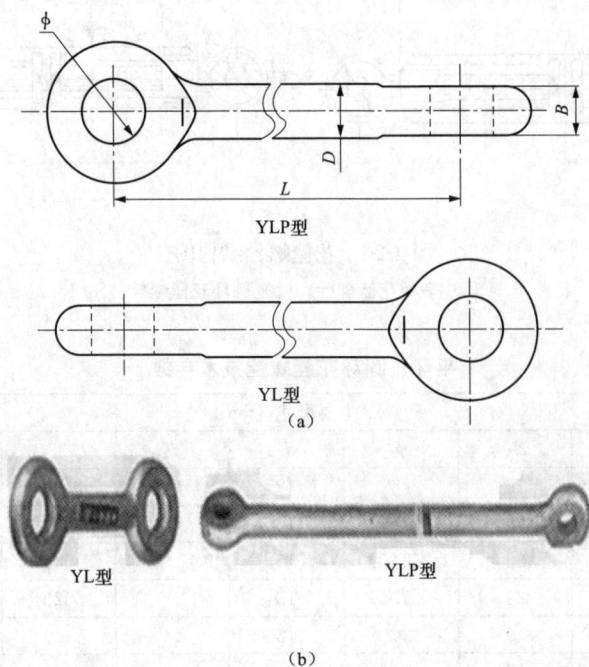

图 4-25　拉杆结构图及实物图

(a) 结构图；(b) 实物图

表 4-16　　　　　　　　　　　　**YLP 型拉杆技术参数**

型　号	主要尺寸（mm）				标称破坏荷载（≥，kN）	质量（kg）
	ϕ	D	B	L		
YLP-16260	24	26	20	260	160	1.6
YLP-16850	24	26	20	850	160	3.7
YLP-16910	24	26	20	910	16	3.9
YLP-16970	24	26	20	970	16	4.1
YLP-16990	24	26	20	990	160	4.3
YLP-25855	30	33	30	855	250	6.2
YLP-25915	30	33	30	915	250	6.6
YLP-25935	30	33	30	935	250	6.7

注　型号含义：Y—延长；L—拉杆；P—平行；数字—前两位表示标称破坏荷载，后两位表示标称长度。

例：型号 YLP-25935 表示平行延长拉杆，标称长度 935mm，承受标称破坏荷载不少于 250kN。

6. 花篮螺栓

用左右旋螺纹调节连接长度的组合件金具，称为花篮螺栓，又名调节螺栓。它由套正牙及反牙的螺母、两端头带有拉环的螺杆以及拉杆组成，在螺杆端部有夹板，并以螺栓固定，以保证在运行中不致产生松动现象。

花篮螺栓分平环和圆环两种，如图 4-26 所示。其技术参数见表 4-17。圆环花篮螺栓的螺杆一端环孔为平面，另一端孔为圆环，以适应不同的安装条件，确保接触良好。

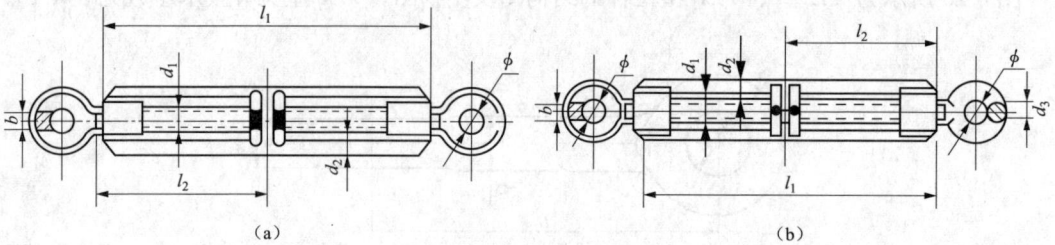

图 4-26 花篮螺栓结构图
(a) 平环花篮螺栓；(b) 圆环花篮螺栓

表 4-17　　　　　　　　　平环、圆环花篮螺栓技术参数

型 号	主要尺寸（mm）							质量（kg）
	b	d_1	ϕ	d_2	d_3	l_1	l_2	
LH-16A	14	16	18	12		400	205	2.10
LH-18A	16	18	21	16		480	250	3.38
LH-22A	18	22	24	16		500	260	4.72
LH-24A	21	24	27	18		520	270	7.35
LH-16B	14	16	24	12	14	400	205	2.5
LH-18B	16	18	26	16	16	480	250	3.5
LH-22B	18	22	29	16	20	500	260	4.9
LH-24B	21	24	32	18	22	520	270	7.5

注　型号含义：L—花篮螺栓；"-"后数字—花篮螺栓直径 d_1；A—A 型（平环）；B—B 型（圆环）。
例：型号 LH-16A 表示平环花篮螺栓，直径为 16mm；型号 LH-16B 表示圆环花篮螺栓，直径为 16mm。

二、板—板系列连接金具

板—板系列连接金具包括 Z 型、P 型、UB 型、ZS 型、PS 型挂环等。

板—板系列连接金具采用抗拉强度不低于 372.5N/mm^2 的钢件制造，可冲压、割制成形。这类金具的特点是必须借助于螺栓或销钉才能实现连接，这也是连接金具普遍使用的简单结构。

1. Z 型挂板

Z 型挂板是一种改变连接方向的转向连接金具。Z 型挂板又称直角挂板，分 Z 型、ZS 型挂板。由于 Z 型挂板连接方向互成直角，因此具有变换灵活、适应性强等优点。Z 型挂板结构及实物图如图 4-27 所示，技术参数见表 4-18。

2. P 型挂板

P 型挂板多与楔形线夹配套组装将楔形线夹固定在杆塔抱箍法兰上，或与双板平行挂板组装以增加连接长度。P 型挂板用在绝缘配电线路中，套上绝缘罩，即为绝缘连接金具。P 型挂板仅改变组件的长度，不能改变连接方向，因此也称平行挂板。该挂板有 PD-×× 型单平行挂板和 PH-×× 型双平行挂板两类。PD-×× 型双平行挂板的结构与 PD-×× 型单平行挂板相同，是两个 PD-×× 型单平行挂板的组合，用螺栓连接。

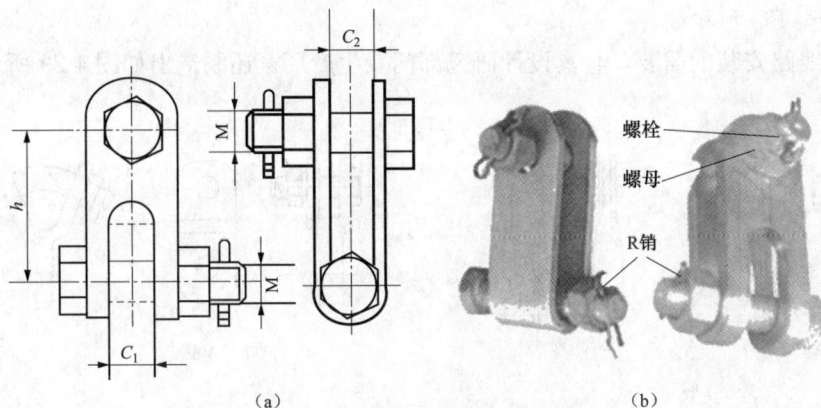

图 4-27 Z 型挂板结构图及实物图

(a) 结构图；(b) 实物图

表 4-18 部分 Z 型挂板技术参数

型 号	主要尺寸（mm）				标称破坏荷载 （≥，kN）	质量（kg）
	C_1	C_2	M	h		
Z-7	18	18	16	80	70	0.56
Z-10	20	20	18	80	100	0.87
Z-12	24	24	22	100	120	1.16
Z-16	26	26	24	100	160	2.38
Z-20	30	30	27	120	200	3.80

注 型号含义：Z—直角；数字—标称破坏荷载。

例：型号 Z-30 表示标称破坏荷载为 300kN 的直角挂板。

图 4-28 所示为 PD-××型挂板的结构图及实物图。表 4-19 为 PD-××型挂板技术参数。

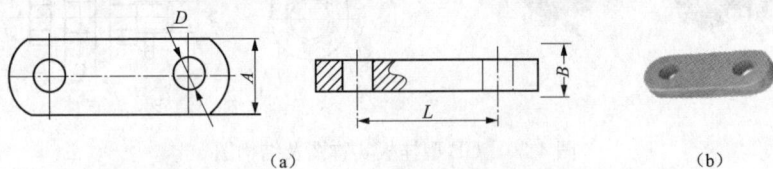

图 4-28 PD-××型挂板的结构图及实物图

(a) 结构图；(b) 实物图

表 4-19 PD-××型挂板技术参数

型 号	主要尺寸（mm）				标称破坏荷载 （≥，kN）	参考质量（kg）
	B	D	L	A		
PD-7	16	18	70	40	70	0.5
PD-10	16	20	80	40	100	0.7
PD-12	16	24	100	40	120	0.9
PD-16	22	26	130	60	160	1.4
PD-30	32	39	120	80	300	3.9
PD-50	38	45	130	110	500	7.0

注 型号含义：P—平行；D—单板；S—S双板；"-"后的数字—标称破坏荷载。

例：型号 PD-12 表示标称破坏荷载为 120kN 的平行挂板。

3. V型、PG型挂板

为满足线路安装的需要，金具设计研究部门及生产厂家还制造出如图4-29所示的V型、PG型挂板。

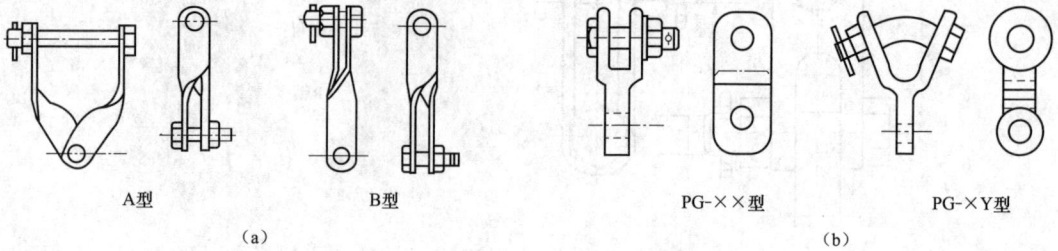

图 4-29　V型、PG型挂板结构图

(a) V型挂板；(b) PG型挂板

4. UB型挂板

UB型挂板用于将悬垂绝缘子串或耐张绝缘子串与杆塔横担的连接。

UB型挂板的部分实物图及结构图如图4-30所示，技术参数见表4-20。悬垂绝缘子串与杆塔的连接用UB型挂板时，顺线路方向转动灵活，风偏时摆动中心移动至下端螺栓中心，从而可避免第一片绝缘子与杆塔横担相碰撞。

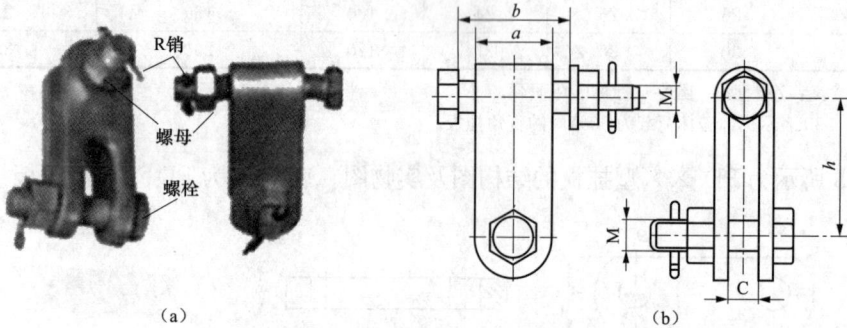

图 4-30　UB型挂板实物图及结构图

(a) 部分实物图；(b) 结构图

表 4-20　　　　　　　　　　UB 型挂板技术参数

型　号	主要尺寸（mm）					标称破坏荷载（≥，kN）	质量（kg）
	C	M	h	a	b		
UB-7	16	16	70	45	65	70	0.75
UB-10	20	18	80	45	65	100	1.08
UB-12	24	22	100	60	80	120	2.82
UB-16	26	24	100	60	100	160	2.89
UB-20	30	27	110	60	100	200	3.80
UB-25T	34	30	150	60	90	250	4.80
UB-30T	39	36	150	60	100	300	5.00

注　型号含义：UB—UB型挂板；T—特殊；数字—标称破坏荷载。

例：型号UB-7，表示标称破坏荷载为70kN的UB型挂板。

5. 三腿平行挂板

ZS 型、PS 型挂板，也称三腿平行挂板，其结构如图 4-31 所示，技术参数见表 4-21。三腿平行挂板主要用于双板与单板的过渡连接和槽形绝缘子耐张串与耐张线夹的连接，以及悬挂重锤的挂板的加长。

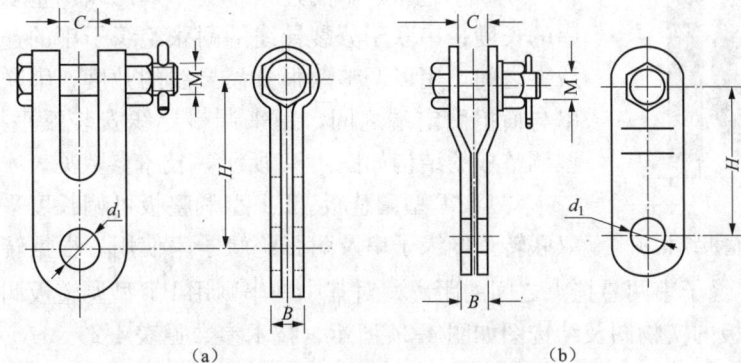

图 4-31　ZS 型、PS 型挂板结构图

(a) ZS 型；(b) PS 型

表 4-21　　　　　　　　　　　ZS 型、PS 型挂板技术参数

型　号	适用范围	主要尺寸（mm）					标称破坏荷载（≥，kN）	质量（kg）
		C	H	B	M	d_1		
ZS-7	XP-7，X-4.5，X-4.5c	18	60	16	20	16	69	0.58
ZS-10	XP-10，XP-7	20	70	18	20	18	98	0.90
PS-7	X-4.5c	18	90	16	20	16	69	0.53

注　型号含义：Z—直角；S—双联；P—平行；"-"后数字—标称破坏荷载。

例：型号 ZS-7，表示标称破坏荷载约为 70kN 的双联直角平行挂板。

6. 四腿直角挂板

四腿直角挂板用钢板制成，结构与三腿直角挂板相似，用于连接互成直角的单板，也可以直接与杆塔横担相连，作为绝缘子串的首件，还可用于其他改变连接方向的任何连接。

7. 延长拉板

图 4-32 所示为 YB-××型延长拉板结构图。

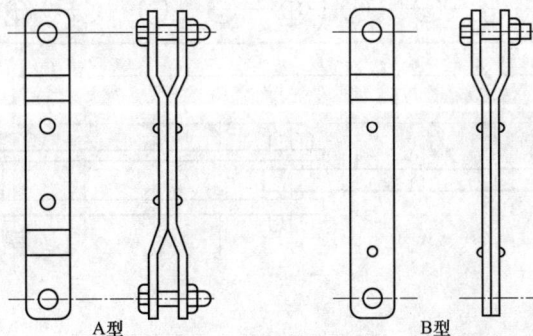

A型　　　　B型

图 4-32　YB-××型延长拉板结构图

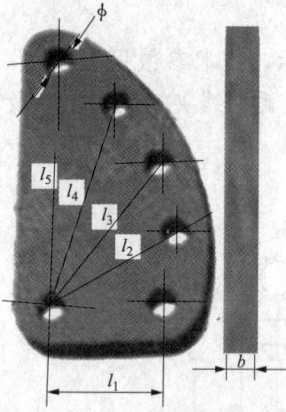

图 4-33　DB 型调整板结构图

8. 调整板

可调节连接长度的板形连接金具，称为调整板。调整板分为 DB 型、PT 型。

（1）DB 型调整板。它是一块多孔且孔距不等的钢构件板，将其串联于绝缘子串的连接金具中，用以调整双联并联绝缘子串的长度；串联于分裂导线的耐张绝缘子串的连接金具与耐张线夹之间，用以调整两根分裂导线的弛度；串联于耐张绝缘子串与横担固定端之间，用来调整导线安装弧垂接过牵引。DB 型调整板的结构如图 4-33 所示，技术参数见表 4-22。

（2）PT 型调整板。PT 型调整板可调长度平行挂板，专供双联转角绝缘子串及耐张绝缘子串使用。根据转角塔转角度数计算出待固定绝缘子串两悬挂点之间的距离，对其中一串则用 PT 型调整板调整长度。

PT 型调整板的实物图及结构图如图 4-34 所示，技术参数见表 4-23。

表 4-22　　　　　　　　　　　DB 型调整板技术参数

型号	主要尺寸（mm）							标称破坏荷载（≥，kN）	质量（kg）
	ϕ	l_1	l_2	l_3	l_4	l_5	b		
DB-7	18	70	95	120	145	170	16	70	1.70
DB-10	20	80	110	140	170	200	16	100	2.70
DB-12	24	100	135	170	205	240	16	120	3.20
DB-16	26	110	125	140	155	170	18	160	4.10
DB-20	30	120	135	150	165	180	26	200	7.40
DB-50	45	140	185	230	275	320	38	500	14.50
DB-31G	26	120	135	150	165	180	20	310	6.20
DB-32G	33	120	140	160	180	200	38	320	9.20

注　型号含义：D—调整；B—板；数字—标称破坏荷载。

例：型号 DB-7 表示调整板，标称破坏荷载不少于 70kN。

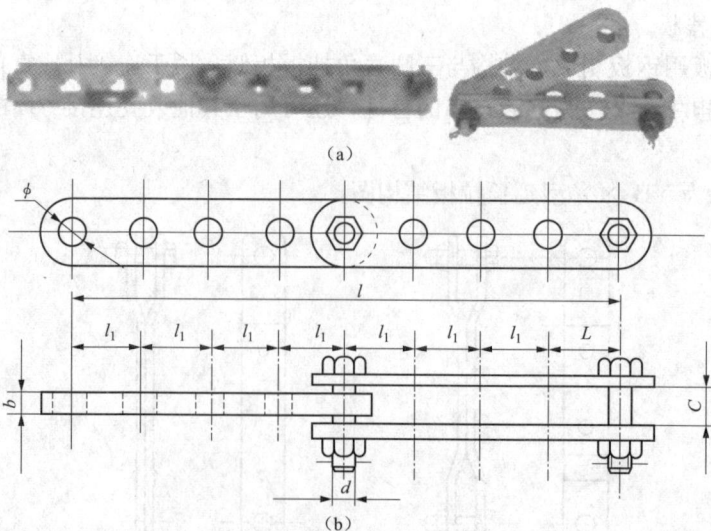

(a)

(b)

图 4-34　PT 型调整板的实物图及结构图

(a) 实物图；(b) 结构图

表 4-23 PT 型调整板技术参数

型 号	主要尺寸（mm）						标称破坏荷载（kN）
	l_1	L	d	ϕ	b	C	
PT-7	45	60	16	16	16	18	7
PT-10	50	65	18	16	16	20	10
PT-12	60	75	22	16	16	25	12
PT-13	67	80	26	18	18	26	13
PT-21	70	90	30	26	26	30	21
PT-30	80	100	39	32	32	38	30

注　型号含义：P—平行；T—调整；数字—标称破坏荷载。
例：型号 PT-7 表示标称破坏荷载为 7kN 的 PT 型调整板。

9. 牵引板

两端为挂板连接件，并带有施工牵引孔的连接金具，称为牵引板。可将牵引板看成是一种带有牵引孔的挂板。

QY 型牵引板实物如图 4-35 所示，技术参数见表 4-24。

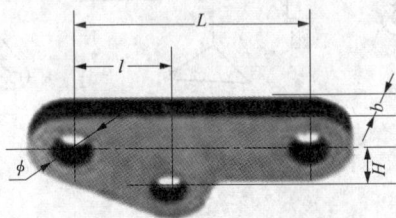

图 4-35　QY 型牵引板实物图

表 4-24 QY 型牵引板技术参数

型 号	主要尺寸（mm）					标称破坏荷载（≥，kN）	质量（kg）
	l	H	ϕ	b	L		
QY-7	38	22	18	16	100	70	0.8
QY-10	42	25	20	16	120	100	1.10
QY-12	45	30	24	16	160	120	1.90
QY-16	55	35	26	18	180	160	2.60
QY-21	75	45	30	26	200	210	4.70
QY-30	85	57	39	32	300	300	7.30
QY-50	100	70	45	45	260	500	6.5

注　型号含义：Q—牵；Y—引；数字—标称破坏荷载。
例：型号 QY-7 表示标称破坏荷载为不少于 70kN 的 QY 型牵引板。

10. 联板

将多个分支并联组装用的一种板形连接件金具，称为联板。

（1）L 型联板。它用于双联耐张绝缘子串与单根导线组装、单串绝缘子与双根导线组装、双根拉线的组装、单串绝缘子双支点悬垂线夹的组装，以及其他需要 L 型联板组装的地方。该类联板有多种结构，如图 4-36 所示。

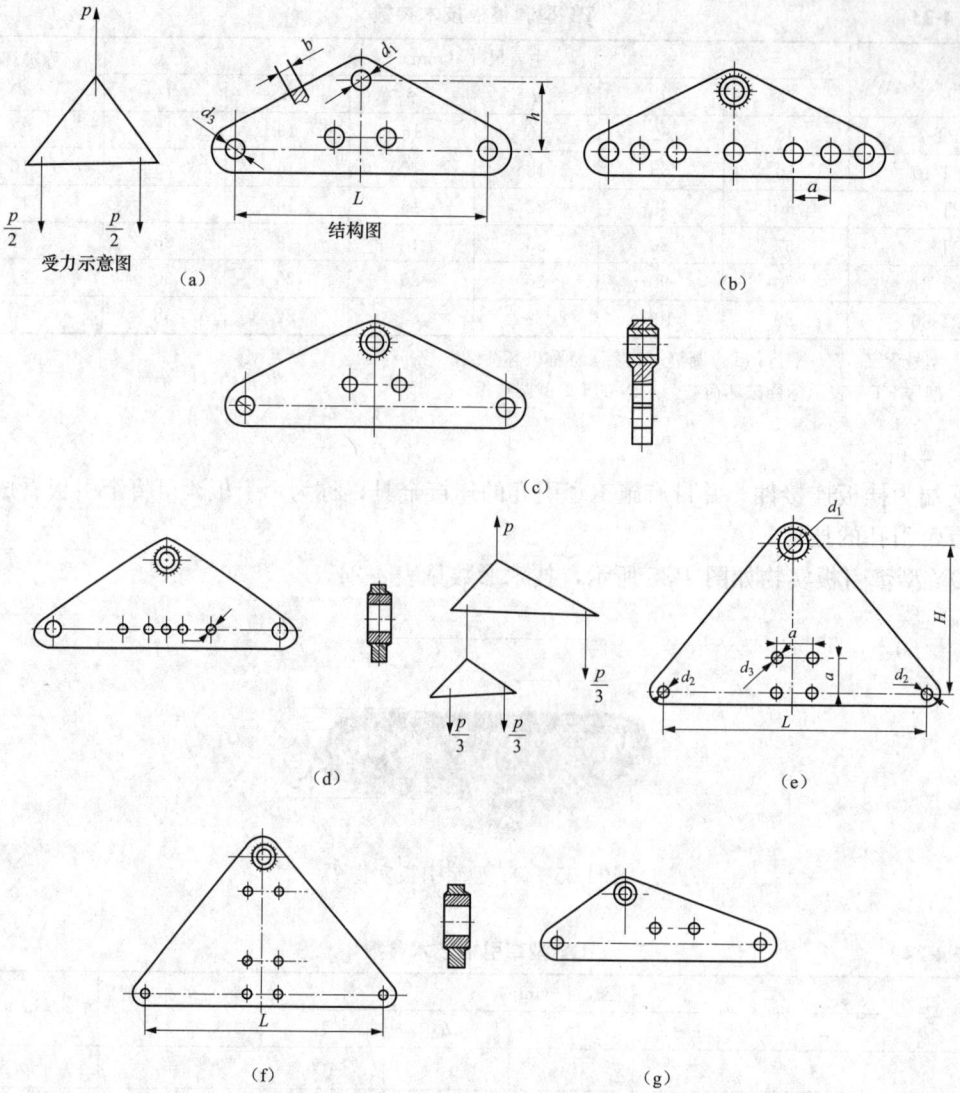

图 4-36 L 型联板结构图

(a) 用于双联耐张绝缘子串与单导线组装的 L 型联板结构图 (一) 及受力示意图; (b) L 型耐张联板 (可装均压环) 结构图; (c) 用于双联耐张绝缘子串与单导线组装的 L 型联板结构图 (二); (d) LZ 型联板结构图 (一) 及受力示意图; (e) 用于单联耐张绝缘子串与双导线组装的 L 型联板结构图 (一); (f) 用于单联耐张绝缘子串与双导线组装的 L 型联板结构图 (二); (g) LZ 型联板结构图 (二)

部分 L 型联板技术参数见表 4-25、表 4-26。

表 4-25　　　　　　　　　　图 4-36 (a) L 型联板技术参数

型　号	主要尺寸 (mm)					标称破坏荷载 (kN)	质量 (kg)
	b	h	d_1	d_2	L		
L-1040	16	70	20	18	400	100	4.5
L-1050	16	130	20	18	500	100	7.1
L-1060	16	100	20	18	600	100	9.8

续表

型 号	主要尺寸（mm）					标称破坏荷载（kN）	质量（kg）
	b	h	d_1	d_2	L		
L-1240	16	70	24	18	400	120	4.7
L-1640	18	100	26	20	400	160	5.9

注 型号含义：L—联板；数字—前两位表示标称破坏荷载标记，后两位表示孔距 L（cm）。

例：型号 L-1040 表示标称破坏荷载为 100kN，孔距为 400mm 的 L 型联板。

表 4-26   **图 4-36（e）L 型联板技术参数**

型 号	主要尺寸（mm）						标称破坏荷载（≥，kN）	质量（kg）
	L	H	d_1	d_2	d_3	a		
L-2150	500	250	26	26	18	60	210	15.6
L-4250	500	250	39	26	18	60	420	18.3
L-8460	600	220	51	39	22	80	840	38.0

注 型号含义：L—联板；数字—前两位表示标称破坏荷载，后两位表示孔距 L（cm）。

例：型号 L-2150 表示标称破坏载荷不少于 210kN，孔距为 500mm 的 L 型联板。

（2）LF 型联板。LF 型联板有两种结构，主要用于双串绝缘子串（悬垂或耐张串）与二分裂导线的连接。图 4-37 所示为 LF 型联板受力示意图及实物图，技术参数见表 4-27。

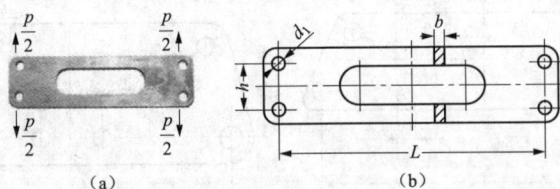

图 4-37   LF 型联板受力示意图及实物图

(a) 受力示意图；(b) 结构图

表 4-27   **LF 型联板技术参数**

型 号	主要尺寸（mm）				标称破坏荷载（kN）	质量（kg）
	b	h	d_1	L		
LF-2140	16	70	20	400	210	5.5
LF-2540	16	110	24	400	250	9.2
LF-3040	18	120	26	400	300	11.2
LF-3045	18	100	26	450	300	12.5
LF-3050	18	140	26	500	300	16.5
LF-4050	26	250	30	500	400	38.1
LF-4245	26	120	30	450	420	20.3
LF-4260	26	190	24	600	420	27.5

注 型号含义：L—联板；F—方形；数字—前两位表示标称破坏荷载，后两位表示孔距 L（cm）。

例：型号 LF-2140，表示标称破坏荷载为 210kN，孔距为 400mm 的方形联板。

（3）LV 型联板。LV 型联板也称双拉线并联联板，其结构图及实物图如图 4-38 所示。LV 型联板采用热镀锌钢件，用于双拉线组装及单联绝缘子串紧固双母线和下垂用联板。

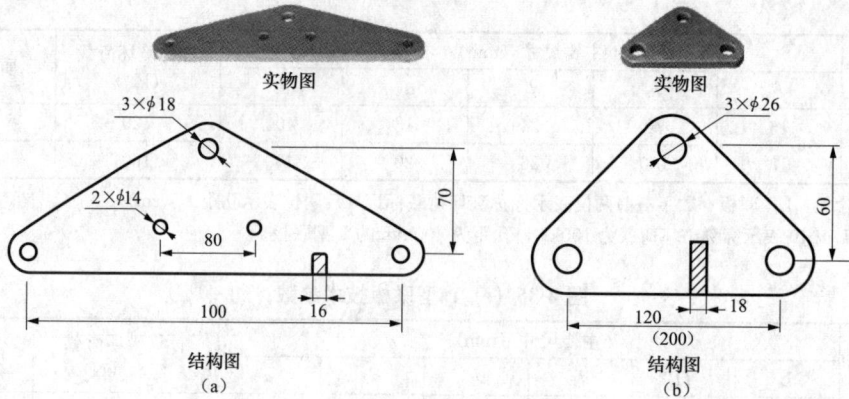

图 4-38　LV 型联板结构图及实物图

（a）LV-1240 型联板（标称破坏荷载≥120kN）；（b）LV-1612 型、LV-1620 型联板（标称破坏荷载≥160kN）

（4）LS 型联板。LS 型联板也称组合母线用双联板，用于双联耐张绝缘子串与单根或三根导线的组装，以及变电站的联板与双联悬绝缘子串及与双联悬垂线夹的组装。LS 型联板结构图如图 4-39 所示，技术参数见表 4-28。

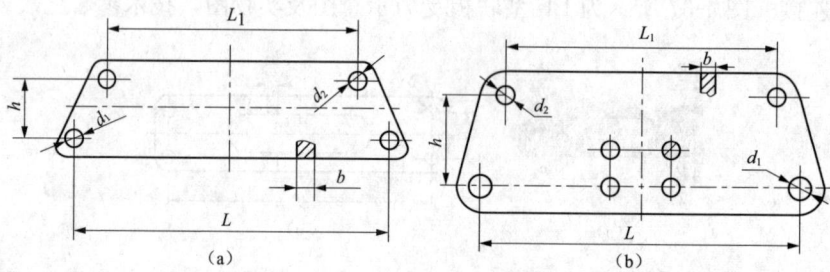

图 4-39　LS 型联板结构图

（a）结构图（一）；（b）结构图（二）

表 4-28　　　　　　　　　　图 4-39（a）LS 联板技术参数

型号	主要尺寸（mm）						标称破坏荷载（kN）	质量（kg）
	b	h	d_1	d_2	L	L_1		
LS-1212	16	65	18	20	400	120	120	5.0
LS-122l	16	65	18	20	400	210	120	5.4
LS-1225	16	65	18	20	400	250	120	5.5
LS-1229	16	65	18	20	400	290	120	5.7
LS-1233	16	65	18	20	400	330	120	5.9
LS-1237	16	65	18	20	400	370	120	6.1
LS-1255	16	65	18	20	400	550	120	8.7
LS-1633	18	65	20	20	400	330	160	7.5
LS-3020	18	65	26	26	400	200	300	7.0

注　型号含义：L—联板；S—双联；数字—前两位表示标称破坏荷载，后两位表示孔距 L_1（cm）。

例：型号 LS-1212 表示标称破坏荷载为 120kN，孔距 L_1 为 120mm 的 LS 型联板。

（5）LJ 型联板。LJ 型联板结构如图 4-40 所示。它用于单联悬垂绝缘子串与二分裂导线的 330kV 线路和双联耐张绝缘子串与二分裂导线的 330kV 线路。联板可安装均压屏蔽环。

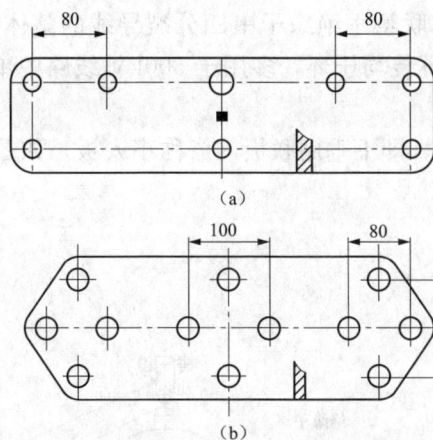

图 4-40 LJ 型联板结构图

(a) LJ 型联板（方形）；(b) LJ 型联板（菱形）

（6）LK 型联板。LK 型联板又称上杠联板，用于四分裂导线悬垂组合，其结构图、实物图及受力示意图如图 4-41 所示。LK 型联板（上杠联板）技术参数见表 4-29。

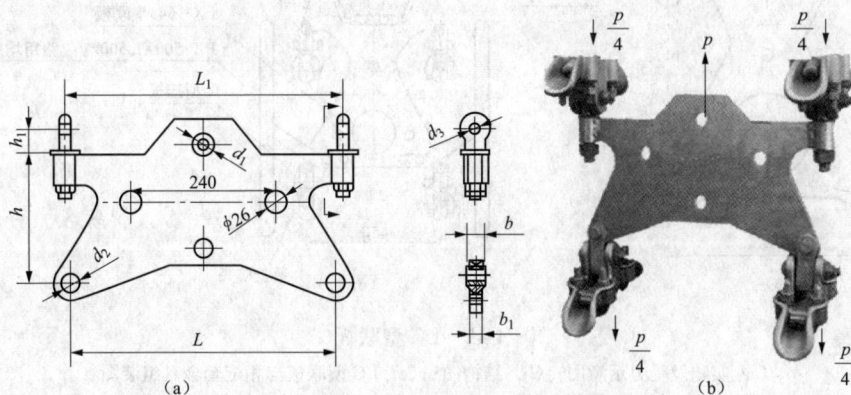

图 4-41 LK 型联板（上杠联板）结构、实物及受力示意图

(a) 结构图；(b) 实物及受力示意图

表 4-29   LK 型联板（上杠联板）技术参数

型　号	主要尺寸（mn）									标称破坏荷载（≥，kN）	质量（kg）
	b	b_1	h	h_1	L	L_1	d_1	d_2	d_3		
LK-0745	16	16	225	40	450	450	18	18	18	70	17.3
LK-1045	16	16	230	40	450	450	20	18	18	100	16.0
LK-1645	18	18	230	40	450	450	26	18	18	160	17.0
LK-164745	18	18	225	40	450	470	26	18	18	160	15.4
LK-3250G	28	18	265	40	500	500	33	18	18	320	21.6
LK-165550G	18	18	305	40	500	550	26	18	18	160	19.8
LK-215550G	26	18	305	40	500	550	26	18	18	210	19.8
LK-255550G	24	18	265	40	500	550	30	20	18	250	21.3

注 型号含义：L—联板；K—K 型；G—高强度；"-"后数字—前两位为标称破坏荷载，后两位为孔距（cm）。

例：型号 LK-0745 表示 LK 型联板，标称破坏荷载不少于 70kN，孔距 L 为 450mm。

（7）LC 型联板是采用单联悬垂绝缘子串四分裂导线的整体联板，类似的还有 LCV 型四分裂整体联板。其联板上可装均压环，多用于 500kV 线路中单串绝缘子四分裂导线的整体组合。

LC 型联板（也称 LX 型，即下垂用联板，俗称小人板）如图 4-42 所示。其技术参数见表 4-30。

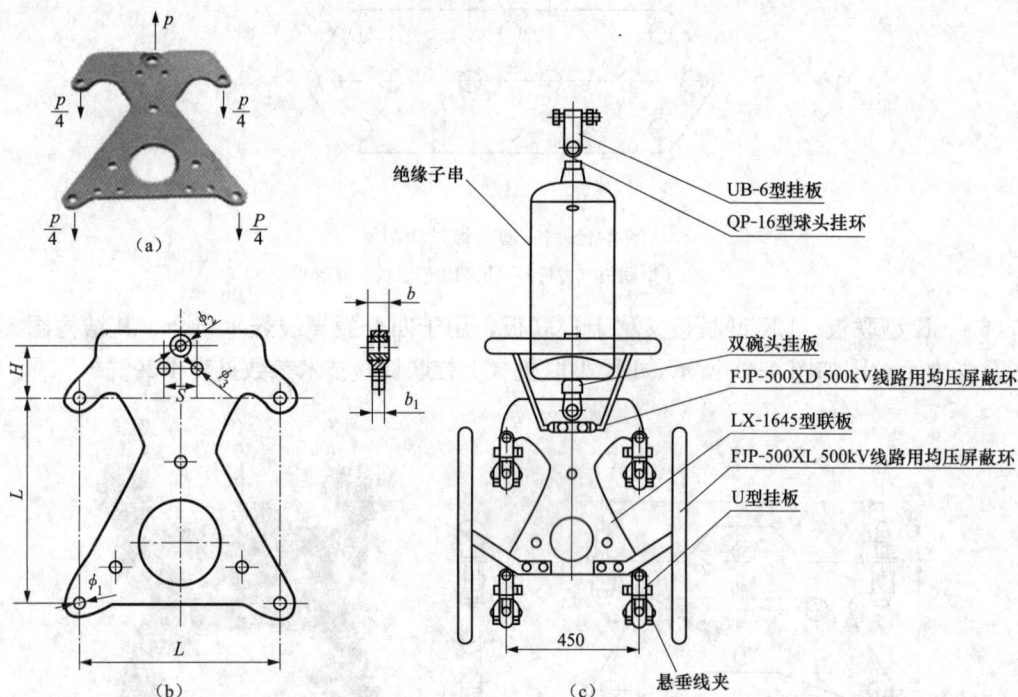

图 4-42　LC 型联板
（a）实物及受力示意图；（b）结构图；（c）LC 型联板与相配套金具组装图

表 4-30　　　　　　　　　　　　　　　LC 型联板技术参数

型号	主要尺寸（mm）								标称破坏荷载（kN）	质量（kg）
	L	H	ϕ_1	ϕ_2	ϕ_3	b	b_1	S		
LC-4245	450	100	22	39	18	22	22	60	420	35.4
LC-1645	450	95	20	26	18	18	18	80	160	26.0
LC-2145	450	95	18	26	18	20	16	80	210	21.3
LC-2150G	500	95	18	26	18	20	16	80	210	25.5
LC-3250G	500	95	20	33	18	28	18	80	320	29.0
LC-4250G	500	95	20	39	18	32	18	80	420	29.0
LC-6450G	500	95	20	45	18	36	18	80	640	30.5

注　型号含义：L—联板；C—下垂；数字—前两位表示标称破坏荷载，后两位表示孔距（cm）；G—高强度。
例：型号 LC-4245，表示标称破坏荷载为 420kN，孔距 L 为 450mm 的下垂型联板。

图 4-43 所示为 LXV 型联板结构图，与 LC 型联板功能相似。其技术参数见表 4-31。

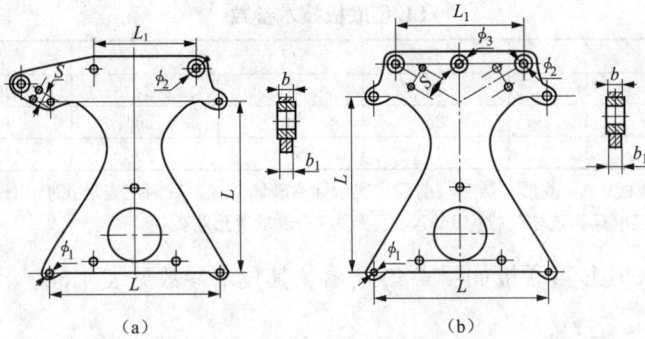

图 4-43 LXV 型联板结构图

(a) LXV-××Z 型联板；(b) LXV 型联板

表 4-31 LXV 型联板技术参数

型 号	主要尺寸（mm）								标称破坏荷载（≥，kN）
	L	L_1	b_1	b	S	ϕ_1	ϕ_2	ϕ_3	
LXV-1645	450	380	18	18	80	20	26	26	160
LXV-2045	450	380	18	26	—	20	26	30	200
LXV-2045	450	380	18	26	80	20	26	30	200
LXV-2145	450	380	18	27	80	20	30	30	210
LXV-2545Z	450	196	18	18	80	20	33		250
LXV-2145Z	500	100	18	30	—	20	26		210
LXV-3045Z	450	196	18	20	80	20	39		300

注 型号含义：L—联板；X—下垂式；V—V 型；Z—直角；"-" 后数字——一、二位表示标称破坏荷载，三、四位表示孔距。

例：型号 LXV-1645 表示 LXV 型（下垂式 V 型）联板，标称破坏荷载不少于 160kN，孔距 L 为 450mm。

（8）LL 型联板。LL 型联板为下垂组合用联板。与该联板结构类似的还有四分裂组合悬垂联板（菱形）。LL 型联板实物、受力示意、结构和组装图如图 4-44 所示。500kV 线路用 LL 型联板技术参数见表 4-32。

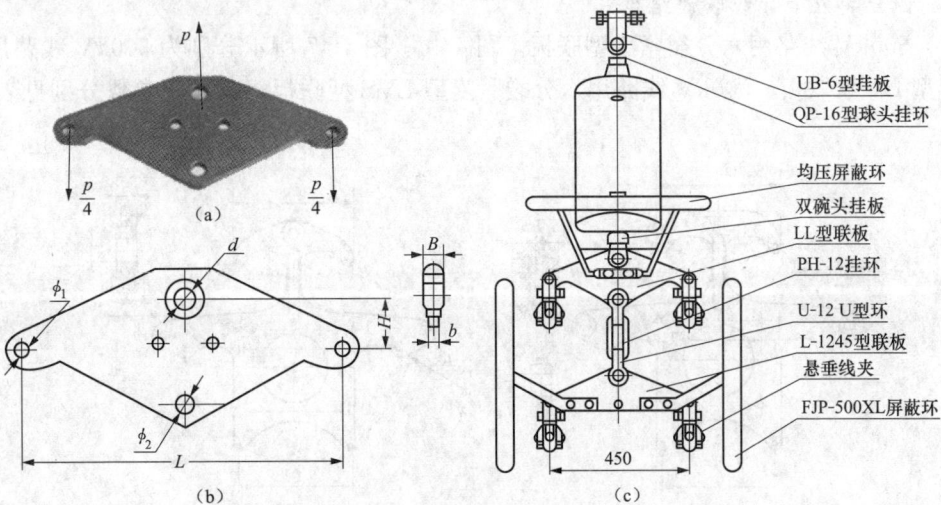

图 4-44 LL 型联板实物、受力示意、结构及组装图

(a) 实物、受力示意图；(b) 结构图；(c) 组装图

表 4-32　　　　　　　　　　　**LL 型联板技术参数**　　　　　　　　　　（mm）

型　号	b	B	H	d	L	ϕ_1
LL-1645	16	18	70	24	400	20
LL-2145	18	26	70	26	400	20
LL-2545	18	30	70	26	450	20

注　型号含义：L—联板；L—菱形；数字—前两位表示标称破坏荷载，后两位表示孔距（cm）。
例：型号 LL-1645，表示标称破坏荷载为 16kN，孔距为 45cm 的菱形联板。

（9）LB 型联板。LB 型联板如图 4-45 所示。其技术参数见表 4-33。

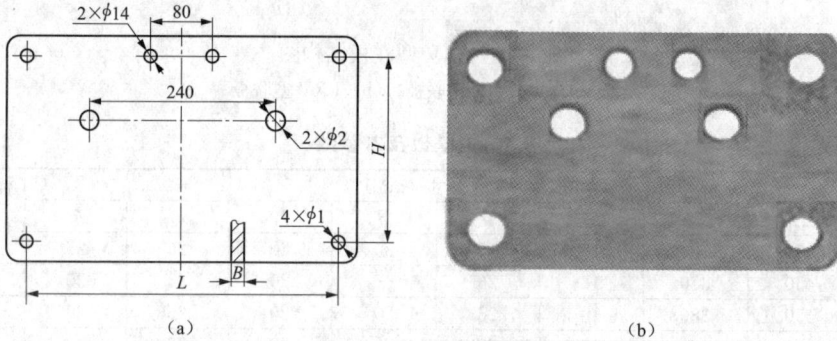

图 4-45　LB 型联板
(a) 结构图；(b) 实物图

表 4-33　　　　　　　　　　　**LB 型联板技术参数**

型　号	主要尺寸（mm）					标称破坏荷载（≥，kN）	质量（kg）
	B	ϕ_1	ϕ_2	H	L		
LB-1240	16	18	24	250	400	12	17.0
LB-3040	22	26	24	120	400	30	10.0

注　型号含义：L—联板；B—变电；"-"后数字—前两位表示标称破坏荷载，后两位表示孔距。
例：型号 LB-1240 表示 LB 型（变电用）联板，标称破坏荷载不少于 120kN，孔距 L 为 400mm。

11. 四分裂以上导线联板结构

（1）500kV 线路用六分裂紧凑型联板。图 4-46、图 4-47 所示分别为 500kV 线路用六分裂紧凑型 LV 型联板、500kV 线路用六分裂紧凑型 LVS 型联板。其技术参数分别见表 4-34、表 4-35。

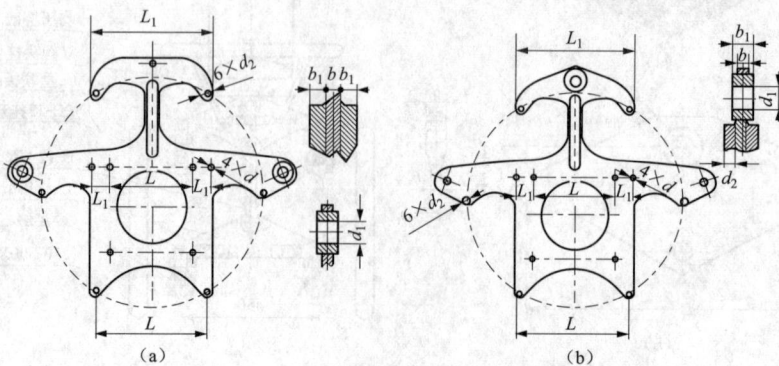

图 4-46　500kV 线路用六分裂紧凑型 LV 型联板
(a) 结构图（一）；(b) 结构图（二）

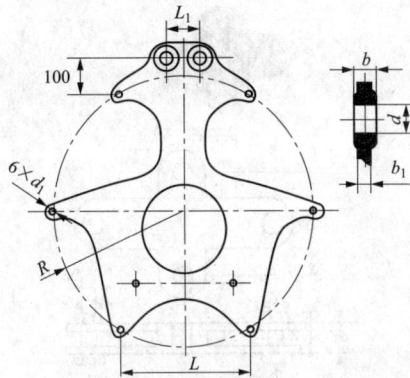

图 4-47   500kV 线路用六分裂紧凑型 LVS 型联板结构图

表 4-34   500kV 线路用六分裂紧凑型 LV 型联板技术参数

型 号	主要尺寸（mm）							标称破坏荷载	质量（kg）
	L	L_1	b	b_1	d	d_1	d_2	（≥，kN）	
LV-1675/6	750	500	18	—	18	26	20	160	47.6
LV-3075/6	750	500	18	32	18	39	20	300	47.6

注 型号含义：L—联板；V—V 型；"-"后数字—前两位表示标称破坏荷载，后两位表示联板 L 孔距长度；"/"后
    数字—子导线分裂数。
例：型号 LV-1675/6 表示 LV 型联板，标称破坏荷载不少于 160kN；用于 6 分裂子导线。

表 4-35   500kV 线路用六分裂紧凑型 LVS 型联板技术参数

型 号	主要尺寸（mm）							标称破坏荷载	质量（kg）
	R	L	L_1	b	b_1	d	d_1	（≥，kN）	
LVS-3075/6X	375	280	60	18	18	18	39	300	35.0
LVS-5075/6X	375	280	60	18	18	18	45	500	42.0
LVS-4075/6X	375	280	60	18	36	18	39	400	37.6

注 型号含义：L—联板；V—V 型；S—双联；"-"后数字—前两位表示标称破坏荷载，后两位表示联板孔距；"/"
    后数字—子导线分裂数；X—下垂式悬垂线夹。
例：型号 LVS-3075/6X 表示 LVS 型双联联板，标称破坏荷载不少于 300kN；用于 6 分裂子导线下垂式悬垂线夹。

（2）750kV 超高压输电线路用分裂
联板。我国 750kV 超高压输电线路，由
于导线截面大、自重及张力大，导线分
裂根数多，组装复杂，且工程地处高海
拔地区，金具除应满足强度、受力等要
求外，其电晕性能至关重要，因此，工
程中大部分金具是新研制的。

图 4-48 所示为六分裂联板结构图。

12. 十字挂板

十字挂板分单、双十字挂板，主要

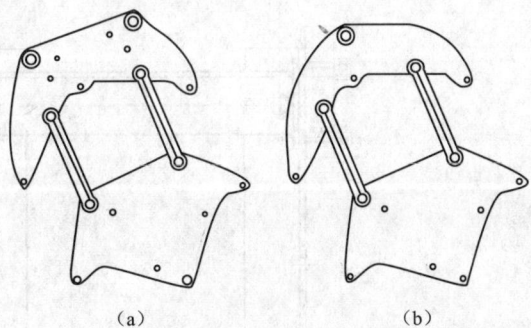

图 4-48   六分裂联板结构图

用于在变电站单联耐张或悬垂绝缘子串上安装均压屏蔽环。单十字挂板实物、结构及组装图如
图 4-49（a）、（c）所示。双十字挂板实物及组装图如图 4-49（b）所示，技术参数见表 4-36。

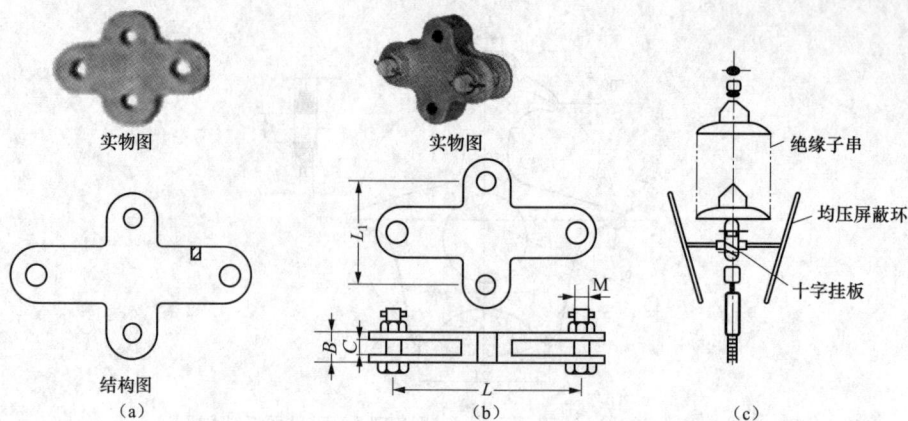

图 4-49　十字挂板结构及组装图

(a) 单十字挂板；(b) 双十字挂板；(c) 单十字挂板组装图

表 4-36　　　　　　　　　　　　　　双十字挂板技术参数

型　号	主要尺寸（mm）					标称破坏荷载（≥，kN）	质量（kg）
	M	L	L_1	B	C		
LZS-6	16	200	80	36	20	60	3.8
LZS-7	16	100	80	36	20	70	2.5

注　型号含义：L—联板；Z—十字；S—双联；数字—标称破坏荷载。

例：型号 LZS-6 表示十字双联联板，标称破坏荷载不少于 60kN。

13. 联板支撑

在 500kV 线路上，联板支撑用于双联耐张绝缘子串，并分别固定于杆塔横担上，两串绝缘子串之间无联板连接，每串绝缘子分别与横担固定后，以联板支撑保持两串绝缘子串间的距离。ZCJ 型联板支撑结构图如图 4-50 所示，技术参数见表 4-37。

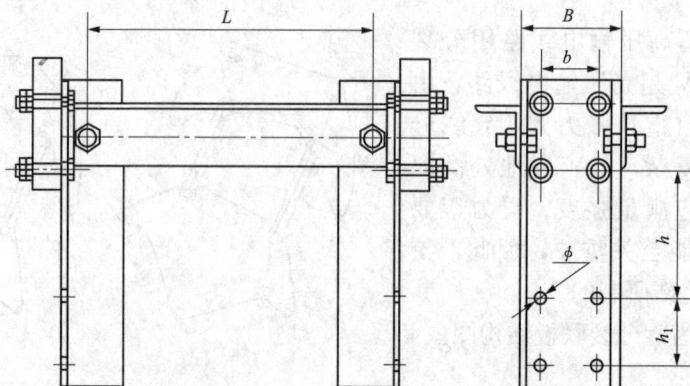

图 4-50　ZCJ 型联板支撑结构图

表 4-37　　　　　　　　　　联板支撑技术参数

型号	主要尺寸（mm）						标称破坏荷载（≥，kN）	质量（kg）
	ϕ	B	b	h	h_1	L		
ZCJ-45/100	18	120	60	270	100	432	45	10.5
ZCJ-50/100	18	120	60	270	245	432	50	13.5
ZCJ-45/215	18	120	60	415	245	432	45	23.5
ZCJ-50/150	20	160	80	370	150	480	50	19.5

注　型号含义：Z—直角（默认表示双板，D表示单板）；CJ—支撑；"/"前数字—荷重，"/"后数字—孔距 h_1。
例：型号 ZCJ-45/100 表示直角支撑架，标称破坏荷载不少于 450kN，孔距 h_1 为 100mm。

14. 联塔挂板

为了满足电力线路的安装需要，电力金具厂还设计制造了 NPT 型、NPTS 型联塔和耳轴挂板。NPT 型、NPTS 型联塔挂板的结构如图 4-51 所示，技术参数分别见表 4-38、表 4-39。耳轴挂板的结构及实物图如图 4-52 所示，技术参数见表 4-40。

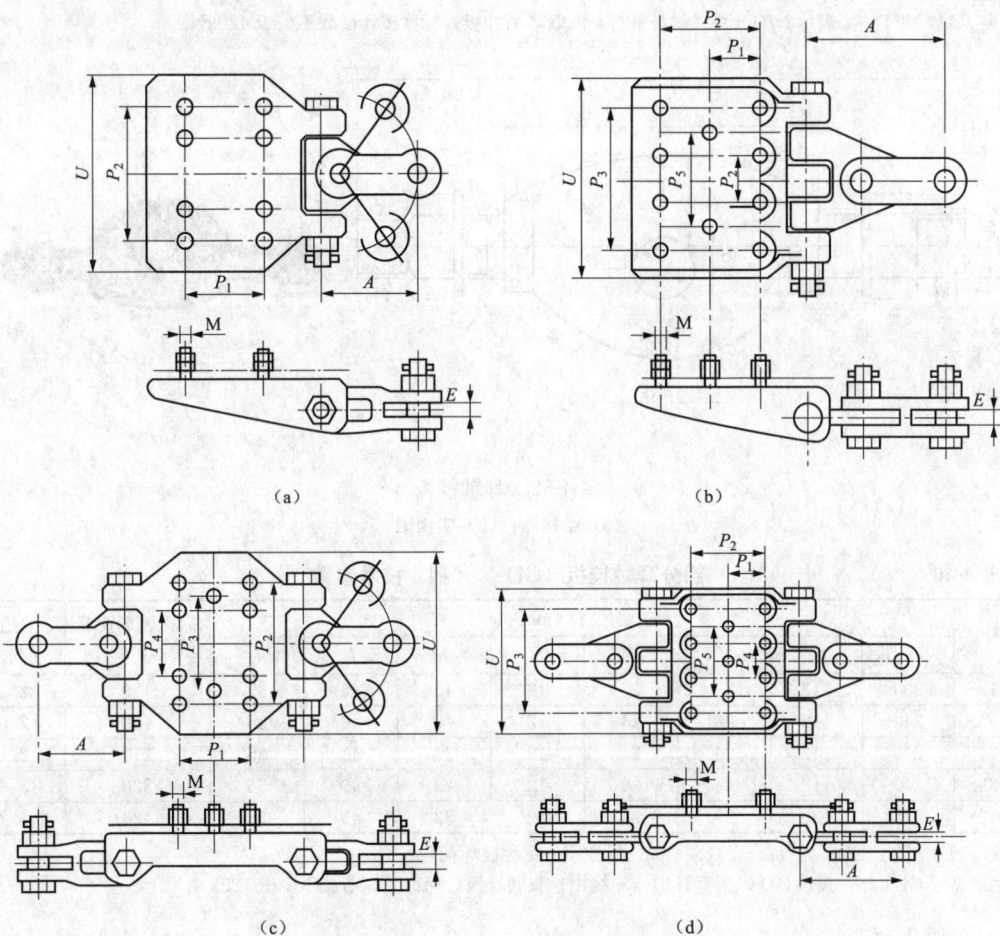

图 4-51　联塔挂板结构图
(a)、(b) NPT 型；(c)、(d) NPTS 型

表 4-38　　　　　　　　　　　　　　NPT 型联塔挂板技术参数

型 号	图 号	主要尺寸（mm）									标称破坏荷载（≥，kN）	质量（kg）
		U	P₁	P₂	P₃	P₄	P₅	A	E	M		
NPT-42	图 4-51（b）	350	81	162	270	90	180	225	34	24	420	25
NPT-60		350	81	162	270	90	180	225	34	24	600	25
NPT-7	图 4-51（a）	240	100	175				132	18	20	70	11
NPT-10		275	110	210				158	18	20	100	15

注　型号含义：N—耐张；P—平行；T—联塔；"-"后数字—标称破坏荷载。
例：型号 NPT-42 型，表示 NPT 型（耐张平行）联塔联板，标称破坏荷载不少于 420kN。

表 4-39　　　　　　　　　　　　　　NPTS 型联塔挂板技术参数

型 号	图 号	主要尺寸（mm）								标称破坏荷载（≥，kN）	质量（kg）
		U	P₁	P₂	P₃	P₄	A	E	M		
NPTS-42	图 4-51（c）	350	81	162	270	90	225	34	24	420	25
NPTS-33	图 4-51（d）	320	140	240	160	80	192	34	24	330	40

注　型号含义：N—耐张；P—平行；T—联塔；S—双联；"-"后数字—标称破坏荷载。
例：型号 NPTS-42 表示 NPTS 型（耐张平行）双联联塔挂板，标称破坏荷载不少于 420kN。

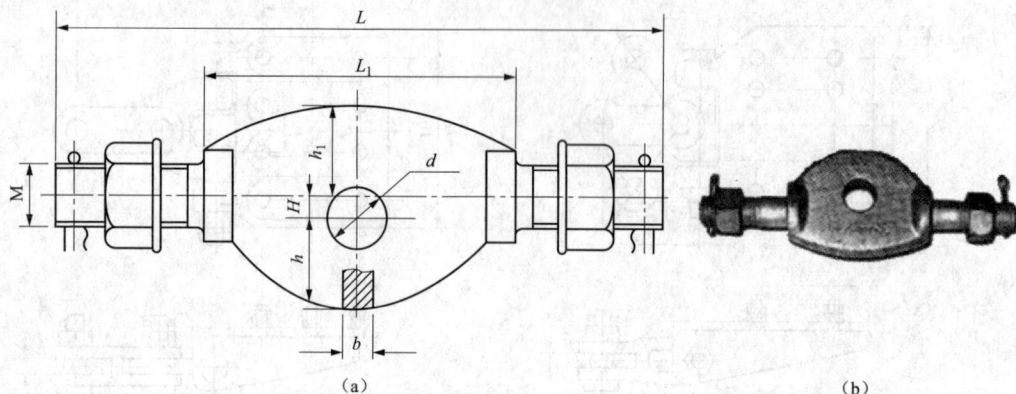

图 4-52　耳轴挂板
（a）结构图；（b）实物图

表 4-40　　　　　　　　　　　　部分耳轴挂板（GD-××型）技术参数

型号	主要尺寸（mm）								标称破坏荷载（≥，kN）	质量（kg）
	L	L₁	d	M	H	b	h	h₁		
GD-12S	200	112	24	22	12	16	40	35	120	2.1
GD-16S	240	112	26	24	12	18	40	35	160	2.0
GD-21S	240	112	26	24	12	20	40	35	210	2.1
GD-32S	240	112	33	30	12	28	40	36	320	3.6
GD-42S	278	130	39	36	12	32	45	35	420	4.2

注　型号含义：GD—挂板；S—双联；"-"后数字—标称破坏荷载。
例：型号 GD-12S，表示 GD-××型耳轴（导线用）双联挂板，标称破坏荷载不少于 120kN。

15. 调平联板

调平联板是用来调节线路因安装不平而使用的一种联板。它有多种结构，如图 4-53 所示，技术参数分别见表 4-41、表 4-42。

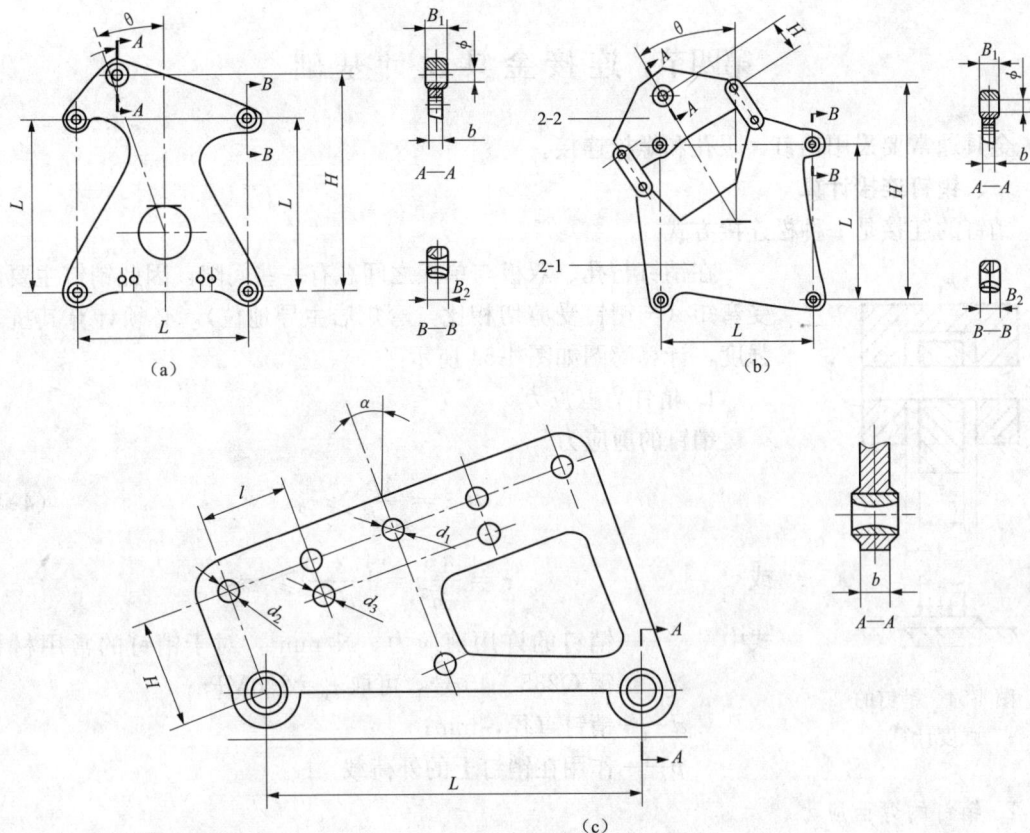

图 4-53　调平联板结构图

(a)、(b) SP 型；(c) LTP 型

表 4-41　　　　　　　　　　　SP 型调平联板技术参数

型　号	图　号	主要尺寸（mm）							标称破坏荷载（≥，kN）	质量（kg）
		θ	B_1	B_2	b	ϕ	L	H		
SP10-1645	图 4-52（a）	10°	24	24	18	26	450	582	160	28.2
SP20-1645	图 4-52（a）	20°	24	24	18	26	450	596	160	28
SP30-1645	图 4-52（b）	30°	24	24	18	26	450	595	160	39.5

注　型号含义：S—双联；P—平行；"-"前数字—调平角度；"-"后数字—前两位表示标称破坏荷载，后两位表示联板孔距。

例：型号 SP10-1645 型，表示 SP 型调平联板，调平角度 10°，标称破坏荷载不少于 160kN，孔距为 450mm。

表 4-42　　　　　　　　　　　LTP 型调平联板技术参数

型　号	主要尺寸（mm）								标称破坏荷载（≥，kN）	质量（kg）
	α	d_1	d_2	d_3	l	b	H	L		
LTP 1640-10	10°	26	18	20	80	18	80	400	160	10.2
LTP 1640-20	20°	26	18	20	80	18	80	400	160	10.1
LTP 1640-30	30°	26	18	20	80	18	80	400	160	7.9
LTP 1640-40	40°	26	18	20	80	18	80	400	160	9.2

注　型号含义：L—联板；T—联塔；P—平行；"-"前数字—前两位表示标称破坏荷载，后两位表示联板孔距；"-"后数字—调平角度。

例：LTP1640-10 表示联塔调平联板，标称破坏荷载不少于 160kN，孔距为 400mm，调平角度 10°。

第四节　连接金具设计基础

金具通常要采用销钉、眼孔和螺栓连接。

一、销钉连接计算

销钉的连接是一种松连接方式。

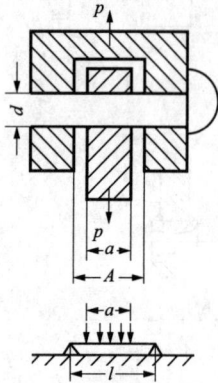

图 4-54　销钉的
强度计算

在销钉与孔、双板与单板之间总有一些间隙，因此销钉主要承受弯矩（与销钉受剪切相比，弯矩居主导地位），必须计算其抗弯强度，计算简图如图 4-54 所示。

1. 销钉的剪应力

销钉的剪应力

$$\tau = \frac{4p}{\pi d^3} \geqslant \tau_p \tag{4-1}$$

或

$$\tau = \frac{4p}{\pi d^3} = \frac{1.27p}{d^3} \geqslant \tau_p$$

式中　τ_p——销钉的许用剪应力，N/mm^2，对于销钉的常用材料钢 Q235、45 号，可取 $\tau_p = 800MPa$；

　　　d——销钉直径，mm；

　　　p——作用在销钉上的外荷载，N。

2. 销钉的弯曲应力

在外荷载 p 的作用下，假定荷载通过孔板传到销钉上并沿零件的宽度均匀分布，则销钉上产生的弯矩为

$$M = \frac{p}{2}\left(\frac{t}{2} - \frac{a}{4}\right) \tag{4-2}$$

式中　t——两支点的间距，mm，取 $t = 1.05A$；

　　　a——连接板厚度。

根据材料力学计算原理，销钉上的弯曲应力为

$$\sigma = M/w \tag{4-3}$$

式中　w——截面模量，圆形截面取 $w \approx 0.1d^3$，m^3。

强度条件为

$$\sigma = \frac{M}{w} = \frac{M}{0.1d^3} = \frac{10M}{d^3} = \frac{10 \cdot \frac{p}{2}\left(\frac{t}{2} - \frac{a}{4}\right)}{d^3}$$

$$= \frac{2.5\left(1.05A - \frac{a}{2}\right)p}{d^3} \leqslant [\sigma] \tag{4-4}$$

许用应力取值为

$$[\sigma] = \frac{\sigma_S}{n} = \frac{\sigma_S}{1.5} \approx 0.667\sigma_S \tag{4-5}$$

式中　σ_S——销钉材料屈服极限；

n——安全系数，$n=1.5$。

由于销钉受力情况一般比板件严重，因此所选用销钉材料的强度应高于板件。

金具用带销孔螺栓按 DL/T 764.1——2001《电力金具专用紧固件　六角头带销孔螺栓》制造，闭口销六角按 DL/T 764.2—2002 制造。

3. 眼孔受力计算

眼孔就是和销钉配合单板的孔，其受力示意图如图 4-55 所示。因为应力在眼孔截面上的分布受材料屈服延伸的影响而不均匀，破坏力矩加在危险截面（$A—A$）上将是一个梯形，相当于抗拉强度 σ_B 及屈服极限 σ_S 的平均值。因此眼孔破坏力为

$$p = 2F\frac{\sigma_B + \sigma_S}{2} = \left(1 + \frac{\sigma_S}{\sigma_B}\right)S_1\sigma_B \qquad (4\text{-}6)$$

$$F = ht$$

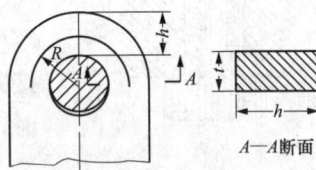

图 4-55　眼孔受力示意图

式中　S_1——侧截面积，mm^2；

　　　t——板件的厚度，mm；

　　　h——板件的宽度，mm。

根据试验结果得出眼孔破坏力 p 的近似计算公式为

$$p = \frac{2.05}{1 + 0.5K}F\sigma_B \qquad (4\text{-}7)$$

$$K = h/R \qquad (4\text{-}8)$$

$$F = \pi h^2/4 \qquad (4\text{-}9)$$

式中　K——孔的弯曲度；

　　　F——孔的面积，mm^2；

　　　R——孔壁的平均半径，mm。

对于两个 U 型环的链形铰接，其受力情况与眼孔相似，也可以采用下述公式计算。

$$p = \frac{2.05}{1 + 0.5K}F\sigma_B = \frac{2.05}{1 + 0.5\dfrac{h}{R}} \times \frac{\pi h^2}{4} \times \sigma_B \approx \frac{1.610Rh^2}{R + 0.5} \qquad (4\text{-}10)$$

二、螺栓连接

1. 螺栓基本常识

在钢结构中应用的螺栓有普通螺栓和高强度螺栓两大类。普通螺栓又分精制螺栓（A级、B级）和粗制螺栓（C级）两种。A级、B级螺栓采用 5.6 级和 8.8 级钢材，C级螺栓采用 4.6 级和 4.8 级钢材。

C级螺栓用圆钢辊压而成，表面较粗糙，尺寸不精确，其螺孔制作是一次冲成或不用钻模钻成（称为Ⅱ类孔），孔径比螺杆直径大 1～2mm，因此在剪应力作用下剪切变形很大，并有可能个别螺栓先与孔壁接触，承受超额内力而先遭破坏。C级螺栓制造简单、价格便宜、安装方便，也可用在承受静力荷载或间接动力荷载的次要连接中作为受剪螺栓。输电线路用于杆塔结构中的螺栓多为C级。

普通螺栓连接按螺栓传力方式，可分为受拉螺栓、受剪螺栓和受拉兼受剪螺栓三种。当外力垂直于螺杆时，螺栓为受剪螺栓；当外力平行于螺杆时，螺栓为受拉螺栓。

2. 单个螺栓的承载力计算

每个螺栓受力后能保证正常工作而不会出现破坏所能承受的最大外力称为螺栓的承载

力。当螺栓受力后可能出现几种破坏形式时，应求得相应于几种破坏形式的承载力，其中最小的力就是这个螺栓的承载力。即将计算出的每个受剪螺栓的承载力、受拉螺栓的承载力、受剪螺栓群在轴力作用下的螺栓最大受力、受拉螺栓群在弯矩作用下的螺栓最大受力进行比较，而确认出的最小的承载力。

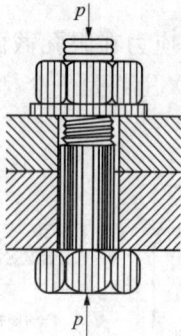

图 4-56　螺栓轴向受拉力

螺栓连接，分为松螺栓连接、紧螺栓连接两种。

（1）松螺栓连接。松螺栓连接是指装配完毕时，螺栓理论上未受任何荷载作用的螺栓连接。也就是说，松螺栓连接装配时，螺母不需要拧紧（螺栓不受力）。

图 4-56 所示的螺栓连接，在承受工作荷载 p 前，除承受有关零件的自重（自重一般很小，与工作荷载相比可以忽略）外，连接并不受力，因此是松螺栓连接。现假定连接承受工作荷载 p 时，螺栓受到工作拉力 p 的作用，根据强度条件有

$$\frac{4p}{\pi d_1^2} \leqslant [\sigma] \tag{4-11}$$

式中　$[\sigma]$——松螺栓连接的许用应力，N/mm^2，对于钢制螺栓 $[\sigma] = \sigma_S/n$；

　　　　d——螺栓内径，mm。

（2）紧螺栓连接。紧螺栓连接则是装配完毕后螺栓理论上已受荷载作用的连接。

图 4-57 所示连接本身承受横向力，但由于采用的是普通受拉螺栓，螺杆与孔壁间有间隙，要使工作荷载加上后，被连接板完全无错动，必须在装配时拧紧螺母，使被连接板间产生足够大的摩擦力来抵抗横向工作荷载。显然，螺栓在工作荷载加上之前已受到拉力作用，因此，该螺栓连接属于紧螺栓连接。

紧螺栓连接在拧紧螺母时，因螺杆除沿轴向受预紧力 p' 的拉伸作用外，还受螺纹旋转力 T_1 的作用，以及螺纹处于拉应力 σ 和剪应力 τ 的复合作用，此时，螺纹部分的强度为

$$\frac{1.3 \times 4p'}{\pi d_1^2} \leqslant [\sigma] \tag{4-12}$$

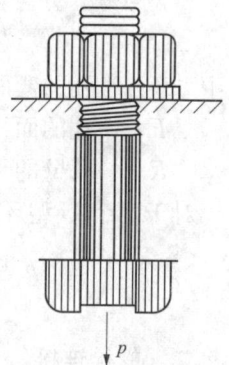

图 4-57　拧紧螺帽
产生轴向压力

式中　$[\sigma]$——紧螺栓连接预紧的许用应力，N/mm^2。

根据强度条件有

$$[\sigma] = \sigma_S/n$$

式中　σ_S——螺栓材料屈服极限，N/mm^2；

　　　　n——安全系数，一般取 $n = 1.2 \sim 1.5$。

为了保证预紧力 p' 不致过大或达不到预紧力，应在拧紧螺栓过程中注意控制拧紧力 M 的大小，其方法采用测力矩扳手或定力矩扳手。螺母的拧紧力矩 M（单位：$N \cdot cm$）与螺栓所受预紧力 p' 的关系为

$$M = Kp'd \tag{4-13}$$

式中　d——螺栓公称直径，mm；

　　　　K——系数，根据不同的经验可以选取不同的数值。

一般镀锌钢螺栓取 $K = 0.20 \sim 0.22$，但实验结果分散性很大。不涂油时，$K \geqslant 0.3$；涂

油时，$K=0.18\sim0.31$。若改用铝合金螺栓，并将螺帽漆油，K 值分散性最小，一般在为 $0.14\sim0.16$ 之间。

三、U 型环设计

U 型环按其形状特征可分为直腔 U 型环和大肚子 U 型环两种，二者实物分别如图 4-58 和图 4-59 所示。

(1) 直腔 U 型环强度计算。直腔 U 型环除销钉可按前述方法计算外，因下端和上端分别有两种眼孔（如图 4-58 所示），这时应分别考虑其强度问题。下端眼孔的强度计算，则应按式（4-11）计算，即下端强度求解公式为

图 4-58 直腔 U 型环   图 4-59 大肚子 U 型环

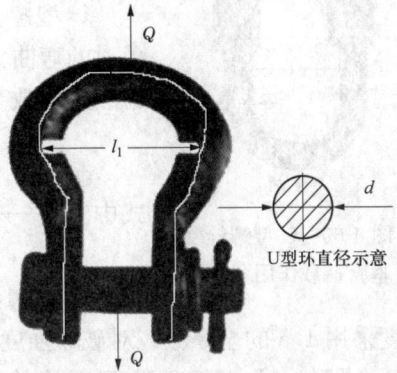

$$p_1 = 1 + 2.05/(1+0.5K) \times F \times \sigma_B \tag{4-14}$$

上端眼孔的强度计算，则按式（4-7）计算，但上端为双联，因此应对每一联以总荷载的一半计算，即上端强度求解公式为

$$P_2 = [1 + 2.05/(1+0.5K) \times F \times \sigma_B]/2 \tag{4-15}$$

(2) 大肚子 U 型环强度计算。根据《起重吊装设计手册》经验公式，其最大弯矩为

$$M_1 \approx Ql/6 \tag{4-16}$$

大肚子 U 型环（如图 4-59 所示）环圈部分的应力应按弯梁计算，但为简便起见，仍采用直梁公式，同时采用一个校正系数 Ψ（取数时按应力最大侧的内侧纤维考虑）来进行校正，其数值见表 4-43。

表 4-43　　　　　　　　　　　　校正系数 Ψ 值

l_1/d	1.2	1.4	1.6	1.8	2.0	3.0	4.0	6.0	8.0	10.0
Ψ	3.41	2.40	1.98	1.75	1.62	1.33	1.23	1.14	1.10	1.08

弯曲应力

$$\sigma_N = \Psi \frac{M_1}{W_1} = \frac{\Psi M_1}{0.1 d_1^3} \tag{4-17}$$

式中　W_1——计算断面系数，对于圆截面，$W_1 \approx 0.1d^3$；

　　　Ψ——校正系数，根据表 4-43 选用。

根据金具安全系数 2.5 的规定，许用应力为破坏应力的 40%，因屈服应力约为破坏应力的 60%，所以若按试验判断时，屈服变形时的荷载对于许用荷载应只取 1.5 的安全系数。

四、U 型螺栓的力学计算

U 型螺栓经常被用在悬垂绝缘子串与杆塔相连处。

金具配套 U 型螺栓应用，强度不低于 375N/mm^2 的钢材制造，紧固件螺母按 GB/T 41—2000《六角螺母　C 级》制造，垫圈按 GB/T 95—2002《平垫圈　C 级》、弹簧垫圈按 GB/T 93—1987《标准型弹簧垫圈》制造。

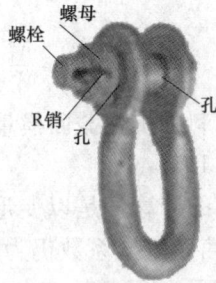

U 型螺栓在工作时受三个方向的作用力,即垂直、纵向和横向作用力。

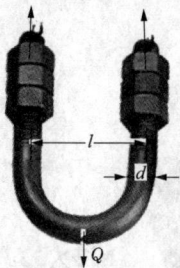

图 4-60 U 型螺栓受
垂直荷载作用示意图

1. 垂直荷载作用下的强度计算

U 型螺栓受垂直荷载作用,如图 4-60 所示。

U 型螺栓环圈部分,应按弯梁计算,其弯曲力矩为 $M=1/7(QL)$,此时的弯曲力 σ_N(由于弯曲部分被拉直不如大肚子 U 型环严重,未考虑校正系数 Ψ)为

$$\sigma_N = \frac{M}{W} = M/0.1d^3 \qquad (4\text{-}18)$$

式中 W——材料的抗变截面模量,cm^3,对圆形截面取 $W=\pi d^3/32\approx 0.1d^3$。

式(4-18)的计算,是以变形来控制的,许用应力对变形时的强度采用 1.5 的全系数。对破坏强度而言,安全系数仍为 2.5。

【例 4-1】 有一 U 型螺栓的为 UJ-2080 型(如图 4-61 所示),材料为 16Mn,其破坏强度 $\sigma_B=500N/mm^2$,试计算该 U 型螺栓的许用垂直荷载是多少?

解 由公式 $M=1/7QL$,$\sigma_N=M/W$,并取 $\sigma_N=0.4\sigma_B$,将已知尺寸 $L=80mm$,$d=20mm$ 带入,同时根据题中所给定的金具型号 UJ-2080,查《电力金具手册》有 $C=80mm$,并代入,令许用强度与外荷载相等,可得

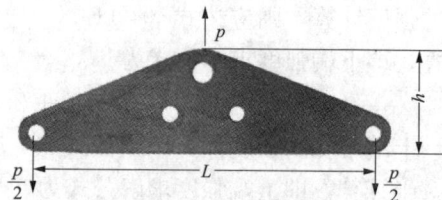

图 4-61 二联板受力(联板厚度为 t)

$$500 \times 0.4 = \frac{80 \times 32Q}{7\pi \times 20^3}$$

解得

$$Q = \frac{500 \times 0.4\pi \times 20^3 \times 7}{32 \times 80} = 14\,000(\text{N})$$

2. 纵向荷载强度计算

先假定受力点取在圆弧开始处,对二腿弯矩按 4∶6 分配,则有 $M=0.6Qh$,抗变截面模量 $W\approx 0.1d^3$,弯曲应力 $\sigma_N=M/W$,在事故情况下取许用应力 $[\sigma]=2\sigma_B/3$,因此许用纵向荷载为

$$Q = \frac{2\sigma_B/3 \times W}{0.6h} \qquad (4\text{-}19)$$

因 U 型螺栓都用圆形钢件制造,因此许用纵向荷载近似值为

$$Q = \frac{\frac{2}{3}\sigma_B W}{0.6h} \approx 0.1111\frac{d^3\sigma_B}{h}$$

【例 4-2】 根据【例 4-1】,假定纵向荷载为断线张力,安全系数取 1.5,$\sigma_N=0.6667\sigma_B$,$h=20mm$,试计算该 U 型螺栓的许用纵向荷载是多少?

解 由题意所给条件,根据[例 4-1]的计算原理,并将题中有关参数代入式(4-19),可求得 U 型螺栓的许用纵向荷载为

$$Q = \frac{500\pi \times 20^3}{0.6 \times 3 \times 22 \times 32} = 10\,832.3(\text{N})$$

3. 受横向交变荷载作用力下的强度计算

在水平荷载作用下的应力 σ_h，可按下式计算

$$\sigma_h = 0.43\sigma_B - 0.866\sigma_v \tag{4-20}$$

式中 σ_v——垂直荷载作用下的应力。

一般来说，垂直荷载作用对许用水平荷载的影响并不大，仅使许用的水平荷载减少5%，因此，垂直荷载可以忽略不计，也就是说，取 $\sigma_v=0$。

五、二联板强度及受力计算

1. 二联板强度的计算

联板受力如图 4-61 所示，受力时可能具有折叠的倾向。

根据材料公式有

$$p = \frac{16.93\sqrt{B_1 C}}{L^2} \tag{4-21}$$

$$B_1 = EJ_y$$

$$C = GJ_K$$

$$J_y = h_1 t^2/12$$

$$G = 0.4E(一般钢材)$$

式中 p——临界荷载，N；

　　B_1——最低抗弯刚度；

　　C——扭转刚度；

　　L——支点间的距离，cm；

　　E——材料弹性模数，对于一般钢材 $E\approx2\times10^7\,\text{N/cm}^2$；

　　J_y——纵弯惯性矩，cm^4；

　　G——材料剪切弹性模数，N/cm^2；

　　J_K——抗扭惯性矩，cm^4。

当 $h/t>4$ 时

$$J_K = \frac{h_1 t^2}{3}\left(1 - 0.63\frac{t}{h_1}\right)$$

$$h_1 = h - nd$$

　　n——同纵断面上的孔数；

　　d——孔径，cm；

　　h——联板高度，cm；

　　t——联板厚度，cm。

根据经验，两片组成的联板稳定性很高，不必考虑折叠稳定性。

2. 二联板的高宽比设计

当两串绝缘子中有一串折断的情况，这时二联板的顶点突然放松 Δh 的距离，受到很大的冲击，其值越大，冲击也就越大。对二联板稳定性分析如图 4-62 所示，二联板的顶点突然放松 Δh 的距离按下式计算

$$\Delta h = \frac{a}{\sin\gamma/2} - a\cot\gamma/2 = a\left(\frac{1-\cos\gamma/2}{\sin\gamma/2}\right) \tag{4-22}$$

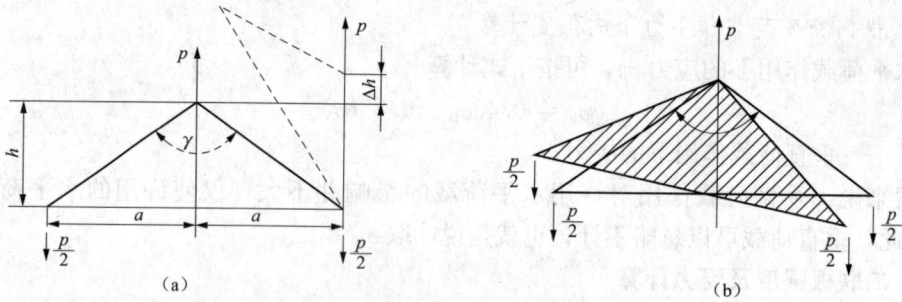

图 4-62　二联板稳定性图解

(a) 断一串绝缘子；(b) 偶然外力作用

由式（4-22）分析知，当联板断串冲击力 p 作用时，角度 γ 越小越好。因此，为保证联板的稳定性，根据经验，考虑一个稳定系数 S，即联板的高（用 b 表示）宽（用 $2a$ 表示）比 $\dfrac{b}{2a}$，且推荐一般情况取联板稳定系数 $S=0.2\sim0.3$，对于双分裂导线作用的联板，取 $S=0.3\sim0.5$。

又由图 4-62（b）所示，二联板在偶然的外力作用下，其偏转角度为 θ 时，将产生恢复力矩 M，即

$$M = \frac{p}{2} \times c \times \sin\left(\frac{\gamma}{2} + \theta\right) - \frac{p}{2} \times c \times \sin\left(\frac{\gamma}{2} - \theta\right) = pc\sin\theta\cos\frac{\gamma}{2} \qquad (4\text{-}23)$$

六、联板组合设计

1. 对称型平面三联板

耐张绝缘子串有时需要两串以上。对于四串绝缘子，可由二联板简单组合而成；但对于三串绝缘子，则的若干设计方案，如对于悬垂绝缘子串，也可用星形三联板。但在耐张绝缘子串上，平面三联板要优于星形三联板，因为平面三联板的三串绝缘子能处于相同的运行条件下，给带电检修带来方便；并且各绝缘子遭受雨水冲刷时，从绝缘子上冲下来的泥层不会像星形三联板那样落到底下的绝缘子串上。平面三联板当中用得最多的是图 4-63（a）所示的四元件式，属于对称型。

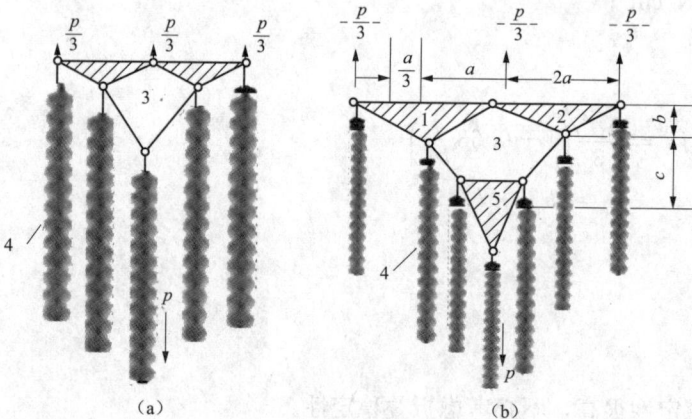

图 4-63　对称型平面三联板及绝缘子串组装示意图

(a) 四元件；(b) 五元件

当联板中一串绝缘子折断时，剩下的两串就要互撞，所以有的四元件式平面三联板就改进为图 4-63（b）所示的五元件式。对于这类对称型三联板的动态稳定设计问题，在国外（波兰、日本等）的研究分析认为 $C=3b$ 时，荷载分布才是平衡的；只有 $b/a > \sqrt{2/3}$ 时，能

对动态扰动保持稳定。

2. 不对称三联板

安装不对称三联板的目的是解决三串绝缘子并联使用的技术问题。与对称式三联板比较，不对称三联板结构简单，且在断一串时能自动调整荷载，并使其受力均匀。安装这种不对称三联板存在的技术问题是：由于悬挂时两侧重量不等造成歪斜，要求设计时对各元件重量必须仔细计算和称量，务使两侧的力矩接近相等。

不对称三联板一点固定方式示意如图 4-64 所示。

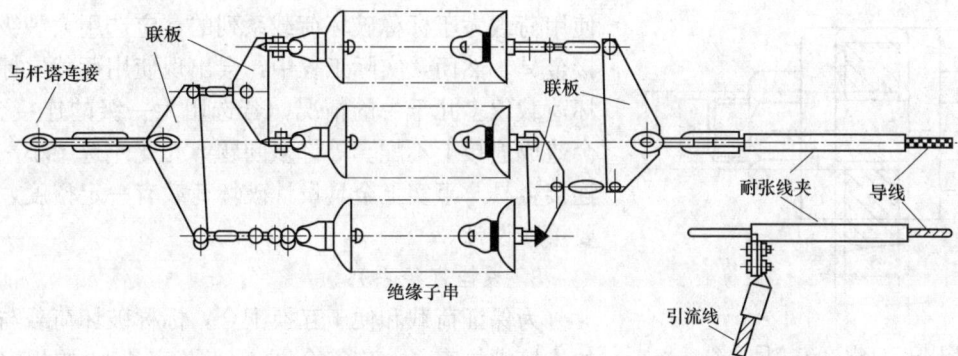

图 4-64　不对称三联板（三串耐张绝缘子串）一点固定方式示意图

第五节　连接金具的选用及连接方式设计

一、连接金具的选用

为了使用相同机械强度的连接金具，具有普遍的互换性，方便运行检修。相同机械强度的连接金具所用的销钉、螺栓直径及受力部位尺寸应力求统一。

1. 连接金具机械荷载的核定

连接金具机械荷载，在一般情况下按已选定的绝缘子的机电破坏荷载来确定，荷载等级相同的连接金具具有广泛的互换性。实际上，它在设计时，为了简化金具的荷载等级，扩大金具的互换性，金具的机械强度不按导线拉力确定，而是按绝缘子的机电破坏荷载来确定的，每一种形式的绝缘子与相同荷载的金具配套。根据我国现行标准，绝缘子以 $1h$ 机电破坏荷载的 1/3 作为绝缘子的允许使用荷载。

由于绝缘子的使用机电荷载与绝缘子的劣化有一定关系，为减少绝缘子荷载，DL/T 5092—1999《110～500kV 架空送电线路设计技术规程》和 GB 50545—2010 的规定，线路正常运行情况下，金具的机械强度安全系数不小于 2.5，线路事故（断线、断联）情况下，金具的机械强度安全系数不小于 1.5。安全系数，指额定的最小破坏荷载对允许使用荷载的倍数。对于单串 XP-70 型绝缘子的连接金具，其破坏荷载不小于 70kN；单串 XP-4.5 型绝缘子的连接金具，其破坏荷载不小于 60kN；两串绝缘子用的连接金具的破坏荷载则为单串的 2 倍；三串绝缘子用的连接金具，其破坏荷载不少于绝缘子破坏荷载的 3 倍。对于双串绝缘子的连接金具，其机电荷载为单串绝缘子连接金具的 2 倍。

　　避雷线所用的连接金具，用于悬垂时，其破坏荷载除以金具的安全系数后，不应小于避雷线的最大荷载；用于耐张时，其破坏荷载应与避雷线等强度配合。

　　2. 连接金具标称破坏荷载系列及零件连接尺寸

　　为了使相同机械强度的连接金具具有普遍的互换性，方便检修，这些连接金具所用的销钉、螺栓直径及受力尺寸，均以 GB/T 2315—2008 为准。

　　连接金具标称破坏荷载系列，分为 13 个等级：40、70、100、120、160、210、250、300、400、500、600、800、1000kN。

　　在选用时，使用荷载小于标称破坏荷载系列的，应选用相应标称破坏荷载的连接金具；使用荷载大于标称破坏荷载系列的，应选用大一级的连接金具。然而，实际工程中，会出现使用荷载比标称破坏荷载仅多几千牛的情况，若选用大一级的连接金具，会造成连接上不配套等许多问题，为此应选用小一级的连接金具。事实上金具设计破坏荷载有一定裕度，不需要重新设计。

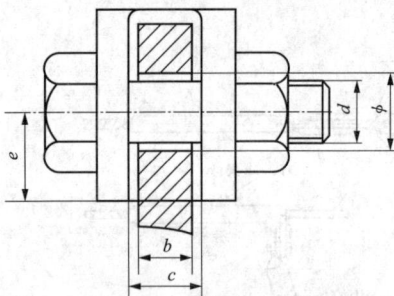

图 4-65　螺栓连接尺寸图

　　3. 螺栓直径系列

　　为保证荷载和便于互换配合，标称破坏荷载与相应的连接螺栓直径，应符合图 4-65 及表 4-44 的规定。螺栓连接技术参数见表 4-45。

表 4-44　　　　　　　　　标称破坏荷载与相应的连接螺栓直径配合

标称破坏荷载系列（kN）	4	7	10	12	16	20	25	30	50	60
破坏荷载（kN）	40	70	100	120	160	210	250	300	500	600
螺栓公称直径（mm）	M16	M16	M18	M22	M24	M27	M30	M36	M42	M48

表 4-45　　　　　　　　　　　　螺　栓　连　接　技　术　参　数　　　　　　　　　　　　mm

标称破坏荷载标记		4	7	10	12	16	20	25	30	50	60
螺栓直径 d		16	16	18	22	24	27	30	36	42	48
螺栓孔径	ϕ	18	18	20	24	26	30	33	39	45	51
	偏差	±0.5					±0.75				
单板厚度 b		12	16	16	18	18	26	30	32	38	42
双板开档 c		16	18	20	24	26	30	34	38	44	50
孔边距 e		20	22	24	30	32	36	40	46	55	62
材料强度（MPa）		≥375					≥500				

　　4. 圆环连接尺寸

　　圆环连接尺寸应符合图 4-66 及表 4-46 的规定。

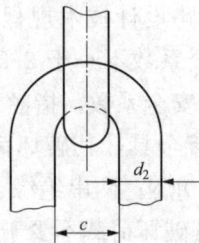

图 4-66　圆环连接尺寸图

表 4-46　　　　　　　　　　　　圆环连接尺寸　　　　　　　　　　　　mm

标称破坏标记	4	7	10	12	16	20	25	30	50	60
d_2	12	16	18	20	22	24	26	30	36	38
c	16	20	22	24	26	30	34	38	44	48
材料强度（MPa）	≥375				≥500					

二、连接金具连接方式

连接金具的配置原则：环与环相扣，板与杆（螺栓杆）相配。

1. 悬垂（绝缘子）串与横担的连接

（1）悬垂（绝缘子）串与横担的连接设计安装要求。除要求金具具有足够的机械强度外，主要考虑悬垂连接点受力摆动问题：①较常出现的导线被微风吹动时的摆动，方向与线路走向垂直；②偶然的断线事故，断线方向与线路走向一致。

（2）悬垂（绝缘子）串与横担的连接方式。可选用 U 型挂板、U 型环、U 型螺栓、V 型延长杆等方式与横担连接，如图 4-67 所示。

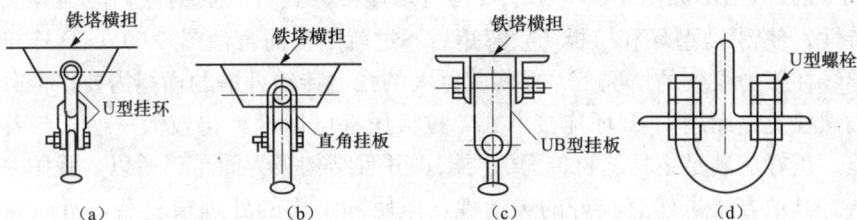

图 4-67　连接金具连接方式设计

(a) U 型环连接；(b) Z 型挂板连接；(c) UB 型挂板连接；(d) UJ 螺栓连接

U 型挂板有很好的适应性，在导线摆动时其挂板产生的弯曲应力较小，而在断线时没有弯曲力矩；横担上的承力点结构也比较简单，是最合理的连接方式之一。

U 型环与杆塔横担的连接方式，在导线班动时由于力臂较长，U 型环将产生较大弯曲应力；U 型螺栓与杆塔横担的连接方式的受力虽然较好，但除易造成横担承力点的结构复杂化外，也将增大绝缘子串的长度，对弧垂有一定的影响，因而一般只在导线摇摆角太大使带电导线及绝缘子对横担的距离不够时才采用。V 型延长杆与横担连接也将带来受力不太好的问题，但由于它使杆塔结构简化而得到应用。

连接金具与杆塔悬垂连接安装实景实景图如图 4-68 所示。

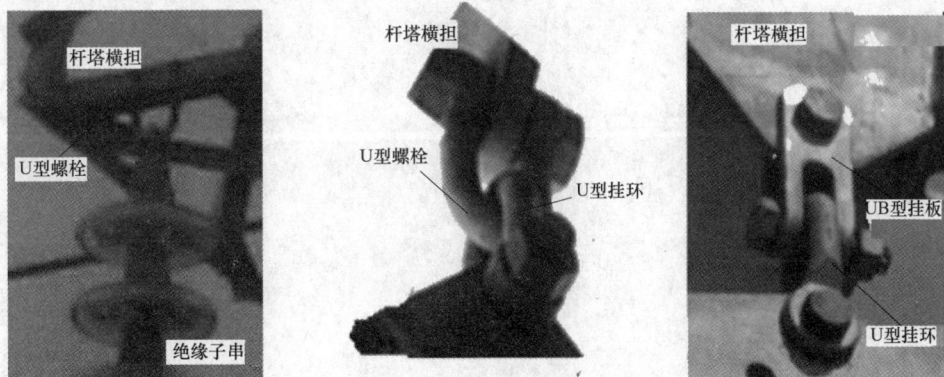

图 4-68　连接金具与杆塔悬垂连接安装实景图

2. 耐张（绝缘子）串与横担的连接

耐张（绝缘子）串与横担的连接方式有 U 型环连接、U 型拉板横转连接、U 型竖转连接等方式，如图 4-69 所示。

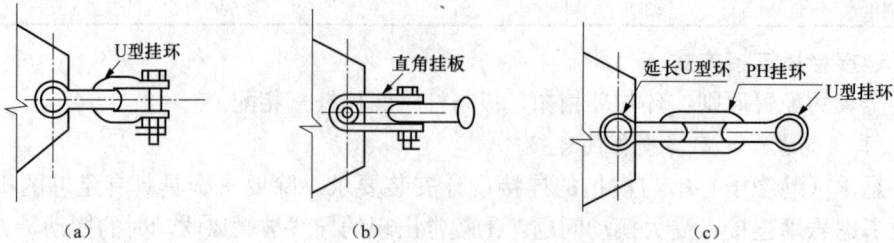

图 4-69　耐张（绝缘子）串与横担的连接方式
(a) U 型挂环连接；(b) 直角挂板连接；(c) 延长 U 型环

图 4-69（a）所示不如图 4-69（b）、(c) 所示连接方式具有灵活性，但因导线下倾角变化无常的特性，使得 U 型环和拉板产生弯矩。不过就结构而言，图 4-69（a）连接方式却是最好的。导线在张力很大的情况下，要将其巨大的张力传给杆塔的横担需要扩散分布，以免集中在一根螺栓上，而用 U 型环连接方式，拉板尾部可以设计得较大一些，与各主材、斜材都有螺栓，正好能满足主材斜材传力的要求，并且结构极为简单，所以，我国一般采用的是这种方式。其他方式虽然有较好的灵活性，但尾部结构的处理很复杂，所以应用并不广泛。另外，用 U 型环连接方式，若真的卡住了，使 U 型环产生过大的弯矩，U 型环就要损坏变形，检修时难于拆卸。为此，在杆塔设计中，一般都使用挂线板有一个倾角（8°），加上 U 型环与拉板之间、穿钉与拉板孔或 U 型环的孔之间都有一些空隙，这样就允许下倾角分成几个等级，每一等级适合一个导线下倾角的范围，以对号入座的方式连接就可以更好地保证运行安全可靠。

设计安装用耐张（绝缘子）串用 U 型拉板横转、U 型拉板竖转与横担的连接方式最为灵活，避免产生弯矩。虽在具有各种下倾角度工况的条件下显得比较差，却能适应各种转角的变化需要，是目前最好的连接设计方式。

第五章　保　护　金　具

保护金具，是用于对各类电气装置或金具本身起电气性能或机械性能保护作用的金具。

图 5-1 所示为保护金具（防振锤、间隔棒、阻尼线、均压环、屏蔽环、均压屏蔽环），以及绝缘子串、连接金具等在某 500kV 运行线路中的安装图。

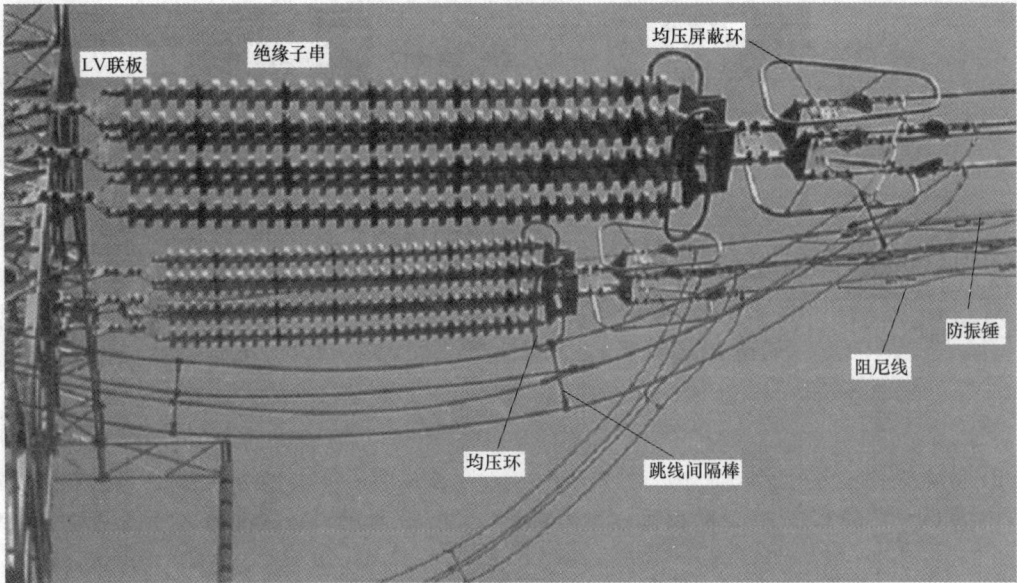

图 5-1　保护金具在某 500kV 运行线路中的安装图（含绝缘子串连接金具）

第一节　机 械 保 护 金 具

机械保护金具，主要用于运行中的输配电线路导线和避雷线防振。常用的有防振锤、防振环、间隔棒、护线条、阻尼线及重锤。

一、防振锤

挂在导线或地线上，抑制或减小微风振动的一种防振装置或抑制导线受微风振动用的锤形组合件，称为防振锤。

防振锤覆盖频率范围广，耗散能量功率高，能够有效耗散导线微风振动产生的能量，降低导线的振动水平，延长导线的使用寿命。当架空线路档距大于 120m 时，一般采用防振锤防振。

防振锤的技术条件和试验方法，必须执行 DL/T 1099—2009《防振锤技术条件和试验方法》标准的规定。

1. 防振锤的结构和材料

防振锤由线夹（线夹是与架空线固定的连接件，目前有传统的螺栓式和新型的预绞式，材料一般为 ZL102)、重锤（材料常用灰铸铁 HT200，还有 ZG35、锌铝合金等）、镀锌钢绞线、夹紧螺栓等组成。部分防振锤实物如图 5-2 所示。

重锤与钢绞线的连接不得采用焊接式，应采用铆压等连接方式。

另外，除钢绞线外，镀锌部件应符合 DL/T 768.7—2012《电力金具制造质量　钢铁件热镀锌层》的规定，镀锌钢绞线应符合 YB/T 4165—2007《防振锤用钢绞线》的规定。

螺栓一般采用 4.8 级，材料为 Q235，预绞丝防振锤绞丝一般采用铝包钢，根据不同的架空导线确定不同的直径和长度。

为了防止圆柱筒形重锤内积水锈蚀钢绞线，应在圆柱筒形的下方设有不小于 6mm 的水孔。

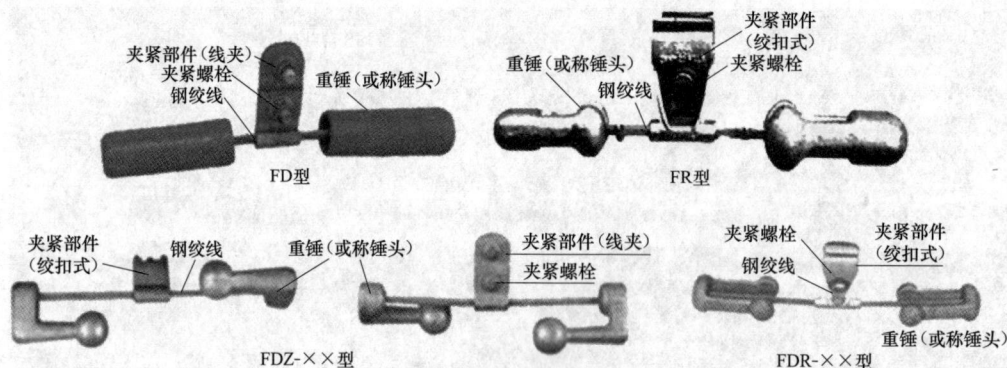

图 5-2　部分防振锤实物图

2. 防振锤的型号标记

根据 DL/T 683—2010，防振锤的型号标记如图 5-3 所示。防振锤命名示例见表 5-1。

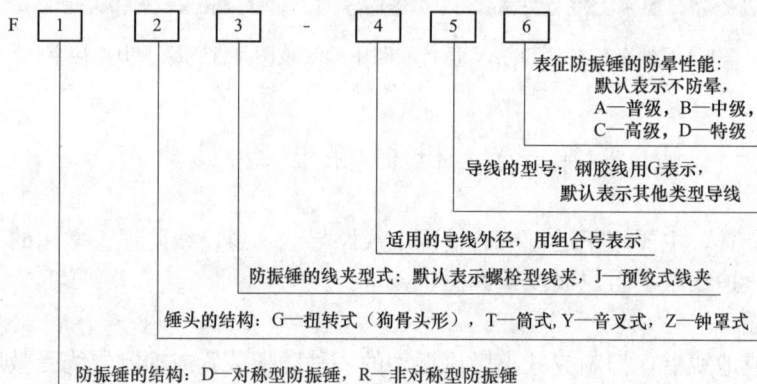

图 5-3　防振锤的型号标记

表 5-1　　　　　　　　　　　防振锤命名示例

名　称	防振锤结构	锤头结构	线夹结构	适用导线外径（mm）	绞线类型	防晕性能
FDZ-6C	对称型防振锤	钟罩式	螺栓型	30～35	导线	高级
FRYJ-5B	非对称扭转式防振锤	音叉式	预绞式	22.5～30.0	导线	中级
FDT-3G	对称型防振锤	筒式	螺栓型	12～14.5	钢绞线	不防晕

3. 常用防振锤

（1）斯托克布里奇防振锤。历史上第一种防振锤是美国爱迪生公司 C. H. Stoclbriuge 于 1925 年发明的，并以此取名斯托克布里奇防振锤（我国简称 F 型防振锤），已广泛使用在架空输电线路中进行防振。

随着电力事业的发展，为满足电力安全运行的要求，出现了分裂导线扭式防振锤、防振环、4R 防振锤、4D 防振锤、PVC 防振鞭、间隔棒和花边阻尼等防振金具。FD 型、FG 型防振锤基本结构如图 5-4 所示，相关技术参数见表 5-2。

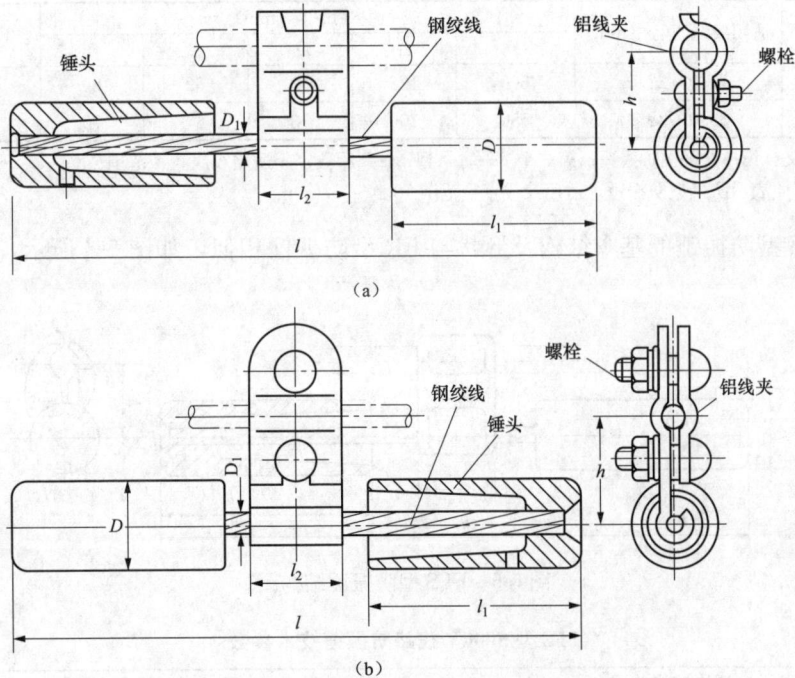

图 5-4　FD 型、FG 型防振锤结构图
（a）FD 型防振锤；（b）FG 型防振锤

表 5-2　　　　部分 FD 型、FG 型防振锤适用绞线规格及防振锤技术参数

防振锤型号	适用绞线截面积（mm²）		简图	主要尺寸（mm）						钢绞线规格	安装型式	锤头质量（kg）
	钢绞线	钢绞线或钢芯铝绞线		D_1	D	h	l_2	l	l_1			
FD-1		LGJ-35～50	(b)	7.8	40	40	40	300	95	7/2.6	双螺栓	0.54
FD-3		LGJ-120～150	(a)	11	56	65	60	450	150	19/2.2	绞扣式	1.74
FG-35	GJ-35		(b)	9	50	42	45	300	100	7/3.0	双螺栓	0.64
FG-100	GJ-100		(a)	11	65	62	50	500	175	19/2.2	绞扣式	2.40

注　型号含义：F—防振锤，D—导线，G—钢绞线，"-"后的数字一对 FD 型为适用导线组合号，对 FG 型为适用钢绞线截面积（mm²）。
例：FD-4 型，适用导线用防振锤，"-"后的数字"3"表示适用钢芯铝绞线导线（LGJ-185～240）。

（2）FF 型 500kV 线路用防振锤的结构如图 5-5 所示，技术参数见表 5-3。

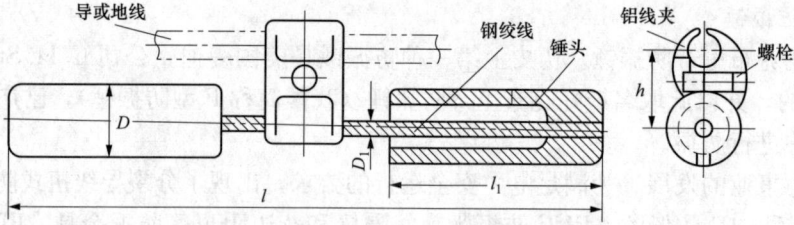

图 5-5　FF 型 500kV 线路用防振锤结构图

表 5-3　　　　　　　　　　**FF 型 500kV 线路用防振锤技术参数**

防振锤型号	适用绞线直径（mm）	主要尺寸（mm）					质量（kg）
		l	l_1	D_1	D	h	
FF-4	18.0～22.0	500	175	13	62	80	5.0
FF-5	23.0～28.0	550	200	13	67	70	7.4

注　型号含义：第一个 F—防振锤；第二个 F—防晕型；"-"后数字—适用绞线直径范围。
　　例：型号 FF-4 表示防晕型防振锤，适用绞线直径范围 18.0～22.0mm。

（3）FFS 型防振锤的基本结构及形状与 FR 型防振锤相似，如图 5-6 所示，技术参数见表 5-4。

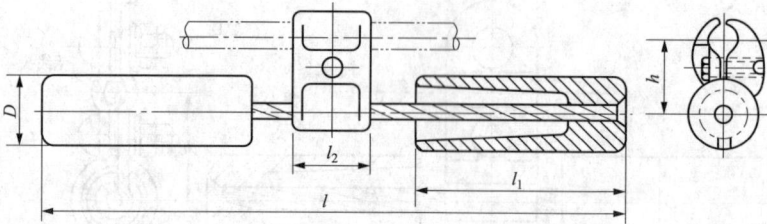

图 5-6　FFS 型防振锤结构图

表 5-4　　　　　　　　　　**FFS 型 500kV 线路防振锤技术参数**

防振锤型号	适用绞线范围		主要尺寸（mm）					质量（kg）
	外径（mm）	面积（mm²）	l	l_1	l_2	D	h	
FFS-5	23.70～27.40	300～400	550	200	60	57	70.0	7.40

（4）FR 型防振锤，能适应的频率范围较宽。这是因为连接在钢绞线上的两防振锤头的质量不相同及安装在悬挂钢绞线上的距离也不等长（如图 5-7 所示，l_1、l_2 长度不等），能获得四个固有频率，因此又称多频防振锤。其技术参数见表 5-5。防振锤的锤头是用生铸铁（国外有用锌合金材料）铸成 U 型，以便防振锤高频振动，锤头碰磨钢绞线。

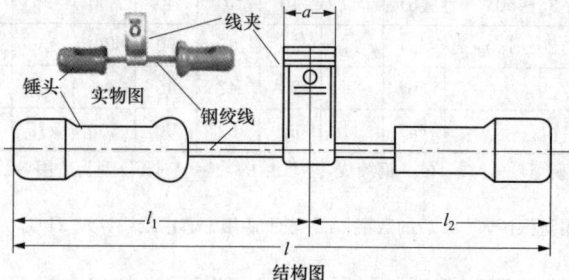

图 5-7　FR 型防振锤

表 5-5 **FR 型 500kV 线路用防振锤**

型 号	适用导线直径（mm）	主要尺寸（mm）					质量（kg）
		l_1	l_2	h	a	l	
FR-1	7～12	239	190	80	50	429	2.6
FR-2	11～22	239	190	80	50	429	2.6
FR-3	18～28	280	225	90	60	505	4.97
FR-4	23～36	300	250	97	60	550	4.50

注 型号含义：F—防振锤；R—非对称型，"-"后数字—适用导线直径范围。
例：型号 FR-1 表示非对称型防振锤，适用导线直径范围 7～12mm。

近年来，从欧洲引进一种无螺栓结构的防振锤—预绞式防振锤，完全避免了因使用螺栓带来的种种弊端。后来由预绞式防振锤演化出了一系列非螺栓结构的防振锤，如狗骨海马防滑式防振锤、钩丝防振锤等。其锤头间对称斜度设计，能产生多个共振频率，有效吸收不同频率的振动，降低导线疲劳损坏。该型防振锤在施工中采用预绞丝安装，无需安装工具，能保持恒定力矩，杜绝滑线现象。

FZR 型防振锤如图 5-8 所示，技术参数见表 5-6。

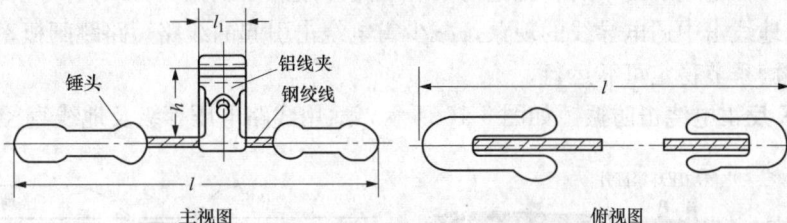

图 5-8 FZR 型防振锤

表 5-6 **FZR 型 500kV 线路用防振锤**

防振锤型号	适用导线直径（mm）	主要尺寸（mm）			质量（kg）
		l	h	l_1	
FZR-01	5.0～10.0	258	55	42	1.20
FZR-02	6.0～12.0	307	55	42	1.65
FZR-03	13.0～25.0	366	80	50	2.60
FZR-04	21.0～31.0	514	91	60	4.35
FZR-05	23.0～38.0	526	100	65	5.20

注 型号含义：F—防振锤；Z—Z 型（钟罩型）；R—非对称型；"-"后数字—适用导线直径。
例：型号 FZR-01 表示非对称型 Z 型（钟罩型）防振锤，适用导线直径 5.0～10.0mm。

FDZ 型防振锤如图 5-9 所示，其技术参数见表 5-7。

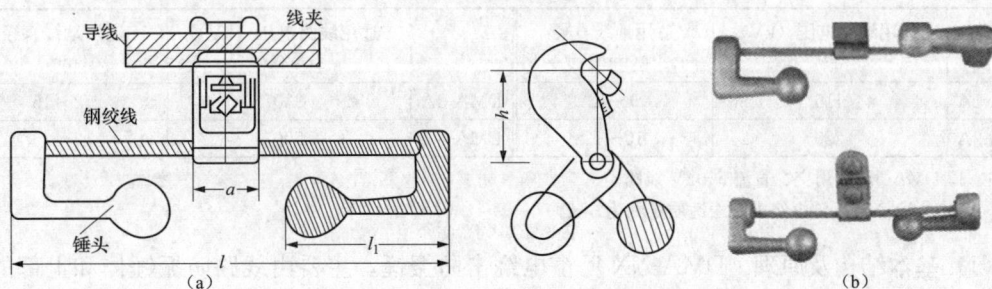

图 5-9 FDZ-×型防振锤
(a) 结构图；(b) 实物图

表 5-7 部分 FDZ 型防振锤技术参数

型 号	适用导线直径（mm）	主要尺寸（mm）				钢绞线规格	单锤质量（kg）	钢绞线规格（mm）
		a	h	l₁	l			
FDZ-1	7.0～12.0	50	66	120	320	19/1.8	0.7	1.80
FDZ-2	11.0～15.0	50	66	130	350	19/1.8	0.9	2.30
FDZ-3	14.0～19.0	60	66	150	430	19/2.2	1.7	4.40
FDZ-4	18.0～22.5	60	66	160	470	19/2.2	2.1	5.50
FDZ-5F	22.0～29.0	60	95	180	520	19/2.6	3.0	7.10
FDZ-6F	28.0～35.0	60	95	180	520	19/2.6	3.6	8.30

注 型号含义：F—防振锤；D—导线；Z—Z 型（钟罩型）；"-" 后数字—适用导线直径。
例：型号 FDZ-1 表示导线用非对称型 Z 型（钟罩型）防振锤，适用导线直径 7.0～12.0mm。

4. DMA-NX 反雷电绕击防振锤

DMA-NX 反雷电绕击防振锤适用于 110～500kV 及以上各电压等级的交、直流超高压输电线路，是降低雷电绕击率的新型电力系统线路专用防雷设备，可以大大降低输电线路因雷电绕过架空地线击中通电导线的现象，减少雷电绕击引起的线路短路跳闸概率，保障线路和变电站在雷雨季节稳定可靠运行。

DMA-NX 反雷电绕击防振锤如图 5-10 所示，适用线路电压等级及地线直径见表 5-8。

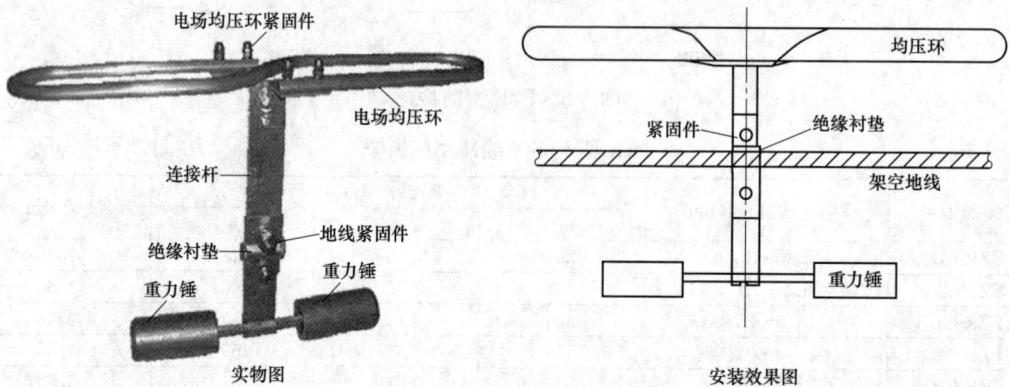

图 5-10 DMA-NX 反雷电绕击防振锤

表 5-8 适用线路电压等级及地线直径

型 号	适用线路电压（kV）等级	适用地线直径（mm）	型 号	适用线路电压（kV）等级	适用地线直径（mm）
DMA-1A	110	9～12	DMA-3A	330	12～15
DMA-2A	220	10～12	DMA-5A	500	12～15

注 1. DMA-5A 适用交、直流 500kV 线路。
2. DMA-NX 反雷电绕击防振锤质量约为 3kg。

（1）基本结构及原理。DMA-NX 反雷电绕击防振锤，主要由线路防振锤体和上部的均压环构成，整个结构没有运动部件，功能的实现主要靠结构造型和自然放电的规律来完成。在雷云靠近的过程中，防振锤上方的均压环会影响邻近数米内架空地线上方的电场强度，使之在带电雷云向线路逐渐靠近时减少或者不产生电晕放电。也就是说，通过防振锤的作用，由地线电晕所产生的反极性电荷层会在防振锤的上方出现一个无反极性电荷的空洞。防振锤上方的电场强度在雷云接近或雷电向下运动时，不受空间电荷的干扰，防振锤均压环上会产生一个通过空洞而向上运动的电流放电过程，这个过程会进一步增加前方电场的不均匀性，最后诱发雷云中的电荷向防振锤放电，经地线和塔身入地。

（2）安装方式。DMA-NX 反雷电绕击防振锤的安装方式与普通地线防振锤相似，不需要专用工具和设备，用户可以根据电力系统的相关规定将其安装在高压线路最上方的架空地线上，或使用两颗紧固螺栓将其固定在地线上，注意不要破坏防滑绝缘衬垫和均压环的表面光洁度。

（3）安装要求。安装反雷电绕击防振锤后要求塔的接地电阻达到电力系统相关要求或小于 10Ω，线路杆塔的接地电阻宜小于 4Ω。安装距离要求：一般安装在塔的两侧，距塔 1～2m 处；对于较高的塔，可以在 3m 外加装一个；长于 300m 的大跨越档距有需要时可以在档距中间安装一个；对于山区线路，较高侧的塔端可以安装 2～3 个，相距 3m 左右，较低侧的塔端可以不装。

5. 双扭型防振锤

双扭型防振锤是专为导线防振开发的防振锤。它是在钢绞线中间装一个偏心重锤，利用重锤在钢绞线上产生的扭矩来消除振动，可安装在上下两根水平排列的双分裂导线上。

6. 撞击型防振锤

撞击型防振锤是指由一些重块垂直地、无约束地叠在一起，然后用线夹悬挂于导线上，当导线振动时，各重块之间产生相互撞击作用而消耗振动能量。其优点是频率响应特性好，各种振动频率下均有效果。在北欧国家使用较多的爱格拉型防振锤就是其中的一种。

二、防振环

防振环可取代以前的斯托克布里奇防振锤构造复杂的锤头。该防振环的结构包括上部的线夹及下部压夹着的横向的钢绞线，主要是钢绞线两端各压接一个的 U 型环体，两个 U 型环体相对于钢绞线垂直面向左右相反方向各自倾斜相同的角度，如图 5-11 所示。

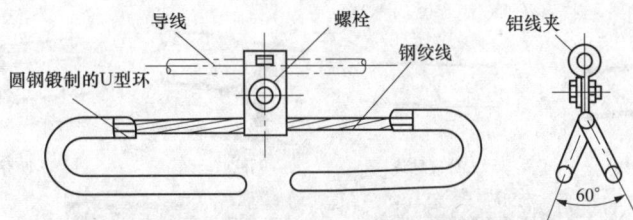

图 5-11 防振环

防振环最初（1966 年）由日本开发，具有环体质量轻、安装简便的特点。该防振环有三阶以上的固有频率，可更好地适用导线谐振自频，较好地解决了锈蚀现象，提高了使用寿命。

防振环较轻，因此保护导线范围较小，实际运用并不普遍。

1. 防振环的功能和特性

（1）兼有重锤型和扭振型防振器两者的特性。

（2）在宽阔的频率区域内有优越的防振效果，延长了导线的使用寿命，对一般的振动频率区域，不仅在振动频率较高（10～20Hz）区域内有较高的防振效果，同时在高频区（50～150Hz）也是有效的。

（3）安装方便，与斯托克布里奇防振锤相同，采用挂于导线上的安装方法。

（4）充分保持防振特性而长期使用。

（5）质量轻，但能获得较高的防振效果。

（6）环体采用热镀锌技术，很好地解决了以往防振锤的锈蚀现象，提高了防振装置的使用寿命。

2. 防振环的安装位置及基本原则

（1）防振环的安装位置，可参照防振锤的安装位置考虑。

（2）防振环的安装位置的基本原则，即悬垂线夹处由其中心算起，耐张线夹处以其安装螺栓中心算起。在架空地线耐张线夹处，如发现防振环处于线夹所在位置，应在离线夹出口10cm处进行安装。附有护线条时，防振环安装位置另行考虑。预计有严重冰雪危害地区另行考虑。

三、间隔棒

用于子导线保持一定几何布置的金具，称为间隔棒。

远距离、大容量的输电线路均采用分裂导线型式，为保证分裂导线线束间距保持不变以满足电气性能，降低表面电位梯度，在短路情况下保证导线线束间不致产生电磁力引起瞬间的吸引碰撞，限制子导线之间的相对运动（如鞭击、接触等）及在正常运行情况下保持分裂导线的几何形状，间隔棒就成了不可缺少的保护金具。

（一）间隔棒的作用

（1）防止导线短路电流时引起导线之间的鞭击。

（2）抑制档距的振荡。

（3）降低微风振动的强度。

（4）固定导线在空间的相对位置。

图 5-12 所示为目前我国常用各型间隔棒在运行线路中的安装实景图。

二分裂导线　　　　二分裂导线　　　　三分裂导线　　　　四分裂导线

六分裂导线

图 5-12　常用各型间隔棒在运行线路中的安装实景图

（二）间隔棒型号标记及示例

（1）间隔棒型号标记由汉语拼音及数字组成，如图 5-13 所示。

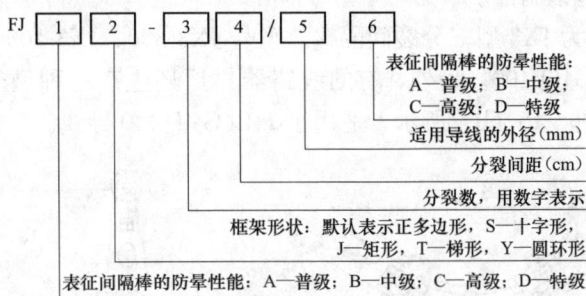

FJ 1 2 - 3 4 / 5 6

表征间隔棒的防晕性能：
A—普级；B—中级；
C—高级；D—特级

适用导线的外径（mm）

分裂间距（cm）

分裂数，用数字表示

框架形状：默认表示正多边形，S—十字形，
J—矩形，T—梯形，Y—圆环形

表征间隔棒的防晕性能：A—普级；B—中级；C—高级；D—特级

图 5-13 间隔棒型号标记

（2）间隔棒命名示例见表 5-9。

表 5-9 间隔棒命名示例

名 称	间隔棒结构	框架形状	分裂数	分裂间距（cm）	使用导线外径（mm）	防晕性能
FJZ-840/35C	阻尼间隔棒	正八边形	8	40	35	高级
FJZY-640/30D	阻尼间隔棒	圆环形	6	40	30	特级

（三）间隔棒类型

下面按用于送电线路分裂导线根数的不同介绍我国 1000kV 及以下的送电线路用间隔棒。

1. 二分裂间隔棒

二分裂间隔棒由固定的夹头和连杆两部分组成，两者之间采用球绞连接，以球窝与撑竿的钢球为连接点，可以沿水平方向转动 5°~8°，具有更好的动态应力承受能力，因此二分裂间隔棒又称二分裂球绞间隔棒。

图 5-14 所示为不同结构的二分裂间隔棒实物图。

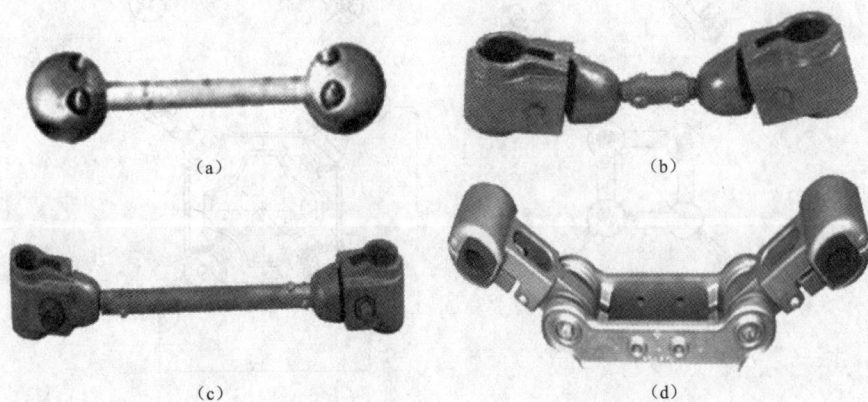

(a)

(b)

(c)

(d)

图 5-14 二分裂间隔棒实物图
(a) FJG（球形）；(b) FJQ 型；(c) FJR 型；(d) FJZ 型

2. 三分裂间隔棒

三分裂间隔棒用于安装三分裂导线，线夹为球绞式，本体材料为铝合金件，阻尼垫为合成橡胶，其余为热镀锌钢制件。

图 5-15（a）所示为 JX3 型三分裂间隔棒。型号 JX3-300、JX3-400 的间隔棒，分别适用于导线 LGJQ-300、LGJQ-400。另外，有的线路器材厂还生产一种型号为 FJQ-380/440 三分裂导线用间隔棒如图 5-15（b）所示，适用于 HL4GJT-440 导线。

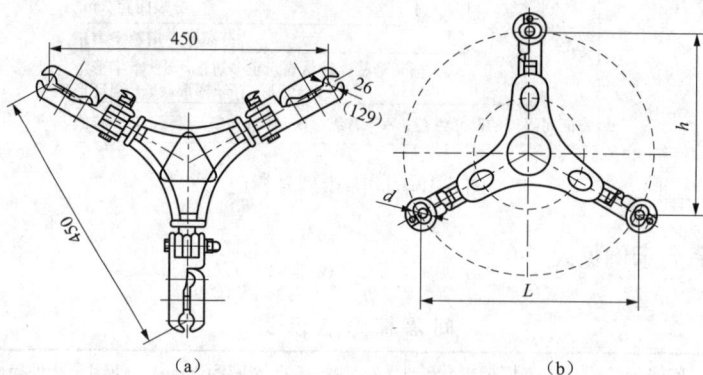

图 5-15　三分裂间隔棒
(a) JX3 型；(b) FJQ-380/440 型

3. 四分裂间隔棒

四分裂间隔棒在 500kV 输电线路中使用最广，结构多种多样。500kV 线路用四分裂间隔棒如图 5-16 所示，主要技术参数见表 5-10。

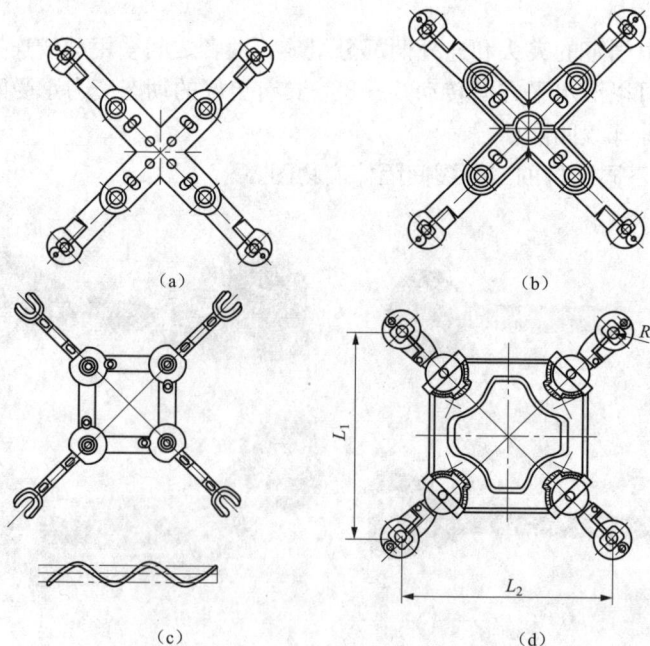

图 5-16　500kV 线路四分裂间隔棒
(a) JZF 型间隔棒；(b) FJZL 型间隔棒；(c) FJS 型间隔棒；(d) FJZ-××F 型间隔棒

表 5-10   **FJZ-××阻尼间隔棒技术参数**

型 号	适用导线外径（mm）	主要尺寸（mm）		
		L_1	L_2	R
FJZ-445/300S	LGJ-300/25、35	450	450	11.4
FJZ-445/300F	LGJ-400/25、40	450	450	12.6

注 型号含义：F—防护；J—间隔棒；Z—阻尼；"-"后数字—第一位表示分裂数，第二、三位表示间隔距离；"/"
    后的数字—适用导线组合号；S—十字形，F方框形。
例：型号 FJZ-445/300S 表示 FJZ-××型十字型阻尼间隔棒，适用导线型号 LGJ-300/25 等。

    引线间隔棒或跳线间隔棒结构如图 5-17 所示，四分裂跳线间隔棒的安装实景如图 5-18
所示，是用在耐张杆塔跳线上固定几根分裂导线的间隔棒。

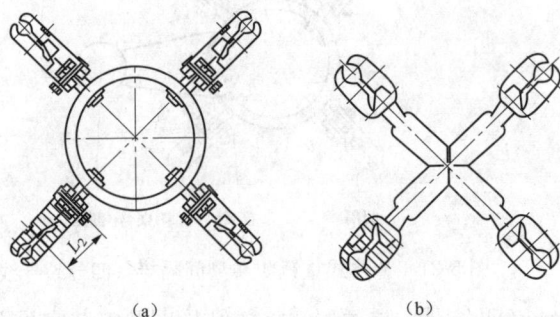

(a)   (b)

图 5-17   引线间隔棒及跳线间隔棒结构图   图 5-18   四分裂跳线间隔棒
a）JX 型引线间隔棒（用于 500kV 线路）；(b) FJY 型间隔棒（跳线用）   安装实景图

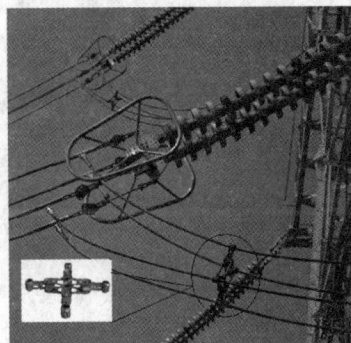

    500kV 四分裂导线的上两根导线引流线引下时，导线摆动会产生导线磨伤，因此在引
下线与延长拉杆之间应安装引线间隔棒。

    4. 六分裂以上导线用间隔棒

    随着输电线路电压等级不断提高，每根导线的分裂子导线数目也在相应增多。图 5-19
所示为六分裂、八分裂的间隔棒实物图。

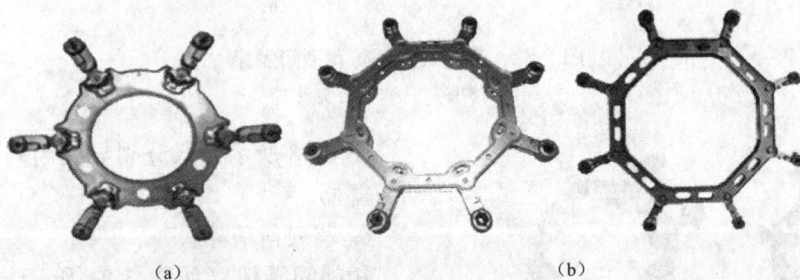

(a)   (b)

图 5-19   六分裂以上导线用间隔棒（部分）不同结构的实物图
(a) 六分裂导线用；(b) 八分裂导线用

    5. 整体式重锤防舞型间隔棒

    整体式重锤防舞型间隔棒具有间隔分裂相导线和防振的作用。由于橡胶的压缩变形补偿
了导线的蠕变，从而使线夹紧紧握住导线，安装时用专用工具将盖板压到位，插上锁紧销即
可。其优点是省去了紧固螺栓的安装，也消除了因为外力及其他因素造成螺栓松动而磨伤导

线的危险。摆锤两头呈球形，两只摆锤分别通过两只螺栓固定在两块摆锤框板底部左右两侧，对称分布，使整个防舞间隔棒能够有效地抑制舞动产生，减小舞动幅值、降低导线舞动的危害。

图 5-20 所示为三分裂导线用双扭型防振锤，它是通过提高导线系统的动力稳定性来达到"防舞"的目的。该双扭型防振锤具有五个以上的固有频率，保护的频率范围较宽。在抑制钢绞线的两端有握着导线的线夹，在（抑制钢绞线）中间安装偏心重锤，利用抑制钢线的扭力来消耗能量。扭型防振锤还可安装在上下两根水平排列的双分裂导线上。

图 5-21 所示为整体式重锤防舞型间隔棒（四分裂导线用）。

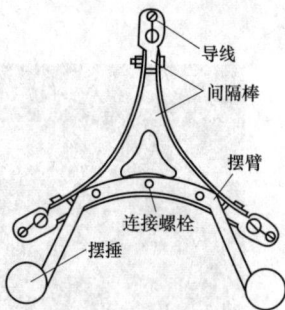

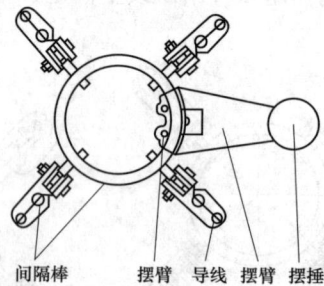

图 5-20　双扭型防振锤（三分裂导线用）　　图 5-21　整体式重锤防舞型间隔棒（四分裂导线用）

图 5-22（a）为另一结构的整体式重锤（四分裂）防舞型间隔棒结构图及安装实景图。

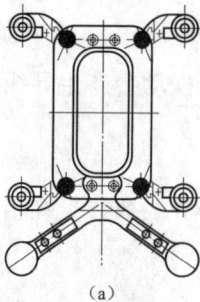

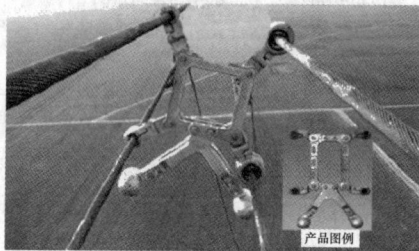

（a）　　　　　　　　　　（b）

图 5-22　整体式重锤防舞型间隔棒
（a）结构图；（b）安装实景图

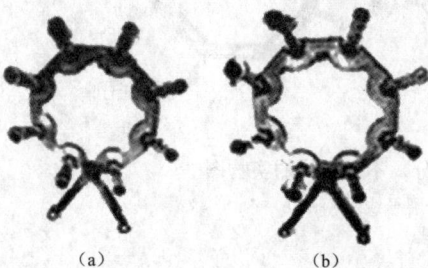

（a）　　　　　　（b）

图 5-23　八分裂导线用间隔棒式双摆动防舞器
（a）外包型线夹间隔棒（双摆舞动器）；
（b）内包型线夹间隔棒（双摆舞动器）

图 5-23 所示为八分裂导线用间隔棒式双摆动防舞器。

6. 相间间隔棒

相间间隔棒（如图 5-24 所示），是使各相导线之间保持一定几何布置的装置，可以实现导线水平排列、三角形垂直排列布置。其安装实景如图 5-25 所示。

7. 绞线间隔棒

为适应变电站安装需要，将绞线弯曲成圆环状，利用线夹与绞线相连成型的间隔棒称为

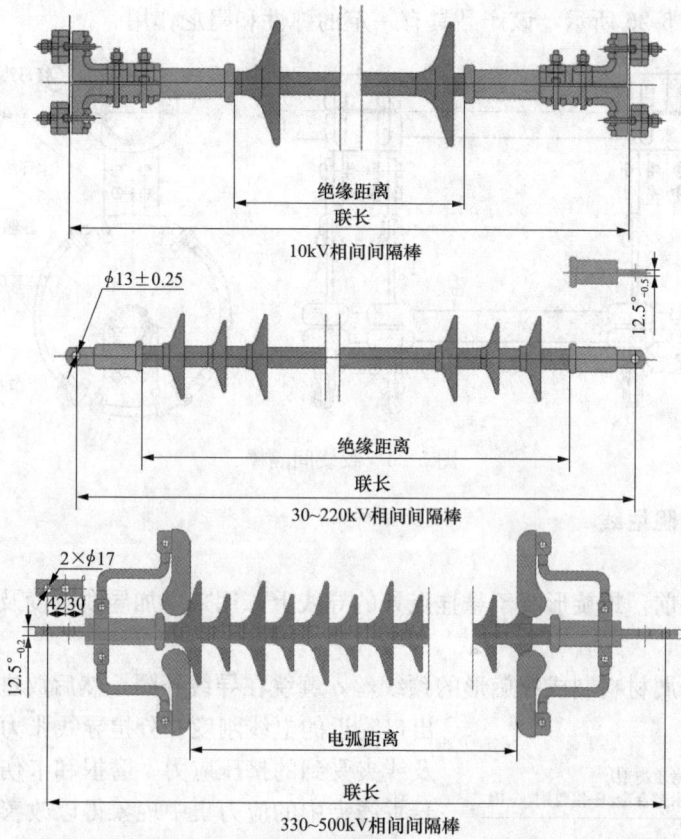

绝缘距离
联长
10kV相间间隔棒

φ13±0.25
12.5°₋₀.₅
绝缘距离
联长
30~220kV相间间隔棒

2×φ17
42 30
12.5°₋₀.₂
电弧距离
联长
330~500kV相间间隔棒

图 5-24 相间间隔棒（复合型）

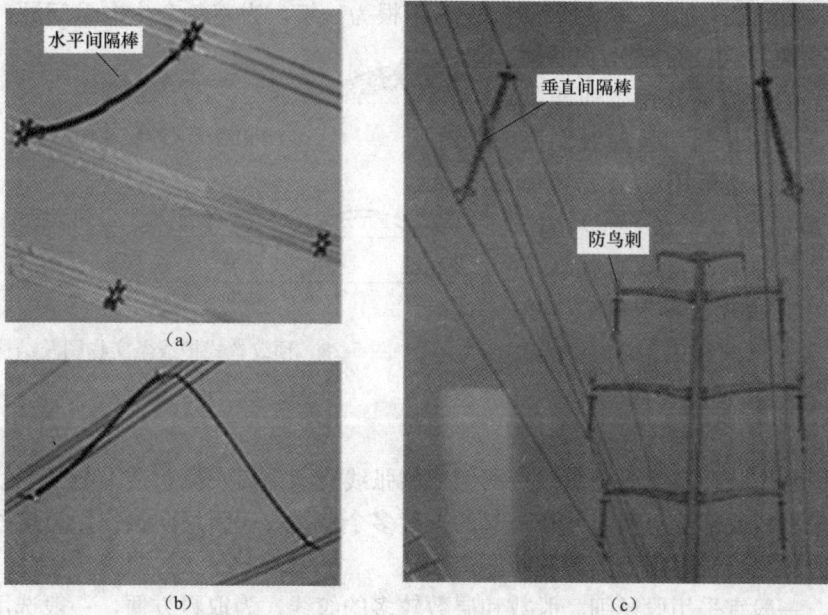

水平间隔棒

（a）

（b）

垂直间隔棒

防鸟刺

（c）

图 5-25 相间间隔棒安装实景图
（a）水平布置；（b）三角布置；（c）垂直布置

绞线间隔棒，如图 5-26 所示，该产品具有一定的弹性和阻尼作用。

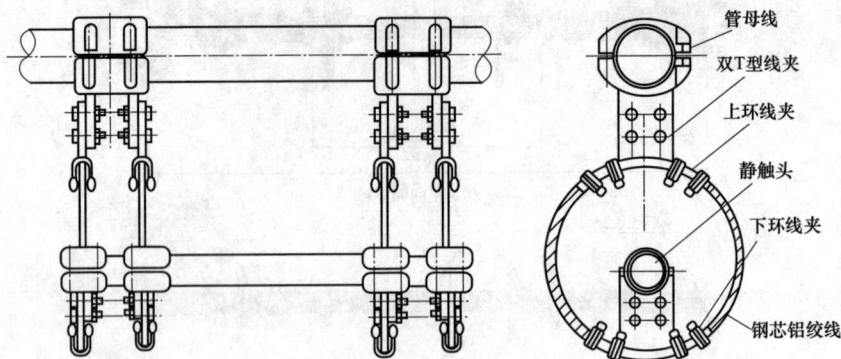

图 5-26　绞线间隔棒

四、护线条及阻尼线

1. 护线条

悬垂线夹安装前，螺旋形绕于悬挂点处的导线上，用来增加导线刚度及耐振能力的金属线条，称为护线条。

用铝合金等金属材料制成螺旋形的预绞丝，缠绕在导线外圈，然后放进线夹内增加线夹出口附近的电线刚度并分担导线张力，减少弯曲应力及线夹受到的挤压应力、磨损和卡伤等，并使导线在悬垂线夹中的应力集中现象得以改善，导线振动时可使导线受到的动弯应力减少 $20\% \sim 50\%$。

护线条的型号标记如图 5-27 所示。

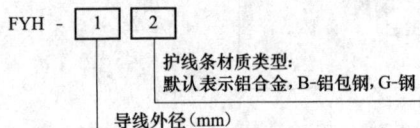

图 5-27　护线条的型号标记

预绞丝式护线条（如图 5-28 所示），以若干根为一组，为避免产生电晕问题，每根端部制成半球状或鹦鹉咀，为充分发挥预绞丝式护线条的防振动作用，即能紧紧握紧导线，又能起到加强导线刚度的作用，其节距（这里用 T 表示，单位为 mm），应满足 $T = \pi(d+D)\cot\theta$ 的计算要求，其中 D 为导线直径（单位为 mm），d 为预绞丝单根直径（单位为 mm）；θ 为预绞丝的捻角（单位为°），根据经验取 $22°15'$。

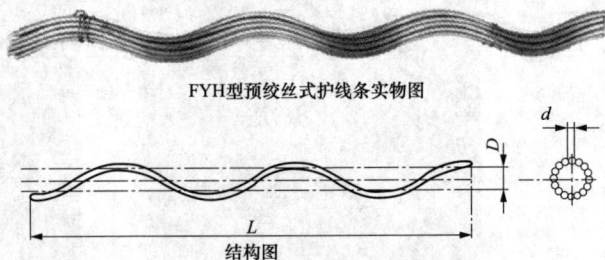

图 5-28　预绞丝式护线条实物图及结构图

2. 阻尼线

阻尼线通常安装在架空线悬垂线夹两侧或耐张线交叉出口一侧，装上与架空线同型号或其他型号的单根线或部分双根线并在一起的连续多个花边，起阻尼防振作用，这些花边称为阻尼线或花边阻尼线，多用于大跨越防振上。

阻尼线，一般宜采用股径细、股数和层数较多的绞线。为取料方便，一般选用和被保护架空线相同型号的线材。国外也有采用挠性好的钢丝绳做阻尼线的，防振效果也很好。但连接点处钢丝绳的垂直质量最好不超过按架空线选配的防振锤的质量，以防止出现"死点"。

阻尼线防振同防振锤比较。有以一些主要特点：

（1）质量轻，不容易在固定点形成"死点"。

（2）取材方便，且便于通过调整花边改变固有频率，其固有频率较多。

（3）在高频时，其耗能效果较防振锤好，但在低频时不如防振锤。

（4）现场实测表明，阻尼线的耗能特性曲线随频率变化出现非常凹凸的现象，在曲线的谷底点上消耗能量相当小，在小振幅时消耗能量急剧降低。

图 5-29 所示为阻尼线及防振锤安装实景图。

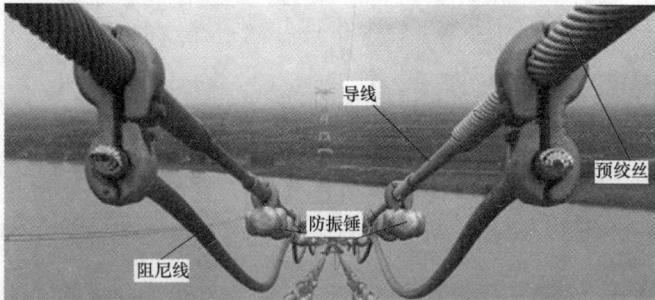

±660kV宁东—山东直流工程黄河大跨越已安装的阻尼线实景图

汉江某大跨越工程阻尼线及防振锤安装实景图

图 5-29 阻尼线及防振锤安装实景图

五、重锤

挂在悬垂线夹下端，增加线夹垂直荷载的金属部件，称为重锤。

重锤用生铁（或锻铸铁）制作并涂漆，每片质量 15kg（或 20kg），用于解决悬垂绝缘子串上拔及导线对杆塔距离不足的问题，运行线路中最多装 10 片。重锤实物图及结构图分别如图 5-30 及图 5-31 所示。

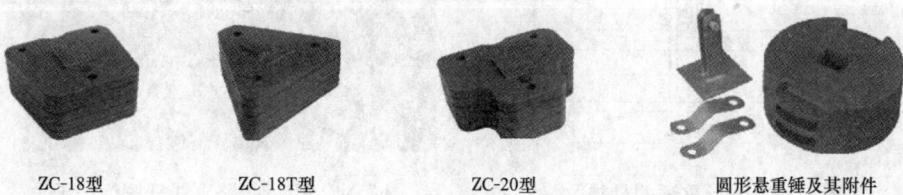

ZC-18型　　　ZC-18T型　　　ZC-20型　　　圆形悬重锤及其附件

图 5-30 重锤实物图

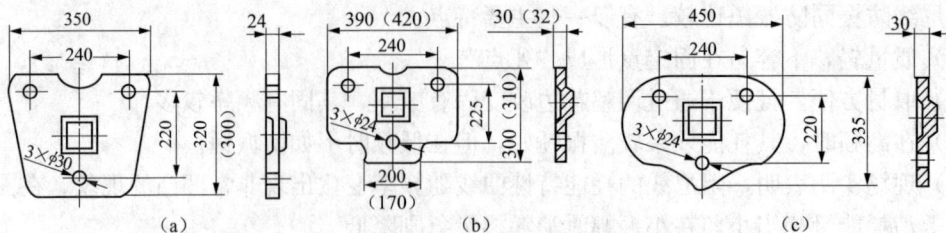

图 5-31 重锤结构图

(a) ZC-18 型（质量为 20kg）、ZC-18G 型（括号内数字为 ZC-18G 型，质量为 21.8kg）；
(b) ZC-20（质量为 20kg）、ZC-22 型（括号内数字为 ZC-22 型，质量为 22kg）；(c) ZD-20 型（质量为 21.8kg）

1. 重锤的型号标记

根据 DL/T 683—2010，重锤的型号标记如图 5-32 所示。

图 5-32 重锤的型号标记

2. 重锤的应用

直线塔的导线和耐张转角塔的跳线，当水平荷载影响较大，致使悬垂绝缘子串偏角过大，导线对杆塔的间隙不足时，允许在悬垂绝缘子串上用加挂重锤的办法来抑制。直线杆塔换位时，其悬垂绝缘子会出现位移情况，因此应加挂重锤。

圆形重锤的悬挂及组装设计举例如图 5-33 所示。运行线路直线杆塔绝缘子串线夹下悬挂重锤的安装实景如图 5-34 所示。

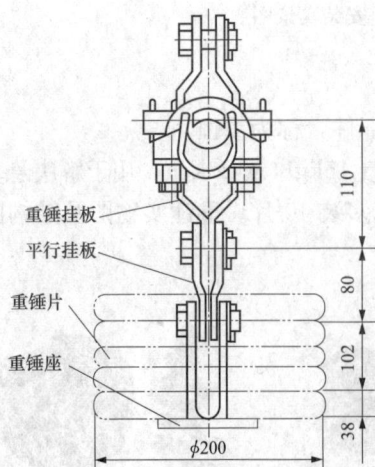

图 5-33 圆形重锤的悬挂及
组装设计举例

图 5-34 运行线路直线杆塔绝缘子
串线夹下悬挂重锤的安装实景图

为了抑制覆冰及积雪，还专门研究设计了一种抑制覆冰及积雪的重锤，如图 5-35 所示。

运行经验表明，重锤不仅能使偏心积雪因自重平衡破坏而自行落下外，还对防止导线产生扭转有明显效果。重锤安装间隔取 50～100mm。

3. 重锤安装

重锤安装在上杠联板和下垂整体联板上，与绝缘子串结为一体。此时重锤处于四根导线束包围之中，因为挂重锤的联板地方狭窄，所以重锤的边缘距防电晕线夹很近。

当导线和跳线悬垂绝缘子串风偏时，或者导线悬垂绝缘子串处于悬垂转角时，绝缘子串的偏角和线夹的偏角不同，即悬垂绝缘子串偏角小，线夹的偏角大，这就有可能使线夹与重锤相碰撞。为此，在施工图设计阶段必须进行仔细检查。

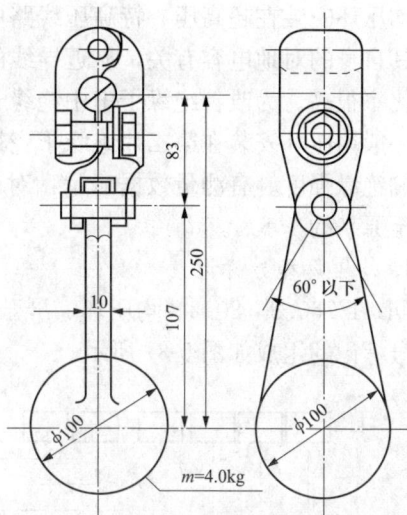

图 5-35　抑制复冰及积雪的重锤

第二节　电气保护金具

导线和金具上电压很高时，其表面的电位梯度超过临界值，其表面的空气在过高的电位梯度下产生电离作用，发出蓝光，同时有吱吱的响声，这就是电晕现象。绝缘子串产生电晕主要来源于绝缘子和金具。

绝缘子串产生电晕的主要来源是绝缘子和金具。当导线和金具上电压很高时，其表面的电位梯度超过临界值，就产生可见电晕。因为其表面的空气在过高的电位梯度下产生电离作用，发出蓝光，同时有吱吱的响声，这就是电晕现象。为减少电晕消耗能源的危害，必须安装电气保护金具（均压环、屏蔽环、均压屏蔽环），如图 5-36 所示。

图 5-36　电气保护金具（均压环、屏蔽环、均压屏蔽环）安装实景图
(a) 均压环、屏蔽环安装实景图；(b) 均压屏蔽环安装实景图

一、均压环

改善绝缘子串电压分布的环状金具，称为均压环，多选用无缝钢管制成圆形、长椭圆形、倒三角形、轮形等结构。

均压环安装在超高压、特高压线路中，绝缘子串的绝缘子片数很多，其绝缘子的电压分布与其自身的对地电容有关，靠近导线的第一片绝缘子承受了极高的电压，因此第一片绝缘子劣化率很高。为改善绝缘子串中绝缘子的电压分布，在绝缘子串上加装均压环。

一般均压环安装在第二片绝缘子瓷裙的位置上，安装位置如果低均压的效果不够，高则会影响绝缘强度。有测量数据显示：对于 500kV 线路安装均压环后，第一片绝缘子的电压可降至原来的 7.8%。

1. 均压环型号标记

DL/T 760.3—2012《均压环、屏蔽环和均压屏蔽环》及 DL/T 683—2010 规定，均压环型号标记的组成如图 5-37 所示。

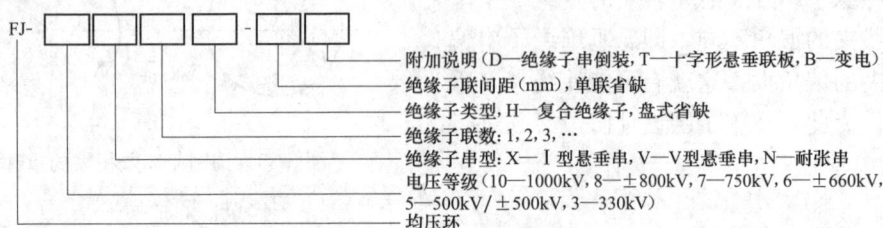

附加说明（D—绝缘子串倒装，T—十字形悬垂联板，B—变电）
绝缘子联间距(mm)，单联省缺
绝缘子类型，H—复合绝缘子，盘式省缺
绝缘子联数：1, 2, 3, …
绝缘子串型：X—I型悬垂串，V—V型悬垂串，N—耐张串
电压等级(10—1000kV，8—±800kV，7—750kV，6—±660kV，5—500kV/±500kV，3—330kV)
均压环

图 5-37　均压环型号标记的组成

均压环命名示例，见表 5-11。

表 5-11　　　　　　　　　　　均 压 环 命 名 示 例

类　型	单　联	双　联
I 型悬垂串	FJ-5X1	FJ-5X2-450
V 型悬垂串	FJ-5V1	FJ-5V2-450
V 型复合悬垂串		FJ-4V2H-450
I 型双联十字联版悬垂串		FJ-5X2-450T

命名示例：FJ-5X2-450T 是用于 I 型双联十字联板悬垂串，电压等级为 500kV/±500kV 线路，绝缘子联间距离为 450mm 的均压环。

2. 均压环基本结构

均压环结构如图 5-38 和图 5-39 所示。

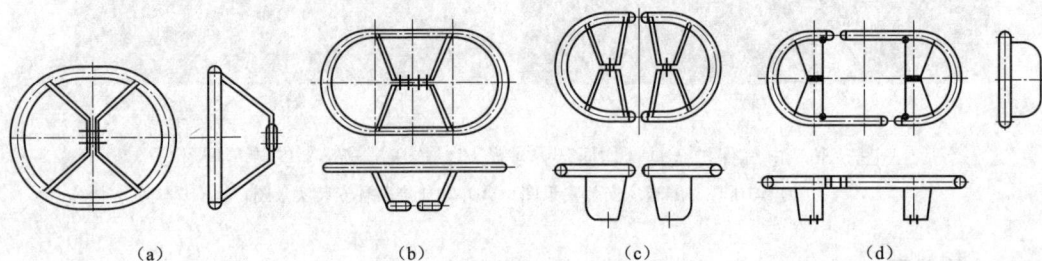

（a）　　　　　（b）　　　　　（c）　　　　　（d）

图 5-38　线路用均压环结构图
（a）单联串均压环；（b）双联串均压环；（c）双联串联均压环（开口式）；（d）三联串联均压环（开口时式）

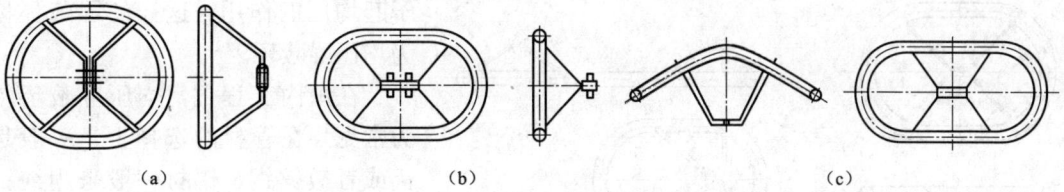

图 5-39 变电站用均压环结构图
(a) 单联串均压环；(b) 双联串均压环；(c) V 串均压环

二、屏蔽环

使被屏蔽范围内不出现电晕现象的环状金具，称为屏蔽环。屏蔽环一般安装在 330kV 以上电压的输电线路和变电站，由于电压很高，当导线和金具表面的电位梯度大于临界值时，就会出现电晕放电现象。这种现象除消耗一定电能外，还对无线电产生干扰。加装屏蔽环后，形成了均匀电场，可有效避免电晕放电。

1. 屏蔽环型号标记及示例

均压环型号标记的组成如图 5-40 所示。

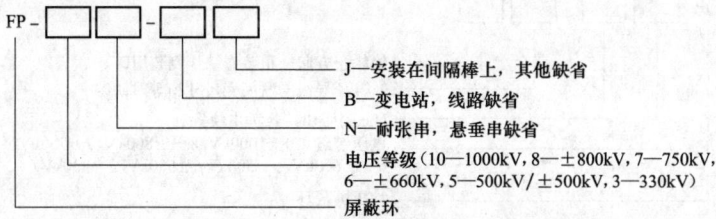

图 5-40 屏蔽环型号标记的组成

命名示例：FP-10N-J，是用于 1000kV 线路耐张串的屏蔽环，安装在间隔棒上。

2. 基本结构

线路用屏蔽环基本结构如图 5-41 所示。

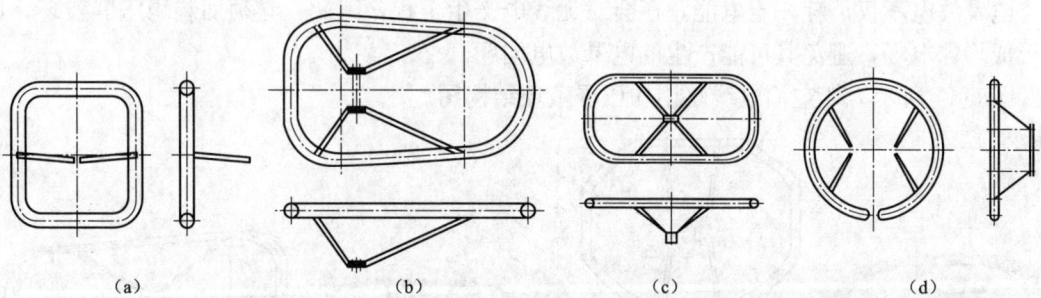

图 5-41 线路用屏蔽环基本结构图
(a) 悬垂串屏蔽环；(b) 耐张串耳轮型屏蔽环（非对称）；(c) 耐张串耳轮型屏蔽环（对称）；(d) 耐张串圆环形屏蔽环

变电站用屏蔽环基本结构如图 5-42 所示。

三、均压屏蔽环

因电力线路电气保护的需要，设想将屏蔽环向上延伸，把绝缘子串的最后一片包容进来，这时线路上的屏蔽环就对绝缘子串上的金具起着屏蔽保护的作用，对绝缘子串上的绝缘

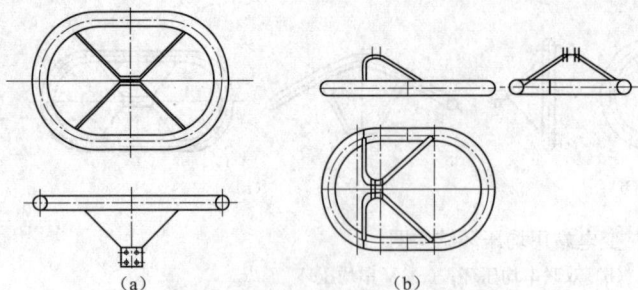

图 5-42　变电站用屏蔽环基本结构图
(a) 悬垂串屏蔽环；(b) 耐张串屏蔽环

子起均压的作用，这样的屏蔽环称为均压屏蔽环。

在国内工程上，均压屏蔽环较为常见。在管材的选择上，一般是铝或者镀锌钢，铝材一般采用纯铝1050A。

在 330kV 及 500kV 线路上，为简化均压环和屏蔽环的安装条件，大多将这两种环设计成一个整体，称为均压屏蔽环。它除均压外，还起屏蔽作用。因此，要求屏蔽环自身应屏蔽，即管的表面应光洁无毛刺，以求达到自身不产生电晕的目的。

1. 均压屏蔽环型号标记及示例

均压屏蔽环型号标记方法如图 5-43 所示。

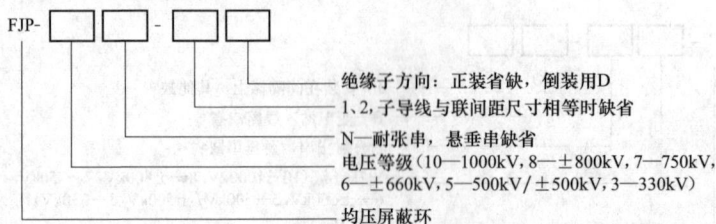

绝缘子方向：正装省缺，倒装用D
1、2、子导线与联间距尺寸相等时缺省
N—耐张串，悬垂串缺省
电压等级（10—1000kV，8—±800kV，7—750kV，6—±660kV，5—500kV/±500kV，3—330kV）
均压屏蔽环

图 5-43　均压屏蔽环型号标记

命名示例：FJP-5N-D 表示 500kV/±500kV 线路倒装式耐张串均压屏蔽环。

2. 均压屏蔽环

当导线和金具表面的电位梯度大于临界值时，就有可能出现电晕放电现象。

电晕放电不仅消耗一定电能，还会对无线电产生干扰，因此，必须加装均压屏蔽环，以便形成均匀电场，避免其可能产生的电晕放电问题。

图 5-44 所示为架空输电线路用均压屏蔽环结构图。

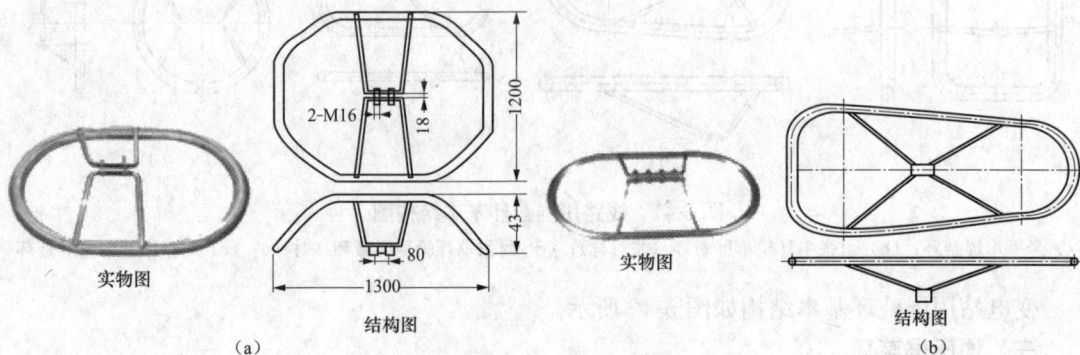

图 5-44　架空输电线路用均压屏蔽环实物结构图
(a) FJP 型均压屏蔽环 330kV 线路用；(b) FJP 型均压屏蔽环 500kV 线路用

图 5-45 所示为变电站用均压屏蔽环安装实景图。

图 5-45 变电站用均压屏蔽环安装实景图

在输电线路中，除采用均压环、屏蔽环和均压屏蔽环，还可利用分裂导线自行均压和屏蔽。具体措施是抬高分裂导线的位置，利用两根上导线代替均压环的办法来实现控制电晕现象的产生。其优点是缩短绝缘子串，也即缩小了塔头，降低了塔高，省去了均压屏蔽金具。我国已在 500kV 线路工程中，设计应用了上杠下垂式悬垂线夹（防电晕型）组合的方式，实现了控制电晕现象的目的。

第三节 保护金具设计基础

一、防振锤设计

利用能量平衡方法选择防振锤是一种常用的方法。

（1）根据风能的输入能量和导线所吸收的能量求出平衡振幅，并对振幅进行比较，如平衡振幅大于允许振幅，则必须安装防振器。

（2）再根据安装防振器后所吸收的能量计算出平衡振幅。如果平衡振幅小于振幅，则证明防振器选择合理；反之，则要重新选择防振器并进行计算。

防振锤结构的选择、安装数量及距离的确定，国内通常由设计部门给出，国外则是由制造厂家提供安装数量及距离。

1. 设计防振锤的要求

根据 DL/T 1099—2009，防振锤的设计应能满足以下要求：

（1）抑制微风振动。

（2）能够承受安装、维护和运行等条件下的机械荷载。

（3）在运行条件下，不应对导/地线产生损伤。

（4）便于在导线、地线拆除或重新安装且不得损坏导线、地线，便于带电安装和拆除。

（5）电晕、无线电和可听噪声应在要求的限度内。

（6）安装方便、安全。

（7）在运行中任何部件不应松动。

（8）在运行寿命内应保持其使用功能。

（9）防止积水。

但是在执行上述设计要求时，若导线、地线含有光纤，应考虑防振锤对光纤元件的影响。

设计优良的防振锤一般可使振动应力减小 90％以上。

2. 锤头重心和防振锤的频率

图 5-46 所示为锤头运动简图，图中 O 点为重心，O 点为锤头固定点，A 为线夹对吊索的固定点，U_a 为防振锤的垂直位移，x_a 为锤头重心垂直移，φ_a 为锤头绕重心而旋转的角位移。也就是说，有两个谐振频率：一个是重锤以 A 点作上下移动，另一个是重锤绕重心 O 而旋转。为简化起见，在分析中把这两种运动分别考虑（分为一频振动和二频振动），成为两个单自由度的运动。

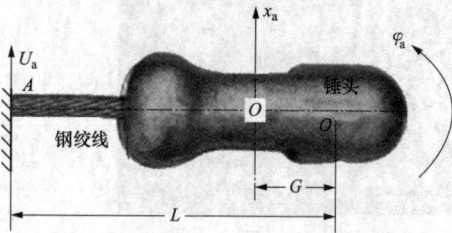

图 5-46　锤头运动简图

（1）一频振动。假设在一悬臂梁的终端，外力作用在重心上而产生移动，如图 5-47（a）所示。

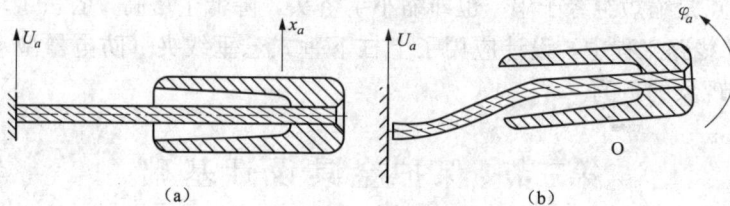

图 5-47　防振锤的频率
（a）一频振动；（b）二频振动

一频振动的自然频率 f_1 可按下式计算

$$f_1 = \frac{1}{2\pi}\sqrt{\frac{98K}{M}} \approx 1.576\sqrt{\frac{K}{M}} \tag{5-1}$$

式中　M——一个锤头的质量，kg；

　　　K——钢吊索的刚度，N/cm。

K 值可以通过简单的试验方法（一端夹紧，另一端加荷载的方法）来求得，但在一般的挠曲范围内，也可以利用下面的经验公式计算

$$K = \frac{3E_m J_m}{L^3} \tag{5-2}$$

式中　E_m——钢吊索的弹性模数，一般取 $E=2\times10^7\,\text{N/cm}^2$；

　　　L——吊索长度（如图 5-46 所示），cm；

　　　J_m——吊索断面对中心线的惯性矩，cm^4。

若假定线股间完全无摩擦，则 J_m 的计算为

$$J_m = \frac{n\pi d^4}{64} \approx 0.05nd^4 \tag{5-3}$$

式中　n——钢绞线股数；

　　　d——单股直径，cm。

现假定考虑线股间有部分摩擦，则采用一个系数（取 1.4），这时 J_m 的计算成为

$$J_m = \frac{(1.4)^2 n\pi}{64} d^4 \approx 0.01nd^4 \tag{5-4}$$

由式（5-4）验算现有防振锤的频率具有很高的准确性，因此推荐采用此式计算 J_m。

（2）二频振动。假设在悬臂梁的终端，外力矩作用在重心上而产生的旋转，如图 5-47 (b) 所示。二频振动自然频率 f_2 计算式为

$$f_2 = \frac{1}{2\pi}\sqrt{\frac{g \times K_{扭}}{J_0}} = \frac{1}{2\pi}\sqrt{\frac{980 \times K_{扭}}{J_0}} = 4.895\sqrt{\frac{K_{扭}}{J_0}} \tag{5-5}$$

$$K_{扭} = \frac{4KL^2}{3} \tag{5-6}$$

$$J_0 = 10\sum l^2 \times m \tag{5-7}$$

式中　$K_{扭}$——旋转 1rad 所需力矩，N·cm；

　　　J_0——锤头内质量对重心 O 的惯性矩，N·cm^2；

　　　l——质点 m 与 O 点距离，cm；

　　　m——锤头内的各质点质量，kg。

二频振动、一频振动的比值 f_2/f_1 一般为 3～5。

3. 防振锤的质量及其钢吊索

（1）防振锤的材料及质量。DL/T 1099—2009 规定：锤头采用黑色金属材料制造，或由供需双方共同协商确定；线夹和压板采用铝合金制造，应符合 GB/T 1173—2013《铸造铝合金》要求。

防振锤的质量是防振锤最基本的参数，它包括两部分：一部分为线夹和吊索的质量，称为死重；另一部分是防振锤的锤头质量，称为活重。

斯托克布里奇对防振锤质量设计：根据试验得出防振锤的活重应为（1/2～3/4）λ [$\lambda = v/D \times 0.185$] 振动波长的导线质量，波长的计算按平均风速 3.61m/s；死重的允许值不大于活重的 0.3 倍。

【例 5-1】　根据斯托克布里奇设计原则，试计算用于 LGJQ-400 导线防振的防振锤的质量应为多少？[提示：风速为 3.61m/s，LGJQ-400 导线平均运行张力 $T = 26\,800$N（计算拉断力的 25%），导线直径 D=0.0272m，导线单位长度的质量 $m=1.501$kg/m。]

解　根据斯托克布里奇设计原则，防振锤的活重为

$$W = m \times \frac{1}{2}\lambda = m \times \frac{1}{2} \times \frac{D}{0.185} \times \sqrt{\frac{T}{m}} = 15.01 \times \frac{1}{2} \times \frac{0.0272}{0.185} \times \sqrt{\frac{26\,800}{15.01}} = 46.63(\text{N})$$

$$W = m \times \frac{3}{4}\lambda = m \times \frac{3}{4} \times \frac{D}{0.185} \times \sqrt{\frac{T}{m}} = 15.01 \times \frac{3}{4} \times \frac{0.0272}{0.185} \times \sqrt{\frac{26\,800}{15.01}} = 69.93(\text{N})$$

同样，根据上述设计原则，即死重的允许值不大于活重的 0.3 倍。因此死重 W' 的质量，$W'_{min}=1.225$kg，$W'_{max}=1.836$kg。

为了有效地减小振幅，国内外推荐按不同导线直径（用 d 表示，mm）的规格，选用不同型号的防振锤。

英国认为防振锤的质量（用 w 表示，单位为 kg）为

$$w = 0.3036d + 1.361(\text{kg}) \tag{5-8}$$

例，对 LGJQ-400 导线防振的防振锤的质量，按上述计算公式，得

$$w = 0.3036d + 1.361 = 0.3036 \times 0.0272 + 1.361 = 1.36(\text{kg})$$

国内认为防振锤的质量，对于钢芯铝线，推荐防振锤质量按下式选择

$$w = 0.4d - 2.2(\text{kg}) \tag{5-9}$$

式中　d——钢芯铝绞线的外径，mm。

考虑防振锤安装方向和从档距一侧至另一侧的交叉情况，并为了在较低频率和较长档距下获得最佳减振效果，通常将大锤头安装在靠近杆塔处。

（2）钢吊索。钢吊索一般采用钢绞线制造。DL/T 1099—2009 规定，钢绞线应符合 YB/T 4165—2007 的要求，钢绞线抗拉强度不应低于 1526N/mm²；绞和节径比不应大于 12，不应散股、锈蚀。

4. 防振锤的频率覆盖要求

防振锤的频率覆盖要求，即导线的振动的频率范围。一般都采用下式估算频率：

$$f_s = \frac{vS}{D} = (0.185 \sim 0.2)\frac{v}{D} \tag{5-10}$$

式中　f_s——频率，Hz；

　　　v——风速，m/s；

　　　S——常数，在雷络数 400～40 000 的范围内取 $S=0.185\sim0.2$；

　　　D——导线直径，m。

此时，通过上述计算式，近似认为导线振动方程为 $m\dfrac{\partial^2 y}{\partial t^2} - T\dfrac{\partial^2 y}{\partial x^2} = 0$，从而求得基本参数横波的速度为

$$v = \sqrt{\frac{T}{m}} \tag{5-11}$$

式中　m——导线单位长度质量，kg/m；

　　　T——导线张力，N。

于是有固有频率的近似表达式为

$$f_x \approx \frac{nv}{2l} \tag{5-12}$$

或

$$f_x \approx \frac{n}{2l}\sqrt{\frac{T}{m}} \tag{5-13}$$

或

$$f_x \approx \frac{1}{\lambda}\sqrt{\frac{T}{m}} \tag{5-14}$$

式中　l——档距，m；

　　　n——半数，$n=1, 2, 3, \cdots\cdots$；

　　　λ——波长，m。

5. 防振锤的类型选择及数量确定

（1）防振锤的类型及型号选择，见表 5-12。

表 5-12 　　　　　　　　　　　　防振锤的类型及型号选择

	防振锤的类型及型号	选用导线和避雷线的型号	选用导线、避雷线直径范围（mm）	防振锤的质量（kg）
单螺栓	F-1	LGJ-300～400 LGJJ-300～400 LGJQ-300～500	23.6～30.2	8.57
	F-2	LGJ-185～240 LGJJ-185～240 LGJQ-185～240	18.4～22.4	5.6
	F-3	LJ-120～185 LGJ-120～150 LGJJ-120～150 LGJQ-150	14.0～17.5	4.53
	F-4	GJ-70	11.0	4.11
	F-5	LJ-70～95 LGJ-0～95	10.7～13.7	2.43
双螺栓	F-6	GJ-50	9.0	2.42

（2）防振锤的数量。防振锤的数量不仅与档距内导线的振动水平有关，而且与风给导线的振动能量、导线所处的地形、导线的档距、导线的直径等因素有关。但风给导线的能量越大，所需防振锤的数量也就越多。

防振锤在运行线路中的安装数量，可参考表 5-13 选用。一般采用 1～3 个，大跨越线路甚至要用 6～7 个。

英国某线路设计公司推荐狗骨头防振锤数量：档距不少于 200m，在该档装 1 个；档距为 201～400m，每端装 1 个；档距为 401～550m，一端装 1 个；档距为 551～700m，每端装 2 个。

日本在试验线路上的研究表明，对于 810mm² 的十分裂导线，相邻间隔棒之间的距离（即次档距长度）不应大于 40m，对于八分裂导线也有相同结论。

6. 防振锤的安装

（1）防振锤的安装距离。防振锤的安装距离，对悬垂线夹来说，是指自线夹中心至防振锤夹板中心的距离，如图 5-48（a）所示；对耐张线夹来说，是指自线夹穿钉孔至防振锤夹板中心的距离，如图 5-48（b）所示。该安装距离，可根据下式计算

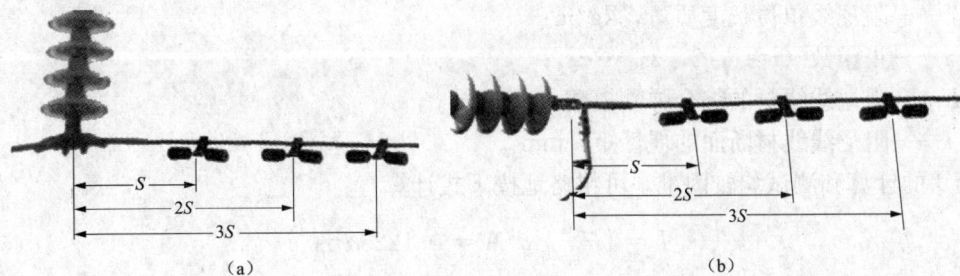

（a）　　　　　　　　　　　　　　　　　　（b）

图 5-48 　防振锤的安装距离

（a）防振锤在直线杆塔上的安装；（b）防振锤在耐张杆塔上的安装

$$S = 0.415 \times 10^3 d \sqrt{\frac{9.81T}{W}} \qquad (5-15)$$

式中　S——安装距离，m；

　　　d——导线直径，mm；

　　　T——年平均气温下导线张力，N；

　　　W——导线单位长度重力，N/m。

（2）安装时，应首先考虑防振锤的两侧应保持水平状态。当安装双扭防振锤时，靠线夹的第一只应顺导线的绞线方向，第二只则反向安装，在规定的间距内交替改变方向；在单导线上使用防振锤时，紧固螺母应朝向铁塔侧。若有预绞丝护线条，防振锤安装在距离护线条至少50mm处。

（3）防振锤安装位置。从理论上讲，防振锤的安装位置最好在"波峰"点处，使其上下甩动幅度最大，从而起到消耗最大振动能量的作用。施工时一般大头朝向杆塔，导线上应缠绕宽×长（1mm×10mm）软铝带，安装方向应与导线在同一垂直面内，安装位置误差应不大于±3mm。

防振锤在不同直径电线上的档距及对应个数见表5-13。

表 5-13　　　　　　　　　　　　　防振锤安装数量（档距每侧）

档距（m） 电线直径（mm）	防振锤个数		
	1个	2个	3个
$d < 12$	≤300	300～600	600～900
$12 < d < 22$	≤300	350～700	700～1000
$22 < d < 37.1$	≤300	450～800	800～1200

二、阻尼线防振设计

架空线振动时，固定在架空线上的阻尼线也相继振动。振动会引起导线及阻尼线线股之间产生摩擦而消耗部分能量；另一些振动能量中振动波通过阻尼线与导线的连接点，发生反复折射，使档内的稳定振动遭到破坏，振动能量逐渐消耗掉。也就是说，阻尼线花边随着导线振动而发生振动，该段阻尼线将把导线的振动能量消耗掉。此时，阻尼线的固有频率 f 可按下式计算

$$f = \frac{\pi i^2}{2l^2} \sqrt{\frac{EI}{W}} \qquad (5-16)$$

式中　l——该段阻尼线的档距，m；

　　　W——阻尼线单位长度质量，kg/m；

　　　i——正整数（$i = 1, 2, 3, \cdots\cdots$）；

　　　E——阻尼线线材的综合弹性模数，N/mm²；

　　　I——阻尼线线材断面的惯性矩，mm⁴。

惯性矩 I 的计算和测试均较困难，可粗略地按下式计算

$$I = \left(\frac{1.4}{4}\right)^2 d^2 A = 0.1225 d^2 A \qquad (5-17)$$

式中　A——阻尼线总截面积，mm²；

　　　d——阻尼线线股直径（如有几种股丝，取直径最大的），mm。

1. 阻尼线花边数及安装距离

阻尼线花边数及安装距离一般依档距大小而定，对一般线路普通档距下，每侧多采用 2 个花边（3 个夹子），500～600m 的大档距每侧 3 个。随着档距增大，可以采用 3～5 个或更多个花边，有的国家已达 10 个花边。

（1）1 个花边。采用每侧 1 个花边时，将阻尼线与导线一个连接点设在靠近线夹第一个最小波长的最大波腹处，即 $S_1 = \lambda_{\min}/4$，而外侧的第一个连接点设在第一个最大波长的最大波腹处，$S_1 = \lambda_{\max}/4$。

（2）2 个花边。采用每侧 2 个花边时，花边安装距离的计算方法有如下四种：

1）美国戴维逊方法。第一个连接点 x_1 设在第一个最小波长的 $1/4 \sim 1/8$ 之间，如图 5-41（a）所示。第三个连接点 x_3 设在 $(1/4 \sim 3/8)\lambda_M$ 处，第二个连接点设在第一个与第三个连接点的中间，即 $S_2 = S_3$。

2）推荐法。对一般档距阻尼线总长可取 7～8m，在架空线线夹两侧分别设三个连接点，第一个连接点距线夹中心为 $\frac{1}{4}\lambda_N$；第三个连接点，距设在距线夹中心为 $(1/4 \sim 1/6)\lambda_M$ 处（即位于最大半波长"波腹点"附近）；第二个连接点则设在第一与第三个连接点的中间位置上。其计算方法如下

$$\left. \begin{aligned} S_1 &= \frac{\lambda_N}{4} = \frac{d}{800v_M}\sqrt{\frac{9.81\sigma_N}{g_1}} \\ S_1 + S_2 + S_3 &= \left(\frac{1}{4} \sim \frac{1}{6}\right)\frac{d}{200v_N}\sqrt{\frac{9.81\sigma_N}{g_1}} \\ S_2 &= S_3 \end{aligned} \right\} \tag{5-18}$$

（3）计算法，根据阻尼线的自阻尼振动特性，考虑阻尼线的自重、抗弯刚度（EJ）、衰减系数等因素选择阻尼线夹子最大安装距离，计算方法如下

$$S_2 = S_3 = \pi\sqrt{k\sqrt{\left(\frac{9.81EJ}{q \times 10^{-3}}\right)}} \tag{5-19}$$

$$S_1 = \lambda_N/4 \tag{5-20}$$

$$J = \frac{n\pi d^4}{64} \approx 0.05nd^4 \tag{5-21}$$

式中　k——阻尼线振动周期系数，$k = 0.6 \sim 1.0$；

　　　E——阻尼线弹性模量，kg/mm^2；

　　　n——阻尼线股数；

　　　q——阻尼线单位长度质量，kg/m；

　　　J——阻尼线的惯性矩，mm^4。

（4）防振锤等距法，即根据防振锤的等距安装设计计算方法来计算阻尼线夹子的安装：

$$S_1 = S_2 = S_3 = \cdots = S_n = \frac{\frac{\lambda_M}{2} \cdot \frac{\lambda_N}{2}}{\frac{\lambda_M}{2} + \frac{\lambda_N}{2}} \tag{5-22}$$

2. 阻尼线花边的弧垂

阻尼线的花边具有一定弧垂，一般地说花边弧垂大小对防振效果影响不大，一般取

50～100mm，也有较大的，约为边长的 1/10。

3. 阻尼线的安装

阻尼线的安装原则与防振锤基本相同，缠扎点的位置应照顾到导线出现的最大或最小波长时均能起到消振作用来决定花边长度。

我国某些大跨越线路采用与导线同样型号的线材做阻尼线，分流情况比较严重，甚至与导线流过的电流相当，因而对某些电阻大的连接点有可能产生过热而烧伤导线的现象。为此，目前采取在阻尼线与导线连接点处除一点直接与导线连接外，其他连接点均通过绝缘橡胶与导线隔离。对于连接点的固定，多采用钢丝缠扎，其缠绕长度一般为 100mm 左右，扎后涂上红丹及防锈漆。采用滑轮线夹时，阻尼线使用夹子固定，夹子具有释放机构，断导线时阻尼线能自动落地。

图 5-49 所示为阻尼线花边数及安装距离要求。

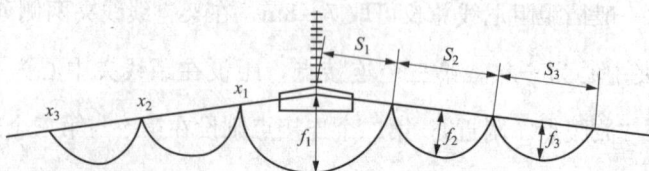

图 5-49 阻尼线花边数及安装距离要求

4. 世界各国对阻尼线加防振锤的联合防振设计事例简介

为了适应实际需要，输电线路的大跨越工程采用防振锤、阻尼线构成的联合防振方法。世界各国对阻尼线加防振锤的联合防振设计也有不少事例。

(1) 中国对阻尼线加防振锤的联合防振设计事例。

1) 镇江长江大跨越线路，档距 1289m，导线为 GJ-118 钢绞线，阻尼线线材与导线相同，装四个阻尼线花边和两个 860N 重的防振锤，其布置如图 5-50 所示。

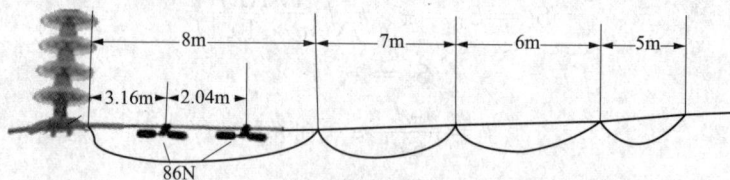

图 5-50 镇江长江大跨越防振布置

2) 南京长江大跨越，档距 1933m，阻尼线各花边的长度分别为 6、5、6、3、3m。

3) 500kV 江阴长江大跨越工程，跨越方式：耐—直—直—耐；直线档距 2303m，耐张档距 700m；导线采用 4 分裂的钢芯铝合金线（AACSR-500）；地线采用单根铝包钢绞线（AC360）；光缆采用 R 芯 OPGW350 型。跨越塔高 346.53m。每侧安装 4 个防振锤（每个防振锤的质量分别为 8.03、6.90kg）和 19 根护线条（护线条长分别为 1.0、2.0、3.2m，各花边弧垂 0.3m；总质量达 57.8kg）及累计总长度为 40.7m 的阻尼线（总质量达 84.6kg）联合防振措施。

4) 500kV 南京三江口长江大跨越工程，跨越方式：耐—直—直—耐，双回；直线档距 1770m，耐张档距 520m。导线采用 4 分裂的钢芯铝合金线（AACSR-500/230）。设计方案之一：装三个防振锤（质量分别为 7.8、7.8、6.9kg）和多个花边（花边长度分别为 3.8、3.2、2.7、2.2、1.9m，累计总长度为 35.6m 的阻尼线，各花边弧垂 0.3m）的联合防振。

（2）国外对阻尼线加防振锤的联合防振设计。

1）英国跨越 Thanes 河，档距 1571m，采用光滑型钢芯铝线，线的结构为铝 36/4.06+74/3.38，钢芯 90/3.2+1/3.25，最大使用张力 135kN，直线塔安装 6 个 12.6kg 斯托克布里奇防振锤，防振锤安装间距 1.07m。耐张塔安装 4 个 13.6kg 的防振锤，安装距离也是 1.07m。

2）某国电力线路中有一跨越档距为 2357m，导线为铝包钢绞线 54/3.2，钢芯 37/3.2，最大使用张力 300kN。阻尼线安装设计，由悬垂线夹中心到档侧，其距离分别为 5.5、7、6、5、4、3m，并在其后安装了三个重 82N 和一个 1 重 40N 的斯托克布里奇防振锤。

3）世界著名的意大利某海峡跨越长度 3633m，各个花边的长度分别为 8、7、6m。

三、重锤设计

输电线路使用重锤是利用其质量，不必计算强度，因此重锤多用灰铁铸造。使用时，安装在悬垂线夹的下部与之连接，是不可分割的附件。为此，在设计悬垂线夹时，总是同时考虑重锤和重锤挂架以及挂架与悬垂线夹的连接方法。

重锤的组装及悬挂方法有两种形式：①圆形重锤片的组装及悬挂；②梯形重锤片（四分裂导线上使用）的组装及悬挂。

1. 高压架空输电线路使用重锤的情况

（1）直线杆塔悬垂绝缘子串的风偏角超过允许值，对杆塔绝缘间隙不足时。

（2）直线杆塔悬垂绝缘子串或避雷线悬垂组合产生上拔时。

（3）采用直线杆塔换位，悬垂绝缘子串向塔身偏移，对杆塔绝缘间隙不足时。

（4）旧线路升压运行导致对杆塔构件绝缘间隙不足时。

根据上述各种情况的偏移角，计算出所需增加的垂直荷载值，在绝缘子串下面悬挂重锤。

2. 设计重锤应考虑的问题

（1）片数要可以任选，每片重量不要太大，一般一个人可以拿起为宜，相邻片间应有嵌合部位，挂架由每片中间的孔穿过，串在一起。

（2）为避免过分扩大带电部分的范围，重锤外廓尺寸要尽量小。

（3）超高压线路的重锤最好屏蔽在导线束之内，以免产生电晕，且不扩大带电部分的范围。若将重锤放在导线束之外，则需考虑防电晕的问题。

四、间隔棒的设计

1. 对间隔棒设计及材料的要求

（1）设计要求：

1）子间隔棒安装位置处，应保持子导线间距。

2）短路时，应防止子导线发生鞭击，短路电流消失后应恢复设计间距。

3）能承受安装、维护运行（包括短路）条件下的机械荷载，任何部件不得损坏或出现永久性变形。

4）在正常的运行条件下，应避免对导线的损伤。

5）在正常的运行条件下，应满足对电晕和无线电的干扰的要求。

6）为保证安装方便和安全，打开间隔棒线夹时，线夹上的螺栓部件不应分裂。

7）运行中各个部件不得松动。

8）在整个运行寿命期间，间隔棒应保持正常的技术性能。

（2）材料的一般要求：

1）间隔棒的材料应符合设计图样的要求，或由供需双方协商确定。

2）合成橡胶应具有良好的抗老化性能，以及防臭氧、防紫外线和防空气污染的能力。

3）弹簧材料应符合设计图样的要求。

2. 间隔棒设计

（1）间隔棒短路的向心力计算。耐受短路电流向心力是对间隔棒性能考核的主要指标，是其技术条件中起决定性作用的一个方面。

DL/T 1098—2009《间隔棒技术条件和试验方法》推荐短路电流向心力 F 的计算公式如下

$$F = 1.566 \times \frac{2}{n} \sqrt{n-1} I_\infty \sqrt{H \lg \frac{S}{D}} = 3.132 \frac{I_\infty}{n} \sqrt{(n-1) H \lg \frac{S}{D}} \tag{5-23}$$

式中　F——短路电流向心力，N；

　　　n——分裂导线根数；

　　　I_∞——系统可能出现的最大短路电流，kA；

　　　H——子导线的张力，N；

　　　S——子导线分裂圆直径，m；

　　　D——子导线直径，m。

（2）间隔棒本体框架的设计。目前 500、750kV 线路上运行的间隔棒，其主要材料选用铝合金 ZL102（抗拉强度 145MPa）。如有的电力金具设计研究单位，推荐间隔棒本体框架采用双框双筋式，受力会更稳定，有利于充分保证其机械力学性能。

（3）间隔棒线夹设计。一般考虑在线夹本体与盖板线槽之间衬上橡胶垫块，以补偿导线的蠕变（变形量为蠕变的 10 倍），从而线夹紧紧握住导线。

间隔棒线夹与导线接触时，导线在运行中会产生蠕变，所以，不仅要握紧导线，还要防止在长期运行以后的松动，否则会磨损导线而导致严重的后果。同时，线爪握着力的另一个作用，是当各子导线覆冰不均匀时，导线束偏转后还可紧握导线，以便一旦冰层脱落后，能靠其导线本身的扭转刚度的作用将各子导线恢复原位。

1）线夹握力计算。为实践线爪的握着力超过导线束扭转后的恢复矩。国外推荐，扭转扭转角 180°（$\theta=\pi$）时试验，夹头握紧力矩 M_1 的计算公式如下

$$M_1 = \frac{2G\theta}{L} \tag{5-24}$$

或

$$M_1 = \frac{2G\theta}{L} = 6.28 \frac{G}{L} \tag{5-25}$$

式中　L——最小档距，一般为端次档距，m；

　　　G——导线扭转刚度，N·m²/rad。

一般来说，在长期运行情况下的铝截面面积为 300mm² 的钢芯铝绞线，间隔棒夹头扭握力不应低于 25～30N·m；铝截面面积为 400mm² 的钢芯铝绞线，间隔棒夹头扭握力不应低于 35～40N·m。

使导线能自行恢复到原位置的力矩，即恢复力矩 M，由两侧张力合成的力矩 M_1 和抗扭矩 M_2 两部分组成（$M=M_1+M_2$）。

因夹头偏离其平衡位置后，由两侧张力合成的产生的力矩 M_1，可近似地表述为

$$M_1 = -2 \times n \times \frac{H}{S} r^2 \sin\beta \quad (0 \leqslant \beta \leqslant \pi) \tag{5-26}$$

式中　n——分裂导线根数；

H——子导线张力，N；

S——次档距离（即两间隔棒之间的距离），m；

r——间隔棒分裂半径，m；

β——间隔棒的扭转角度，(°)。

从式（5-26）可以看出，当 $\beta < 180°$ 时 M_1 时为负，即为恢复力矩。当 $\beta = 90°$ 时 M_1 达到最大值，当 β 角逐渐接近 $180°$ 时 M_1 趋近于零。若再增大扭转角（$\beta > 180°$），分裂导线开始扭绞到一起，其误差也将变得过大。扭转角在 $180° \sim 270°$ 之间时，M_1 不再是恢复力矩，这时使导线复位的力矩只有来源于子导线的抗扭刚度引起的抗扭矩 M_2。该值将随 β 的增加而增大，方向与 β 增加的方向相反，即永远是负值。抗扭矩 M_2 的一部分力矩与间隔棒的扭握力有关，一旦扭握力不足，子导线与夹头之间将有相对转动，就不能被充分利用。夹头扭握力本身并不能提供额外的恢复力矩，只能保证子导线抗扭刚度的充分发挥。

2）线夹橡胶夹头握力校核。线夹橡胶夹头握力 p 计算公式如下

$$p = \frac{nf\delta_L}{LES} \tag{5-27}$$

式中　n——系数，取 1.5；

f——橡胶与铝的摩擦系数；

δ_L——正压力方向橡胶块的压缩量；

L——正压力方向橡胶块的厚度 $\left(可取 \frac{\delta_L}{L} = 16\%\right)$；

E——橡胶的弹性模量，$8N/mm^2$；

S——橡胶的承压面积，mm^2。

（4）间隔棒的防电晕设计。间隔棒防电晕主要依靠本体造型。将间隔棒的框架部分藏于导线束的内部；对于易起电晕的线夹头部，则加大曲率半径，并将线夹表面做圆弧处理，从而降低引起电晕的临界电位梯度值，以便有效地减少电晕产生的机会。

（5）关节紧固螺栓和销轴设计。国内常用的四分裂间隔棒，为防止螺栓的松脱，紧固后在螺栓的销口处插有开口销，但是开口销在试验中发现有不可见电晕无功损耗，同时因开口销孔的位置偏差，其效果不太明显，有待改进。

1）螺栓的强度校核。螺栓的应力 σ 为

$$\sigma = \frac{M}{6W} \tag{5-28}$$

式中　M——关节螺栓所受弯矩，$N \cdot m$。

$$\sigma = \frac{FL}{4} \tag{5-29}$$

F——短路电流向心力，N；

L——关节螺栓有效长度，mm。

$$W = 0.1d^3 \tag{5-30}$$

2）安全系数 n 计算公式如下

$$n = \frac{[\sigma]}{\sigma} \tag{5-31}$$

式中　　$[\sigma]$——材料的许用应力，N；

　　　　　σ——材料的计算应力，N。

（6）阻尼间隔棒中的橡胶电阻及其发热量验算举例。分别考虑圆环式阻尼间隔棒，若假定间隔棒的每个线爪与圆环之间有橡胶隔开，橡胶垫有电容 C_x 和电阻 R_x，而圆环与大地有电容为 C_0，并认为四个线爪是等电位的。由此，绘制等效电路如图 5-51（a）所示。图中的相电压为 U_{ph} $\left[500kV 线路的相电压为 U_{ph} = \frac{550}{\sqrt{3}} = 317 （kV） \right]$。运用戴维南法则，可知开路电压 U_{abk} 为

$$U_{abk} = \frac{C_0}{C_x + C_0} U_{ph} \tag{5-32}$$

接入外网，其等效电路如图 5-51（b）所示，流经 $R_x/4$ 的总电流为

$$I = \frac{U_{abk}}{\dfrac{R_x}{4} + \dfrac{1}{j\omega(4C_x + C_0)}} \tag{5-33}$$

流过每一 R_x 的电流为则为 $I/4$，此时消耗的功率 P，根据电功率计算公式有

$$P = \left(\frac{I}{4} \right)^2 R_x \tag{5-34}$$

3. 间隔棒的其他性能参数

间隔棒的其他性能参数参见 DL/T 1098—2009。

4. 间隔棒安装距离设计要求

目前国内外广泛采用间隔棒按不等次档距布置。

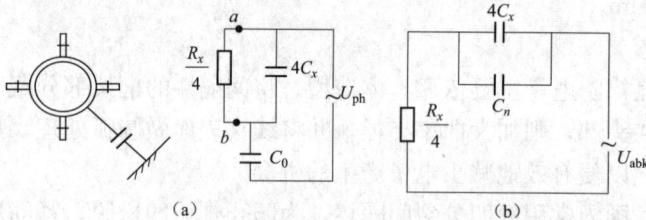

图 5-51　圆环间隔棒等效电路及戴维南等效电路图
(a) 圆环间隔棒等效电路图；(b) 戴维南等效电路图

（1）第一次档距对第二次档距（或倒数第一对倒第二次档距）的比值宜选在 0.55～0.65。此外，间隔棒不宜布置成对于档距中央呈对称分布。

（2）端次档距长度，对阻尼性能良好的间隔棒可选在 25～35m 范围。

（3）最大次档距长度，对阻尼性能良好的间隔棒，一般不宜超过 80～90m，对阻尼性能一般或非对阻尼型间隔棒一般不超过 60～65m。

五、均压环和屏蔽环设计

均压环和屏蔽环一般由圆管弯成，圆管可以是钢管，也可以是铝管。钢管需采用无缝钢管，一般只在变电站使用。

1. 均压环和屏蔽环的结构设计

均压环和屏蔽环的结构设计，首先确定的管子的外径，即管子表面电位梯度必须小于产生电晕的临界电位梯度。单环电位梯度 E_{max} 的计算公式为

$$E_{\max} = \frac{U\left(1 + \frac{r}{2R}\ln\frac{8R}{r}\right)}{r\ln\frac{8R}{r}} \tag{5-35}$$

式中 $E_{\max}$——最大表面电位梯度（峰值），kV/cm；

　　　U——相电压（有效值），kV；

　　　r——管子半径，cm；

　　　R——圆环外廓之半径，cm。

产生可见电晕的临界电位梯度（峰值）E_0 的计算公式为

$$E_0 = 30.3m\left(1 + \frac{0.3}{\sqrt{r}}\right) \tag{5-36}$$

式中 m——均压环和屏蔽环管子外表面粗糙系数，取 0.9。

根据上述计算，若 $E_{\max}<E_0$，说明不会产生可见电晕。

对于均压环，因为套在绝缘子串的外面，为了使用方便（装、卸时不必卸开导线），可采取开口圆环的形式（开口约距离 100mm，管端饰以半球）。

2. 高海拔地区的电晕试验电压

由于高海拔地区空气稀薄、气压低，可见电晕的临界电位梯度较低，所以，在低海拔地区的试验室进行的电晕试验，电压标准应当提高，才能保证在高海拔地区不超过临界电位梯度。临界电位梯度的公式为

$$E_0 = 30.0m\delta^{\frac{2}{3}}\left(1 + \frac{0.3}{\sqrt{r}}\right) = 24.6\delta^{\frac{2}{3}}\left(1 + \frac{0.3}{\sqrt{r}}\right) \tag{5-37}$$

$$\delta = \frac{0.0029p}{273+t} \tag{5-38}$$

式中 E_0——临界电位梯度（峰值），kV/cm；

　　　m——导线表面粗糙系数，对于绞线，$m=0.82$；

　　　δ——相对空气密度；

　　　p——气压，Pa；

　　　t——气温，℃；

　　　r——导线半径，cm。

气压与海拔的关系见表 5-14。

表 5-14　气压与海拔的关系

海拔（m）	0	500	1000	1500	2000	2500	3000	3500
气压（$\times10^3$Pa）	101	95	90	84	79	74	70	66

为了避免繁杂的计算，一般推荐使用线路电压 292～567kV 架空导线电晕的海拔修正系数 λ_H（$\lambda_H = U_{1000}/U_H$），见表 5-15。

表 5-15　海拔与海拔修正系数

海拔（K_m）	1	2	3	4	5
系数（λ_H）	1.000	1.102	1.211	1.328	1.452

3. 均压环、屏蔽环的安装

均压环、屏蔽环的强度，我国没有具体规定，一般应考虑能承受一个安装检修工人

（《施工安全操作规程》也规定，在安装检修时不要踩踏）的体重即可。

均压环的安装应严格按照厂家提供的说明书和图纸进行。均压环安装时，不能安装在导线端和接地端，且应背对金具，面对橡胶伞裙，不可以装反。

4. 利用分裂导线自行均压和屏蔽的设计

一般来说，线路设计中已考虑对导线直径的选择，力求不使其产生电晕的问题。但由于悬垂线夹包在导线的外面，其直径比导线大。如果悬垂线夹制成圆筒形，其表面电位梯度将比导线小得多。事实上，只要把处在导线束外部的线夹本体由曲率不太大的几个断续的圆弧段组成大致为圆形的轮廓，且没有突出的棱角，即可以控制电晕。

另外，为了省去均压屏蔽金具，考虑采用抬高分裂导线的位置，利用两根上导线来代替均压环的办法，优点是缩短绝缘子串，即缩小塔头降低塔高，省去均压屏蔽金具。

金具表面的毛刺、麻点、缩松和割口等都会产生电晕，因此在制造加工中，应注意将表面修整光滑，无毛刺。

六、招弧角金具

防止电弧沿着绝缘子表面闪络的角状金具，称为招弧角金具。招弧角金具在国际电工委员会 IEC 的出版刊物中列为绝缘子附件。

1. 招弧角金具的作用

招弧角金具是为保护绝缘子，提高使用寿命所用的一种金具，通常采用碳素结构钢 Q235 经热镀锌处理制作而成。

在运行线路中，招弧角金具一般安装在绝缘子串的两端。当线路发生过电压事故时，招弧角金具间的空气间隙先于绝缘子串被击穿，工频持续电流将由空气跃过而不经绝缘子的表面，这样就提高了绝缘子的使用寿命。

招弧角金具的结构比较简单，维护方便。在系统中与自动重合闸配合使用，可将雷电流及时接地对用户不间断供电，从而起到防止绝缘子表面闪络、保护电气设备及维持线路正常运行的作用。

2. 招弧角金具的类型

招弧角金具可分为棒形、球形、羊角形、环形或网球拍形和间隙可调节型招弧角金具。

图 5-52 所示为国内外输电线路中所常用的招弧角的基本类型，技术参数分别见表 5-16～表 5-19。

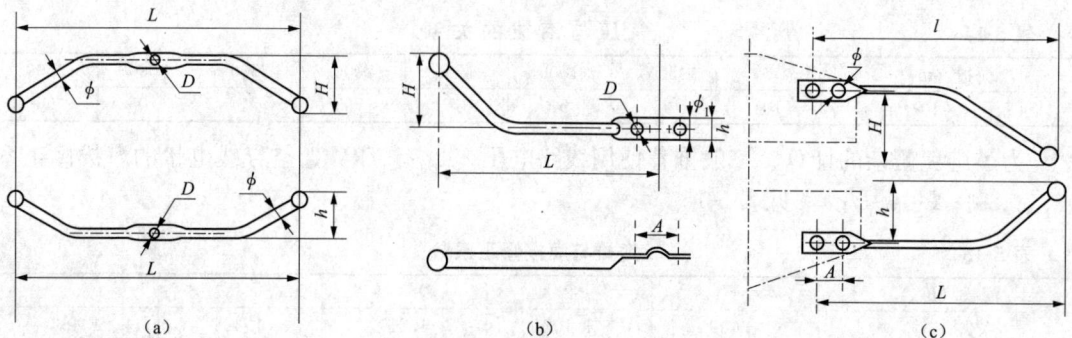

图 5-52 招弧角（一）

(a) ZH-01、ZH-02 型；(b) ZH-11、ZH-12 型；(c) ZH-31、ZH-32 型

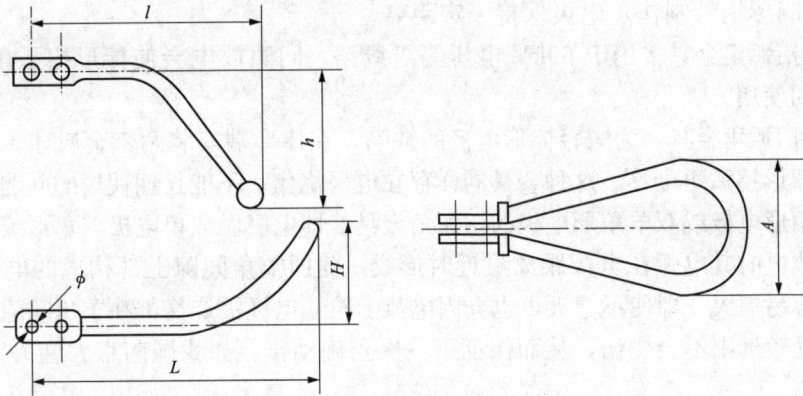

(d)

图 5-52 招弧角（二）

(d) ZH-21、ZH-22 型

表 5-16   **图 5-52（a）招弧角金具**（型号 ZH-11、型号 ZH-12）**技术参数**

型 号	主要尺寸（mm）					电压等级（kV）	质量（kg）
	D	H	L	φ	h		
ZH-01	14.5	197	712	16	114	138	1.20
ZH-02	14.5	197	762	16	114	161～230	1.26

表 5-17   **图 5-52（b）招弧角金具**（型号 ZH-11、型号 ZH-12）**技术参数**

型 号	主要尺寸（mm）						电压等级（kV）	质量（kg）
	A	D	H	L	φ	h		
ZH-11	60	14.5	197	356	16	114	138	1.15
ZH-12	60	14.5	197	385	16	114	161	1.20

表 5-18   **图 5-52（c）招弧角金具**（型号 ZH-11、型号 ZH-12）**技术参数**

型 号	主要尺寸（mm）						电压等级（kV）	质量（kg）
	H	L	h	l	φ	A		
ZH-31	203	434	270	372	145	203	138	1.15
ZH-32	114	445	197	381	145	203	161	1.20

表 5-19   **图 5-52（d）招弧角金具**（型号 ZH-11、型号 ZH-12）**技术参数**

型 号	主要尺寸（mm）				电压等级（kV）	质量（kg）
	A	H	L	φ		
ZH-21	45	270	340	16	110～138	0.86
ZH-22	45	270	372	16	161	1.03

（1）棒形、球形招弧角金具，如图 5-52（a）、（b）、（c）所示，均可采用两根直径为

8～20mm 的圆形钢管制作，电极保持一定距离。

1）棒形招弧角金具多用于 69kV 电压等级线路，间隙放电会使棒形招弧角金具烧伤，因此不能长期使用。

2）球形招弧角金具。为减轻棒形电极的缺陷，在棒形端安装两个金属球，以此形成球形间隙，即球形招弧角金具。这种金具同样存在电极烧伤、不能长期使用的问题。

（2）羊角形电极或双羊角形电极的招弧角金具。即电极做成单电极羊角形或双电极羊角形，在间隙放电时其电弧在电极距离最近时形成，随即羊角间隙上部构成的电弧被迅速拉长，一般较容易熄灭。即使不熄灭，也会因电弧上拉，电极被烧伤都在羊角间隙端部，而间隙距离放电处较远则不会烧伤，从而保证下一次正确动作。如我国南京大胜关 220kV 大跨越线路。

（3）环形或网球拍形招弧角金具。这种金具对长绝缘子具有明显的均压作用，常用于220～330kV 线路上。它可采用 $\phi28\times3$mm 钢管弯曲而成。

（4）间隙可调节型招弧角金具，主要特点是间隙可以调节。这样既减少了设计产品的规格品种，又便于标准化，可较方便地满足了设计和安装地区要求。

3. 招弧角金具设计举例及应用

为了不使绝缘子因雷击而被破坏，安装羊角形招弧角金具的设计图例如图 5-53 所示。招弧角金具角型保护器（类似招弧角金具）和绝缘子串组装应用实景，如图 5-54 所示。

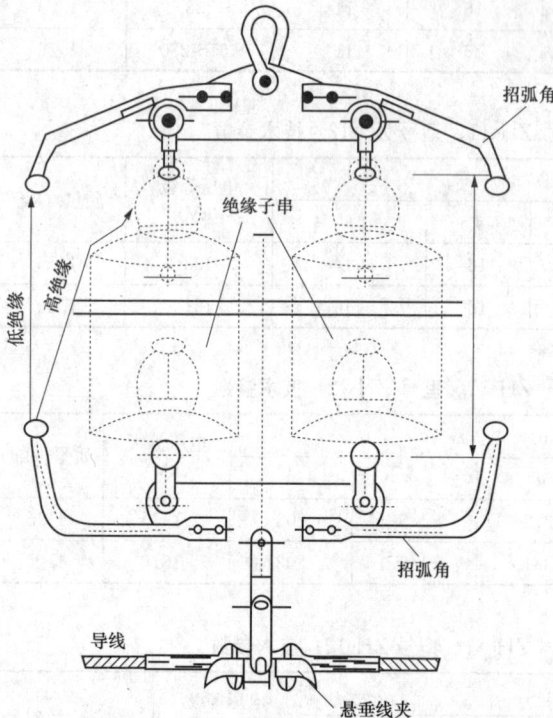

图 5-53　安装羊角形招弧角金具的设计图例

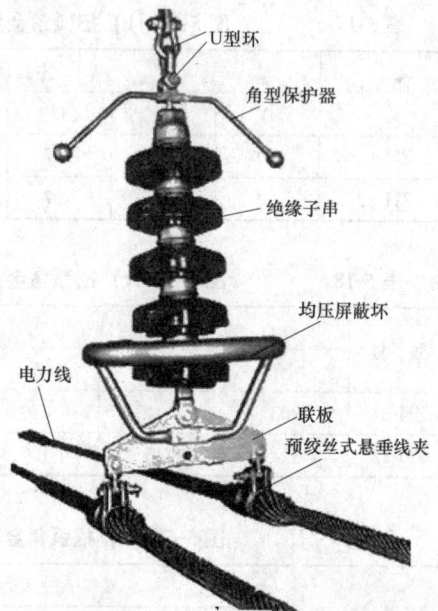

图 5-54　招弧角金具角型保护器和
绝缘子串组装应用实景图

第六章　接　续　金　具

第一节　概　　述

用于两根导线之间的接续，并能满足导线所具有的机械及电气性能要求的金具，称为接续金具。

接续金具，不仅可用于两根架空电力线路的导线及避雷线的两终端之间的接续，承受导线或避雷线的全部张力，而且能满足其所具有的机械及电气性能要求的金具。接续金具也用于跳的接续和不承受全部张力的接续，以及用于导线及避雷线断股的补修。

用于修补受损导线以恢复其机械及电气性能的圆管形金具，称为补修管，也属于接续金具。

一、接续金具的型式及分类

1. 按 DL/T 758—2009《接续金具》分类

（1）铝绞线用钳压接续管（椭圆）JT 型。

（2）钢绞线用接续管 JY 型（液压）、JBD 型（爆压）。

（3）钢绞线用液压接续管（圆形）JY 型。

（4）钢芯铝绞线用液压接续管（圆形）JY 型（对接）和 JYD 型（搭接）。

（5）钢芯铝绞线用爆压接续管 JBD 型。

（6）良导体地线（钢芯铝绞线、铝钢比 1.71）用液压接续管 JY 型。

（7）补修管 JBE 型。

（8）并沟线夹 JBB 型、JB 型及 JBR 型。

（9）跳线线夹 JYT 型。

（10）线卡子 JK 型、JKR 型。

2. 按截面形状分类

接续金具按截面形状分椭圆形接续管和圆形接续管。

横截面为椭圆形的接续管，采用压接施工技术压缩后为圆形。横截面为圆形的接续管，压缩后为正六角形。

3. 按其承受拉力状况分类

接续金具按其承受拉力状况分承力型和非承力型。

（1）承力型一般分压缩型和预绞式。

1）压缩型接续金具一般分为钳压、液压，爆压三种。

2）预绞式接续金具主要用于钢芯铝绞线的断线接续、破损线的修复等。与目前普通的接续管、爆压管相比，预绞式接续金具具有接续质量好，易于安装，不影响导线原有的机械性能、电气性能等特点。

（2）非承力型接续金具主要是并沟线夹、跳线线夹等。

4. 接续方法分类

接续金具按接续方法分类，可分为绞接、对接、搭接、插接和螺栓等多种型式。

二、接续金具型号标记及示例

1. 接续金具的型号标记

根据 DL/T 683—2010，接续金具的型号标记如图 6-1 所示。

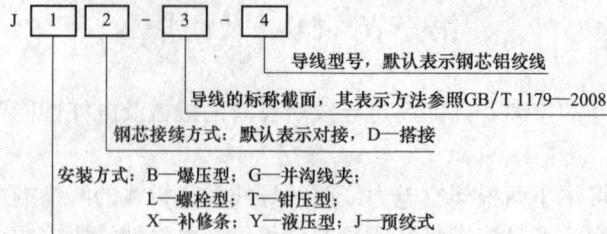

图 6-1　接续金具的型号标记

2. 接续金具命名示例

接续金具命名示例见表 6-1。

表 6-1　　　　　　　　　　　　接续金具命名示例

名　称	类　型	安装方式	钢芯接续方式	导线型号	导线标称截面
JY-400/35	接续管	液压型	对接	钢芯铝绞线	400/35
JYD-JHAI/LB-450/60	接续管	液压型	搭接	铝包钢芯铝合金绞线	450/60
JX-JL/LB1A-300/50	补修条	—	—	铝包钢芯铝绞线	300/50
JG-JL-95	并沟线夹	—	—	铝绞线	95

三、技术要求

接续金具技术要求，必须执行 DL/T 758—2009 规定。

（1）接续管金具一般技术条件应符合 GB/T 2314—2008 的规定，并按规定的程序批准图样制造。

（2）接续管金具的电气性能应满足如下要求：

1）压缩型接续金具与导线接触处两端点的接触电阻不应大于同样长度导线的电阻；对非压缩型接续金具，应不大于同样长度导线电阻的 1.1 倍。

2）接续金具与导线接触处的温升不应大于被接续导线的温升。

3）接续金具载流量不应小于被接续导线的载流量。

（3）承力接续金具的握力与导线、地线计算拉断力之比应符合 GB/T 2314—2008 的规定。

（4）接续金具与被接续导线、地线应有良好的接触面，压缩型金具应使内部孔隙为最小，防止运行中潮气侵入。

（5）接续金具与导线、地线连接处应避免两种不同金属间产生双金属腐蚀。

（6）接续金具应考虑安装后，在导线、地线与接续金具接触区域，不应出现因振动或其他因素引起应力过大导致导线、地线损坏现象。

（7）接续金具应避免过于应力集中，防止导线、地线发生过大的金属冷变形。

（8）承受全张力荷载的圆形铝（或铝合金）液压型接续管的拔梢长度为导线直径的 1～

1.5 倍。

（9）压缩型接续金具应在管材外表面标注压缩部位及压缩方向。

（10）预绞式接续金具的缠绕方向应与被接续的导线外层绞向一致。

四、与各种导线配套的接续管系列

与各种导线配套的接续管系列见表 6-2。

表 6-2　　　　　　　　　　　　　与各种导线配套的接续管系列表

名　称	接续管型号		导线标称截面积（mm²）																	
	型号	附加字	10	16	25	35	50	70	95	100	120	135	150	185	240	300	400	500	630	700
椭圆形 接续管	JT	L		○	○	○	○	○	○		○		○	○						
	JT						○	○	○		○		○	○	○					
	JTT								○		○		○	○	○					
	JTB						○	○	○		○		○							
圆形接续管	JY	G				○	○	○		○										
	JY	Q														○	○	○		
	JY								△		△		△	△	△	○	○			
	JY	J											○	○	○	○	○			
	JY	L							△		△		△	△	△	△	△	△	△	
	JY	HG							○		○		○	○	○					
	JY	H							△		△		△	△	△	△	△	△	△	△
	JY	B																		
	JY	BG																		
	JY	Z																		
圆形接续管 （钢芯搭接）	JYD																			
	JYD	HG							△		△		△	△	△	△	△	△		
	JYD	BG																		
	JYD	Q																		
	JYD	J																		
	JYD	Z																		
圆形接续管 （爆压）	JBD															○	○			
	JBD	Q														○	○			
	JBD	J														○	○			
补修管	JX															○	○	○	○	
	JX	G				○	○	○		○										

注　"○"为标准系列；"△"为非标准系列；空白为尚未开发系列。

五、运行与维护要求

根据 DL/T 741—2010《架空输电线路运行规程》标准规定，导线、地线由于断股、损伤造成强度降低或截面减少的处理标准应按表 6-3 的规定执行。35kV 架空线路及直流架空输电线路可参照此标准执行。

表 6-3　　　　导线、地线由于断股、损伤造成强度降低或截面减少的处理

线　别	处理方法			
	金属单丝、预绞式补修条补修	预绞式护线条、普通补修管补修	加长修管、预绞式接续条	接续管、预绞式接续条、接续管
钢芯铝绞线钢芯铝合金绞线	导线在同一处损伤导致强度损失为超过总拉断力的5%且截面积损伤为超过总导电部分截面积的7%	导线在同一处损伤导致强度损失为总拉断力的5%～17%，且截面积损伤为总导电部分截面积的7%～25%	导线损伤范围导致强度损失为总拉断力的17%～50%，且截面积损伤为总导电部分截面积的25%～60%	导线损伤范围导致强度损失在总拉断力的50%以上，且截面积损伤在总导电部分截面积的60%及以上
钢绞线铝合金绞线	断损伤截面不超过总面积的7%	股断损伤截面占总面积的7%～25%		
镀锌钢绞线	19股断1股	7股断1股，19股断2股	7股断2股，19股断3股	7股断2股以上，19股断3股以上
OPGW	断损伤截面不超过总面积的7%（光纤单元未损伤）	断股损伤截面占总面积的7%～17%，光纤单元未损伤（补修管不适用）		

注　1. 钢芯铝绞线导线应为伤及钢芯，计算强度或总铝截面损伤时，按铝股的总拉断力和铝总截面积做基数进行计算。
　　　2. 铝绞线、铝合金绞线导线计算损伤截面时，按导线总截面积做基数进行计算。
　　　3. 良导体架空地线按钢芯铝绞线计算强度损失和铝铝截面损失。

第二节　钳压、液压接续金具

一、钳压接续金具

　　钳压接续属于搭接接续安装方式，它将导线端搭接在薄壁的椭圆形管内，以液压或机动钳压连接，通常只能用于中小截面的铝绞线、钢芯铝绞线、铜绞线和铁线的接续。接续钢芯铝绞线用的接续管内附有衬垫。

　　1. 钳压接续管

　　（1）铝绞线接续管。在架空线路上以钳压方法使套在铝绞线上的铝管金属管件产生塑性变形，从而使两部分铝绞线连接成一个整体的接续金具，称为铝绞线接续管。

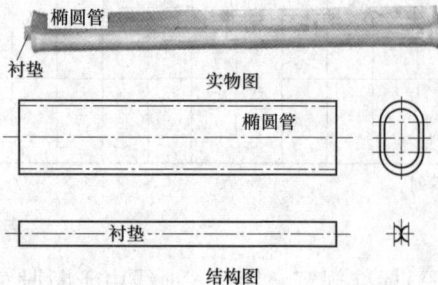

图 6-2　铝绞线用钳压接续管

　　图 6-2 所示为铝绞线用钳压接续管，通常是一个单独的椭圆，线与线之间不加衬垫，钳压时从一端向另一端交错进行。

　　（2）钢芯铝绞线接续管。钢芯铝绞线接续管结构与铝绞线接续管基本相同，在架空线路上以钳压法将钢芯铝绞线中的钢芯、铝线分别用钢管和铝管压接的金属管件，称为钢芯铝绞线接续管，如图 6-3 所示。其技术参数见表 6-4。

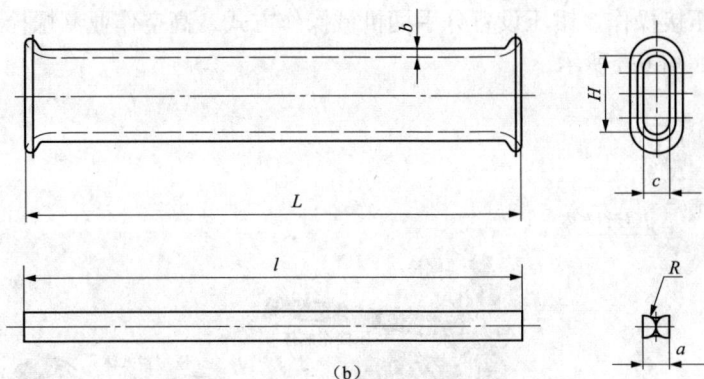

图 6-3 钢芯铝绞线钳压接续管（椭圆）

表 6-4 部分钢芯铝绞线钳压接续管技术参数

型 号	适用导线		主要尺寸（mm）							质量（kg）
	型号	外径（mm）	a	b		R	l	L	
				尺寸	允差				
JT-35	LGJ-35	8.40	8.0	2.1	+0.4 −0.2	17	340	350	0.17
JT-70	LGJ-70	11.50	11.5	2.6		14.0	500	510	0.34
JT-120	LGJ-120	15.20	15.5	3.1	+0.5 −0.3	15.0	910	920	0.91
JT-185	LGJ-185	19.20	19.5	3.4		18.0	1040	1060	1.42
JT-240	LGJ-240	21.28	22.0	3.0		20.0	540	550	1.00

注 型号含义：J—接续管；T—椭圆形；数字—适用导线的标称面积。
例：型号 JT-35 表示适用型号 LGJ-35 钢芯铝绞线用椭圆形接续管。

（3）接续铜绞线用接续管。该类接续管与铝绞线用接续管的形状基本相同，在输电线路上极少采用，仅在沿海或严重腐蚀地区使用，型号有 QT 型，形状与铝绞线相同，适用于铜绞线 TJ-16～TJ-150。

2. 钳压连接方式

钳压接续金具根据连接方式分对接式和搭接式。钢芯对接液压接续方法有缩短接续管长度与减小压缩工作量的优点。钢芯搭接液压接续，先将钢芯端头接于薄壁无缝钢管中，搭接时必须散股，搭接后全部填充钢丝。

钳压接续金具的截面形状分为圆形、椭圆形。

图 6-4 所示为椭圆形接续管及被连接铝绞线（对接式）示意图。

图 6-5 所示为椭圆形接续管及被连接钢芯铝绞线（搭接式）示意图。

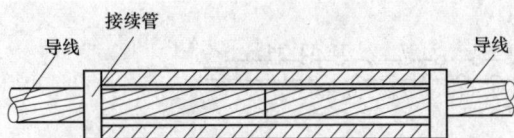

图 6-4 铝压（椭圆形）接续管及被连接铝绞线（对接式）示意图

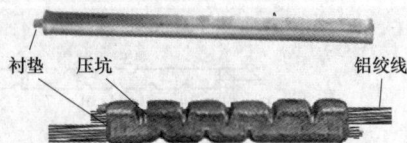

图 6-5 椭圆形接续管及被连接钢芯铝绞线（搭接式）示意图

（1）钳压连接设备。钳压连接是将钳压型连接管用钳压设备与导铝绞线（钢芯铝绞线）

进行直接接续的压接操作。钳压设备分手柄机械操作方式、高空作业（螺栓式、凸轮式）操作方式，其实物如图 6-6 所示。

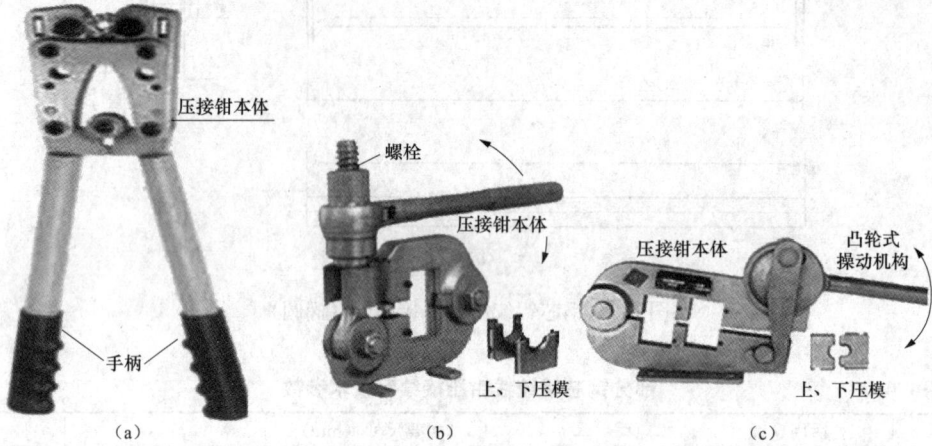

图 6-6　机械钳压设备实物图
(a) 普通（机械式）钳压器；(b) 高空作业（螺栓式）钳；(c) 高空作业（凸轮）钳

机械操作方式钳压连接的基本原理是利用钳压器的杠杆（凸轮式）螺栓拧紧方式将作用力传给钳压钢模，把被接的导线两端头和钳压管一同压成间隔状的凹槽，借助管壁和导线的局部变形，获得摩擦阻力，从而达到把导线接续的目的。

(2) 钳压连接工艺。压接前按规定要求检查，确定无误，即可放进钢模内，自第一模开始，按规定压接顺序钳压，每下模以后，应停留 30s。铝绞线和铜线的连接顺序，是从管端开始，依次向另一端上下交错进行钳压，如图 6-7 (a) 所示。钢芯铝绞线接续管应从中间开始，依次先向一端交错进行钳压，再从中间另一端上下交错进行钳压，如图 6-7 (b) 所示。LGJ-240 型钢芯铝绞线的钳压接续，以两根短管串联接续，压口位置及操作顺序如图 6-7 (c) 所示。

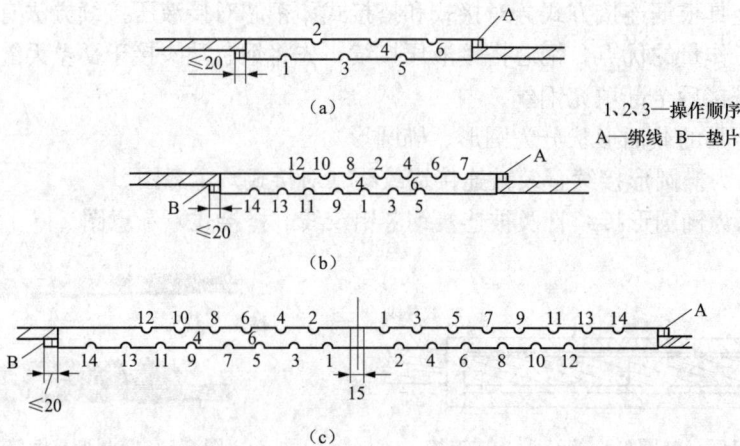

图 6-7　直线压接管钳压操作示意图
(a) LJ-35 铝绞线及铜绞线；(b) LGJ-35 钢芯铝绞线；(c) LGJ-240 钢芯铝绞线

各型号导线钳压管压接后标准外径的允许误差：钢芯铝绞线钳压管为±0.5mm，铜绞线钳压管为±0.5mm，铝绞线钳压管为±1.0mm。

（3）钳压注意事项。为了保证连接可靠，除应按压接顺序正确进行操作外，还必须注意以下事项。

1）压接管和压模的型号应与所连接导线的型号一致。

2）钳压模数和模间距应符合要求。

3）压坑不得过浅，否则压接管握着力不够，接头容易抽出。

4）每压完一个坑，应保持压力至少1min后再松开。

5）钳压钢芯铝绞线，在压管中的两导线之间应填入铝垫片，以增加接头握着力，并保证导线接触良好。

6）在连接前，应将连接部分、连接管内壁用汽油清洗干净（导线的清洗长度应为连接管长度的1.25倍以上），然后涂上中性凡士林油，再用钢丝刷擦刷一遍。如果凡士林油已污染，应抹去重涂。

7）压接完毕，应对其检查，若有下列情形之一者就切断重接：①管身弯曲度超过管长的3%；②连接管有裂纹；③连接管电阻大于等长度导线的电阻。

8）在压接管的两端应涂以红丹漆油。

二、液压接续金具

1. 液压接续管

液压接续管件是采用液压连接的接续金具，液压接续管按接续方式，同样可分为钢芯对接、钢芯搭接。按接续管形状有压缩前为椭圆、压缩后为圆形；压缩前为圆形、压缩后为正六角形及扁六角形。前者具有压力均压、节省材料及便于施工等优点。

（1）钢绞线用接续管（圆形）液压对接。和钢线铝绞线（钢芯对接）接续管一样，钢绞线用接续管（圆形）采用对接用JY型接续管结构，如图6-8所示，技术参数见表6-5。

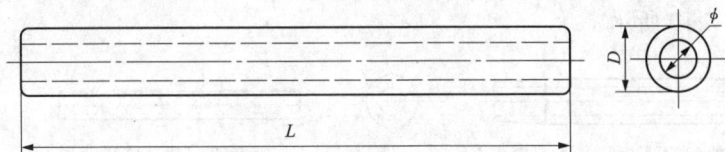

图6-8 JY型接续管结构图

表6-5 JY型接续管技术参数

型　号	适用钢绞线		主要尺寸（mm）		
	股数/单径（mm）	外径（mm）	D	φ	L
JY-35GB	7/2.6	7.8	16	8.4	220
JY-50GB	7/3.0	9	18	9.6	240
JY-55GB	7/3.2	9.6	22	10.3	240
JY-70GC	19/2.2	11	24	11.7	320
JY-80GB	19/3.8	11.5	24	11.2	290
JY-100GC	19/2.6	13	28	13.7	380

注　型号含义：J—接续管；Y—圆形；G—钢绞线用；数字—适用钢绞线标称截面积；B—适用于钢丝强度为1270N/mm²的钢绞线；C—适用于钢丝强度为1370N/mm²的钢绞线。

例：型号JY-35GB表示适用钢丝强度为1270N/mm²的GJ-35型钢绞线（7/2.6mm）用接续管。

（2）铝绞线用液压接续管采用圆形接续管进行接续（圆形、对接）结构如图 6-9 所示，技术参数见表 6-6。

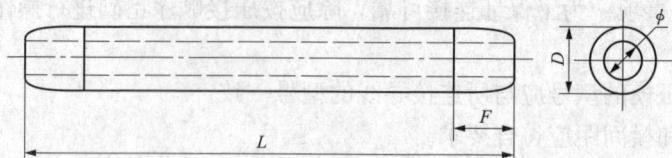

图 6-9　JY 型接续管（圆形、对接）结构图

表 6-6　　　　　　　　　　　**JY 型接续管技术参数**

型　号	适用导线		主要尺寸（mm）				握力
	型号	外径（mm）	D	F	ϕ	L	（≥，kN）
JY-150L	LJ-150	15.75	30	20	17.0	280	22
JY-185L	LJ-185	17.50	32	20	19.0	310	27
JY-210L	LJ-210	18.75	34	20	20.0	330	31
JY-240L	LJ-240	20.00	36	20	21.5	350	34
JY-300L	LJ-300	22.40	40	25	24.0	390	45
JY-400L	LJ-400	25.90	45	25	27.5	450	58
JY-500L	LJ-500	29.12	52	30	30.5	510	73
JY-630L	LJ-630	32.67	60	35	34.0	570	87
JY-800L	LJ-800	36.90	65	40	38.5	650	110

注　型号含义：J—接续管；Y—圆形；数字—导线标称截面；附加字母—铝绞线。

例：型号 JY-150L 表示适用 LJ-150 型铝绞线用圆形接续管。

（3）钢芯铝绞线及钢芯铝合金绞线接续管（钢芯对接）。钢芯铝绞线接续管（圆形）和钢芯铝合金绞线接续管（圆形）由钢管和铝管组成。JY 型接续管（钢芯铝绞线用、液压、钢芯对接）如图 6-10 所示。

铝管（用于铝股接续）　　　　　钢管（用于钢芯接续）

图 6-10　JY 型接续管（钢芯铝绞线用、液压、钢芯对接）

（4）铝合金绞线管（圆形）。由于铝合金绞线的机械强度大，不适用于椭圆接续管进行搭接，必须使用铝合金绞线接续管（圆形）对接压缩。因此，采用铝合金绞线接续管的形状及尺寸必须符合规定。

（5）架空避雷线良导体接续管。其结构如图 6-11 所示，技术参数见表 6-7。作为架空避

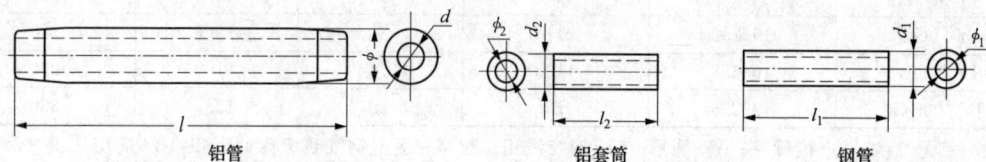

铝管　　　　　　　　铝套筒　　　　　　　钢管

图 6-11　架空避雷线良导体接续管结构图

雷线良导体的铝包钢芯铝绞线及铝钢截面积比 $K=1.71$ 的钢芯绞线其特点是钢芯刚度高，外径大，接续时钢芯采用的对接接续用钢管的外径均大于导线的外径，钢管外套用铝管供载流，由于铝线与钢管的间隔较大，需在钢管两端加套铝管后再进行液压。

表 6-7   图 6-11 架空避雷线良导体接续管技术参数

型 号	适用导线		
	类别	结构	外径（mm）
JY-50/30		12/2.32＋7/2.32	11.60
JY-70/40	铝钢比为	12/2.72＋7/2.72	13.60
JY-95/55	1.71 的钢芯铝绞线	12/3.20＋7/3.20	16.00
JY-120/70		12/3.60＋7/3.60	18.00

型 号	铝管			钢管			铝套管			质量（kg）
	(mm)									
	d	ϕ	l	d_1	ϕ_1	l_1	d_2	ϕ_2	l_2	
JY-50/30	26	16	340	14	7.4	190	15	12.5	75	0.54
JY-70/40	32	20	400	18	8.8	220	19	14.2	90	0.98
JY-95/55	34	22	470	20	10.2	260	21	17.0	105	1.30
JY-120/70	36	24	510	22	11.5	290	23	19.0	120	1.62

注 1. 结构为铝线股数/铝线直径（mm）＋钢线股数/钢线直径（mm）。
    2. 型号含义：J—接续；Y—圆形；数字—适用导线标称截面积；分子—铝线截面积；分母—钢芯截面积。
例：型号 JY-50/30 表示适用导线标称截面积：铝线截面积 50mm²，钢芯截面积 30mm²，用圆形接续管。

（6）钢芯（钢芯散股搭接）铝绞线接续管。该接续管管子长，通过滑车容易产生弯曲变形。施工安装时，采用钢芯搭接，接续管的长度可减少 1/2，铝管的长度也可相应的缩短。采用短钢管进行钢芯搭接接续时，钢芯必须散股自由搭接。为增加密实度，钢芯搭接后需填入 2～3 根单股钢丝。

（7）标准钢芯铝绞线接续管（钢芯对接）。采用钢芯铝绞线接续管的形状及尺寸必须符合规定。

2. 液压压接施工

液压接续施工工艺，必须按照 DL/T 5285—2013《输变电工程架空导线及地线液压压接工艺规程》的规定进行操作。

（1）液压压接机械设备。液压压接机的基本类型，根据组成结构可分为整体式液压钳和分离式液压钳两大类，根据动力源可分为手动式、机械式。

整体式液压钳如图 6-12 所示，多用于导线连接的整体围压工艺，体积小、质量轻，便于携带或搬运。

部分分离式液压钳实物如图 6-13 所示，由原动机（电动机、内燃机）、超高压机动液压泵控制回路（包括油箱等）、高压胶管和液压钳（包括系列压模）组成。该类液压钳额定出力大，压接范围长，可用于导线、

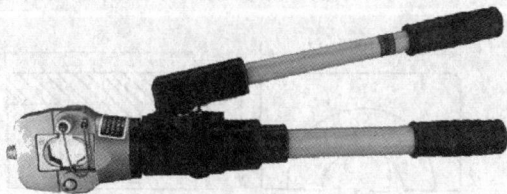

图 6-12 KQY-400 型整
体式液压钳实物图

地线接续管、耐张线夹，以及发电厂、变电站等设备线夹、铜铝接线端子等压接。

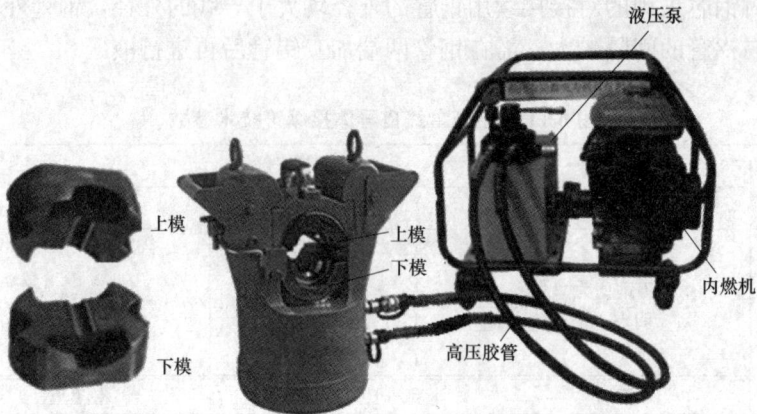

图 6-13　部分分离式液压钳实物图

图 6-14 所示为分离式液压钳压接导线操作图。

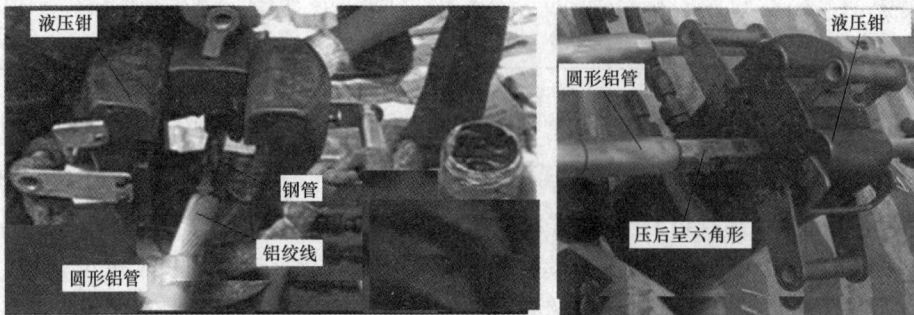

图 6-14　分离式液压钳压接导线操作图

（2）液压连接钢模。液压接续施工工艺是一种传统工艺方法，与钳压接续金具压接工艺基本相同。但实施液压连接工艺，钢模的选用极其重要。

图 6-15 所示液压钢模结构由上、下两模合成一套，其压模结构形状为六角形。选用钢模应与相应的接续管相符，不能代用。钢模，每次压接长度 a 值根据液压力的输出压力，即

$$a \leqslant p / \mathrm{HB} \cdot D_{\mathrm{C}}$$

式中　p——液压机输出压力，N；

　　　HB——压接管的布氏硬度，铝管 HB$\leqslant$245，钢管 HB$\leqslant$300；

　　　D_{C}——六角形对顶距，即压前管的外径，mm。

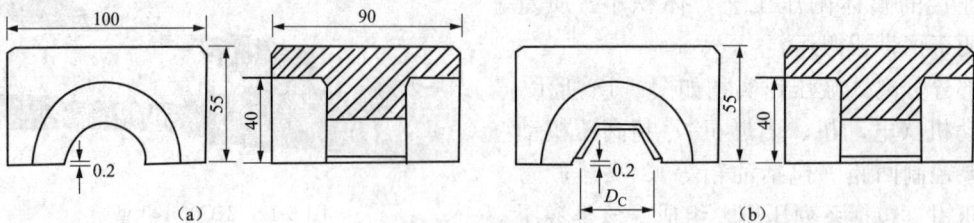

图 6-15　液压钢模结构图

若压前管截面为具有二平行截面的长圆形，压后为正圆形，$D_C = b + (0.5 \sim 1.0)$；若压前管截面为正圆形，压后为正六角形时，$D_C = d_1$。其中，b 为压前管截面为具有二平行截面的长圆形短径，d_1 为压前管截面为正圆形的外径。

钢模的其他尺寸，可根据液压机的具体条件配合而定。钢模加工后，D_C 值的误差应在 $^{+0.20}_{-0.05}$ mm 以内；钢模材料为合金工具钢，其布氏硬度应不低于压接管布氏硬度的 1.9 倍，淬火后其表面硬度 HRc$\geqslant$55。

（3）大截面导线接续管压接工艺。随着特高压工程的全面建设，大截面导线接续工艺应用普遍。大截面导线接续管压接标准工艺如下：

1）接续管的型号应符合图纸要求，导线的连接部分不得有线股绞制不良、断股、缺股等缺陷，铝件无毛刺或超过板厚极限偏差的碰伤、划伤、凹坑及压痕等缺陷。

2）导线的液压部位在断线前应调直，并在距切断点 20mm 处加装防止导线散股的卡箍。

3）割线印记准确，断口整齐，不得伤及钢芯及不需切割的铝股。

4）将接续管及导线表面清洗干净，用细钢丝刷轻刷导线表面氧化膜，均匀涂抹一层电力复合脂，保留电力复合脂进行压接。

5）穿管时，按试验得出的经验值将铝管向施压顺序的反方向移动设定的长度，以补偿因铝管压接后产生的伸长量。

6）大截面导线耐张管压接宜采用顺压法，即第一段从直线接续管铝管的管口开始连续施压至压接定位印记，第二段从压接定位印记开始连续施压至另一侧管口。

7）施压时，液压机两侧管、线要抬平扶正，保证接续管的平、正，压后接续管棱角顺直。压后弯曲度不能大于 1.6%，否则应校直，校直后的接续管不得有裂纹。

8）钢管压接后清理压接飞边和毛刺。凡锌皮脱落者，不论是否裸露于外，皆涂以富锌漆；对清除钢芯上防腐剂的钢管，压后应将管口及裸露于铝线外的钢芯上都涂以富锌漆，以防生锈。铝管压后的飞边、毛刺应锉平并用零号砂纸磨光。

9）用精度不低于 0.02mm 的游标卡尺测量（如图 6-16 所示）压后尺寸，其对边距最大值不应超过推荐值尺寸。

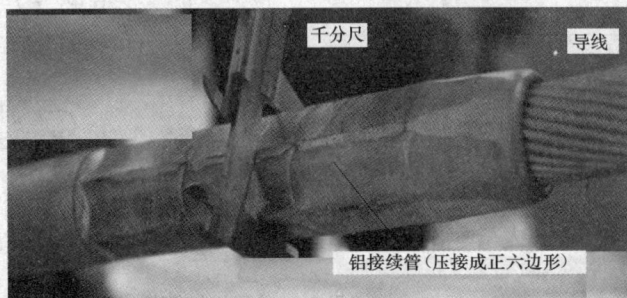

图 6-16 直线连接管压后的尺寸检测操作

10）压接的质量要求：各种液压管压后所成六边形的对边距 S 的最大允许值应为

$$S = 0.0866 \times 0.993D + 0.2$$

式中 D——管外径，mm；

S——对边距，mm。

三个对边距仅允许一个达到最大值,超过规定值时应查明原因,割断重接。

采用液压操作方式接续后,液压管不应有肉眼可看出的扭曲现象,有明显弯曲时应校直,校直后不应出现裂缝。当规定要求测接头电阻时,其值不应大于等长导线电阻值。

压接过程应有旁站监理在场监视和测量,施工完毕,经检验合格,打上操作者钢印代码,填写隐蔽施工及质量评验记录。

11) 无论是钳压连接或液压技术连接,安装后的连接管必须符合以下要求:①接续点机械强度不应小于被接续导线计算拉断力的 90%;②接续点的电阻不应大于被接续等长导线的电阻;③接续点在额定电压下长期通过最大负荷电流时的温升不得超导线的温升。

第三节　爆压接续金具

利用炸药在爆炸时产生的高压气体,使钳压管产生塑性变形,以代替钳压机的人工操作的方法称为爆压连接。用于导线、地线连接的钳压管,称为爆压接续金具。与液压接续金具相比,具有施工效率高,不用搬运笨重(液压)工具,设备轻便,特别适用于山区电力线路的架线中导线、地线的接续。但对爆破器材(如炸药、导爆索、雷管)的管理要求严格,操作者必须持证上岗。

常见爆压接续金具可归纳为大截面钢芯铝绞线接续用圆形爆压接续管、椭圆形爆压接续管和避雷线用钢绞线圆形爆压接续管几大类型。

一、爆压接续管

1. 大截面钢芯铝绞线接续用圆形爆压接续管

大截面钢芯铝绞线接续用圆形爆压接续管结构如图 6-17 所示,技术参数见表 6-8。其爆压是采用薄壁钢管,钢芯散股搭接,钢芯铝绞线的内层铝线剥离 10mm 插入钢管内,套上铝管后一次爆压成型。

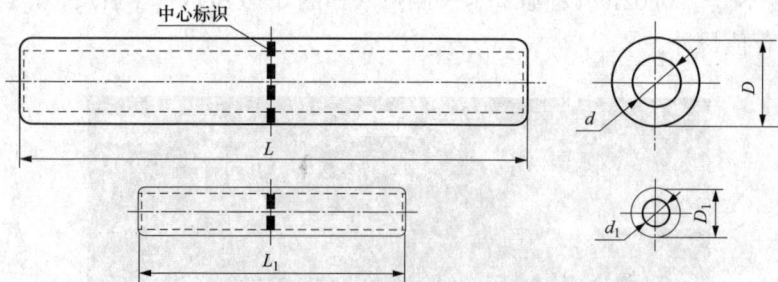

图 6-17　大截面钢芯铝绞线接续用圆形爆压接续管结构图

表 6-8　　　　　　大截面钢芯铝绞线接续用圆形爆压接续管技术参数

型　号	适用导线	主要尺寸						握力(≥,kN)	质量(kg)
		D	d	D_1	d_1	L	L_1		
JYB-185/30	LGJ-185/30	32	20.5	18	14.5	350	100	61	0.53
JYB-240/40	LGJ-240/40	36	23	22	16.5	430	130	79	0.88
JYB-240/55	LGJ-240/55	36	24	22	17.8	530	160	97	1.00
JYB-300/40	LGJ-300/40	40	25.5	22	17.5	430	120	88	1.15

型　号	适用导线	主要尺寸						握力 (≥，kN)	质量 (kg)
		D	d	D_1	d_1	L	L_1		
JYB-400/95	LGJ-400/95	48	31	28	23	560	170	163	1.93
JYB-500/65	LGJ-500/65	52	32.5	24	19	560	160	146	2.17

注　型号含义：J—接续；Y—圆形；B—爆压；数字—适用导线标称截面积，"/"为铝截面面积，"/"后为钢芯截面面积。

例：型号 JYB-400/65 圆形钢芯铝绞线爆压接续管，400 表示适用导线标称截面积 400mm²，65 表示钢芯标称截面积为 65mm²。

2. 椭圆形爆压接续管

椭圆形爆压接续管主要用于中小界面的铝绞线和钢芯铝绞线，爆压时导线接续于管中。图 6-18 所示为其结构图，技术参数见表 6-9。

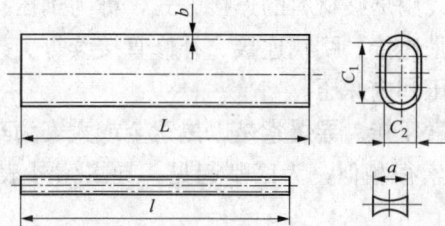

图 6-18　椭圆形爆压接续管（钢芯铝绞线用、爆压）结构图

表 6-9　　　　　　　　椭圆形爆压接续管技术参数

型　号	适用导线	主要尺寸（mm）						握力 (≥，kN)	质量 (kg)
		a	b	C_1	C_2	l	L		
JTB-35/6	LGJ-35/6	8.0	2.1	18.6	8.8	170	180	12	0.08
JTB-50/8	LGJ-50/8	9.5	2.3	22.0	10.5	210	220	16	0.13
JTB-70/10	LGJ-70/10	11.5	2.6	26.0	12.5	250	260	22	0.19
JTB-95/15	LGJ-95/15	14.0	2.6	32.0	15.0	260	270	33	0.22
JTB-95/20	LGJ-95/20	14.0	2.6	31.5	15.2	260	270	35	0.22
JTB-120/7	LGJ-120/7	15.0	3.1	33.0	16.0	300	310	26	0.34
JTB-120/20	LGJ-120/20	15.07	3.1	35.0	17.0	300	310	39	0.34
JTB-150/8	LGJ-150/8	16.0	3.1	36.0	17.5	310	320	31	0.40

注　1. 外管为铝制件，内管为热镀锌钢制件。

2. 型号含义：J—接续管；T—椭圆形，B—爆压；"-"后的数字—适用导线的标称截面积；分子表示铝截面面积，分母表示钢截面面积。

例：型号 JTB-35/6 表示适用 LGJ-35/6 型钢芯铝绞线（铝截面 35mm²/钢截面 6mm²）接续管。

3. 避雷线用钢绞线圆形爆压接续管

避雷线用钢绞线的爆压采用圆形薄壁无缝钢管，钢绞线散股搭接。避雷线用钢绞线圆形爆压接续管的结构如图 6-19 所示，技术参数见表 6-10。

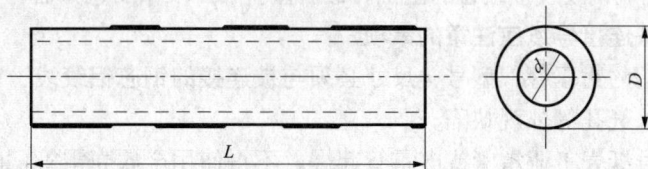

图 6-19　避雷线用钢绞线圆形爆压接续管结构图

表 6-10　　　　　　　　　　　避雷线用钢绞线圆形爆压接续管技术参数

型　号	适用钢绞线		主要尺寸（mm）			握力	质量（kg）
	结构	外径（mm）	D	d	l	（$\geqslant$，kN）	
JBD-35G	7/2.6	7.8	22	16	110	45	0.16
JBD-50G	7/3.0	9.0	25	17	130	60	0.27
JBD-55G	7/2.2	9.6	26	18	130	70	0.28
JBD-70G	19/2.2	11.0	28	20	150	80	0.36
JBD-80G	19/2.3	11.5	29	21	150	100	0.47

　　注　1. 结构为钢绞线股数/钢线直径（mm）。
　　　　2. 型号含义：J—接续；B—爆压；D—搭接；G—钢绞线；"-"后数字—适用钢绞线型号。
　　　例：型号 JBD-35G，表示适用 GJ-35 钢绞线用的爆压接续管。

二、爆压接续

　　用爆压管连接导线、地线用爆破材料的连接方式，称为爆压接续。爆压接续适用于各种导线、地线的直线连接、耐张连接、跳线连接、补修管接续等。架空线的爆压接续，由于能源及药包结构的不同分外爆压和内爆压。

　　外爆压也可以使用导爆索压接。导爆索是以黑索金或太安为药芯，以棉、麻纤维纺织包覆而成索状。导爆索与导火索很相似，为区别起见，导爆索外表为红色，而导火索外表为白色。

　　内爆压是在爆压管内装无烟火药实施导线的爆压连接。在我国，由湖南省电业局等研制成功。这种爆压接续方法优点是用药少，无需雷管和炸药，噪声小，安全半径极小（仅几米）。

　　爆压接续主要考虑材料的选用。爆破材料有炸药（如太乳炸药）、起爆器材（雷管、导火索）等。

　　爆压连接导线、地线可采用对接爆压管（JY 型）和搭接爆压管（JBD 型）（如图 6-20 所示）。采用对接法连接钢绞线的 JY 型接续管，其内壁应无镀锌层，以保证压接后钢管对钢绞线的握力。

　　爆压接续与机械压接相比，具有使用的工具轻、压接速度快、节省材料、压接质量好等优点。但是，压接所使用的炸药、雷管等都是危险物品，在运输、保管方面有特殊要求，而且在爆压时噪声较大。爆压接续与液压接续相比，不用搬运笨重的液压工具，效率高，因而特别适用于山区电力线路的架设。

　　爆破压接导线、地线的工艺流程为：切割导线、地线→清洗导线、地线及压接管→做压接管保护层→做药包→穿线→爆压及检验等。

　　图 6-20（a）所示为接续管接续（对接）钢绞线示意图。根据上述基本工艺，切割钢绞线并按要求清洗钢绞线及钢管（规程要求内壁应无镀锌层），在将钢绞线按要求的尺寸规定穿入钢管后，包药、穿线，最后施爆使钢绞线上的钢管产生塑性变形，从而使两部分钢绞线连接成一个整体，即完成钢绞线接续管的施工。最后检验爆压质量工艺是否符合规程等。

三、采用爆压法连接导线应注意的事项

　　（1）爆压法使用的钳压管，型号、尺寸必须与被连接的钢芯铝绞线、钢绞线相适应，且不得有裂纹、砂眼、气孔等外观缺陷。

　　（2）应使用 8 号纸壳工业雷管或电雷管起爆，不得使用金属壳雷管，以免伤及钳压管或导线。

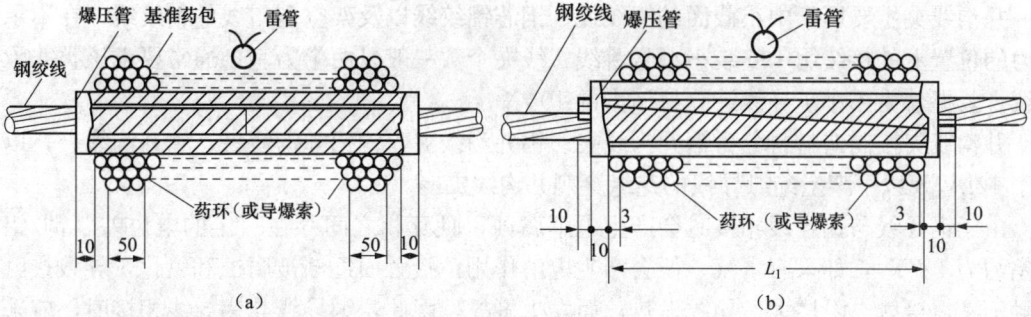

图 6-20 爆压接续的接续方式示意图
(a) 对接；(b) 搭接

(3) 导火索的长度，在地面引爆时不得小于 200mm，高空引爆时不得小于 350mm。在引爆前应将接头周围的异物清除至 1m 以外，引爆人员点燃导火索后必须快速撤至爆炸点 15～20m 以外。

(4) 为保证压接质量，钢绞线可对接，而铝绞线或钢芯铝绞线则必须搭接。压接质量必须符合 SDJ 277—1990《架空电力线路内爆压接施工工艺规程》的要求，否则，应锯断重接。

(5) 爆压工作只允许专业培训考试合格并持有全国爆压培训中心签发的合格证的人员在施工现场进行爆炸压接操作和验收。

(6) 工作时应严格遵守操作规程和安全工作规程。

第四节 螺栓接续金具

导线和避雷线用螺栓接续，仅适用于承受部分张力的部位。螺栓接续的电气性能是依靠螺栓预紧时产生压力，因此，接续质量取决于安装质量，并需加强定期检查维护。

架空线路上导线和避雷线常用的螺栓接续金具有并沟线夹、线卡子等。

一、并沟线夹

用于传递两根平行导线之间电气负荷的接触金具，称为并沟线夹（如图 6-21 所示），属于非承力接续金具。

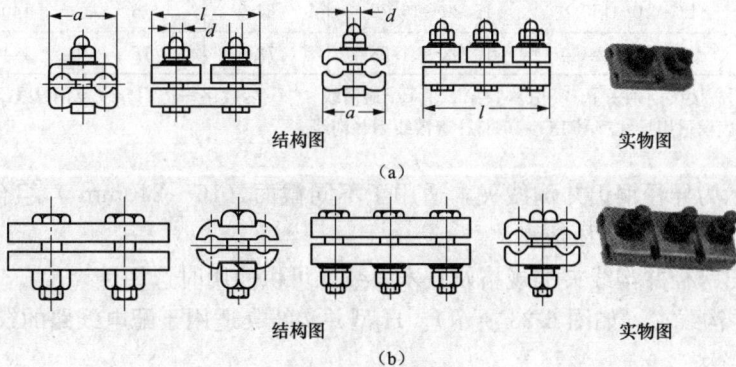

图 6-21 并沟线夹
(a) 钢绞线用并沟线夹；(b) 铝绞线及钢芯铝绞线用并沟线夹

并沟线夹主要用于中小截面的铝绞线、钢芯铝绞线以及架空避雷线的钢绞线，在不承受张力的位置上的接续用于安装小型号跳线，线夹个数一般以两个为宜。通常要求该类非承力接续金具握着力不小于导线计算拉断力的 10%。

并沟线夹按制造材料分为铜并沟线夹、铝并沟线夹、铜铝并沟线夹、铁并沟线夹，以及用于 10kV 及以下架空绝缘导线的绝缘穿刺并沟线夹等。

由于铜导线与铝导线相接时会产生电解腐蚀，且互相之间存在一定的电位差（铜/铝电位差约为 1.7V），如果有水汽，便会产生电解作用，接触面逐渐被腐蚀和氧化，导致接触面接触不良、接触电阻增大、导线发热，而发生事故，因此，铜导线与铝导线相接时，应采取必要的防腐措施，如采用铜铝过渡线夹、铜铝过渡接头等，以避免电解腐蚀。此外，也可采用铜线搪锡法，即在铜导线的线头上镀上一层锡，然后与铝导线相接。虽然铜的电导率比锡高，但锡的表面氧化后会形成一层很薄的氧化膜，紧附在铜表面，从而可以防止导线内部继续被氧化。虽然锡的氧化物电导率较高，但与铝导线之间的电触腐蚀作用并不大，所以不会因接触不良而发生事故的。

（1）JB 系列铝并沟线夹。这种并沟线夹是用铝合金制造，适用于架空电力线路两根直径相同的 16～240mm² 的铝绞线及钢芯铝绞线的接续。钢绞线用并沟线夹的形状及主要尺寸应符合图 6-21（a）及表 6-11 的规定。

（2）异型并钩线夹。异型并钩线夹选用高强度铝合金型材以热挤压工艺制造，适用于不同直径的导线接续安装及适用于电力线铝导线与铜导线过渡接续。

（3）跨径并沟线夹。跨径并沟线夹适用于架空电力线路非承力接续与分支，具有安装方便灵活、适用导线范围大等特点，是 JB 系列换代产品。跨径并沟线夹与绝缘罩配套使用，起绝缘防护作用，称为绝缘并沟线夹。

表 6-11	图 6-21 铝并沟线夹技术参数					mm
型 号	适用导线		*a*	*d*	*l*	简 图
	型号	外径				
JBB-0	LGJ-16～25	5.40～6.60	38	10	72	(a)
JBB-1	LGJ-35～150	8.40～9.60	46	12	80	(a)
JBB-2	LGJ-70～95	11.40～13.68	54	12	114	(b)
JBB-3	LG-120～150	15.20～16.72	64	16	140	(b)
JBB-4	LGJ-185～240	19.02～21.68	72	16	144	(b)

注 型号含义：J—接续；第一个 B—并沟；第二个 B—避雷线；"-"后数字—适用导线及钢绞线组合号。
例：型号 JBB-1 表示适用导线型号 LGJ-16-25，避雷线用并沟线夹。

图 6-22 所示为异径铜铝并沟线夹，适用于不同截面（16～240mm²）组合的分支连接，采用闪光焊工艺焊接，经锻压成型。

表 6-12 列出跨径并沟线夹的规格及技术参数，可供使用时选用。

（4）H 型并沟线夹（如图 6-23 所示）。H 型并沟线夹适用于配电线路的绞线、钢芯铝绞线、铜导线等接续。

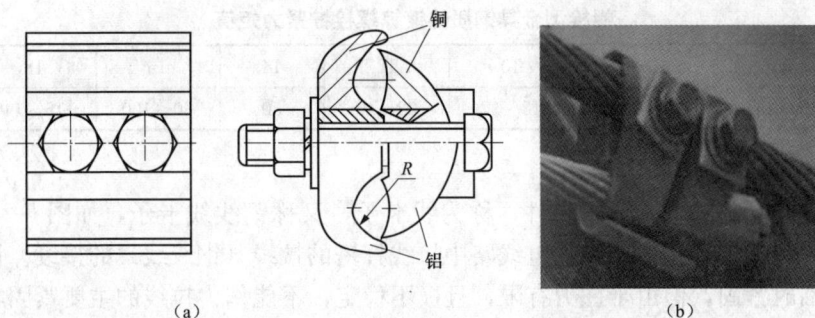

图 6-22 异径铜铝并沟线夹结构图及安装实景图

(a) 并沟线夹（JBX-××型）结构图；(b) 并沟线夹安装实景图

表 6-12 跨径并沟线夹技术参数

跨径并沟线夹名称	型 号	适用导线标称截面积（mm²）
铝跨径并沟线夹	JBK-4～35A	4～35
	JBK-10～70A	10～70
	JBK-16～120A（B）	16～120
	JBK-50～240A（B）	50～240
	JBK-120～400A（B）	120～400
	JBK-35～120	35～120
	JBK-95～300	95～300
	JBK-50～240	50～240
	JBK-25～150	25～150
	JBK-95～300	95～300
铜跨径并沟线夹	JBT-16～120	16～120
	JBT-50～240	50～240
铜铝跨径并沟线夹	JBKG-10～70	10～70
	JBKG-16～120	16～120
	JBKG-50～240	50～240

注 型号含义：J—架空绝缘；B—并沟；G—铜铝；K—跨径；T—铜；"-"后数字—适用导线标称截面积；附加字母 A—两个螺钉，B—三个螺钉。
例：JBK-4～35A 表示架空绝缘（两螺钉）跨径并沟线夹，适用导线标称截面积 4～35mm² 的导线安装。

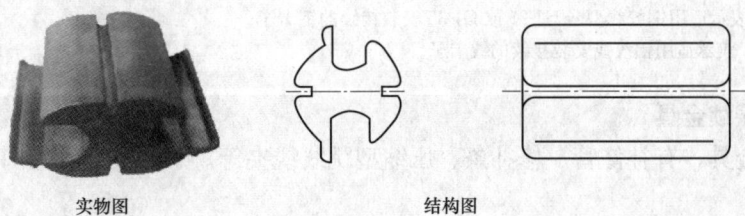

实物图　　　　　结构图

图 6-23 H 型并沟线夹

DL/T 741—2010 规定，并沟线夹、跳线引流板的螺栓拧紧力矩见表 6-13。

表 6-13 螺栓型金具钢质热镀锌螺栓拧紧力矩值

螺栓直径（mm）	8	10	12	14	16	18	20
拧紧力矩（N·m）	8～11	18～32	32～40	50	80～100	115～140	105

二、线卡子

固定钢绞线端部的马鞍形组合件，称为线卡子，又称钢线线卡子，如图 6-24 所示，技术参数见表 6-14，主要用于架空输电线路中拉线杆塔的拉线（钢绞线）的接续。该金具还可用作拉线的临时紧固，但由于握力有限，且极不稳定，不能作为拉线的主要紧固零件。

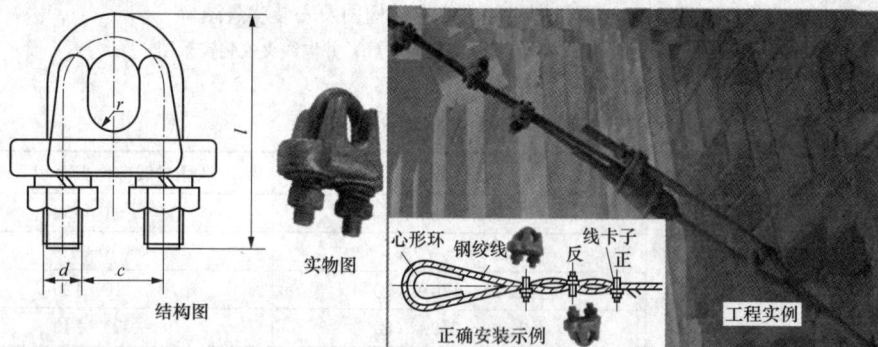

图 6-24 线卡子结构、实物图及安装实景图

线卡子分为 JK 型和 JKL 型，JK 型适用于钢绞线，JKL 型适用于铝绞线。

表 6-14 线卡子技术参数

型 号	适用钢绞线		主要尺寸（mm）			
	型号	外径	c	d	l	r
JK-1	GJ-25 GJ-35	6.6 7.8	22	10	54	5
JK-2	GJ-50 GJ-70	9.0 11.0	28		72	6
JKL-1	适用铝绞线	6.45～8.16	22	10	55	5
JKL-2		9.00～11.40	28	10	70	6

注 型号含义：J—接续；K—卡子；L—铝绞线；"-"后数字—适用绞线组合号。

例： 型号 JK-1 表示适用钢绞线型号 GJ-25 或 GJ-35 安装接续的钢卡子。

型号 JKL-1 表示适用铝绞线安装接续的线卡子。

三、其他接续金具

其他接续金具，有补修管、修补条、压缩型跳线线夹等。

1. 补修管

修补导线表面损伤用的金属管件，称为修补管，其结构及应用实景如图 6-25 所示，技术参数见表 6-15，又可以作为用于钢芯铝绞线和铝绞线、钢绞线损坏后补修的圆管形金具。

GB/T 2314—2008 中补修管定义为：用于修补受损导线以恢复其电气和机械性能的圆管形金具。

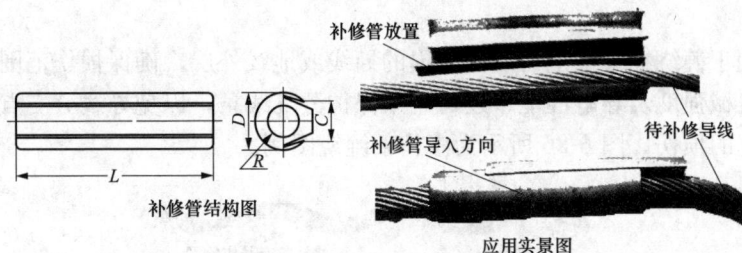

图 6-25　补修管结构图及应用实景图

表 6-15　　　　　　　　　　**部分 JBE 型补修管技术参数**

型　号	适用绞线型号	主要尺寸（mm）				参考质量（kg）
		C	D	L	R	
JBE-185/10	LGJ-185/10	21	32	170	10.0	0.20
JBE-185	LGJ-185/25　185/30　185/45　210/10	21	32	170	10.5	0.20
JBE-210	LGJ-210/25　210/35	22	34	220	11.0	0.29
JBE-240	LGJ-240/30　240/40　210/50	24	36	220	11.5	0.33
JBE-800	LGJ-800/70　800/100	41	65	370	20.5	1.90
JBE-70G	GJ-70	11.8	22	140	5.8	0.25
JBE-100G	GJ-100	14.0	26	160	7.0	0.41

　　注　型号含义：J—接续管；BE—补修管；G—钢绞线；数字—适用导线标称截面面积，分子—铝截面面积，分母—
　　　　钢截面面积。

　　例：型号 JBE-185/10 表示补修接续管，适用导线截面积：铝截面面积 185mm²/钢截面面积 10mm² 的钢芯铝绞线补修接续安装。

　　钢芯铝绞线外层铝股的磨损、折断情况，不仅在架空输电线路施工中时有发生，而且在线路运行中也会因某种外力作用的损伤和因微风振动造成断股现象，这需要进行考虑适当的补修处理，以避免散股继续扩大而导致强度降低。架空输电线路的钢芯铝绞线及钢绞线断股及补强，通常采用补修管及预绞丝护线条补强处理。

　　钢芯铝绞线、铝绞线用补修管采用铝制件，钢绞线用补修管采用钢制件并经热镀锌处理后方可使用。它实际上是直线管压接管，为了不切断导线而能套入导线外，其侧面开有槽，套入导线后用一块插盖将槽封盖，即为抽匣式。

　　（1）用补修管进行补修导线、地线的要求。单金属导线在同一截面处损伤面积占总截面的 7% 以下，可以采用单铝丝或铝包带缠绕方法补修；当截面损伤占总面积的 7%～17% 时，应采用补修管进行补修。

　　1）钢芯铝绞线在同一截面处的损伤面积占铝股总面积的 7% 以下，可采用单铝丝、铝包带或预绞式补修条补修；损伤面积占铝股总面积的 7%～25% 的，应采用补修管进行补修。

　　2）钢绞线 7 股组成的断 1 股或 19 股组成的断 2 股，应采用补修管进行补修。而采用压缩型补修管有较好的补强效果，压缩后握力不低于导线或避雷线计算拉断力的 90%。

　　（2）采用补修管补修导线时的注意事项。补修管施工压接工艺与直线管完全相同，为了与直线管共用压模，补修管的外径与直线压接管相同，钢补修管长度约为钢绞线直径的 11 倍，铝补修管长度约为导线直径的 10 倍。

2. 修补条

修补条适用于缠绕在架空电力线路受损的导线或地线外层，确保损伤范围不致扩大，并恢复其原有的机械强度及导电性能；还可用来保护分支线条，以免导线分支点上受到由于电弧和摩擦所引起的损伤。图 6-26 所示为修补条缠绕图例。

图 6-26　修补条缠绕图例

3. 压缩型跳线线夹

压缩型跳线线夹，由两个 0°设备线夹组成。跳线线夹的安装采用液压机（或液压钳）和标准钢模按规定压缩程序进行。运行经验证明，采用钳压接续管和压缩型跳线线夹进行的跳线接续，其电气接触性能稳定，运行可靠。

JYT 型压缩型跳线线夹的结构如图 6-27 所示，技术参数见表 6-16。

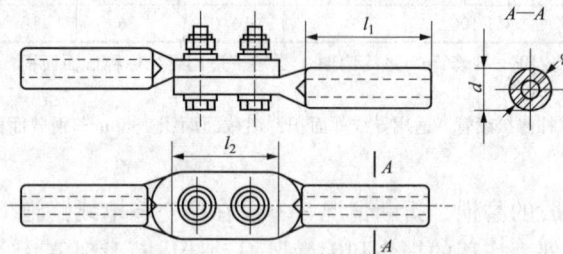

图 6-27　JYT 型压缩型跳线线夹结构图

表 6-16　　　　　　　　　　　　　　部分 JYT 型跳线线夹技术参数

型　号	适用导线		主要尺寸（mm）				参考质量（kg）
	型号	外径（mm）	d	l_2	l_1	ϕ	
JYT-35/6	LGJ-35/6	8.16	21	32	170	10.0	0.20
JYT-50/8	LGJ-50/8	9.60	21	32	170	10.5	0.20
JYT-70/10	LGJ-70/10	11.40	22	34	220	11.0	0.29
JYT-95/15	LGJ-95/15	13.61	24	36	220	11.5	0.33
JYT-120/7	LGJ-120/7	14.50	24	36	220	12.0	0.31
JYT-120/20	LGJ-120/20	15.07	26	40	270	12.5	0.52

注　型号含义：J—接续管；Y—压缩；T—跳线；数字—适用导线标称截面积，分子—铝截面面积，分母—钢芯截面积。

例：型号 JYT-185/30，表示压缩型跳线线夹，185/30 分别表示适用钢芯铝绞线，导线标称截面积为 185mm^2，钢芯截面积为 30mm^2。

第五节　压接管接续金具设计基础

压接管接续金具根据使用环境条件可分为耐张压接管和直线压接管。它们在本质上是一样的，仅因用的地方不一样而有一些区别，也因此得名。耐张压接管是用于握紧导线的一端，尾部通过绝缘子串的一端固定在杆（塔）上的接续金具。直线压接管作为中间接续（如导线与导线的接续）则要两端各握住一根导线，从压接的长度看为耐张压接管的两倍，并要求能满足导线所具有的机械及电气性能要求的金具。

一、接续金具材料及工艺

1. 接续金具制作工艺要求

接续金具根据材料可分为钢锚管和铝管，前者用来连接铝绞线，后者用来连接钢绞线。接续金具材料及工艺要求：①接续金具的钢管、铝管及铝合金管出口处应倒棱、去刺，并倒角；②钢管中心同轴度公差不应大于 0.8mm；③接续金具的表面应光滑，不应有裂纹、叠层和起皮等缺陷；④管材表面的擦伤、挤压流纹等的深度不应超过其内径或外径的偏差范围；⑤制造接续金具的黑色金属材料主体或附件均应采用热镀锌防腐处理；⑥钢管内壁无锌层，外螺纹和内螺纹应在镀锌前加工，内螺纹在加工时可适量加大，镀锌后不应回丝，且应满足配合精度要求。

2. 接续金具制作材料

接续金具制作材料应符合 DL/T 758—2009 的规定。

（1）优质碳素钢接续金具的铝及铝合金的其他型材应符合 GB/T 6892—2006《一般工业用铝及铝合金挤压型材》或 GB/T 6893—2010《铝及铝合金拉（轧）制无缝管》的规定。

（2）用结构钢制造的接续金具，应符合 GB/T 699—1999《优质碳素结构钢》的规定。

（3）用碳素钢结构钢制造的接续金具应符合 GB/T 700—2006《碳素结构钢》中钢板的检验规则。

（4）用锻铸铁制造的接续金具应符合 GB/T 9440—2010《可锻铸铁件》的规定，用铝合金铸造制造的接续金具应符合 GB/T 1173—2013《铸造铝合金》的规定。

（5）接续金具的铝及铝合金的其他型材应符合 GB/T 6892—2006 或 GB/T 6893—2010 的规定。

（6）接续金具用的铝材的抗拉强度应不低于 80MPa，铝合金材料的抗拉强度应不低于 80MPa。

二、钢锚液压压接接续管的设计

1. 钢管内径确定

钢管内径的确定，应考虑镀锌钢绞线的外径误差。按镀锌钢绞线标准，外径公差为 $^{+7\%}_{-1\%}$。因此，钢管内径 d_1（钢管内径在钢管镀锌后加工）应比钢绞线外径大 7%。

钢芯铝绞线用直线接续管型式设计图例如图 6-28 所示。

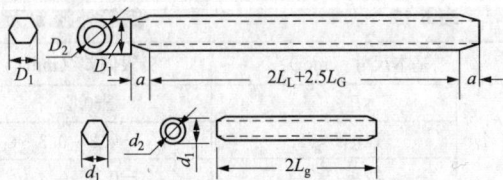

图 6-28　钢芯铝绞线用直线接续管型式设计图例

2. 钢管的强度计算

采用钢管液压压接接续管接续钢绞线，压实后的直径会变小。此时，直径的变化与钢绞线的股数有关。为此，引入压实系数（用 K_μ 表示）。现若设原来的线径为 d，则压后的线径为 $K_\mu d$；股径为 ε，则由此计算 7、19、37 股钢绞线等的 K_μ 值。对于 7 股的钢绞线，计算 K_μ 值，因 $7 \times \frac{\pi}{4} \times \varepsilon^2 = \frac{\pi}{4}(K_\mu d)^2$，若取钢绞线的 $\varepsilon/d = 1/3$，则

$$K_\mu = \frac{\sqrt{7}}{3} = 0.8819 \tag{6-1}$$

同理，19 股时

$$K_\mu = \frac{\sqrt{19}}{5} = 0.8717 \tag{6-2}$$

37 股时

$$K_\mu = \frac{\sqrt{37}}{7} = 0.8689 \tag{6-3}$$

由上述计算式所得的 K_μ 值，称为压实系数，即钢绞线压实后的直径与钢绞线未受压时直径的比值（一般可取 $K_\mu = 0.9$）。

3. 钢管的外径计算

根据强度相等原理，压接后钢管强度应与钢绞线强度相等。考虑钢绞线压实后的直径与钢绞线未受压的直径的比值问题，此处取 $K_\mu = 0.9$，于是可得

$$\sigma_1 \left[\frac{\pi d_1^2 K_1}{4} - \frac{\pi (0.9d)^2}{4} \right] = \sigma_M \frac{\pi (0.9d)^2}{4} \tag{6-4}$$

式中　σ_1——钢管材料强度（10 号钢为 340N/mm²）；

　　　d_1——钢管外径，mm；

　　　d——钢绞线外径，mm；

　　　σ_M——钢绞线强度，一般为 1200N/mm²。

若将上述已知参数代入式（6-4），可得出计算出钢管外径计算如下

$$340 \times \left[\frac{\pi d_1^2 K_1}{4} - \frac{\pi}{4}(0.9d)^2 \right] = 1200 \times \frac{\pi}{4}(0.9d)^2$$

　　　K_1——钢管压成负六角形后的内包面积相当于外接圆面积的百分数，近似取 K_1 为 0.83。

于是可求得钢管外径 d_1 为

$$d_1 = 2.1d \tag{6-5}$$

根据相关要求，设计制造的钢管外径及内径尺寸极限偏差，应符合表 6-17 的要求。

表 6-17　　　　　　　　　　钢管外径 D 及内径 d 尺寸极限偏差

	基本尺寸（mm）	极限偏差（mm）		基本尺寸（mm）	极限偏差（mm）
D	$D \leqslant 14$	± 0.2	d	$d \leqslant 9$	± 0.15
	$14 \leqslant D \leqslant 22$	$-0.2 \sim 0.3$		$9 \leqslant d \leqslant 16$	± 0.2
	$22 \leqslant D \leqslant 34$	$-0.2 \sim 0.4$			

4. 压缩比计算

钢管液压压接接续管接续钢绞线，压实后的直径会变小。为此，设钢管内径为 $1.07d$

时，钢管压前断面积 S_1 和压后断面积 S_2 之比为 K，称为压缩比。钢管压前断面积 S_1 和压后断面积 S_2，可按下式计算

$$\left.\begin{array}{l} S_1 = \dfrac{\pi d_1^2}{4} - \dfrac{\pi(1.07d)^2}{4} \\[2mm] S_2 = 0.652d_1^2 - 0.636d^2 \end{array}\right\} \tag{6-6}$$

$$K = \frac{S_1 - S_2}{S_1} = \frac{\dfrac{\pi}{4}d_1^2 - \dfrac{\pi}{4}(1.07d)^2 - 0.652d_1^2 + 0.636d^2}{\dfrac{\pi}{4}d_1^2 - \dfrac{\pi}{4}(1.07d)^2} \tag{6-7}$$

图 6-29 所示为压缩比 K 值与 d_1/d 值的关系图。

我国一般采用 $d_1/d \approx 2.1$，压缩比 $K = 12.7\%$。

5. 钢管长度

钢管长度一般使用经验数，如压一根钢芯的钢管长度用 L_g 表示。对 19 股绞线，钢管液压压接接续管的长度 L_g，取 $L_g = 12d$。对 71 股钢管液压压接接续管的长度 L_g，取 $L_g = 13.5d$。

三、耐张铝接续管的设计计算

耐张铝接续管，用来连接铝绞线或钢芯铝线。连接钢芯铝线的铝管，在有钢管的部位不压

图 6-29　压缩比 K 值与 d_1/d 值的关系图

接。铝管材料采用强度不低于 80N/mm^2 的 L3 铝，若用挤压铝管（YB 610—66）时，外径一般不加工。

1. 铝管外径的确定

钢芯铝线的钢芯部分公差较大，作为钢芯铝线的外直径，按平均情况取值，可取总直径的公差为 $3\%\sim4\%$，按这一数值来确定铝管内径。也可按钢、铝线股都压密实的等价直径 $K_\mu D$ 的计算方法，而 K_μ 值的计算方法同前，即

7 股时，$K_\mu = \dfrac{\sqrt{7}}{3} = 0.8819$；

19 股时，$K_\mu = \dfrac{\sqrt{19}}{5} = 0.8717$；

37 股时，$K_\mu = \dfrac{\sqrt{37}}{3} = 0.8689$；

61 股时，$K_\mu = \dfrac{\sqrt{61}}{9} = 0.868$。

以上是指钢丝和铝丝股径相同的情况下所计算出的 K_μ 取值。事实上，目前很多导线的钢丝和铝丝是不等径的，因此若已知导线总截面积 S（单位：mm^2）和导线的外直径 D（单位：mm），则 K_μ 值按下式计算

$$K_\mu = \frac{\sqrt{\dfrac{4}{\pi}S}}{D} \approx \frac{1.128\sqrt{S}}{D} \tag{6-8}$$

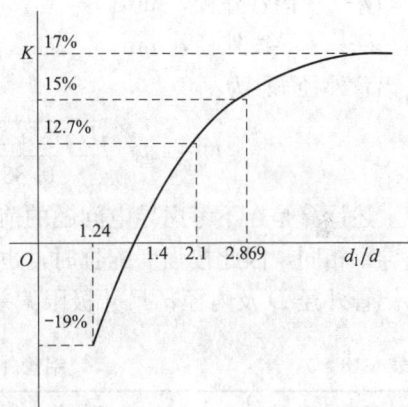

式中　S——导线总截面积，mm^2；

　　　　D——导线外径，mm。

对于铝管来说

$$\sigma_2\left[\frac{\pi D_1^2}{4}\times 0.83-\frac{\pi}{4}(K_\mu D)^2\right]=\sigma_N\times\frac{\pi}{4}(K_\mu D)^2 Q \tag{6-9}$$

式中　σ_2——铝管强度，一般为 $80N/mm^2$；

　　　　σ_N——铝线强度，一般为 $160N/mm^2$；

　　　　Q——铝线截面与导线总截面的比值；

　　　　D_1——铝管外径，mm；

　　　　D——导线外径，mm。

因此铝管外径 D_1 为

$$D_1=D\sqrt{\frac{K_\mu^2 K+2K_\mu^2}{0.83}Q}\approx 1.0978D\sqrt{K_\mu^2 K+2K_\mu^2 Q} \tag{6-10}$$

上述计算是在不考虑导电问题的前提下所得出的结果，但因为铝管强度为铝线的一半，而电导率相同，因此按强度配合时，也考虑电阻约减半。

铝管外径 D 及内径 d 尺寸极限偏差，应符合表 6-18 的要求。

表 6-18　　　　　　　　　　　　铝管外径及内径尺寸极限偏差

基本尺寸（mm）		极限偏差（mm）	基本尺寸（mm）		极限偏差（mm）
D	$D\leqslant 32$	± 0.4	d	$d\leqslant 22$	-0.3
	$32\leqslant D\leqslant 50$	± 0.6		$22\leqslant d\leqslant 36$	-0.4
	$50\leqslant D\leqslant 80$	$+1.0$		$36\leqslant d\leqslant 55$	-0.5

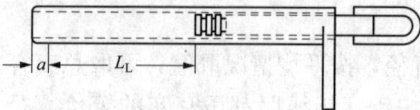

图 6-30　耐张铝管

2. 铝管长度

耐张铝管如图 6-30 所示，施压长度一般为 $L_L=6.5D$（此时铝管内壁总面积相当于铝线截面积的 40 倍左右），为了保证其管端的压力呈渐减趋势，在管端（如图 6-30 所示）增设拔梢长度 a，取 $a\approx D$。

一般来说，钢管压缩后将会伸长 12.7%，因此铝管总长（用 L_L' 表示，单位为 mm）为

$$L_L'=2L_L+2.5L_g+2a \tag{6-11}$$

根据计算所确定的铝管总长与国外取铝管长度 $L_L=6\sim7D$ 也基本一致。根据我国的设计原则，一般取压接长度为：$L_L=6.5D$。

3. 压缩比计算

铝管压缩前的面积为

$$S_1=\frac{\pi}{4}D_1^2-\frac{\pi}{4}(1.04D)^2=0.785D_1^2-0.849D^2 \tag{6-12}$$

铝管压缩后的面积为

$$S_2=0.83\times\frac{\pi}{4}D_1^2-\frac{\pi}{4}(K_\mu D)^2\approx 0.762D_1^2-0.785(K_\mu D)^2 \tag{6-13}$$

根据铝管的压缩比应大于 6% 的原则，于是可得

$$1 - 6\% = \frac{0.83 \times \frac{\pi}{4} D_1^2 - \frac{\pi}{4} (K_\mu D)^2}{\frac{\pi}{4} D_1^2 - \frac{\pi}{4} (1.04D)^2} = \frac{0.762 D_1^2 - 0.785 (K_\mu D)^2}{0.785 D_1^2 - 0.849 D^2} \tag{6-14}$$

若取 $K_\mu = 0.9$，代入式（6-14）计算，可解得铝管外径 D_1 为

$$D_1 = 1.372D \tag{6-15}$$

四、压模设计

液压接续管是利用液压机通过压模进行压接的，压模是一副成六角形孔的模子，施压时前后两模应重叠 5~8mm，压缩后接续管就形成了六角形断面。

1. 压模材料

压模材料一般采用优质碳素钢，压接铝管的压模选用钢号不低于 Q245 号的优质碳素结构钢。压接钢管的压模选用合金工具钢，钢号不低于 T8。

2. 压模宽度尺寸参数计算

若液压机压力为 p，则压模宽度 A 值为

$$A \leqslant \frac{p}{10 D_C \times HB} \tag{6-16}$$

式（6-16）中，HB 为管材布氏硬度（铝管≤25，钢管≤133）。

为了采用较小易搬动的液压机，p 值一般控制在 1000kN 以下；对顶角距 D_C（图 6-14），虽然公称尺寸应等于压接管的外径，但经验表明需要将其略微改小一点，才能使压接强度超过导线的计算拉断力（这样裕度较大）。具体的解决方法是：①对于常规导线，钢管压模的 D_C 值减小 0.5mm；②铝管压模的 D_C 值减小 1mm 左右，按压缩比的 10% 来控制。

3. 铝管压缩比的计算

若将铝管的压缩比（铝管压后面积与压前面积之比）由 6% 改为 10%，仿照式（6-14），可得

$$1 - 10\% = \frac{K_1 \times \frac{\pi}{4} D_1^2 - \frac{\pi}{4} (K_\mu D)^2}{\frac{\pi}{4} D_1^2 - \frac{\pi}{4} (1.04D)^2} = \frac{K_1 D_1^2 - K_\mu^2 D_1^2}{D_1^2 - 0.849 D^2} \tag{6-17}$$

式中 K_1——钢管压成六角形后的内包面积相当于压接管外周所包面积的百分数，在 $D_1 = D_C$ 的情况下，取 $K_1 = 0.83$；

D_1——压接管外径，mm；

K_μ——导线的压实系数；

D——导线外径，mm。

由上可得

$$K_1 = 0.9 - (1.082 \times 0.9 - K_\mu^2) \frac{D_C^2}{D_1^2} = 0.9 - (0.9738 - K_\mu^2) \frac{D_C^2}{D_1^2} \tag{6-18}$$

五、爆压（耐张、直线）管设计

1. 耐张钢锚管的设计计算

（1）耐张钢锚管外径计算。因耐张钢锚管安装后要承受导线的全部张力，其强度应按导线拉断力 T_g 设计。假设耐张钢锚管爆压后仍为圆形，则

$$\frac{\pi}{4}(d_1^2 - d_2^2)\sigma_b \approx 0.785(d_1^2 - d_2^2)\sigma_b \geqslant T_g \tag{6-19}$$

式中　d_1——耐张钢锚管压缩后的外径，mm；

　　　d_2——耐张钢锚管压缩后的内径，$d_2 \approx 0.9d$；

　　　d——钢芯计算直径，mm；

　　　σ_b——耐张钢锚管拉断力，N/mm^2。

若耐张钢锚管用 Q235A 钢制造，并取 $\sigma_b = 380$N/mm^2、$d_2 \approx 0.9d$ 代入式（6-19），并整理，可得耐张钢锚管压缩后的外径 d_1 为

$$d_1 \geqslant \sqrt{0.00335T_g + d_2^2} \tag{6-20}$$

再令 K_1 为钢锚在压缩前、后的外径之比，并假定 K_1 在 1.015～1.02 之间，并取 $K_1 = 1.02$，则钢管压缩前的外径为

$$d_1' \geqslant K_1 d_1 \geqslant 1.02\sqrt{0.00335T_g + 0.81d^2} \tag{6-21}$$

（2）耐张钢锚管施压长度计算。耐张钢锚管施压长度，指钢锚上实际缠绕炸药包的长度（不含锯齿槽部分）。导线芯的拉力，是由耐张钢锚管握紧时产生的，因此，要保证有足够的握着强度，就需保持一定的压缩长度，即要求总握力必须大于钢芯的计算拉断力 T_g，即有

$$\pi d_2 L_g \sigma_f \geqslant T_g \tag{6-22}$$

式中　d_2——耐张钢锚管压缩后的内径，$d_2 \approx 0.9d$（钢芯外径），mm；

　　　L_g——耐张钢锚管在钢芯上的压缩长度，mm；

　　　σ_f——耐张钢锚管内壁单位面积的握着力，N/mm^2。

根据多次试验，耐张钢锚管内壁单位面积的握着力，一般取 $\sigma_f = 23.5$N/mm^2。同时，也考虑施工储备系数 1.1、运行储备系数 1.2，以及绞后系利用数为 0.85，这时可计算出耐张钢锚管在钢芯上的压缩长度 L_g，即：$\sigma_f = \dfrac{23.8}{1.1 \times 1.2} = 18$N/mm^2，$T_g = 1200 \times 0.85 A_g = 1020 A_g$；而 $\pi \times L_g \times 0.9d \times 18 \geqslant 1020 A_g$，$L_g \geqslant 20.1\dfrac{A_g}{d}$；又因为 $A_g = \dfrac{\pi}{4}(0.9d)^2 = 0.636d^2$；因此耐张钢锚管施压长度为

$$L_g \geqslant 12.8d \tag{6-23}$$

2. 耐张铝接续管设计计算

（1）耐张铝接续管外径计算。根据力平衡原理，有

$$\frac{\pi}{4}(D_1^2 - D_2^3)\sigma_t \geqslant T_1 \tag{6-24}$$

式中　D_1——耐张铝接续管压缩后外径，mm；

　　　D_2——耐张铝接续管压缩后内径（$D_2 \approx D$，D 表示导线外径），mm；

　　　σ_t——冷拔铝管抗拉强度，MPa；

　　　T_1——导线铝部分拉断力（$T_1 = 0.95\sigma_1 A_1$，0.95 为绞后利用系数），N。

若将已给定的数值代入，并进行化简，可得耐张铝接续管压缩后的外径 D_1 为

$$D_1 \geqslant \sqrt{1.935A_1 + 0.81D^2} \tag{6-25}$$

现若令 K_2 为铝管爆压前、后的外径之比，根据实测，K_2 为 1.07～1.11，这里取 $K_2 =$

1.11；对采用冷拔铝管制作的耐张铝接续管的抗拉强度，取 $\sigma_t=100\text{N/mm}^2$。并令 D_1' 代表铝管爆压前的外径，则

$$D_1' = 1.11D_1 \geqslant 1.11\sqrt{1.935A_1 + 0.81D^2} \approx \sqrt{2.389A_1 + D^2} \tag{6-26}$$

（2）铝管施压长度计算。当已知导线外径为 D，铝管压缩后的内径为 D_2（$D_2\approx0.9D$），则

$$\pi D_2\sigma_f L_1 \geqslant T_1 \tag{6-27}$$

式中　T_1——导线中铝部分的拉断力，N；

$\quad\quad\sigma_f$——铝管内壁单位面积握力，N/mm²。

由于 σ_f 值与爆压的多种因素（如炸药种类、药包形式、装药量、管形结构等）有关，根据多次试验，σ_f 值不低于 6N/mm^2，并考虑施工储备系数 1.1 和运行储备系数 1.2，取导线中铝部分的拉断力为 $T_1=0.95\times160\times S_1$，可得铝管施压长度 L_1，即

$$L_1 \geqslant 11.8\frac{S_1}{D} \tag{6-28}$$

式中　S_1——铝管截面积，mm²；

$\quad\quad D$——铝管的外直径，mm。

3. 直线爆压钢管的设计计算

（1）直线爆压钢管。假设已知钢绞线外径 d，根据断面平衡条件，有

$$\frac{\pi}{4}d_2^3 = K_m\left[2\times\frac{\pi}{4}d(K_\mu d)^2\right] \tag{6-29}$$

式中　K_m——穿管空隙系数，根据实验求得，能较好地满足爆压要求，推荐取 $K_m=1.2$；

$\quad\quad K_\mu$——钢绞线压实系数，取 $K_\mu=0.9$。

将上述数据代入式（6-29）并简化，得到所需要的搭接管内径

$$d_2 = 1.84d \tag{6-30}$$

式中，d 为钢绞线外径（单位：mm）。

直线爆压搭接管搭接管爆压后可近似认为受剪切力，其管壁厚度按强度计算只要再满足半根钢芯的拉力即可，这对常用导线，用于直线爆压接续管的壁厚在 2～3mm 之间即可满足要求，但考虑到长期运行的防腐要求，可适当加厚，如选用壁厚为 3～5mm 的无缝钢管。

（2）搭接管的长度设计计算。直线爆压管直线搭接时，为防止铝管内的热浪冲进钢管内烧伤钢芯，导线上多留一小段（约 15mm）内层不剥离的铝股，将其作为一个塞子塞住管口，如图 6-31 所示。

直线爆压搭接管的长度为

$$L_g \geqslant \frac{T_g}{\pi d\sigma_f} \tag{6-31}$$

$$T_g = 0.85\sigma_g A_g = 0.85\times1200A_g = 102A_g \tag{6-32}$$

$$A_g = \frac{\pi}{4}(0.9d)^2 \approx 0.636d^2 \tag{6-33}$$

式中　T_g——钢芯的计算拉断力；

$\quad\quad A_g$——钢芯截面积，mm；

$\quad\quad d$——钢绞线外径，mm；

$\quad\quad\sigma_f$——管内壁摩擦力作用而引起的正应力 σ_f，一般 $\sigma_f=27\text{N/mm}^2$，考虑施工储备系

数和运行储备系数分别取为 1.1 和 1.2 时，取 $\sigma_f = 20\text{N/mm}^2$。

于是，可计算出直线爆压搭接管长度 L_g 为 $L_g \geqslant 10.3d$。设计时取

$$L_g \geqslant 11d \tag{6-34}$$

（3）直线爆压铝管的外径。直线爆压铝管如图 6-32 所示。直线爆压铝管外径的计算方法与耐张铝管相同。

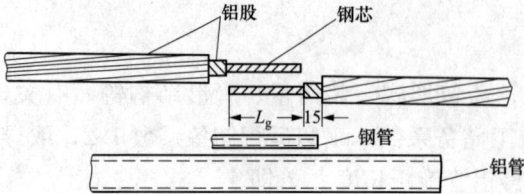

图 6-31 钢芯搭接直线爆压管

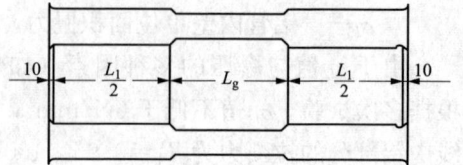

图 6-32 直线爆压铝管

4. 直线压接铝管的有效压接长度 L_1

若知铝管压缩后的内径 D_2（$D_2 \approx 0.9D$，D 导线外径），导线中铝部分的拉断力 T_1，即 $T_1 = 0.95\sigma_f S_1 = 0.95 \times 160 S_1 = 152 S_1$；铝线截面积 S_1。根据力平衡原理有

$$\pi D_2 L_1 \sigma_f \geqslant T_1$$

根据前述对 σ_f 取值原则及考虑施工储备系数（取 1.1）和运行储备系数（取 1.2），可计算出直线铝管的有效被压长度 L_1 为

$$L_1 \geqslant 11.8 \frac{S_1}{D} \tag{6-35}$$

第七章　电力线路用其他金具

电力线路用其他金具，是指架空线路用预绞式金具、光缆金具、电气化铁路用金具、通信线路用金具，以及架空绝缘导线金具等。

第一节　架空线路用预绞式金具

将预成型螺旋条状物缠绕于导线或地线上，用于承受机械或电气荷载的金具，称为预绞式金具。

预绞式金具分预绞式悬垂线夹、预绞式耐张线夹、拉线用预绞式耐张线夹、预绞式接续金具等。配套金具包括鸡心环、心形环和可调线夹。

一、预绞式悬垂线夹

预绞式悬垂线夹的作用和普通悬垂线夹相似，起支撑作用，用于在直线杆塔上悬挂导线（钢芯铝绞线、铝线等）及地线（钢绞线、OPGW 光缆、ADSS 光缆等），可代替目前线路上使用的 XGU、XGF 等船形悬垂线夹。

预绞式悬垂线夹与普通悬垂线夹所不同的是，预绞式悬垂线夹不仅可有效地保护导线，其平滑的外轮廓还可使电晕放电大大减少，因此尤其适用于超高压（220kV 及以上）线路。另外，双支点预绞式悬垂线夹还可用于跨越江河的长距离输电线及转角较大（30°～60°）的杆塔上。

1. 预绞式悬垂线夹的组成及特性

标准的预绞式悬垂线夹，由内层铠装预绞丝、外层预绞丝护线条、橡胶护套、线夹本体等部分组成，如图 7-1 所示。

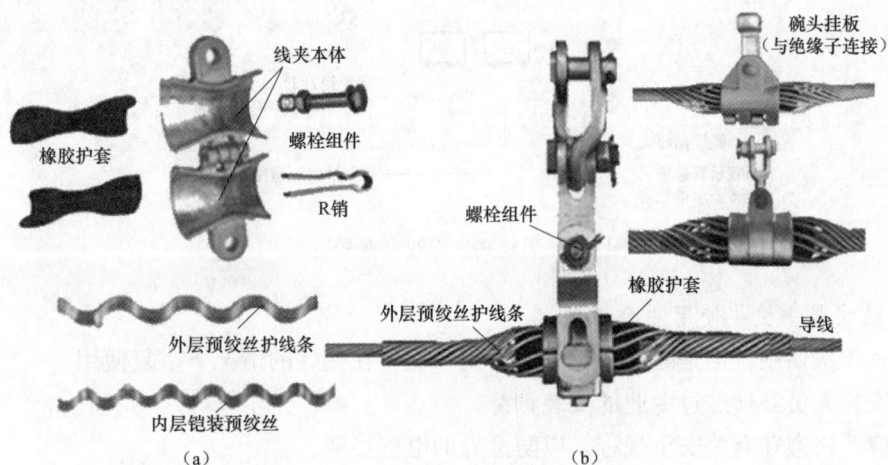

图 7-1　预绞式悬垂线夹基本部件及组装图

(a) 预绞式悬垂线夹基本部件；(b) 组装图

（1）预绞丝。它以一定的长度均匀地缠绕在导线、地线外面，采用铝合金丝制成。通过预绞丝的包裹，将导线悬挂点的受力分布在较长的区域，使得抗拉强度、硬度和弹性以及防锈能力大大提高，可有效地防止振动甚至舞动所导致的反复拗折引起材料疲劳而发生断股现象，大大提高了导线的承载能力，延长了导线的使用寿命。预绞丝的握力可达导线计算拉断力的 100% 以上。

另外，预绞丝端部半球形结构（330kV 以下断头成半球状，330kV 以上成椭球状），能有效降低电磁损耗及消除电晕，避免尖端放电。

图 7-2 预绞丝端部处理成鸭嘴形

图 7-2 所示为预绞丝端部处理成鸭嘴形图例。

（2）线夹本体。线夹本体采用耐腐蚀、高强度铝合金压力铸造而成，每套由两片组成，其抗大气腐蚀性能好，并有很好的综合机械性能。

由于结构上注重避免构成闭合磁回路的设计理念，因此能有效降低电磁损耗及消除电晕，可避免尖端放电。

（3）橡胶护套。橡胶护套采用一定硬度特性的橡胶，橡胶内骨架采用非磁性、高强度材质制成，能有效地预防悬垂线夹在线路中发生磁损，并具有耐高温、耐老化、防紫外线、耐磨损性能。

（4）螺栓组件。螺栓组件由标准螺栓、垫片、螺母等组成，根据不同的破坏荷载选择不同的螺栓强度。

（5）R 销。R 型闭口销可以防止螺栓组件松脱。

（6）配套金具。配套金具主要有挂板（如 WS-× 型挂板、CEB-× 型挂板、UB 挂板）、三角联板、双悬垂联板（如 LB-× 型）等。

2. 预绞式悬垂线夹型号说明

预绞式悬垂线夹型号说明如图 7-3 所示。例：型号 CL-630，表示单支螺旋预绞式悬垂线夹，适用导线截面积 630mm²。

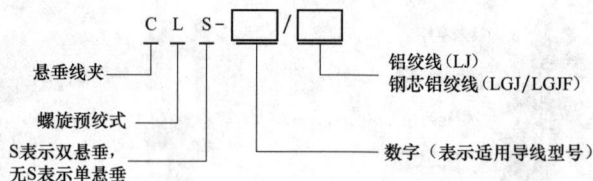

图 7-3 预绞式悬垂线夹型号说明

3. 预绞式悬垂线夹使用注意事项

（1）宜单次使用，但是除预绞丝外所有组件均可在完好的情况下重复使用。

（2）安装人员必须经过专业的安装训练。

（3）应严格遵守有关安全规程，以防意外的电气接触。

（4）安装前应确保产品与导线、线的正确匹配。

（5）为确保其性能稳定，必须严格执行包装、搬运及储存的规定，谨防跌落、冲撞及重压而引起线夹变形或其他部件受损。

（6）单支悬垂线夹适用于角度不超过 30°的线路，双支悬垂线夹适用于角度 30°～60°的线路。

（7）识别标签，标明了线夹的型号、适用导线、生产厂家等。色码为线夹的辅助标记，定义了适宜的产品尺寸和安装时的起始位置。

4. 预绞式悬垂线夹选型

根据使用导线、地线的型号、电压等级考虑预绞式悬垂线夹选型，有若干选型表，分别见表 7-1～表 7-4。

表 7-1　　　预绞式地线用悬垂线夹（铝包钢绞线/良导体钢芯铝绞线用）选型表

标准型号	适用导线类型	适用导线直径范围（mm）		参考线夹长度（mm）	线夹质量（kg）	色标	垂直破断强度（kN）
		最小	最大				
CL-35/6	LGJ/LGJF 35/6	8.03	8.31	660	1.1	红	70
CL-50/8	LGJ/LGJF 50/8	9.53	9.88	660	1.1	粉红	
CL-70/10	LGJ/LGJF 70/10	11.05	11.45	914	1.5	蓝	

注　型号含义：C—悬垂线夹；L—螺旋预绞式；"—"后为导线规格。

例：型号 CL-35/6 表示预绞式地用悬垂线夹，适用导线类型 LGJ/LGJ 35/6 的安装。

表 7-2　　　　　　预绞式地线用悬垂线夹（钢绞线用）选型表

标准型号	适用导线直径范围（mm）	外径（mm）	绞线结构（mm）	参考线夹长度（mm）	色标	垂直破断强度（单、双）
CL-1/G	6.9～7.20	19W	660	660	蓝	70/140kN
CL-1/GS			960	960		
CL-4/G	7.72～8.01	7W	660	660	黑	70/140kN
CL-4/GS			960	960		
CL-6/G	8.32～8.69	7W	660	660	紫	
CL-6/GS			960	960		
CL-7/G	8.70～9.03	7W/19W	60	660	棕	
CL-7/GS			960	960		
CL-16/GS			1440	1440		

注　型号含义：C—悬垂线夹；L—螺旋线夹；G—地线；S—双悬垂线夹。

例：型号 CL-4/G 表示适用钢绞线（地线）直径范围 7.72～8.01mm。

表 7-3　　　　部分预绞式双悬垂线夹 35kV 以上（钢芯铝绞线用）选型表

型　号	导线直径范围（mm）	长度（mm）	质量（kg）	色标	标称破坏荷载（≥，kN）
CLS-400/50	27.30～27.69	2743	9.2	白	222
CLS-400/65	27.70～28.40	2743	9.2	蓝	222
CLS-400/95	28.88～29.26	2743	9.4	蓝	222
CLS-500/65	30.69～31.14	2972	13.0	绿	222
CLS-500/65	34.43～35.41	3048	15.2	白	222
CLS-500/65	37.53～38.51	3048	15.2	黑	222

注　型号含义：C—悬垂线夹；L—螺旋线夹；S—双；"-"后数字—导线规格（铝线截面积/钢芯截面积）。

例：型号 CLS-400/50 表示螺旋预绞式悬垂线夹，适用 LGJ-95 型导线（铝线截面积 400mm² /钢芯截面积/50mm² ）。

表 7-4 　 　 　 　 　 　 部分预绞式双悬垂线夹（345kV 以下 LJ 型铝绞线用）选型表

型　号	导线直径范围 （mm）	参考线夹长度 （mm）	质量（kg）	色　标	垂直标称破坏强度 （≥，kN）
SCL-95	12.40～12.69	1016	1.1	红	66
SCL-120	14.11～14.56	1118	1.7	白	66
SCL-150	15.75～16.30	1270	1.9	红	66
SCL-240	19.52～20.10	1422	3.1	橙	66
SCL-300	22.10～22.69	1651	3.4	绿	89

注　型号含义：C—悬垂线夹；L—螺旋线夹；S—双；"-"后数字—导线规格（铝线截面积/钢芯截面积）。
例：型号 SCL-95 表示螺旋预绞式悬垂线夹，适用 LJ-95 型铝绞线直径范围 12.4～12.69mm。

5. 预绞式悬垂线夹组装设计举例

图 7-4、图 7-5 分别为预绞式悬垂线夹用于导线、地线的悬垂组装设计图。当导线夹角在 30°～60°之间，应采用双支点悬垂线夹直接与绝缘子串相连。该设计型式除了具有一般单悬垂线夹的所有性能之外，还可导线受力分布在更长的区域，更大限度地提高导线的承载能力，并能更有效地减轻导线舞动、振动而造成的损害，延长导线的使用寿命。此外，还具有优异的电气性能。因此，多用于跨越江河、峡谷等 800m 以上长距离架空光缆线路上。

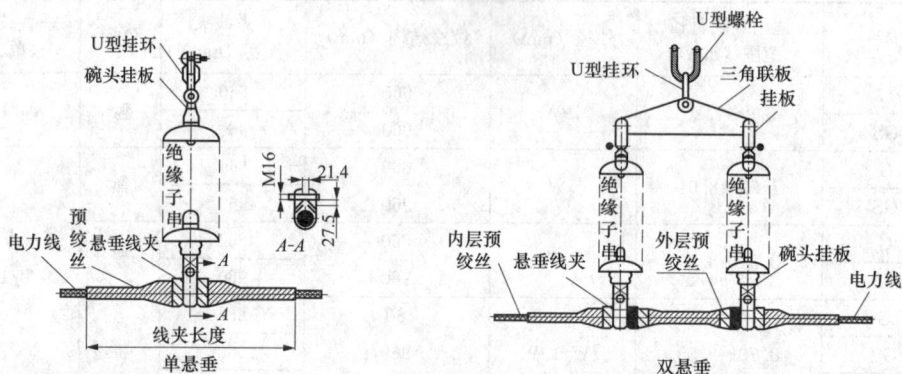

图 7-4　预绞式悬垂线夹用于导线的悬垂组装设计图

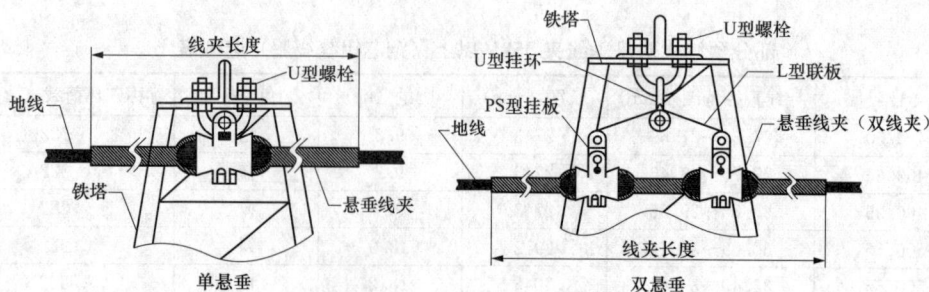

图 7-5　预绞式悬垂线夹用于地线的悬垂组装设计图

预绞式双悬垂线夹组装除水平排列方式，还可设计成垂直排列双悬垂预绞式线夹组装方式及V型悬垂线夹组装方式。图 7-6 所示为预绞式悬垂线夹安装实景图。

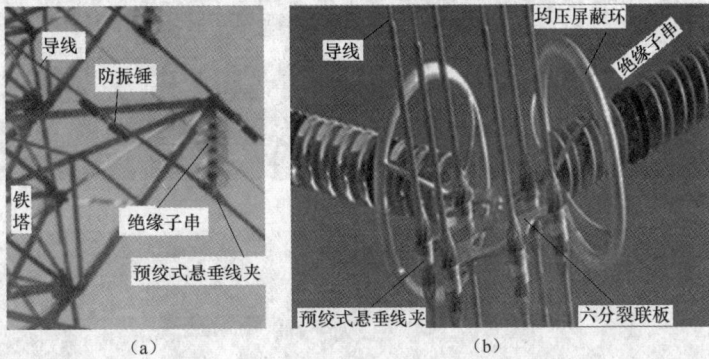

（a） （b）

图 7-6　预绞式悬垂线夹安装实景图

二、预绞式耐张线夹

预绞式耐张线夹用于在输配电线路中裸导线和架空绝缘导线上承受全部张力，同时又是导电体，能够通过其配套金具（如嵌环、碗头挂板等）连接至杆塔。预绞式耐张线夹可以代替常规的螺栓型、压缩型及楔形耐张线夹。钢绞线用预绞式耐张线夹用于杆塔拉线、地线的终端固定。

1. 预绞式耐张线夹的组成

预绞式耐张线夹的基本结构及安装效果如图 7-7 所示。

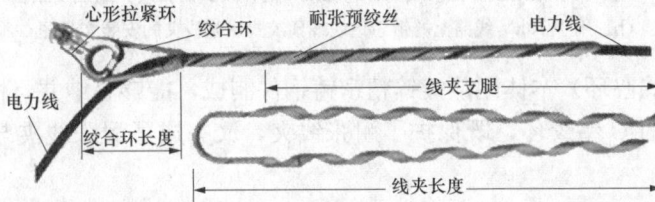

图 7-7　预绞式耐张线夹基本结构及安装效果图

预绞式耐张线夹在运行线路中的安装实景图分别如图 7-8 和图 7-9 所示。

（1）线夹。线夹的线材采用与导线完全一致的线材制作，具有较强的耐腐蚀性。

（2）心形拉紧环。心形拉紧环与预绞式耐张线夹配套使用，适用于预绞式耐张线夹与耐张绝缘子串的连接，以实现导线、地线、拉线在架空输电线路、配电线路和变电站耐张杆塔上的固定。

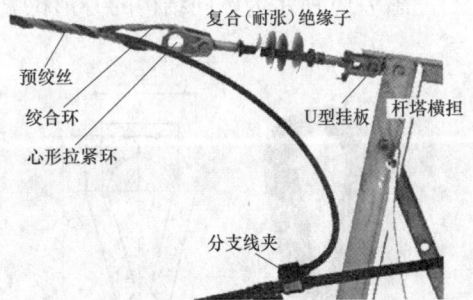

图 7-8　预绞式耐张线夹安装实景图（一）

(a)

(b)

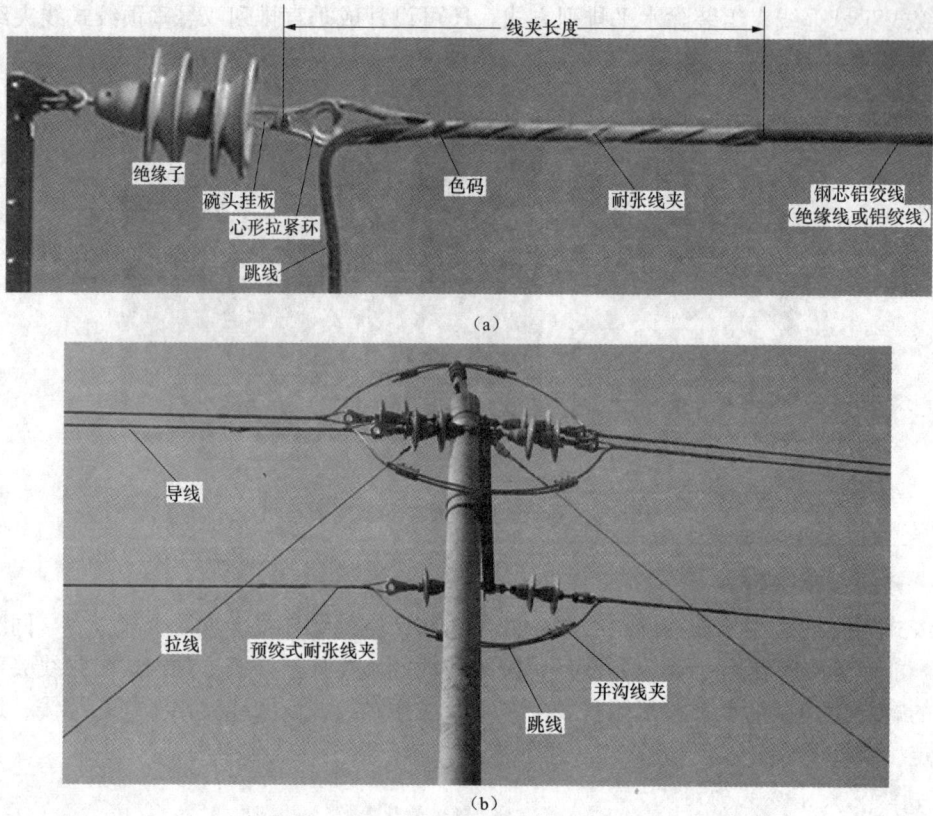

图 7-9　预绞式耐张线夹安装实景图（二）

（a）用于钢芯铝绞线、铝绞线（含绝缘线）的预绞式耐张线夹组装实景图；

（b）用于 10kV 线路上的钢芯铝绞线预绞式耐张线夹的安装实景图

　　心形拉紧环（鸡心环）本体用热镀锌精密铸钢件制成，能够容纳并且恰好嵌满耐张线夹绞合弯头部位形成的 U 型绞环，既保护了耐张线夹，又完成了耐张线夹与耐张绝缘子串及杆塔的连接。

　　心形拉紧环一般技术条件应符合 GB/T 2314—2008 的规定，心形拉紧环标称破坏荷载应符合 GB/T 2315—2008 的规定。

　　图 7-10 所示为不同结构的心形拉紧环，技术参数见表 7-5、表 7-6。

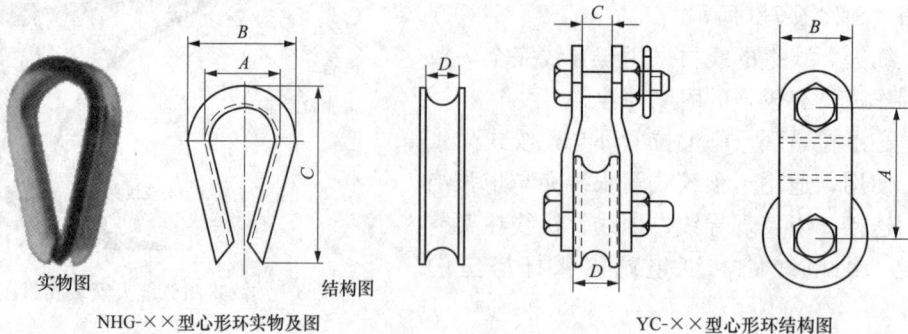

实物图　　　　　　　　　　结构图

NHG-××型心形环实物及图　　　　　　　　　　YC-××型心形环结构图

图 7-10　心形拉紧环

表 7-5　　　　部分预绞式耐张线夹用（NHG-××型）心形拉紧环技术参数

型　号	标称破坏荷载（≥，kN）	主要尺寸（mm）			
		A	B	C	D
NHG-070	70	108	75	24	M16
NHG-100	100	130	93	26	M18
NHG-120	120	130	93	26	M22
NHG-160	160	138	95	26	M24

注　型号含义：NH—耐张用心形拉紧环；G—钢绞线；数字—标称破坏荷载。
例：型号 NHG-070 表示适用预绞式耐张线夹，标称破坏荷载不少于 70kN。

表 7-6　　　　部分预绞式耐张线夹用（YC-××型）心形拉紧环技术参数

型　号	标称破坏荷载（≥，kN）	质量（kg）	主要尺寸（mm）			
			A	B	C	D
YC-7	70	1.4	70	50	18	30
YC-10	100	1.8	75	50	20	35
YC-12	120	2.3	80	55	24	35

注：型号含义：Y—预绞式；C—C型；"-"后数字—标称破坏荷载。
例：型号 YC-7 表示适用预绞式耐张线夹用 YC-7 型拉紧环，标称破坏荷载不少于 70kN。

2. 预绞式耐张线夹结构及选型

预绞式耐张线夹分导线用、地线用和拉线用等结构。

用于钢芯铝绞线的预绞式耐张线夹技术参数见表 7-7。

表 7-7　　　　　　用于钢芯铝绞线的预绞式耐张线夹技术参数

型　号	适用钢芯铝绞线（LGJ/LGJF）		心形拉紧环型号	线夹长度（mm）	色码
	标称截面积铝/钢（mm²）	外径（mm）			
NL-16/3	16/3	5.55	NHG-070	450	红
NL-25/4	25/4	6.96	NHG-070	550	橙
NL-35/6	35/6	8.16	NHG-070	650	黄
NL-50/8	50/8	9.60	NHG-070	700	绿

注　型号含义：N—耐张线夹；L—螺旋预绞丝；"-"后为适用导线型号，LGJ—钢芯铝绞线，LGJF—防腐钢芯铝绞。
例：型号 NL-16/3 表示适用导线型号 LGJ（钢芯铝绞线）、LGJF（防腐钢芯铝绞线）的预绞式耐张线夹。

表 7-8 所示为铝包钢良导体用预绞式地线耐张线夹技术参数。

表 7-8　　　　　铝包钢良导体用预绞式地线耐张线夹技术参数

标准型号	适用导线直径范围（mm）		适用导线类型铝包钢绞线（JLB1A/JLB1B/JLB2）	参考线夹长度（mm）
	最小	最大		
NL-70	10.55	11.05	70	1100
NL-80	11.15	11.65	80	1200
NL-95	12.23	12.73	95	1260

注　型号含义：N—耐张线夹；L—螺旋形；"-"后数字—适用导线组合号。
例：型号 NL-70 表示适用铝包钢良导体绞线（直径 70mm）的预绞式耐张线夹。

3. 预绞式耐张线夹设计举例

（1）用于导线的预绞式耐张线夹设计举例，如图 7-11 所示。

（2）用于地线的预绞式耐张线夹典型组装设计与图 7-11 所示用于导线的预绞式耐张线夹的组装设计基本相同，区别在于此处没有绝缘子。图 7-12 所示为用于地线（钢绞线、铝包钢绞线）的预绞式耐张线夹组装设计图。

（a）

（b）

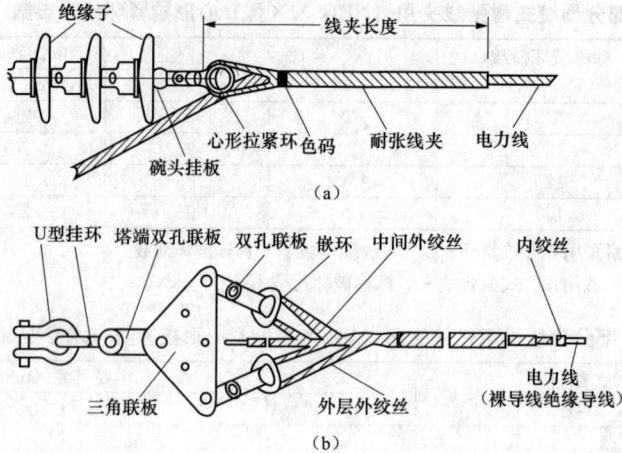

图 7-11　用于导线（钢芯铝绞线、铝绞线、绝缘线）的预绞式耐张线夹设计示例
（a）单预绞式耐张线夹；（b）双预绞式耐张线夹

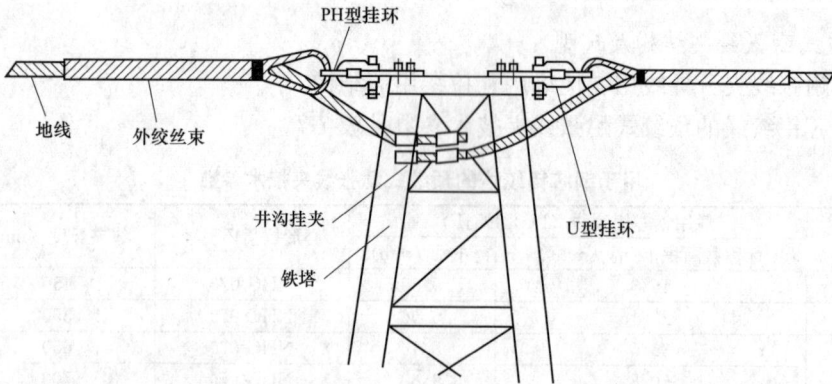

图 7-12　用于地线（钢绞线、铝包钢绞线）的预绞式耐张线夹组装设计图

4. 架空线路用预绞式耐张线夹的安装工艺介绍

架空线路用预绞式耐张线夹的安装工艺如图 7-13 所示。

（1）确定预绞式耐张线夹的安装位置〔如图 7-13（a）所示〕，并用薄胶带在导线上做个标记，在一个比线夹略长的范围内清洁导线表面。

（2）将线夹的两个分支分开〔如图 7-13（b）所示〕，再将心形拉紧环串到预绞式耐张线夹的 U 型弯头处。

（3）将预绞式耐张线夹的色码与导线上做的标记对齐，并从此色码开始，缠绕线夹的一个分支 1~2 个螺旋，如图 7-13（c）所示。

（4）同样，将耐张线夹的另一分支缠绕 1~2 个螺旋，如图 7-13（d）所示。

（5）同时，交替缠绕耐张线夹的两个分支直至完成，如图 7-13（e）所示。

一定不要一次性缠绕完一端，为了安装方便，也可以将耐张线夹的末端约 20cm 的部分分成几个更小的子束，确保所有预绞丝平整、自然、均匀地缠绕在导线上面。

图 7-13（f）所示为耐张线夹缠绕完毕后的示意图。

（6）将心形拉紧环用圆销连接到耐张绝缘子串上的碗头挂板上，并插好闭口销，如

图 7-13（g）所示。

图 7-13（h）所示为安装完毕后的结构。

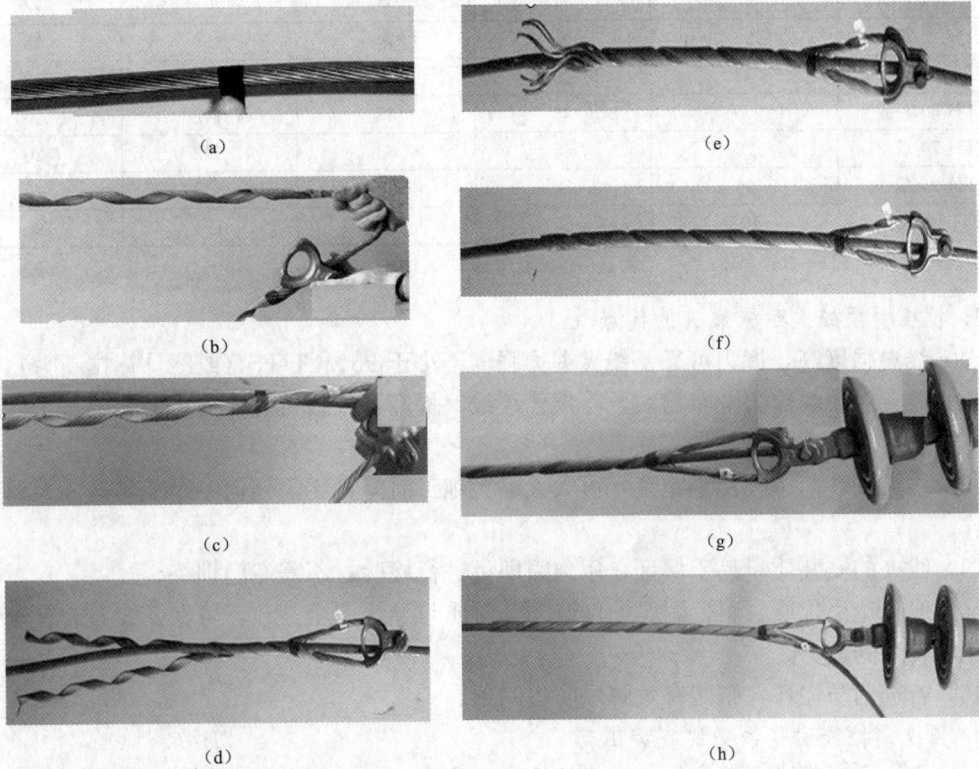

（a）

（e）

（b）

（f）

（c）

（g）

（d）

（h）

图 7-13 架空线路用预绞式耐张线夹的安装工艺

三、拉线用预绞式耐张线夹

拉线用预绞式耐张线夹，承受导线（裸导线和架空绝缘线）全部张力，是非导电体。它有多种规格型号。

拉线用预绞式耐张线夹，由拉线预绞丝及心形拉紧环（嵌环）等组成，实物图与预绞式耐张线夹基本相同。图 7-14 所示为心形拉紧环（嵌环）结构及实物图，技术参数见表 7-9。

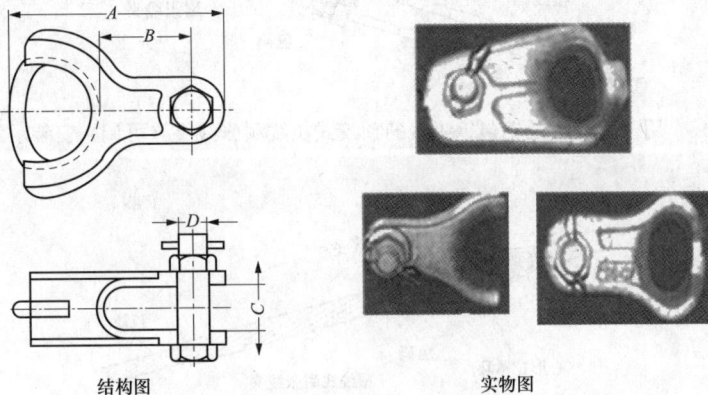

结构图

实物图

图 7-14 拉线用预绞式耐张线夹心形拉紧环结构及实物图

表 7-9　　　　　　　　　　　拉线用预绞式耐张线夹心形拉紧环技术参数

型　号	适用拉线截面积（mm²）	主要尺寸			
		A	B	C	D
TH-25/G	25	40	74	126	18
TH-35/G	35	40	74	126	18
TH-50/G	50	45	83	142	20
TH-70/G	70	45	83	142	20
TH-95/G	95	50	92	158	22
TH-100/G	100	55	101	174	24

　注　型号含义：TH—索具套环；"-"后为适用钢绞线型号。

1. 拉线用预绞式耐张线夹的优点

（1）线夹强度高，握力可靠。线夹握力强度不小于95％CUTS（绞线计算拉断力）。

（2）线夹对绞线应力分布均匀，不损伤绞线，提高了绞线抗振能力，大大延长了导线的使用寿命。

（3）线夹安装简单，便于施工，可大大缩短施工时间，无需任何专用工具，一人即可完成操作。

（4）线夹的安装质量易于保证，用肉眼即可进行检验，不需专门训练。

（5）线夹选用优质材料，耐腐蚀性好。其材质与导线完全一致，可保证线夹具有较强的抗电化学腐蚀的能力。

（6）若选用防盗环，则能有效解决防盗问题。

2. 预绞式拉线耐张线夹的安装工艺

预绞式拉线耐张线夹用于普通拉线的普通拉线线夹、可调拉线线夹，以及用于固定大型铁塔及微波塔拉线的大型拉线线夹等，可代替目前国内在线路电杆上常用的固定拉线 U—T 线夹、楔形线夹等。

图 7-15～图 7-17 所示为预绞式拉线耐张线夹的安装示意图。

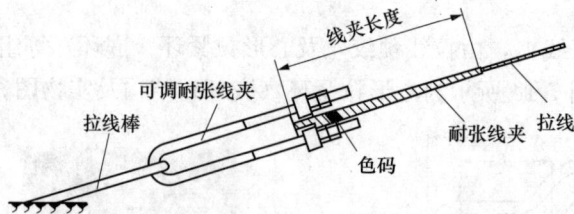

图 7-15　用于钢绞线及铝包钢绞线的预绞式拉线耐张线夹（可调）安装示意图

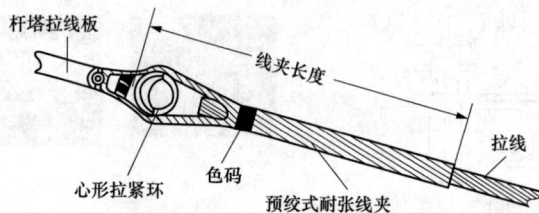

图 7-16　用于钢绞线及铝包钢绞线的预绞式耐张线夹（不可调）安装示意图

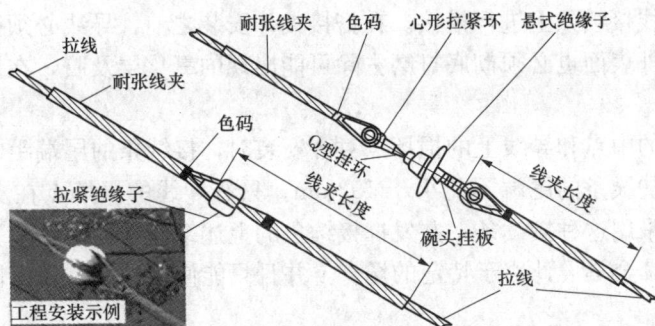

图 7-17　用于钢绞线及铝包钢绞线的预绞式耐张线夹安装示意图

四、预绞式接续金具

预绞式接续金具（又名"接续条"）完全可替代各种形状和结构的接续管、并沟线夹、跳线线夹等接续金具。它分普通接续条、钢芯铝绞线接续条（全张力接续条）、跳线接续条等，其中全张力接续条由内层钢芯接续条、填充条和外层接续条三层接续条组成。

1. 接续条的优点

（1）强度高。

1）全铝、铝合金或铜导线，接续条可恢复 100％的机械强度，而且在接续长度内能大大改善导线的导电性能。

2）对于钢芯铝绞线，导线接续条可以恢复铝导线 100％的强度和 10％的钢芯强度，同时安装导线接续条的范围内，导电性能大大提高。在导线、地线接续的机械特性方面，接续条可完全恢复导线、地线的机械强度，即可 100％达到原导线、地线的计算拉断力。

（2）抗腐蚀性好。预绞式接续金具所用材质和导线、地线相同，从而保证良好的抗腐蚀性能。不同类型的导线、地线可分别使用与之相配的接续条。

（3）导电性好。用于导线、地线的预绞式接续金具，其内层磨砂具有良好的导电性，因而接续条导线、地线的通流能力不受影响。实际运行中由于拉伸的作用，导线、地线的导电性能会越来越好。

（4）安装方便。接续条的安装迅速、简单、方便，其操作安装不受导线带电与否的影响，可避免为修复操作导线、地线而造成的停电。但在安装接续条之前必须将导线彻底打磨，驱除表面的氧化层，直至露出光泽；同时在安装前必须用质量较好的，与导线匹配的导电油脂涂抹在导线的表层。

（5）适应性强，质量轻，富有弹性，对振动疲劳的耐受能力强。接续条适用于缠绕在架空电力线路绞线外层，安装在一般船形线夹及支柱绝缘子上，保护绞线不受各类电气及机械的损伤；也可作为修补条，用来修补已受损伤的绞线，以恢复绞线的机械强度及电气性能。

2. 预绞式接续金具使用注意事项

（1）对钢芯铝绞线来说，导线接续条可以恢复铝导线的强度，但不能恢复钢芯的强度，当钢芯有破坏的迹象时，可以选用全张力接续条。

（2）所有的导线，不管使用过与否，在安装导线接续条前必须将导线彻底清洁打磨去氧化层，直至露出光泽。在安装产品以前必须用高质量的、与导线相匹配的导电脂涂在导线表面。

（3）允许在导线接续条上进行搭接。在搭接夹片安装之前，导线必须彻底打磨涂上导电脂，同时接续条的外表面也必须彻底打磨去除可能出现的氧化层及胶，在接续条的搭接区域也需涂上导电脂。

（4）当接续条的中点和导线上的损坏点对齐安装时，接续条的尾端距已安装好的预绞式护线条或预绞式短护线条的尾端不能小于152mm。只有导线的损坏点在支撑点或在最近损坏点之外，才可以采用这种接续条，并发挥接续条的上述维修功能。

（5）预绞式接续金具设计用于特定的场合，并且只能使用一次，任何情况下都不要重复使用或修改产品。

（6）预绞式接续金具的安装，必须由经过专业安装训练的技术工人操作。为了产品性能的充分发挥和保证安全，在安装前应确认线夹与绞线的正确匹配。

3. 预绞式接续金具选型

用于线路接续的预绞式接续金具主要有预绞式导线接续条（LS）、预绞式跳线接续条（JLS）、导线接续管补强接续条（SLS）、钢芯铝绞线用全张力接续条（FTS）、T型接续条（TC）和预绞式接续条（钢绞线拉/地线用 GLS/EGLS、铝包钢绞线用 AWLS）等预绞式接续金具。

表 7-10 所示为用于钢芯铝绞线的预绞式接续条（全张力接续条）选型表。

表 7-10　　　　用于钢芯铝绞线的部分预绞式接续条（全张力接续条）选型表

型　号	适用导线	钢芯/填充条/外层长度（mm）	色　码
JL-400/50	LGJ-400/50	900/900/4550	红棕
JL-500/45	LGJF-500/45	1000/1000/4650	橙红
JL-500/35	LGJ-500/35	900/900/4650	深黄
JL-500/65	LGJF-500/65	1100/1100/4900	葱绿

注　型号含义：J—接续条；L—螺旋预绞丝；"-"后数字—产品对应导线（铝绞线截面积/钢芯截面积）型号。
　　例：型号 JL-400/50 表示适用钢芯铝绞线（铝绞线截面积400mm²/钢芯截面积50mm²）型号 LGJ-400/50 的预绞式接续条。

表 7-11 所示为用于钢芯铝绞线的预绞式接续条（跳线接续条）选型表。

表 7-11　　　　用于钢芯铝绞线的预绞式接续条（跳线接续条）选型表

型　号	适用导线	跳线接续条长度（mm）	色　码
JL-50/8 T	LGJ-50/8	600	鲜绿
JL-70/10 T	LGJ-70/10	650	深蓝
JL-95/15 T	LGJ-95/15	750	黑色
JL-95/20 T	LGJ-95/20	800	红棕

注　型号含义：J—接续条；L—螺旋预绞丝；T—跳线接续条；"-"后数字—产品对应导线型号（铝绞线截面积/钢芯截面积）。
　　例：型号 JL-50/8 表示适用钢芯铝绞线（铝绞线截面积50mm²/钢芯截面积8mm²）型号 LGJ-50/8 的预绞式接续条。

4. 架空线路用预绞式接续金具安装

以架空线路用预绞式跳线（引流线）接续金具的安装为例，介绍架空线路用预绞式接续金具的安装工艺。

（1）安装前首先确认所用接续条应与导线完全匹配。

（2）把需要接续的跳线端部处理平整，用胶带包扎好，避免散股，并清洁接续条安装范围内的导线表面。接续条的中心色码与跳线端部对齐，并从中心色码处开始缠绕［如图 7-18（a）所示］；缠至两边的导线端部相对，同时顺着接续条缠绕另一侧导线［如图 7-18（b）所示］。

（3）当第一根接续条缠绕完成［如图 7-18（c）所示］，一根挨着一根往上缠绕，注意色码对齐。也可以暂时只缠中央的两个螺距。

（4）徒手将预绞丝的两端缠绕平整自然，直至缠完所有的预绞丝，预绞丝之间不应有交叉现象，如图 7-18（d）、（e）、（f）所示。

跳线（引流线）接续条安装完毕，如图 7-18（g）所示。

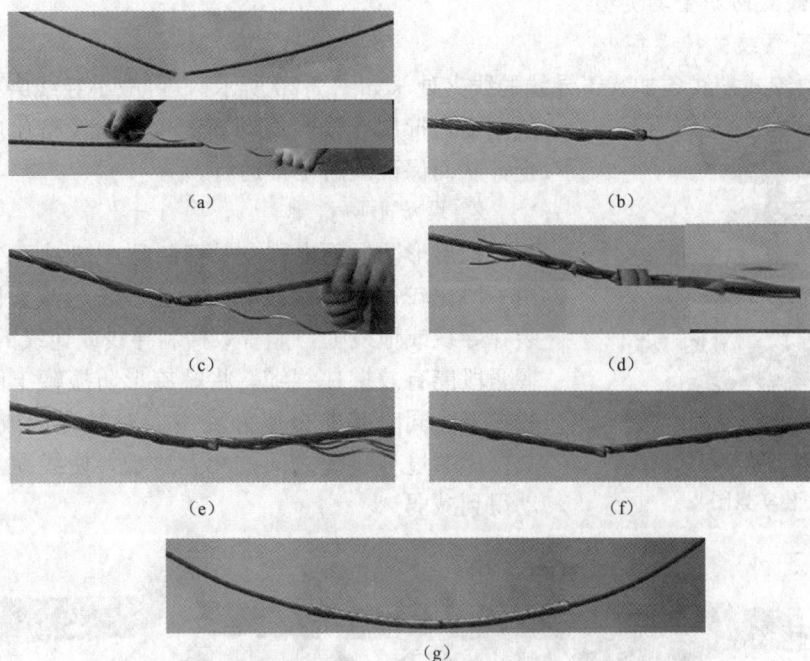

(a)

(b)

(c)

(d)

(e)

(f)

(g)

图 7-18　架空线路用预绞式跳线（引流线）接续金具的安装程序

图 7-19 所示为某架空线路用预绞式跳线（引流线）接续条安装实景。

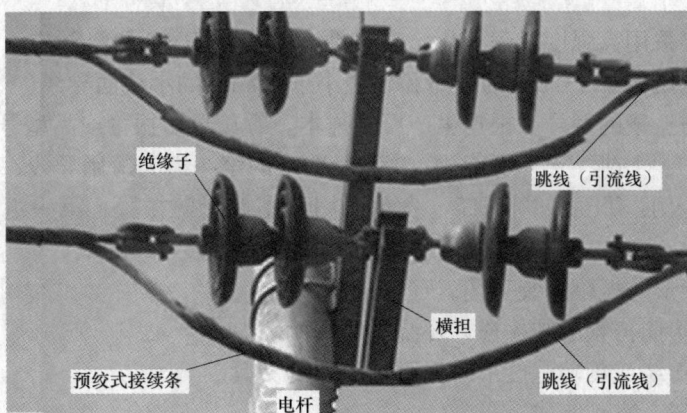

图 7-19　某架空线路用预绞式跳线（引流线）接续条安装实景图

五、预绞式防护金具

(一) 预绞式防护金具特点

(1) 磨损小：由于护线条紧握导线，避免了导线滑移，因而可以把导线的磨损减至最小。

(2) 防松动：由于预绞丝具有紧握弹性，因此可保证导线长期不松动。

(3) 耐腐蚀性好：线条经过防锈处理，从而保证较强的耐腐蚀性。

(4) 安装简单：无需任何专用工具，徒手就可快捷简便地现场安装，一个人即可完成。

(5) 安装质量易于保证：不需专门训练，肉眼可进行检验，外观简洁、美观。

(6) 通用性能强：可与多种金具配套使用。

(二) 预绞式防护金具类型

1. 防晕型预绞式护线条

防晕型预绞式护线条加装于导线的线夹处（如图 7-20 所示），可减小导线磨损，增加导线刚度，抑制导线因振动而产生弯曲及挤压应力导致磨损，从而保证线路正常运行。

图 7-20　防晕型预型绞式护线条
安装实景图

2. 螺旋形防振鞭

螺旋形防振鞭也称电晕抑制环，如图 7-21 所示。它由一段比较短的握紧段和一段比较长的减振段组成，安装在导线或地线上，能有效抑制导线或地线的微风振动。握紧段能有效握住线缆，将螺旋形防振鞭牢固地固定在线缆上，同时其非金属外壳不会对线缆造成任何损伤。减振段通过与线缆之间的相互碰撞，使线缆上的微风振动得到减弱。

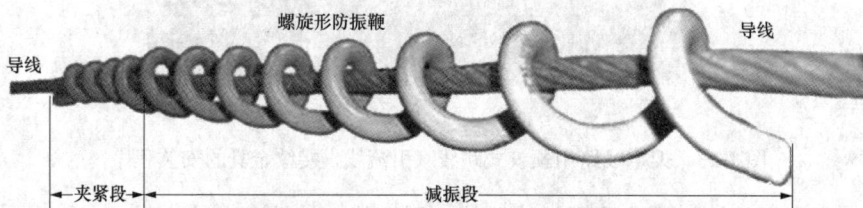

图 7-21　螺旋形防振鞭

螺旋形防振鞭采用高强度、耐老化、高弹性、阻燃的 PVC 塑料制成，特别适用于光纤导线，也适用于电压低于 132kV 的线路和外径小于 19mm 的小截面导线。

(1) 螺旋形防振鞭的型号。根据生产厂家样本，螺旋形防振鞭产品型号，其字母与数字意义：T—通用；F—防振；L—螺旋式；"-"后数字的第一组为适用导线、地线尺寸，第二组为防振鞭长度。例：TFL 0829 125，表示通用型螺旋形防振鞭，第一组"0829"表示适用导线直径 6.30~8.29mm；第二组"125"表示防振鞭长度 125mm。

(2) 单根螺旋形防振鞭安装工艺。

1) 缠绕螺旋形防振鞭的减振段，环绕光缆一圈。

2) 在光缆上缠绕或旋转螺旋形防振鞭，一直到夹紧。

3) 缠绕握紧段，直到完成。

4) 检查握紧段的末端与耐张金具或悬管挂金具之间的距离，若达到要求值（一般为

500mm），即安装完毕。

六、预绞式 T 型线夹

预绞式 T 型线夹的实物如图 7-22 所示。它适用于架空电力线路、发电厂和变电站配电装置中母线与引下线的 T 型连接。预绞丝用铝合金丝预制成螺旋状，按设计的根数粘合成束。

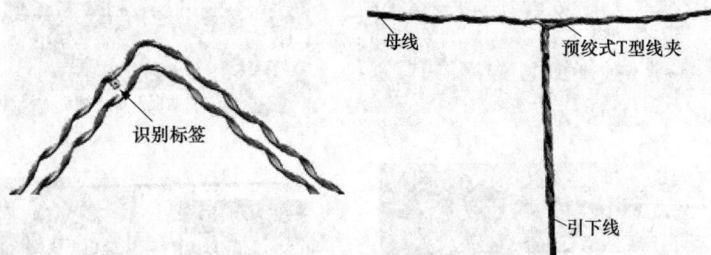

图 7-22　预绞式 T 型线夹实物图

1. 功能和特点

（1）预绞式 T 型线夹的材质与所包裹物（绞线）完全一致，从而保证较强的耐腐蚀性。

（2）由于预绞式 T 型线夹的特殊设计，避免了螺栓、螺母、垫圈和其他部件在安装或运行期间丢失或损坏的可能，运行中有很高的可靠性。

（3）强度高。

（4）安装简便快捷，无需任何工具，现场由一人便可迅速徒手完成安装，安装质量受安装工人人为因素的影响小，安装质量一致性好，且安装过程不会损伤导线。

表 7-12 所示为部分用于钢绞线的预绞式 T 型线夹技术参数。

表 7-12　　　　　　　部分用于钢绞线的预绞式 T 型线夹技术参数

型　号	适用导线（GB 1200—75）GJ 型钢绞线		T 接线夹	
	型号规格	外径（mm）	长度（mm）	色码
TL-35/GJ	GJ-35	6.6	700/1400	橙
TL-50/GJ	GJ-50	7.8	800/1600	黄
TL-70/GJ	GJ-70	9.0	950/1900	绿
TL-95/GJ	GJ-95	11.0	1250/2500	青
TL-100/GJ	GJ-100	12.5	1250/2500	蓝
TL-120/GJ	GJ-120	13.0	1250/2500	紫
		14.0		

注　型号含义：T—T 接线夹，L—螺旋预绞丝，"—"后数字—适用钢绞线型号，G—钢，J—绞线。

例：型号 TL-35/GJ 表示适用钢绞线型号 GJ-35 的预绞式 T 型线夹。

2. 架空线路用预绞式 T 型线夹的安装

安装前应确认线夹与导线的正确匹配，以便充分发挥线夹的优越性能和保证安全运行。主安装时，安装人员必须经过专业的安装训练，在有输电线路的区域内使用 T 型线夹，必须小心谨慎，严格遵守安全规程，以防意外的电气接触。为确保其性能，应妥当包装、谨慎搬运及储存，谨防跌落、冲撞及重压，以免引起线夹变形或其他部件受损。

架空线路用预绞式 T 型线夹的安装工艺如下：

先用胶布在引下线 T 型连接的母线上做标记，并清洁线夹安装范围的母线表面，如

图 7-23（a）所示；线夹的一个分支平行于母线，另一分支自然垂直于母线，如图 7-23（b）所示；保证垂直点在上一步做的标记上，即沿母线从色码开始缠绕线夹，直到完成，如图 7-23（c）所示。

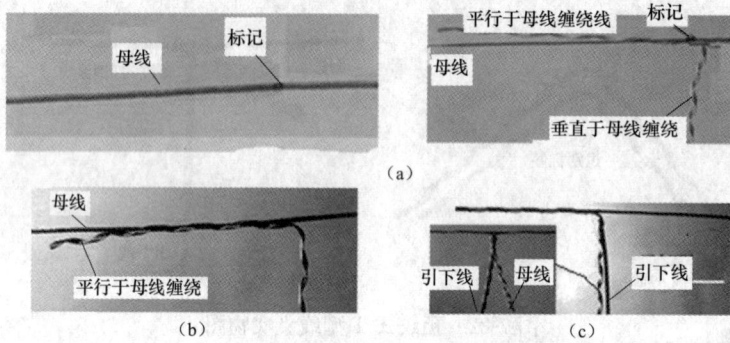

（a）

（b）　　　　　　　　　　　（c）

图 7-23　架空线路用预绞式 T 型线夹安装过程示意图

第二节　光　缆　金　具

一、光缆金具常识

光缆金具是光纤复合架空地线（OPGW）及全介质自承式光缆（ADSS）工程安装时的必选金具。

制作光缆金具的主体材料—金属丝，经专用模具预绞成型后呈螺旋状缠绕于光缆外壁上，起到对光缆的握持及加强作用。光缆金具包括光缆悬垂线夹、预绞式光缆耐张线夹、预绞式光缆防护金具、光缆线路用其他金具。

光缆金具的基本特点是具有结构紧凑性好，高抗拉强度，短路电流对电网和通信网间的相互干扰小，传送各种控制信号，进行多路宽带通信。

光缆线路安装常用金具与输电线路用金具基本一样，也分悬垂线夹、耐张线夹，以及其他金具（如引下线夹、三角联板等）。

二、悬垂线夹

1. 悬垂线夹分类

光缆悬垂线夹与上述介绍的架空线路钢芯铝绞线、铝绞线等用悬垂线夹，主要用于直线铁塔上，是将光缆悬挂在铁塔上的连接金具，用来保护光缆在架设和运行过程中不受损伤。

（1）悬垂切径线夹（如图 7-24 所示），属于直线悬垂线夹一种，主要为小跨距的架空光缆提供轻便、简捷、低费用的保护安装线夹，特别适于城区通信网建设和改造的需要。该线夹主要用于 100m 以下短跨距直线杆塔，或转角小于 15°的杆塔上的光缆安装。它的破断强度不小于 40kN。每套切径线夹包括壳体、橡胶插件、螺栓、螺母、垫圈等。

（2）机械悬垂线夹，属于短跨距悬垂线夹，介于切径线夹与预绞丝悬垂线夹之间，基本结构与切

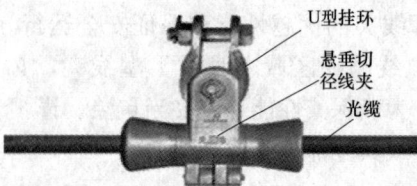

图 7-24　悬垂切径线夹

径悬垂金具相似。机械悬垂线夹由加强层预绞丝、橡胶插件、壳体、U 型挂环等组成，适用线路档距在 100～200m 之间，线路转角为 15°以下的直线杆塔。该悬垂线夹具有切径线夹便捷的特点，由于增加了预绞丝加强层，同时也增强了光缆的抗动态荷载能力，金具破断强度不小于 40kN。

（3）预绞丝切径线夹。该线夹主要用于 75m 以下档距线路上的直线杆塔，预绞丝切径与光缆悬垂切径线夹的作用相仿，但其安装更为简捷。安装人员不需专用工具，徒手操作便可顺利地进行安装，并很容易保证安装质量，且质量也轻巧。

预绞丝悬垂线夹安装方式分常规式和组合式。预绞丝单支悬垂线夹的安装实景如图 7-25 所示。预绞丝双支悬垂线夹的安装实景如图 7-26 所示。

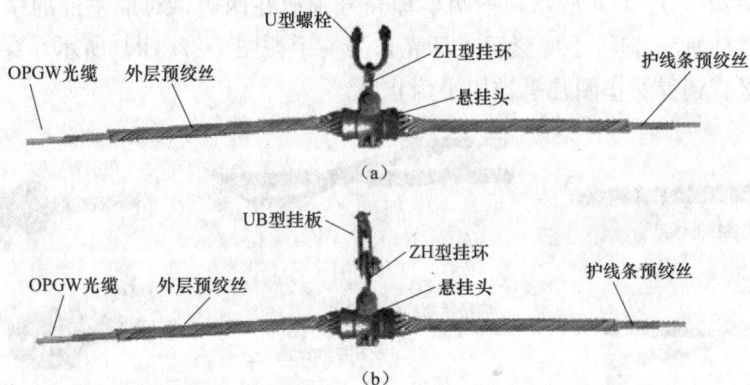

图 7-25　预绞丝单支悬垂线夹的安装实景图
（a）常规式；（b）组合式

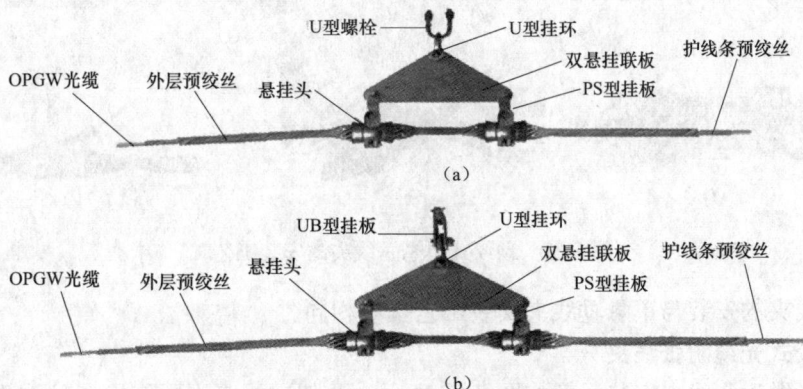

图 7-26　预绞丝双支悬垂线夹的安装实景图
（a）常规式；（b）组合式

2. 光缆悬垂线夹安装工艺举例

介绍单悬垂线夹的一般安装工艺如下：

（1）按图 7-27（a）所示，先在光缆悬挂处做记号，再把松散的内层丝分成 2～3 根一组的子束，将子束中央的标记对准光缆悬挂处做记号后，再将子束在光缆上缠绕 3～4 圈。

（2）重复（1）操作，将所有的内层丝缠绕到光缆上，如图 7-27（b）、（c）所示。

（3）按图 7-27（d）所示方法，将橡胶插件上、下两半的中心处对准的内层丝中心标记，并用胶带粘紧。

（4）把内层丝处的中心标记对准橡胶插件中心，将其紧贴在橡胶插件的弯曲弧面上，并在插件的两端各缠绕 2~3 圈，如图 7-27（e）所示。

（5）把第二根外层在第一根的对称处重复第（4）步作业，将上、下两半橡胶夹紧，如图 7-27（f）所示；然后按图 7-27（g）方式，继续把所有的外层丝按上述操作，并确保每一根丝之间留有一定的间隙，绝不能互相交叉缠绕。

（6）按图 7-27（h）用手将外层丝缠绕到位，绝不容许用能对光缆造成损害的工具或器械进行作业。

（7）按图 7-27（i）、（j）所示，把两半耳壳分别放在两边，对准主件的中心处，两耳朝上；按图 7-27（j）所示，一手握紧两半耳壳，另一手按图 7-27（k）所示，穿上螺栓和连接件，并拧紧螺母直到弹簧垫圈几乎被压平为止。

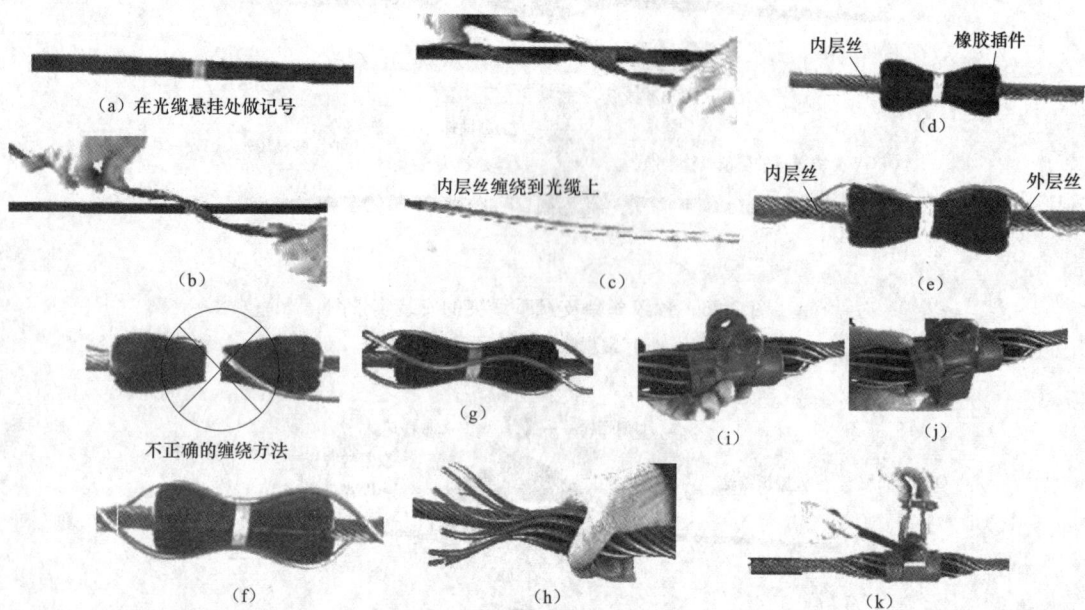

图 7-27　预绞式单悬垂线夹的安装工艺

双悬垂线夹的安装与单悬垂线夹安装工艺基本相同。

三、预绞式光缆耐张线夹

预绞式光缆耐张线夹安装示意如图 7-28 所示，与架空线路用预绞式金具结构基本相同，

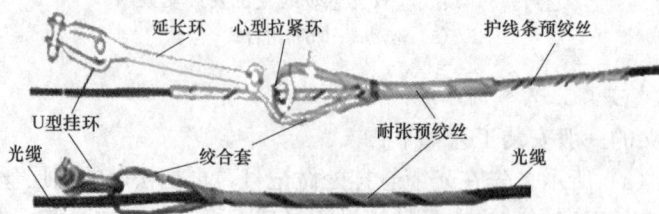

图 7-28　预绞式光缆耐张线夹安装示意图

用于终端铁塔和线路中间耐张铁塔上，它能均匀地分配径向压力，并传递轴向拉力，在保证不损伤光缆的前提下提供安全可靠的握紧力。

四、预绞式光缆防护金具

1. 螺旋形防振鞭

螺旋形防振鞭如图 7-29 所示，它安装在光缆上，通过与光缆的撞击来消散振动能量，进而达到消除或降低光缆运行时在层流风的作用下产生的振动，以保护光缆及金具。

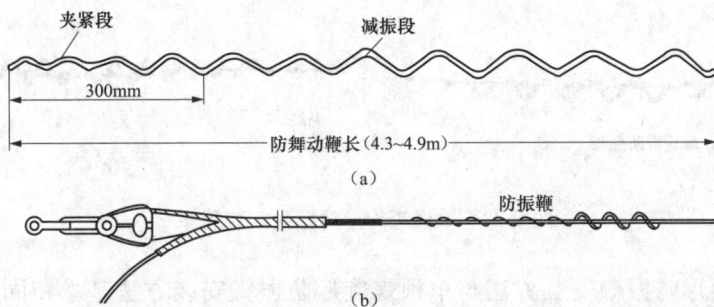

图 7-29　螺旋形防振器（防振鞭）结构及安装示意图
(a) 防振鞭结构图；(b) 安装示意图

螺旋形防振鞭的优点是安装方便、快捷。螺旋形防振鞭在导线、地线振动时能产生相对于对导线、地线运动的反向运动，从而在各种振动频率下减少导线、地线的振动幅度，进而抑制了导线、地线的振动，从而保护了导线、地线。

（1）螺旋形防振鞭一般技术条件。螺旋形防振鞭一般技术条件应符合 GB/T 2314—2008 的规定。表 7-13 所示为螺旋形防振鞭型号的技术参数。

表 7-13　　　　　　　　　　螺旋形防振鞭型号的技术参数

型　号	适用导线直径（mm）	适用地线截面积（mm²）	握紧段长（mm）	总长（mm）	净质量（kg）	色码
TFL-0829125	6.30～8.29	35	250	1250	0.26	橙
TFL-1170130	8.30～11.70	50、70、95	250	1300	0.28	黄
TFL-1430135	11.71～14.30	100、120	250	1350	0.30	绿
TFL-1930167	14.31～19.30	150	330	1670	0.66	蓝

注　型号含义：T—通用；F—防振；L—螺旋式；"-"后数字：第一组为适用导线、地线的尺寸，第二组为防振鞭长度。

例：型号 TFL 0829 125 表示适用导线直径 6.30～8.29mm 导线用螺旋形防振鞭，其总长度 1250mm。

（2）螺旋形防振鞭安装方法。安装时，防振鞭夹紧段靠杆塔侧。防振鞭的使用数量：档距小于 50m 者不使用，档距 50～250m 者安装 2 个，档距 250～400m 者安装 4 个，档距 400～800m 者安装 6 个。可以沿导线、地线串联安装几根，也可以并联安装几根，但不能任意改变其组件的安装数量和长度。三根螺旋防振鞭的安装，也可采用并联安装法。

1）单根螺旋形防振鞭安装方法（如图 7-30 所示）：①首先确认螺旋形防振鞭夹紧段靠杆塔侧，紧贴导线、地线旋转防振鞭的减振段，使防振鞭缠绕在导线、地线上，如图 7-30（a）所示；②在导线、地线上缠绕或旋转并向前推移螺旋形防振鞭，使螺旋形防振鞭末端与耐张线夹或悬垂线夹末端的距离为 50cm，再缠绕夹紧段，如图 7-30（b）所示；③缠绕夹紧段，直到完成，如图 7-30（c）所示；并检查夹紧段的末端与耐张线夹或悬垂线夹末端之间的距离是否为 50cm；④安装完毕，如图 7-30（d）所示。

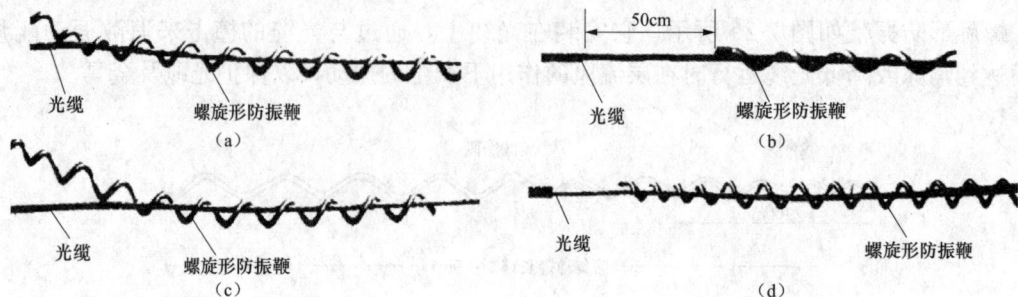

图 7-30　单根螺旋形防振鞭安装程序

2）双根螺旋形防振鞭安装方法与单根螺旋形防振鞭安装方法基本相同。不同之处是：安装时应将两根螺旋形防振鞭并联绞合在一起，先缠一根螺旋形防振鞭在导线、地线上，接着用同一方式缠绕另一根；防振鞭缠绕在导线、地线上直缠到夹紧段，使螺旋形防振鞭夹紧段末端与耐张线夹、悬垂线夹末端的距离为 50cm。为了方便安装，应将螺旋形防振鞭的夹紧段分开。双根螺旋形防振鞭的安装方法如图 7-31 所示。

图 7-31　双根螺旋形防振鞭安装方法

2. 灭弧锥形鞭

灭弧锥形鞭也称防振鞭，如图 7-32 所示。它由高强度、耐老化、高弹性的改良性 PVC 塑料制成，分握持、防振两部分，利用防振部分对风力振动产生的阻尼作用，消耗和减弱了光缆振动产生的能量，从而保护光缆。

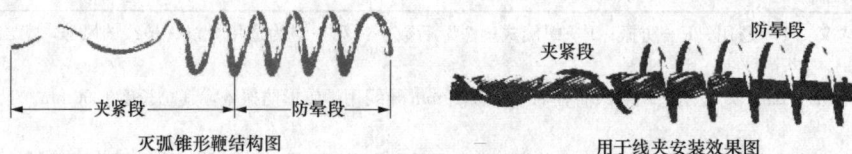

图 7-32　灭弧锥形鞭

灭弧锥形鞭安装在杆塔的电缆线端部，用于降低高压场合的电压和灭弧，类似于输电线路绝缘子串上的均压屏蔽环。

3. 防电晕圈

防电晕圈主要用在 110kV 以上与输电线路同杆塔架设的 ADSS 光缆上。由于光缆和预绞式金具都位于较高的电场空间，预绞式金具末端易受电晕放电的影响。对光缆的安全运行产生威胁。防电晕圈可极大地改善预绞丝末端电场的状态，减少电晕对光缆产生的电腐蚀，延长光缆的使用寿命。

4. 光缆用防振锤

光缆用防振锤与普通线路用防振锤结构相同。它主要和护线条配套使用，作用是通过减小架空光缆或导线上的风力振动来减小光缆或导线的应力，从而消除疲劳，以保证光缆或导线的寿命，并且安装方便、快捷。

OPGW 光缆及 ADSS 光缆常用 4D 系列防振锤，为斯托克布里奇音叉式设计，有四个谐振频率，频率范围为 3～150Hz。该防振锤主要用于去除和分散由于微风振动对光缆所产生的冲击能量。防振锤的规格依据线缆的直径配置，防振锤的保护效果与缆径、档距、单位质量、气候条件等因素有关。

五、光缆线路用其他金具

光缆线路用其他金具，这里主要指引下线夹、塔用余缆架和塔用余缆环、接头盒抱箍和余缆架抱箍、光缆接续盒和光缆终端盒、紧固夹具。以及接地线夹等。

1. 引下线夹具

引下线夹具包括塔式引下线夹具、杆式引下线夹具。它们被安装在光缆线路的终端及接续杆塔处，将从杆塔上引下的光缆固定在杆上，不让其晃动，避免光缆在风力作用下与杆塔或其他物体摩擦而损坏光缆，以确保光缆的安全。一般每隔 1～1.5m 安装一个引下线夹具。

（1）塔式引下线夹具，有多种结构。图 7-33 所示为部分塔式引下线夹具安装示意图：先将 U 型塔式引下线夹具按要求的距离固定在铁塔上，然后用夹具上的压板将光缆夹紧即完成安装。

（2）杆式引下线夹具安装方法（如图 7-34 所示）：安装时，先把不锈钢带穿入抱箍头，然后将不锈钢带围着水泥杆绕一圈，留够收紧的距离后将多余的不锈钢带弯折 180°；按要求的固定距离将不锈钢带和抱箍头一起把水泥杆抱住，用扳手把收紧螺母收紧；最后用夹具上的橡胶夹片将光缆夹紧即完成安装。

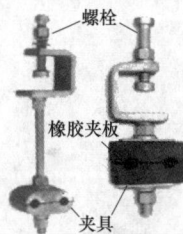

图 7-33　部分塔式引下线夹具安装示意图

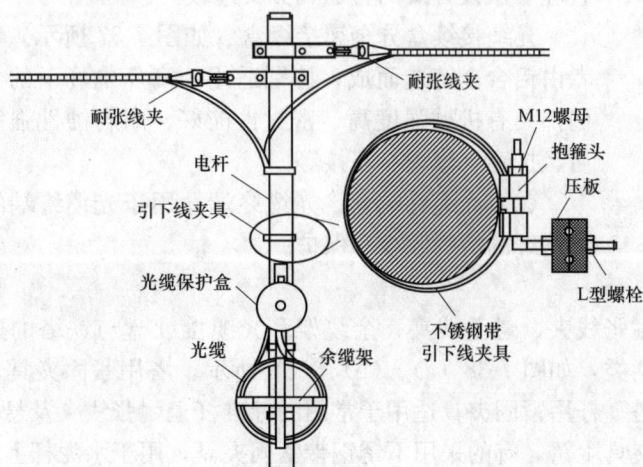

图 7-34　杆式引下线夹具安装示意图

2. 塔用余缆架

余缆架主要用于接续塔上缠绕多余的光缆，一般与接头盒配合使用。

塔用余缆架如图 7-35 所示，一般每个接续盒配一个余缆架。

WQ-YJT型　　　WQ-YHT型　　　YLT型

图 7-35　塔用余缆架

3. 光缆接头盒抱箍、光缆余缆架抱箍

抱箍是用一种材料抱住或箍住另外一种材料的构件。它属于紧固件。

光缆接头盒抱箍用于光缆接头盒在杆（或塔）上的固定。

光缆余缆架抱箍主要用于杆式线路上固定余缆架。WQ-HG 接头盒抱箍、WQ-YJB 余缆架抱箍实物如图 7-36 所示，其直径有 270、300、350、400、450mm 等可供选用。

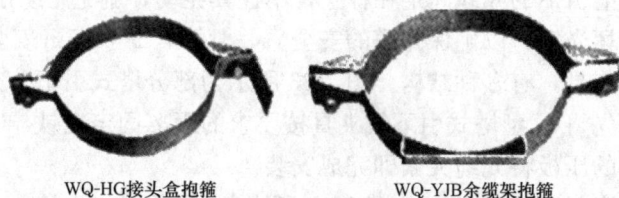

WQ-HG接头盒抱箍　　　WQ-YJB余缆架抱箍

图 7-36　光缆接头盒抱箍、光缆余缆架抱箍产品实物图

4. 光缆接续盒、光缆终端盒

（1）光缆接续盒。光缆接续盒俗称光缆接头盒，又名光缆接续包、光缆接头包和炮筒，主要用于各种结构的光缆的架空、管道、直埋等敷设方式的直通和分支连接。

光缆接续盒分金属接续盒（如图 7-37 所示）和塑料接续盒。前者由铝合金铸造而成，特别适用于高压电场下的光缆接头保护。它们都具有机械强度高、密封性能好、耐腐蚀性强等优点，可重复开启、扩容、修理、复接等。

图 7-37　金属型接续盒产品外观

（2）光缆终端盒。光缆终端盒用于光缆终端的固定，以及光缆与尾纤的熔焊收容和保护。

5. 紧固夹具

紧固夹具用于耐张线夹、悬垂线夹、余缆架和光缆接续盒与铁塔的连接紧固，分为塔用、杆用紧固夹具两类，如图 7-38（a）、（b）、（c）所示。塔用紧固夹具适用于常用的标准塔型，即格构式铁塔。杆用紧固夹具适用于常用的标准杆上耐张线夹及悬垂线夹的安装。

为了避免紧固夹具生锈，有的采用不锈钢带紧固夹具，用于水泥杆上固定接头盒、余缆架，通常每个接头盒需要配两个紧固夹具，每个余缆架需要配两个不锈钢带紧固夹具，部分不锈钢带紧固夹具实物图如图 7-38（d）、（e）所示。

图 7-38 安装金具的紧固夹具实物图

(a) 转角塔用紧固夹具；(b) 直线塔用紧固夹具；(c) 电杆用紧固夹具；(d)、(e) 不锈钢带紧固金具

6. 接地线夹

接地线夹，主要用于 OPGW 光缆接地，为短路电流提供通路。接地线夹由一根接地线、一套铝合金并沟线夹（连接 OPGW 光缆及接地线）和一个接线端子（连接铁塔）构成。通常，终端塔、直线塔配一根接地线，接续塔配二根接地线。接地线的长度有 1.5m 和 2.0m 两种，可根据需要选配。

图 7-39 所示为 OPGW 光缆接地线夹设计示意图。

图 7-39 OPGW 光缆接地线夹设计示意图

第三节 架空绝缘导线金具

架空绝缘导线金具主要用于架空绝缘线路导线的悬挂、接续、保护等，执行 DL/T 765.3—2004《额定电压 10kV 及以下架空绝缘导线金具》规范。

一、悬挂金具

悬挂金具由铝合金或钢板制成的线夹体、橡胶衬件及锁紧件三部分组成。线夹体带有挂钩，可悬挂在支撑物上。橡胶衬件为硬质橡胶制成的开口管状物，夹紧后电缆不会滑动，而且有增强绝缘的作用。

悬挂金具应能承受电缆自身质量风力和冰雪等各种负荷产生的外力作用。

悬挂金具适用于架空集束绝缘导线悬挂金具，有钢制、铝制两种，具有加强板较宽、固定线路牢靠、结构紧凑、绝缘性能好等特点。悬挂金具系列较多，部分产品如图 7-40 所示。

二、架空绝缘导线用耐张线夹

架空绝缘导线用耐张线夹适用于架空电力线路上，将导线固定在耐张杆的绝缘子上，从而将架空绝缘导线固定或拉紧，绝缘罩与耐张线夹配套使用，起绝缘防护作用。

架空绝缘导线用耐张线夹，根据不同的生产厂家及制造材料和用于不同绝缘导线，结构有多种类型。现举例如下：

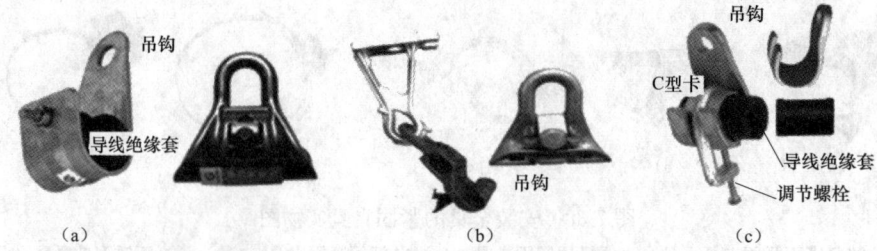

图 7-40　部分悬吊线夹系列实物图

（a）JCG2-××型；（b）JCG-××型（外销型）；（c）XD-××型

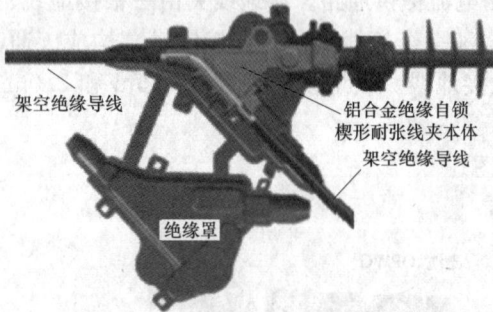

图 7-41　铝合金绝缘自锁楔形耐张线夹

1. 铝合金绝缘自锁楔形耐张线夹

铝合金绝缘自锁楔形耐张线夹的基本结构与架空裸导线用耐张线夹的结构基本相同，如图 7-41 所示，不同的是在铝合金绝缘自锁楔形耐张线夹的外面加装绝缘罩，线夹安装后具有自锁性能。

铝合金绝缘自锁楔形耐张线夹的安装工艺如下：

（1）根据导线截面大小选择合适的耐张线夹，如图 7-42（a）所示，再将耐张线夹做好固定连接，如图 7-42（b）所示。

（2）将耐张线夹与紧线器做好连接，并做好适当的紧线操作［如图 7-42（c）所示］，并按图 7-42（d）紧线到一定程度后，拉紧线夹上的内压条，并转开压条上的连接螺栓。

（3）按图 7-42（e）所示将导线压在线槽内并将楔块推进线槽，再拧紧螺栓；然后慢慢松开紧线器，并取走紧线器；完成导线与线夹的安装，如图 7-42（f）所示。

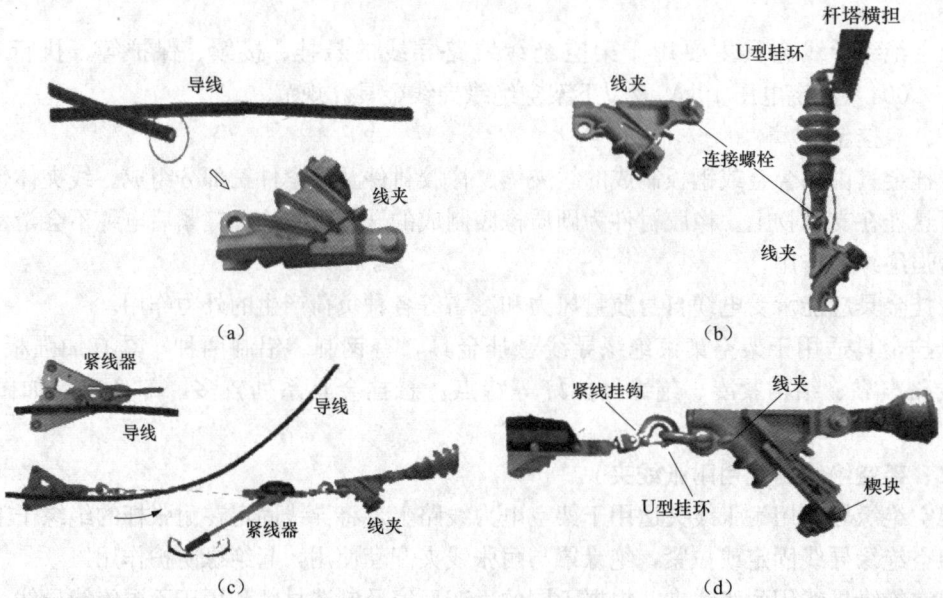

图 7-42　铝合金绝缘自锁楔形耐张线夹安装工艺流程（一）

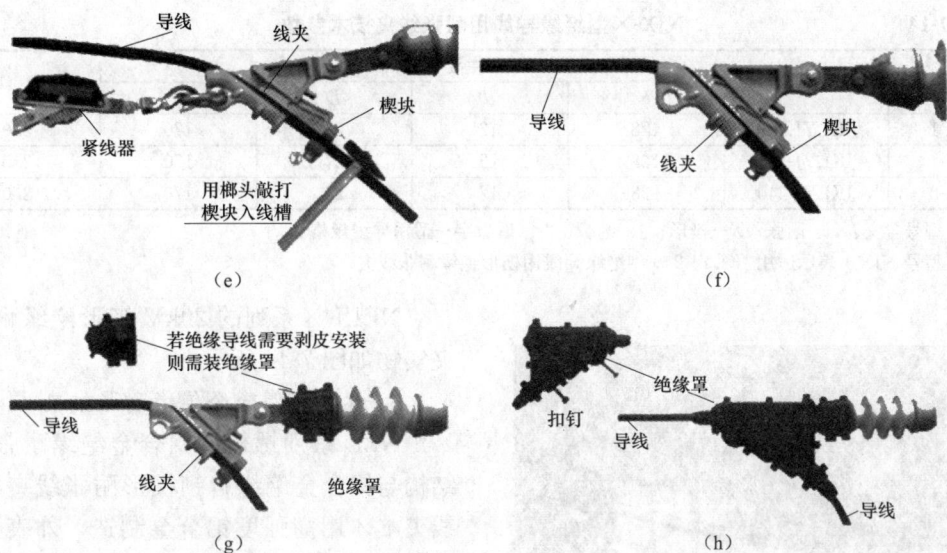

图 7-42　铝合金绝缘自锁楔形耐张线夹安装工艺流程（二）

（4）按图 7-42（g）所示，先在线夹和绝缘子的连接处安装好筒状绝缘罩，再按图 7-42（h）所示在线夹上套上绝缘罩，并扣好绝缘罩上的扣钉，即结束整个安装工艺。

2. 楔形（NJX-×型、NX-×Y 型）绝缘耐张线夹

绝缘耐张线夹（NJX-×型、NX-×Y 型）适用于 10kV 及以下架空绝缘铝芯线（JK-LY）的终端或耐张段两端的绝缘子串上，将架空绝缘导线固定和拉紧，其具有楔形结构，安装简便可靠。

楔形绝缘耐张线夹壳体采用抗氧化高强度铝合金铸造。楔芯采用绝缘增强塑料（正频耐压不小于 18kV，保压 1min 不击穿）制造，使用时不需剥除绝缘层，可与绝缘铝芯线通用，且使用中无电能损耗。

NJX-×型、NX-×Y 型系列绝缘耐张线夹的如图 7-43 所示。NJX-×型绝缘耐张线夹的技术参数见表 7-14。

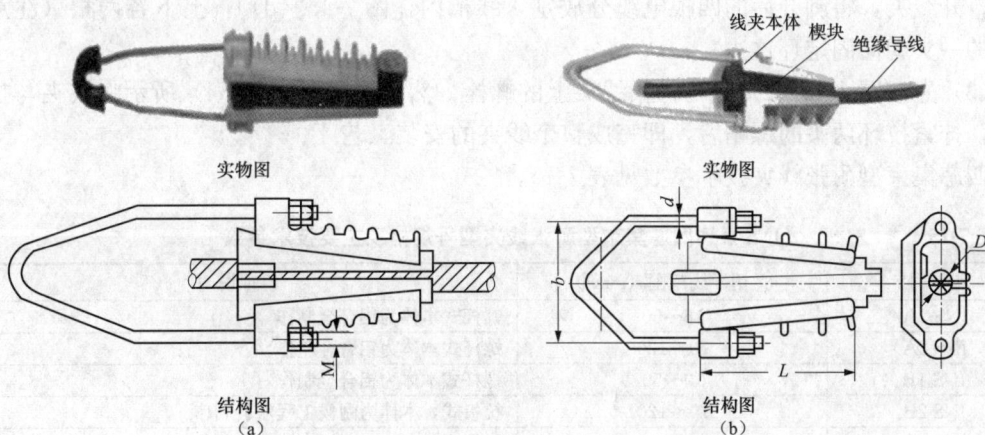

图 7-43　绝缘导线用耐张线夹

（a）NJX-×型（10KV 线路用）；（b）NX-×Y 型

表 7-14　　　　　　　　　　**NJX-×型绝缘导线用耐张线夹技术参数**

型　　号	适用导线	主要尺寸（mm）				握力（kN）
		b	d	D	L	
NJX-1	JKLYJ-240	128	12	27	170	2.0
NJX-1	JKLYJ-185	128	12	27	170	2.0
NJX-2	JKLYJ-240	128	12	23	170	2.0

注　型号含义：N—耐张；X—楔形；J—绝缘；"-"后数字—适用导线规格。

例：型号 NJX-1 表示适用 JKLYJ-240 型绝缘导线用楔形绝缘耐张线夹。

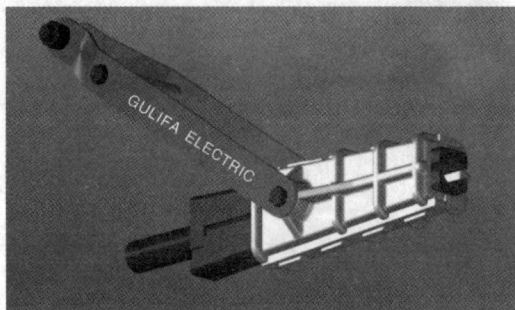

图 7-44　NELJ-×系列 20kV 楔形绝缘
线夹实物图

NELJ-×系列的 20kV 楔形绝缘耐张线夹实物如图 7-44 所示。

3. 螺栓型铝合金绝缘耐张线夹

NLL 系列螺栓型铝合金绝缘耐张线夹结构与铝合金绝缘自锁楔形耐张线夹相似。线夹本体用高强度铝合金制造，外表光洁，使用寿命长，安装使用方便，无电能损耗，是一种节能耐张线夹。该线夹可与绝缘罩（起绝缘防护作用）配套使用，适用于 10kV 及以下架空线路中耐张杆上固定绝缘铝导线耐张安装。

4. 四芯集束型耐张线夹

四芯集束型耐张线夹适用于 1kV 及以下架空线路终端或耐张段两端，起固定或拉紧绝缘导线的作用。其用四芯并沟并槽结构，将四根绝缘导线夹入后（不用剥绝缘层），拧紧螺栓，夹紧的四根导线即可成束状，将拉环锚固定后，便可拉紧固定。

四芯集束型耐张线夹安装工艺如下：

（1）按图 7-45（a）所示，转下拉环上的螺帽，取下拉环；并将拉环固定在固定物（如杆塔横担、墙壁、电杆）上。

（2）根据图 7-45（b）所示，剥开电缆安装段的横筋；按图 7-45（c）转松线夹上的螺栓，打开线夹，将剥开后的四根电缆分放别入线槽内［图 7-45（d）］，上下各两根（注意铝芯扁的一头朝向固定环这边）。

（3）先按图 7-45（e）均匀拧紧线夹上的螺栓；然后根据图 7-45（f）所示将线夹与拉环连接，拧紧拉环两头的螺帽后，即完成整个线夹的安装工艺。

四芯集束型耐张线夹技术参数见表 7-15。

表 7-15　　　　　**JNS 系列四芯集束型耐张线夹型号规格及主要技术参数**

型　　号	适用导线范围（mm²）	特征说明
JNS-1A	16～50	螺杆式本体为铝合金制作
JNS-2A	70～120	螺杆式本体为铝合金制作
JNS-1B	10～50	螺杆式本体为铝合金制作
JNS-2B	70～120	拉板式，本体为耐候工程塑料制作
JNS-3B	150～240	拉板式，本体为耐候工程塑料制作

注　型号含义：J—架空绝缘，N—耐张，S—四芯集束式，数字—适用导线组合号，附加字母—线夹类型。

例：型号 NS-1A 表示 JNS 系列四芯集束型（A 型）耐张线夹，适用导线组合号为 1，导线范围 16～50mm²。

四芯集束绝缘耐张线夹（NXJ-A型）实物图　　　四芯集束绝缘耐张线夹（NXJ-B型）实物图

（a）　　　　　　　　　　　　　（b）

（c）　　　　　　　　　　　　　（d）

（e）　　　　　　　　　　　　　（f）

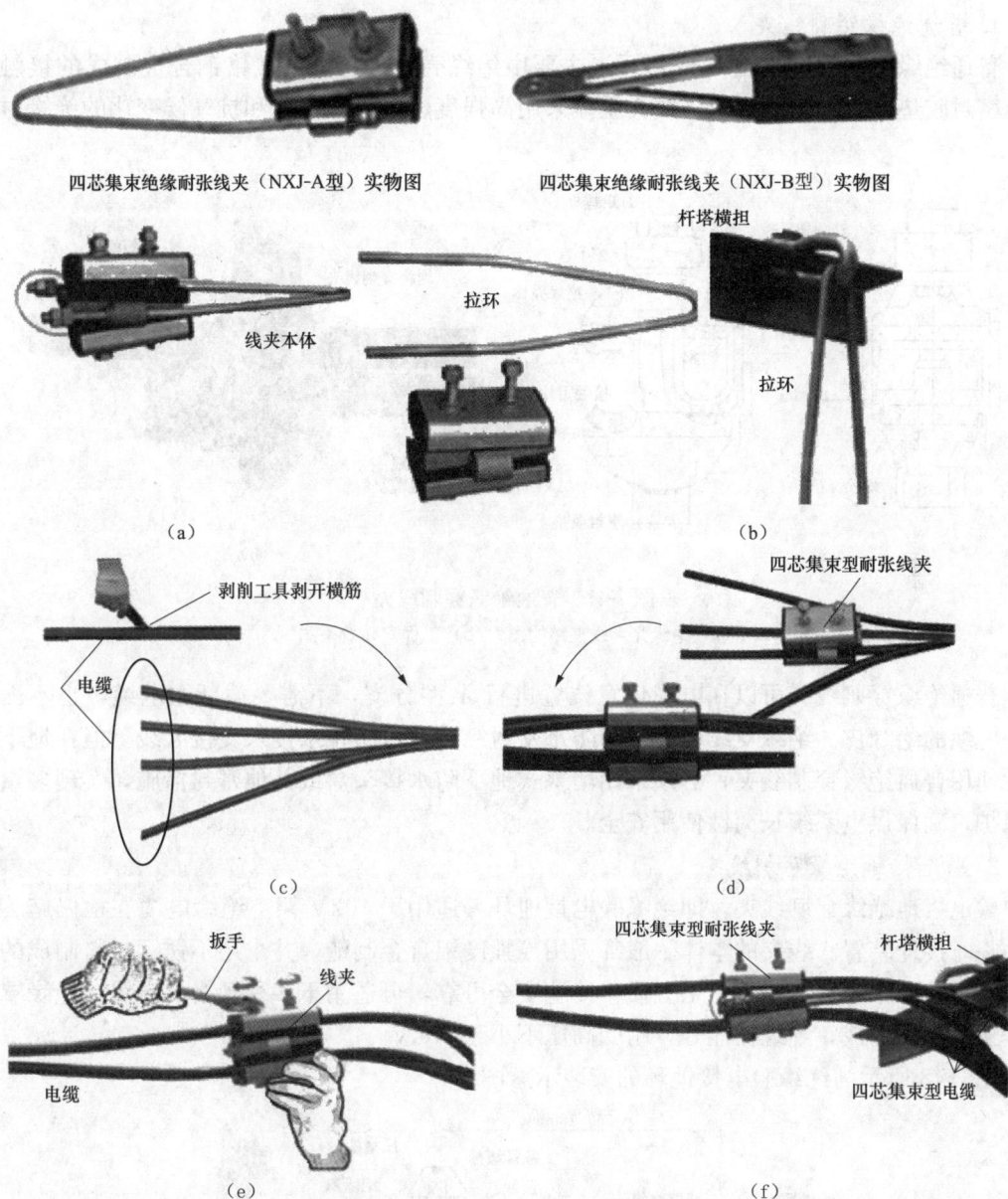

图 7-45　四芯集束型耐张线夹实物图关键安装工艺流程

三、绝缘连接金具

绝缘连接金具，其连接金具与线路连接结构相同，仅在其外罩上绝缘罩，即称绝缘连接金具。绝缘罩由硅橡胶压制而成，与线夹配套使用，起绝缘防护作用。

图 7-46 所示为绝缘并沟线夹实物图。

四、绝缘穿刺线夹

绝缘穿刺线夹按电压等级分类可以分成 1、10、20kV 等绝缘穿刺线夹，按功能分类可以分成普通绝缘穿刺线夹、验电接地绝缘穿刺线夹、防雷防弧绝缘穿刺线夹。

图 7-46　绝缘并沟线夹实物图

1. 普通绝缘穿刺线夹

普通绝缘穿刺线夹如图 7-47 所示，主要由绝缘壳体、特殊的镀铬铜合金制成的接触刀片、密封胶垫、力矩螺栓组成。线夹主体采用高强度、抗机械变化和抗气候变化的绝缘材料制成。

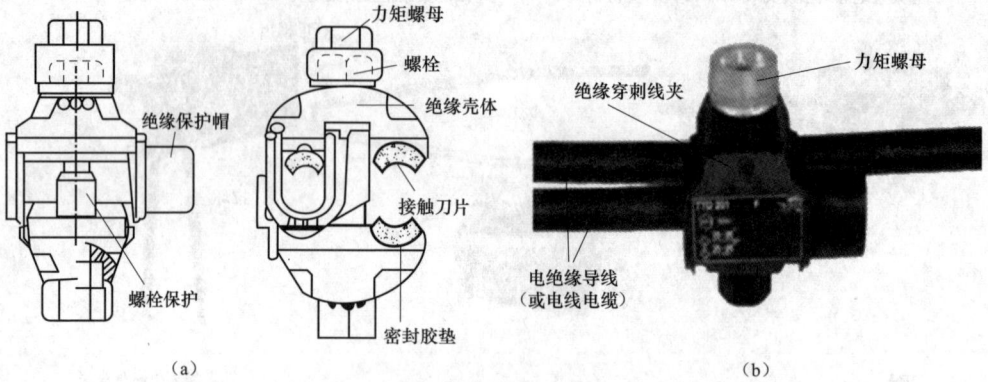

图 7-47　普通绝缘穿刺线夹
(a) 绝缘穿刺线夹结构图；(b) 工程安装效果图

普通绝缘穿刺线夹可以在电缆任意位置进行 T 型分支，不需要截断主电缆，也不需要剥去电缆的绝缘皮。绝缘支线端盖采用防水密封结构，可防止水侵入支接导线。但在地下或水中使用普通绝缘穿刺线夹，必须采用堵塞式地下防水接头盒或其他密封措施，实现多重防水保护，确保供电系统长久性使用安全。

2. 验电接地绝缘穿刺线夹

验电接地绝缘穿刺线夹，即绝缘验电接地环，适用于 10kV 架空绝缘电缆在检修施工时作为临时接地装置。线夹的本体一般都采用高强度铝合金制造，并采用不锈钢材料制成的螺纹连接。绝缘罩为套入式，施工方便，接地安全可靠，可适用于多种规格的导线。绝缘罩采用硅橡胶制作而成，绝缘性能好，耐受高压不小于 18kV。

图 7-48 所示为绝缘验电接地环的安装示意图。

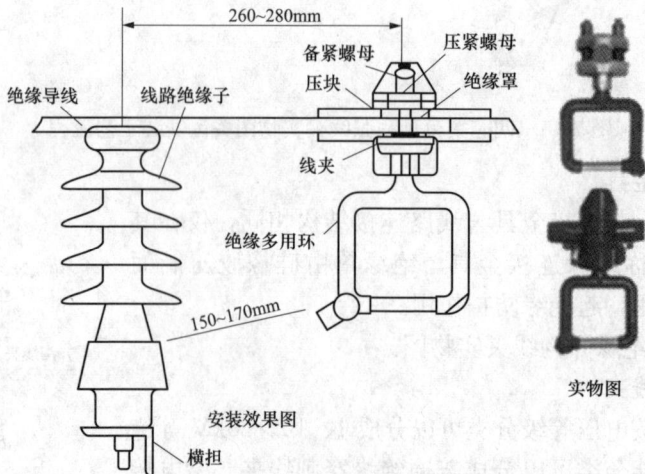

图 7-48　绝缘验电接地环的安装示意图

3. 防雷防弧绝缘穿刺线夹

防雷防弧绝缘穿刺线夹结构、实物及安装示意如图 7-49 所示。它是一种装在线路绝缘子附近的绝缘导线上的金具，当雷电过电压超过一定数值时，在线夹的穿刺电极和接地电极之间引起闪络，形成短路通道，接续的工频电弧便在线夹的燃弧臂上燃烧，释放过电压能量，以保护导线免于烧伤。

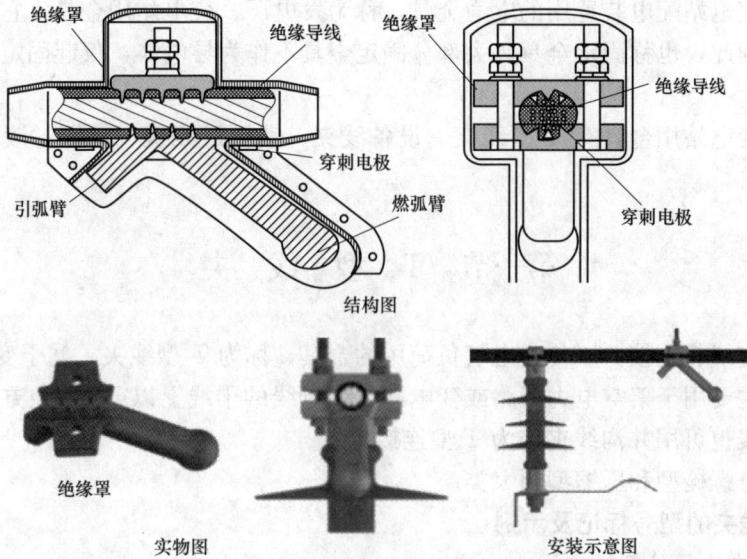

图 7-49　防雷防弧绝缘穿刺线夹结构、实物及安装示意图

五、绝缘 T 型线夹

绝缘 T 型线夹，实际上是绝缘罩（硅橡胶压制而成）和 T 型线夹配套使用，起绝缘防护作用。该线夹适用于 10kV 架空绝缘电缆的分支接续，隔离开关、跌落式熔断器等电气装置彼此互相接续以及耐张杆塔的跳线、T 接引下线等的接续，也可适用于发电厂、变电站电气设备与架空母线的 T 型连接。

绝缘 T 型线夹的常用型号有 TJL、TGT、TJG 等，如图 7-50 所示。

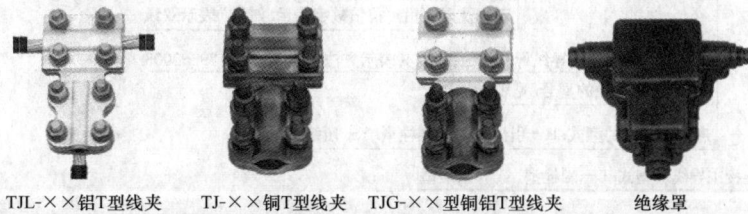

TJL-××铝T型线夹　　TJ-××铜T型线夹　　TJG-××型铜铝T型线夹　　绝缘罩

图 7-50　绝缘 T 型线夹及绝缘罩实物图

第八章　发电厂、变电站用金具

发电厂及变电站配电装置用的电力金具，称为发电厂、变电站用金具。它在实际应用中起固定作用，因此，也称固定金具。大部分固定金具不作为导电体，仅起固定、支持和悬吊的作用。

发电厂、变电站用金具有 T 型线夹、设备线夹、铜铝过渡板、覆铜过渡片、母线伸缩节、母线金具等。

第一节　T 型 线 夹

导线与分支线相连接，以传递电气负荷用的金具，称为 T 型线夹，属于变电站金具。

T 型线夹主要用于架空电力线路或变电站，在母线的干线上以"T"型方式引下电流分支（小截面导线也可用并沟线夹作为 T 型连接）。

T 型线夹分螺栓型和压缩型两大类。

一、T 型线夹的型号标记及示例

1. T 型线夹的型号标记方法

根据 DL/T 683—2010 规定，T 型线夹的型号标记方法如图 8-1 所示。

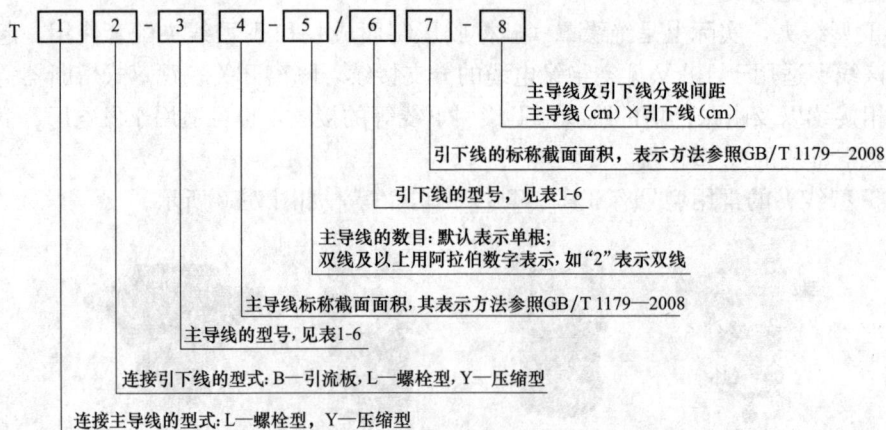

```
T  1  2 - 3  4 - 5 / 6  7 - 8
```

主导线及引下线分裂间距
　　主导线（cm）×引下线（cm）

引下线的标称截面面积，表示方法参照GB/T 1179—2008

引下线的型号，见表1-6

主导线的数目：默认表示单根；
双线及以上用阿拉伯数字表示，如"2"表示双线

主导线标称截面面积，其表示方法参照GB/T 1179—2008

主导线的型号，见表1-6

连接引下线的型式：B—引流板，L—螺栓型，Y—压缩型

连接主导线的型式：L—螺栓型，Y—压缩型

图 8-1　T 型线夹的型号标记

2. T 型线夹的型号标记示例

T 型线夹的型号标记示例见表 8-1。

表 8-1　　　　　　　　　　　　**T 型线夹的型号标记示例**

名　称	连接主导线型式	连接引下线型式	主导线型号	主导线标称截面积（mm²）	主导线数目	引下线型号	引下线标称截面积（mm²）	主导线分裂间距（mm）	引下线分裂间距（mm）
TYY-JL/G1A-400/35-2/JL-300-400×400	压缩型	压缩型	钢芯铝绞线	400/35	2	铝绞线	300	400	400
TLL-JLHA2-630/JL-300	螺栓型	螺栓型	铝合金绞线	630	1	铝绞线	300	—	—

二、选用和技术要求

（1）T 型线夹型号的选用。T 型线夹型号的选用主要以施工安装条件而定，其施工方法应尽量与导线的耐张线夹、设备线夹等金具的安装方法取得一致。

（2）技术要求。T 型线夹对导线的握力不小于导线计算拉断力的 10%，但螺栓型线夹适用导线直径大于 49mm 时，不小于 3%。线夹的直流电阻不大于等长导线的直流电阻，载流温升低于导线的温升。使用电压在 330kV 及以上的 T 型线夹，在 1.05 倍最高运行电压下应无可见电晕。

三、螺栓型 T 型线夹

螺栓型 T 型线夹采用牌号不低于 1050A（L3）热轧铝板制造，压板材料抗拉强度不低于 375N/mm²，U 型螺栓采用不低于 375N/mm² 的钢制造。为了避免螺栓对铝板的腐蚀或螺栓本身被腐蚀，当采用铝设备线夹与铜端子板或其他的铜铝连接时，最好采用镀锡的硅铜螺栓（及垫圈）或不锈钢螺栓（及垫圈）。

螺栓型 T 型线夹是借螺栓压力紧固导线的，安装拆卸方便，用于线路改线、移位时，线夹拆卸下来仍可以继续使用。它可用于安装截面 240mm² 以下的铝绞线或钢芯铝绞线，母线与引下线规格相同或不同都可以接续。

常见螺栓型 T 型线夹型号有 TY 型、TL 型、TLL 型、TYS 型等。

1. TL 型及 TLL 型螺栓型线夹结构及技术参数

图 8-2 所示分别为 TLL 型及 TLS 型、TL 型螺栓型 T 型线夹结构图，部分 TL 型螺栓型 T 型线夹的技术参数见表 8-2。

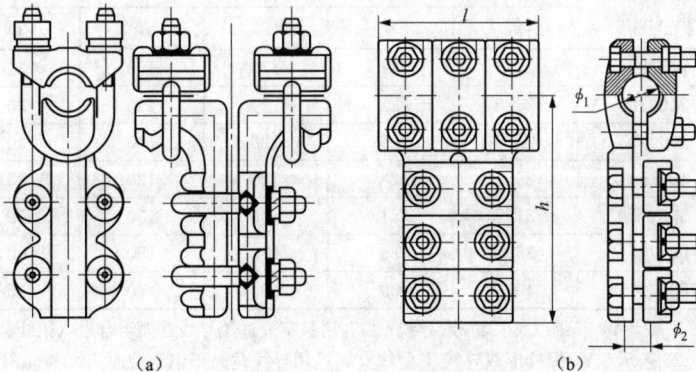

图 8-2　螺栓型线夹 T 型线夹式
(a) TLL 型螺栓型线夹结构图；(b) TLS 型、TL 型螺栓型线夹结构图

表 8-2　　　　　　　　　　　　部分 TL 型（TLL 型）螺栓型 T 型线夹技术参数

型　号	适用导线截面积（母线/引下线，mm²）	主要尺寸（mm）			
		ϕ_1	ϕ_2	h	l
TL-11	35～50/35～50	10	10	102	118
TL-21	70～95/35～50	14	10	103	
TL-22	70～95/70～95		14		120

注　型号含义：T—T 型；L—螺栓；"-"后数字—适用导线截面组合号（母线/引下线）。
例：型号 TL-11 表示螺栓形 T 型线夹适用母线截面积母线 35～50mm²/引下线截面 70～95mm²。

2. TYS、TLS 型螺栓型 T 型线夹

TYS 型螺栓型 T 型线夹、TLS 型（螺栓引流液压）线夹，除紧固件为热镀锌钢制件外，其余为铝制件。

TYS 型螺栓型 T 型线夹结构如图 8-3 所示，技术参数见表 8-3。该线夹与母线连接为螺栓，与导线借压力使铝管与导线成为一个整体。

TLS 型（螺栓引流液压）线夹，与母线连接为螺栓，与引流线夹连接采用液压连接。

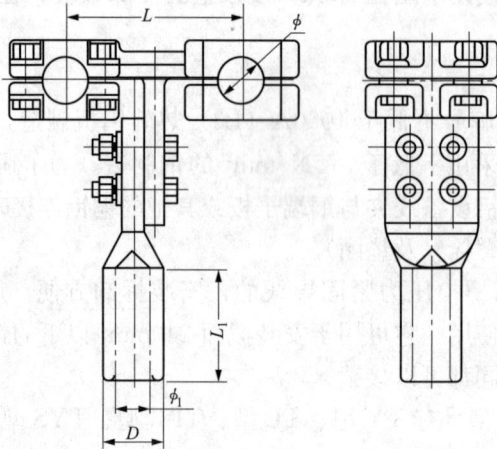

图 8-3　TYS 型螺栓型 T 型线夹结构图

表 8-3　　　　　　　　　　　部分 TYS 型螺栓型双导线 T 型线夹技术参数

型　号	适用导线截面积（mm²）	主要尺寸（mm）					参考质量（kg）
		ϕ_1	ϕ	L	L_1	D	
TYS-210/120	210/25	21.5	21	120	100	34	3.50
TYS-240/120	240/30	23.0	22	120	100	36	3.70
TYS-300/120	300/40	25.5	25	120	110	40	3.80
TYS-400/120	400/50	29.5	28	120	120	45	3.90
TYS-500/400	500/45	31.5	31	400	130	52	7.30
TYS-630/400	630/45	35.5	35	400	150	60	8.20
TYS-800/400	800/55	40.0	39	400	170	65	8.80

注　型号含义：T—T 型，Y—压缩线夹；S—双导线；"-"后数字—适用导线截面组合号（铝线截面积/钢芯截面积）。
例：型号 TYS-210/25 表示 TYS 螺栓形双导线 T 型线夹，适用导线截面积铝线截面积 210mm²/钢芯截面积 25mm²。

四、压缩型 T 型线夹

对于金具本身的全部或部分，需要施加压力使金具产生永久变形才能完成安装工作的金

具，称为压缩型线夹。它是不能反复使用的金具。

相对于压缩型线夹，在安装时金具的任何部位不产生永久变形的金具，则称为非压缩型线夹。它是能够反复使用的金具。

1. 压缩型 T 型线夹

压缩型 T 型线夹是主体、抽匣及引流板采用铝制件的电力金具。

图 8-4 所示为 TY 型压缩型 T 型线夹，技术参数见表 8-4。

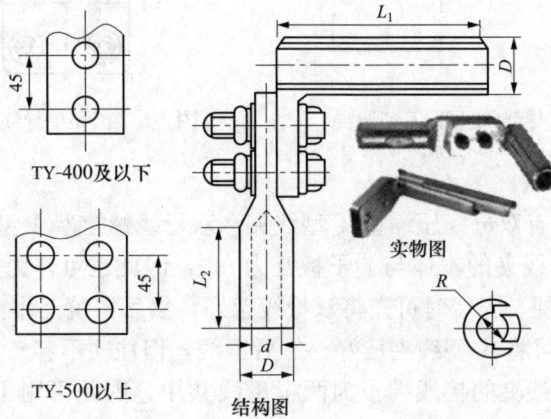

图 8-4　TY 型压缩型 T 型线夹

表 8-4　　　　　　　　　　　部分 TY 型压缩型 T 型线夹技术参数

型　号	适用导线	主要尺寸（mm）					质量（kg）
		D	d	R	L_1	L_2	
TY-120/70	LJ-120/70	26	16.0	8.0	115	80	0.7
TY-150/20	LGJ-150/20	30	18.0	9.0	125	90	0.8
TY-300/40	LGJ-300/40	40	25.1	12.8	145	110	1.7
TY2-400/50	LGJ-400/50	45	29.5	15.8	155	120	1.9
TY2-500/35	LGJQ-500/35	52	31.5	15.8	165	130	2.3
TY-500/45	LGJQ-500/45	52	31.5	15.8	165	130	2.3

注　1. 型号含义：T—T型；Y—压缩线夹；"-"后数字—适用导线（铝线截面积/钢芯截面积）型号。
　　2. 线夹本体和盖板为铝合金材料，其余为热镀锌钢件。
例：型号 TY-120/70 表示 TY 型压缩型 T 型线夹，适用导线型号 LGJ-120/70。

压缩型 T 型线夹，安装时必须借助压力效应的作用，使铝管与导线成为一个整体，因而有良好的电气接触性能，接触电阻极为稳定，检修维护工作量少，运行可靠。但是，施工安装比较麻烦，需配备液压机和钢模，在变电站安装这种线夹时需进行高空作业。压缩后的 T 型线夹无法拆卸，若引下线需要移位或工程改建时，线夹无法重复利用，因此仅适用于大中型永久性变电站工程。

安装时，接引下线是矩形接线端子的线夹，与母线规格相同或不同的引下线都可以安装，但安装不同的引下线需选用相应规格的设备线夹组装。

2. 扩径导线用 T 型线夹

扩径导线用 T 型线夹分螺栓型 T 型线夹和压缩型 T 型线夹两种。

扩径双导线螺栓型 T 型线夹和扩径单导线压缩型 T 型线夹分别如图 8-5、图 8-6 所示。

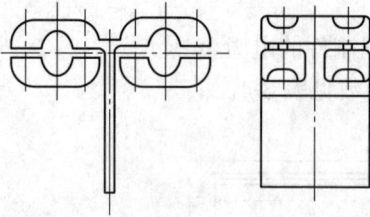

图 8-5 扩径双导线螺栓型 T 型线夹

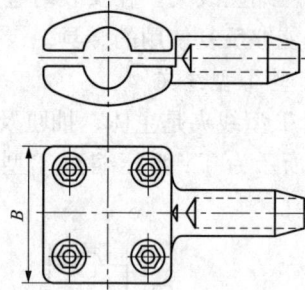

图 8-6 扩径单导线压缩型 T 型线夹

3. 双母线用 T 型线夹

双母线用 T 型线夹有双母线压缩型 T 型线夹和双母线螺栓型 T 型线夹两种。

双母线螺栓型 T 型线夹的本体与端子板互为 90°，因此也可作为 90°双母线设备线夹使用。该线夹施工安装方便，安装时可先将双母线架好，然后构筑工作台在高空进行压接。当在地面上操作安装时，可将 T 型线夹压好，然后紧线，但往往不容易掌握正确的安装位置。

双母线压缩型 T 型线夹的接线端子为两根母线共用，因此可用于双母线单引下，也可用于双母线双引下及双母线 Y 型接续，如图 8-7 所示。

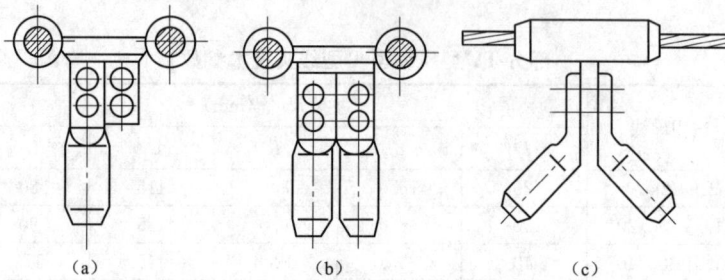

(a)   (b)   (c)

图 8-7 双母线压缩型 T 型线夹
(a)、(b) 用于双母线双引下接续；(c) 用于 Y 型接续

五、带电装卸线夹

带电装卸线夹的形状如图 8-8 所示，技术参数见表 8-5。

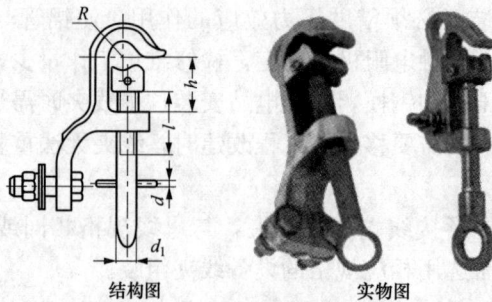

结构图   实物图

图 8-8 YZ 型带电装卸线夹

表 8-5			部分带电装卸线夹的技术参数					
型　号	适用导线型号		主要尺寸（mm）					质量（kg）
	母线	引下线	d_1	d	R	l	h	
YZ-1	LGJ-35～95	GJ-25～70	12	4	8	30	32	0.32
YZ-2	LGJ-120～240		12	4	12	40	40	0.40
YZ-3	LGJ-300～400 LGJ-300～500	LGJ-35～70	12	4	16	50	50	0.45

注　型号含义：YZ—带电装卸线夹；"-"后数字—适用导线型号（母线、引下线）。
例：型号 YZ-1 表示带电装卸线夹，适用母线 LGJ-35～95、LGJ-120～240，引下线 GJ-25～70 的安装。

第二节　设　备　线　夹

　　导线与电气设备端子相连接或用于母线引下线与电气设备（如变压器、断路器、互感器、隔离开关、穿墙导管等）的出线端子连接，主要传递电气负荷用的金具，称为设备线夹。设备线夹必须具有较高的导电性能和接触稳定性。

　　常用设备线夹依据安装工艺可分为螺栓型、压缩型两类。根据材质分，一般电气设备端常用铝、铜材质，因此设备线夹分铝、铜铝过渡两个系列。根据成型分，设备线夹分螺栓型、铜铝过渡螺栓型、压缩型、铜铝过渡压缩型四种。每种型式的线夹又按引下线与安装电气设备端子所成角度的不同，分为 0°、45°（30°），90°三种。线夹端子尺寸均应符合 GB/T 5273—1985《变压器、高压电器和套管的接线端子》的规定。

一、设备线夹产品型号标记

　　根据 DL/T 683—2010 规定，设备线夹的型号标记如图 8-9 所示，示例见表 8-6。

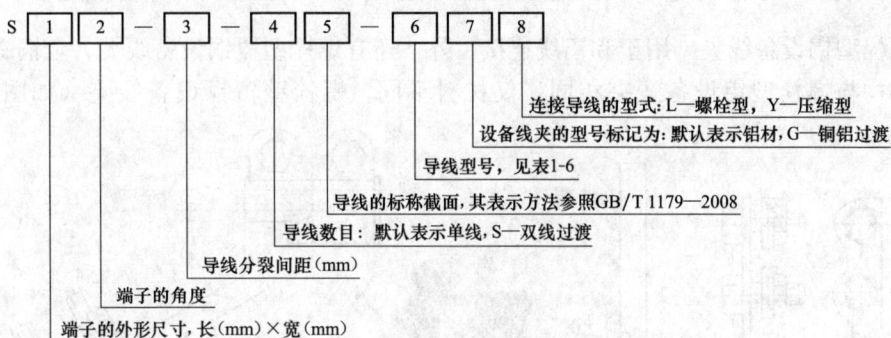

图 8-9　设备线夹型号标记

表 8-6					设备线夹型号标记示例			
名　称	导线数目	连接导线型式	端子板材料	导线型号	导线标称截面积（mm²）	导线分裂间距（mm）	端子板角度	端子板外形尺寸（mm）
SYG-JL/G1A-400/ 35S-450A200×150	2	压缩型	铜铝过渡	钢芯铝绞线	400/35	450	0°	长 200 宽 150
SL-JLHA1-400- 400B250×150	1	螺栓型	铝材	铝合金绞线	400	400	30°	长 250 宽 150

二、螺栓型设备线夹

螺栓型设备线夹材料采用牌号不低于 1050A（L3）的热轧铝板制造，压板材料采用不低于 $375N/mm^2$ 的普通碳素钢制造，适用于安装中小截面（$240mm^2$ 及以下）的铝绞线或钢芯铝绞线。由于线夹拆卸方便，特别适用于临时变电站的设备接续。

SL-×A 型、SL-×B 型螺栓型铝设备线夹结构如图 8-10 所示，技术参数见表 8-7。

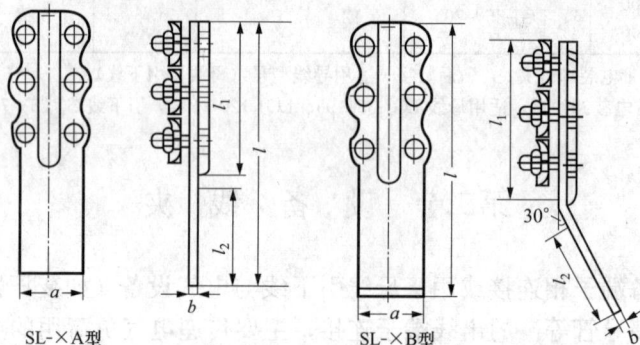

图 8-10　螺栓型铝设备线夹结构图

表 8-7　　　　　　　　螺栓型铝设备线夹（SL 型 A 类/B 类）技术参数

型　号	适用导线直径（mm）	螺栓个数	主要尺寸（mm）					参考质量（kg）
			a	b	l	l_1	l_2	
SL-1A/SL-1B	8.40～9.60	4	40	6	145	65	65	0.3/0.3
SL-2A/SL-2B	11.40～18.68	4	40	6	175	80	80	0.4/0.4
SL-3A/LS-3B	15.20～16.72	6	50	8	225	125	85	0.5/0.5
SL-4A-SL-4B	19.02～21.28	6	50	8	225	125	85	0.5/0.6

注　型号含义：S—设备；L—螺栓；"-"后数字—适用导线组合号；A—安装角度 0°；B—安装角度 30°。

除螺栓型铝设备线夹（用于和铝线连接）外，还有螺栓型覆铜设备线夹、全铜螺栓设备线夹，结构与螺栓型铝设备线夹相同，仅材料不同。螺栓型覆铜设备线夹（如图 8-11 所

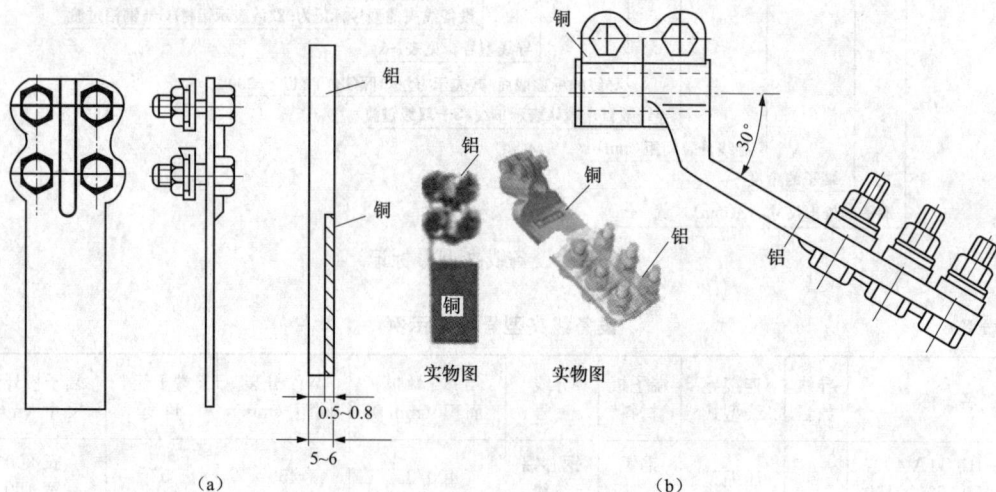

图 8-11　螺栓型覆铜设备线夹
(a) SLF-××型；(b) SBG-××型铜铝变压器线夹

示)，将电源侧设备线夹有全铝的更换为铜铝过渡设备线夹，即用覆铜铝板进行冲压而成的线夹。覆铜工艺是将 0.5～0.8mm 的铜板经处理后轧制的方法，压焊在不同的铝板上的材料，用于铜线、铝线间的过渡连接的线夹。全铜螺栓设备线夹用全铜制成，用于和铜线连接的线夹。

三、压缩型铜铝过渡设备线夹

设备线夹与电气设备（如变压器、断路器、隔离开关、穿墙套管等）连接时，由于许多设备出线端子均为铜板，铝设备线夹与铜端子连接，出现两种电位差不同的金属电气过渡，在运行中产生电化学腐蚀。为了避免电化学腐蚀，目前采取铜铝过渡设备线夹。

压缩型设备线夹采用牌号不低于 A199.5 的铝制造。铜板采用牌号为 T2 的铜板，铜和铝的焊接采用闪光焊接工艺，焊缝在弯曲 180°时不应断裂。截面积 400mm² 及以下的设备线夹可以用铝管压制，截面积 500mm² 及以上的设备线夹以铝管焊接端子板或采用铸造加工。

根据安装方法和结构的不同，铜铝过渡设备线夹分为压缩型和螺栓型。每种型式的线夹又按引下线与安装电气设备端子所成角度的不同，分为 0°、45°（30°）、90°三种。线夹端子尺寸均应符合 GB/T 5273—1985 的规定。

1. 压缩型铜铝过渡设备线夹

压缩型铜铝过渡设备线夹适用于常规导线，也可用于设备线夹直径范围内的其他导线。该线夹可采用液压或爆压安装施工，有良好的电气接触性能，适用于永久性接续。线夹端子板在制造时不钻孔，安装时根据电气设备出线端子板孔尺寸一并在现场配钻。

压缩型铜铝过渡设备线夹的本体采用铸造方法制造，设备端子采用闪光焊接工艺或钎焊接工艺制造。连接时，可采用液压，也可采用爆压。

SYS 型双母线压缩型设备线夹（如图 8-12 所示）、大截面双导线设备线夹（SY 型）、大截面双导线铜铝过渡设备线夹（STY 型、STYG 型）等。SY-A 型、SY-B 型、SY-C 型，其结构如图 8-13 所示。

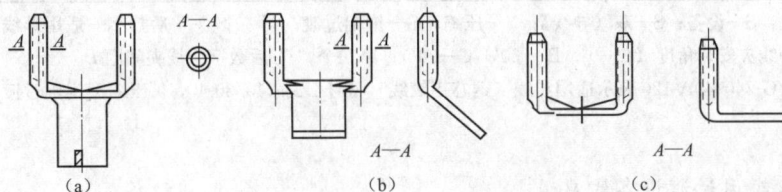

图 8-12　SYS 型双母线压缩型设备线夹
(a) 0°双母线压缩型设备线夹；(b) 45°双母线压缩型设备线夹；(c) 90°双母线压缩型设备线夹

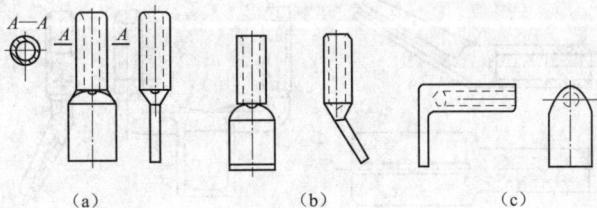

图 8-13　压缩型铝设备线夹（SY-××型）
(a) 0°设备线夹；(b) 30°设备线夹；(c) 90°设备线夹

大截面双导线铜铝过渡设备线夹，如 STY 型、STYG 型，如图 8-14 所示，技术参数见表 8-8。除上述大截面过渡设备线夹外，还有压缩型大截面双导线直角组装式铜铝过渡（如型号 SYZ-×××/×××型）等设备线夹。

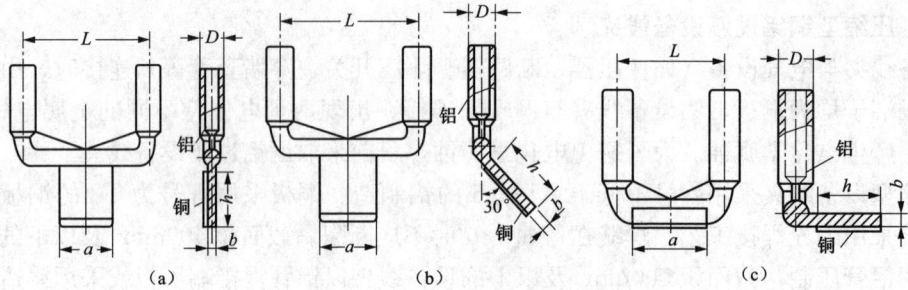

图 8-14　大截面双导线铜铝过渡设备线夹
（a）0°压缩型铜铝过渡双导线设备线夹；（b）30°压缩型铜铝过渡双导线设备线夹；
（c）90°压缩型铜铝过渡双导线设备线夹

表 8-8　　　　　　　　　大截面双导线铜铝过渡设备线夹技术参数

型　号	适用导线	主要尺寸（mm）					质量（kg）
		D	a	h	b	L	
SSYG-240/40A-120	LGJ-240/30-40	36	80	85	14	120	1.80
SSYG-300/40A-120	LGJ-300/25-40	40	100	105	16	120	2.00
SSYG-400/35A-120	LGJ-400/35	45	100	105	16	120	2.45
SSYG-400/50A-120	LGJ-400/50	45	100	105	16	120	2.45
SSYG-500/65A-120	LGJ-500/65	52	125	130	20	120	2.60
SSYG-240/40A-200	LGJ-240/30-40	36	80	85	14	200	2.10

注　型号含义：S—设备；S—双（导线）；Y—压缩；G—铜铝过渡；第一个"-"后数字—适用导线组合号；附加字母—设备线夹安装角度（A—0°，B—30°，C—90°）；第二个"-"后数字—线夹间距 L。

例：型号 SSYG-240/40A-120 表示适用导线（钢芯铝绞线）型号 LGJ-240/30-40，0°压缩型铜铝过渡设备线夹，线夹间距 L 为 120mm。

2. 扩径导线用过渡设备线夹

扩径导线用过渡设备线夹有扩径单导线压缩型铜铝过渡设备线夹和扩径双导线压缩型铜铝过渡设备线夹，如图 8-15 所示。

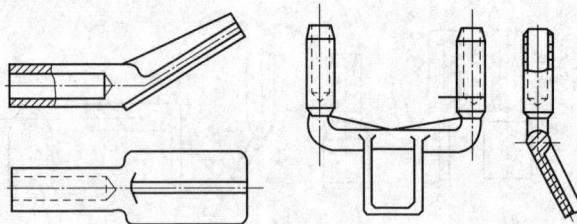

图 8-15　扩径导线用过渡设备线夹
（a）扩径导线压缩型铜铝过渡设备线夹（SY 型）；（b）扩径双导线压缩型铜铝过渡设备线夹（SYG 型）

第三节　铜铝过渡板、覆铜过渡片和母线伸缩节

一、铜铝过渡板

铜质端子与铝质端子相连接，以防止电化学腐蚀作用的过渡接触板件金具，称为铜铝过渡板。

铜铝过渡板适用于发电厂、发电机出线铜导体与母线的过渡接续，以防止铜与铝直接连接产生电化学腐蚀，保证安全送电。MG型铜铝过渡板的形状如图8-16所示。

铜铝过渡板的铜板材料采用牌号不低于T2的铜板，铝板采用牌号不低于1050A（L3）的热轧铝板。铜铝之间焊接采用闪光焊接工艺，焊缝在弯曲180°时不断裂。铜铝过渡板长时间工作温度为100℃，瞬时短路温度应不超过200℃。

铜铝过渡板也适用于当缺少铜铝过渡设备线夹时，将设备端子经铜铝过渡板与铝设备线夹相接。

按生产工艺不同，铜铝过渡板分为：

（1）用闪光对焊将铝板与铜板直接焊制而成。

（2）用摩擦焊将棒状铜、铝焊接后，压延为板状。

（3）用钎焊工艺将铜薄板粘在铝板上。

（4）用冷压焊将薄铜板压焊在铝板上。

（5）用铝上镀铜工艺，使铝板上覆上一层铜。

铜铝过渡板与设备铜端子连接如图8-17所示。为避免设备铜端子超过焊缝而与铝板接触，产生电化学腐蚀，过渡板的焊缝与设备铜端子间距应在2～5mm之间。

铜铝过渡板与铜排、铝排相接，可采用螺栓连接或焊接。当采用铝与铝焊接或铜与铜焊接时，铝端距铜铝接头不小于60mm，并应将闪光焊进行冷却处理。

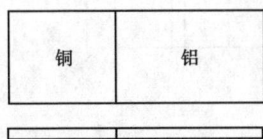

图8-16　铜铝过渡板（MG-××型）

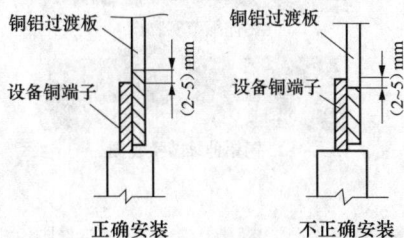

图8-17　铜铝过渡板与设备铜端子连接

安装铜铝过渡板时，若发现有不平整缺陷，应进行加工。板与板进行螺栓连接前应将加工好的接触面涂上导电脂，然后用力矩扳手将螺栓均匀上紧。

二、覆铜过渡片

覆铜过渡片是用铝上覆铜工艺制成的铝铜厚度相等的双金属片。在铝板和铜板的接触面中夹以覆铜过渡片用来进行过渡接触。覆铜过渡片是采用现代化压延成形的板材，质量稳定，节省材料，并可根据设备端子尺寸裁料，安装方便。

覆铜过渡片的型号为MFT型，按端子标准分为单孔、双孔、四孔三种，如图8-18所示。

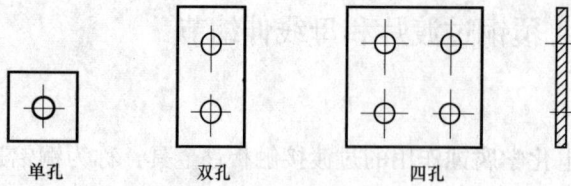

单孔　　双孔　　四孔

图 8-18　覆铜过渡片

三、母线伸缩节

适用于发电厂和变电站配电装置中矩形母线的伸缩节，用于补偿母线因受热变形和振动变形的伸缩性连接件，称为母线伸缩节。

1. 铝伸缩节

铝伸缩节（MS 型）用铝板和伸缩铝片经氩弧焊焊接而成，用于铝母线（矩形、菱形、槽形、管形）的伸缩连接。

MS 型矩形铝母线伸缩节与 MS 型管母线矩形伸缩节的形状如图 8-19（a）所示。

2. 铜铝伸缩节

铜铝伸缩节（MSS 型）是在铝伸缩节一端的铝板上用闪光焊接工艺加焊一块铜板而成，用于母线终端与电气设备的铜端子相接。

MSS 型铜铝伸缩节的形状如图 8-19（b）所示。

3. 槽形母线伸缩节

槽形母线伸缩节形状如图 8-19（c）所示。

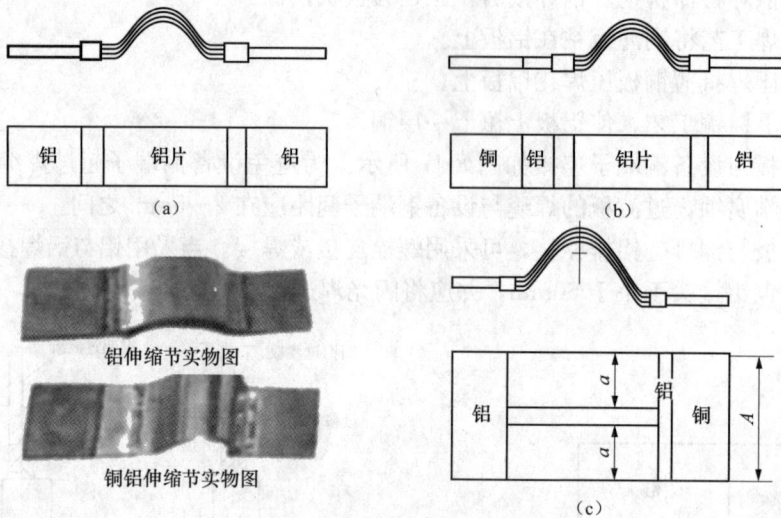

图 8-19　伸缩节

（a）铝伸缩节；（b）铜铝伸缩节；（c）槽形母线伸缩节

第四节　母　线　金　具

用于固定、悬挂及支撑配电装置的金具，称为母线金具，分软母线金具和硬母线金具（固定和悬挂硬母线附件的总称）、母线间隔垫（保持硬母线片间一定间隔的支撑件）。

软母线金具多用于室外，室外空间大，导线间距宽，且其散热效果好，施工方便，造价也较低。

硬母线金具，按其形状不同可分为矩形母线、槽形母线、管形母线等多种。

一、软母线金具

1. 软母线间隔线夹

为使软母线及其引下线的线间距离保持不变且两根线不碰击，在跨距中及引下线的软母线上安装间隔线夹。间隔线夹的安装距离由设计决定。

间隔线夹用铝合金制造可消除磁滞损失和
电晕损耗。铝合金制造的间隔线夹，不仅使线
夹的质量减轻，还有利于减小母线的荷载。

根据 DL/T 683—2010 规定，软母线间隔棒
的型号标记如图 8-20 所示。

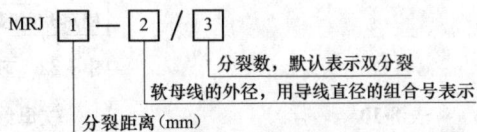

图 8-20　软母线间隔棒的型号标记

MRJ3-××型、SJS-××型间隔棒的结构如图 8-21 所示。MRJ3-××型间隔棒技术参数
见表 8-9。

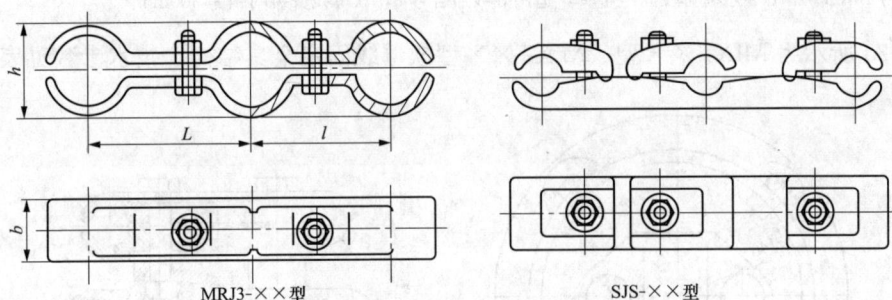

图 8-21　MRJ-3××型、SJS-××××型间隔棒结构图

表 8-9　　　　　　　　　　　　**MRJ3-××型间隔棒技术参数**

型　号	适用导线	主要尺寸（mm）			质量（kg）
		b	h	L	
MRJ3-600K-120	LGJK-500	50	68	120	2.2
MRJ3-600K-200				200	2.7
MRJ3-1400-120	LGJQT-1400	50	68	120	2.2
MRJ3-1400-200				200	2.7
MRJ3-1440N-200	NAHLGJQ-200	60	70	200	2.7

注　1. MRJ3-××型间隔棒，在变电安装中称为间隔垫。
　　2. 型号含义：MR—软母线；J—间隔；K—扩径；字母后数字—间隔分裂数（2 为二分裂，3 为三分裂）；"-"后
　　　数字—适用导线组合号；第二个"-"后数字—间隔垫距离 L。
例：型号 MRJ3-600K-120/40A-120 表示适用导线型号 LGJK-600K，MRJ3-××型表示三分裂间隔棒（或垫），分裂
数目 3。

2. 软母线固定金具

标准的软母线固定金具分单导线用、双导线用两类。用铝合金制造的软母线固定金具由
两个耐张线夹经软母线用联板固定在单联或双联耐张绝缘子串上，固定金具将软母线夹紧，
适用于发电厂、变电站及各种配电装置中软母线在支柱绝缘子上的固定。

常见软母线固定金具有 MDG 型（单母线固定金具）、MSG 型（双分裂母线固定金具）、
MRJ 型（双分裂软母线间隔棒或垫）、MSJ 型（双分裂母线间隔垫）、MYH 型（软母线组
合圆环）、MDZ 型（软母线终端固定金具）等。

软母线固定金具命名方法及示例。根据 DL/T 683—2010 规定，软母线固定金具命名方

法如图 8-22 所示，命名示例见表 8-10。

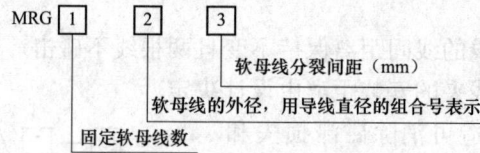

图 8-22　软母线固定金具命名方法

表 8-10　　　　　　　　　　　软母线固定金具命名示例

名　　称	软母线数目	适用软母线直径范围（mm）	软母线分裂间距（mm）
MRG-8/500	1	39～45	500
MRG-6/450	2	30～35	450

注　型号含义：M—母线；R—软母线；G—固定；"-"后数字—分子表示适用导线组合号，分母表示软母线分裂间距。

例：型号 MRG-8/500 表示软母线固定金具，适用导线组合号 8，软母线分裂间距为 500mm。

图 8-23 所示为 MDG-××型、MSG-××型软母线固定金具结构，技术参数见表 8-11。

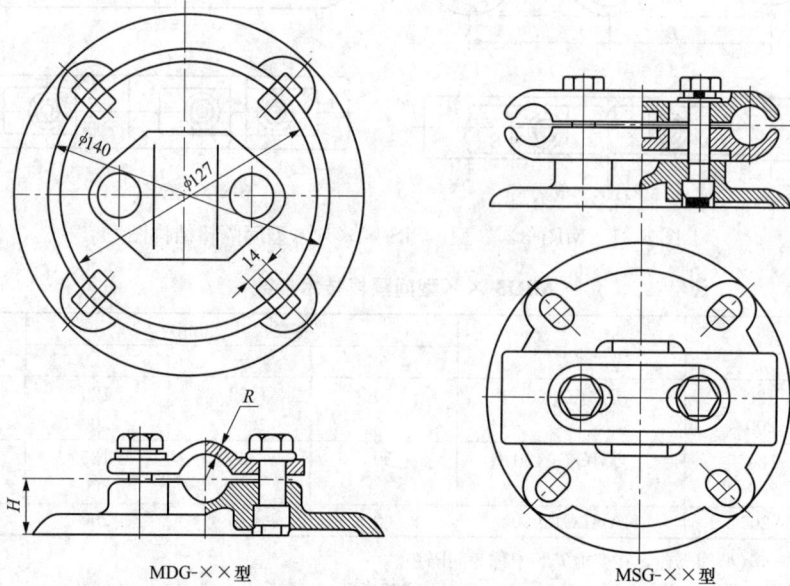

图 8-23　软母线固定金具结构

表 8-11　　　　　　　　　软母线固定金具（MDG-××型）技术参数

型　　号	导线外径（mm）	主要尺寸（mm）	
		R	H
MDG～4	18.1-22.0	11	27
MDG～5	23.0-29.0	14	30
MDG～6	29.1-35.0	17	33

注　型号含义：M—母线；D—单母线；G—固定；"-"后数字—适用导线组合号。

例：型号 MDG-4 表示单软母线固定金具，适用导线外径 18.1～22.0mm。

3. 软母线组合圆环

发电厂（发电机）和变电站（主变压器）户外配电装置中，用来支撑（固定）多导线而成的母线环，使之保持稳定间距和几何形状，这种金具称为软母线组合圆环。

（1）根据 DL/T 683—2010，软母线组合圆环的型号标记如图 8-24 所示。

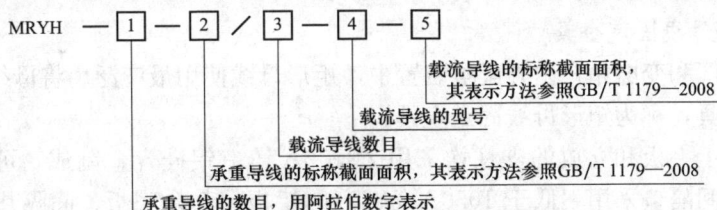

$$\text{MRYH} - \boxed{1} - \boxed{2} / \boxed{3} - \boxed{4} - \boxed{5}$$

　　　　　　载流导线的标称截面面积，
　　　　　　其表示方法参照GB/T 1179—2008

　　　　载流导线的型号

　　载流导线数目

承重导线的标称截面面积，其表示方法参照GB/T 1179—2008

承重导线的数目，用阿拉伯数字表示

图 8-24　软母线组合圆环的型号标记

（2）软母线组合圆环结构及选型。圆环由钢带（抗拉强度不低于 375N/mm^2）制成，环的上下部装设双头螺栓，每个螺栓上有一副夹板（采用 ZL102 铝硅合金铸造），每副夹板可夹紧两根载流铝导线；圆环两侧为承重导线的固定点，两根承重导线的终端由耐张绝缘子串上的耐张线夹拉紧。

为使多根导线在圆环上布置匀称，组合导线应选用偶数为宜。

图 8-25 所示为 MYH-×× 型软母线组合圆环结构及实物图。软母线组合圆环技术参数见表 8-12。

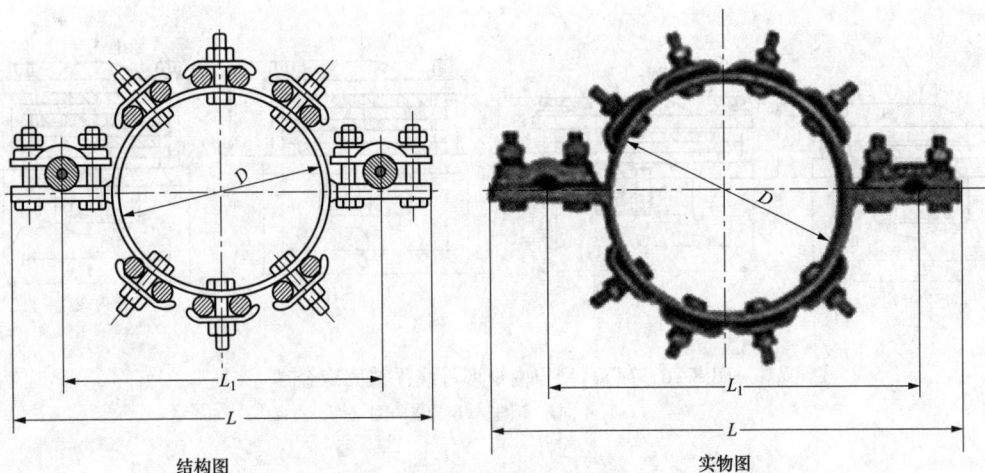

图 8-25　MYH-×× 型软母线组合圆环结构与实物图

表 8-12　　软母线组合圆环技术参数

型　号	适用母线（根部型号）		配套联板型号	主要尺寸（mm）			参考质量（kg）
	承重导线	载流导线		D	L	L_1	
MYH(2+8)		MYH(2+8) 8×	LS-21	120	210	290	2
MYH(2+12)		MYH(2+12) 12×	LS-25	160	250	330	2
MYH(2+16)	2×	MYH(2+16) 16×	LS-29	200	290	370	3
MYH(2+20)		MYH(2+20) 20×	LS-33	240	330	410	4
MYH(2+24)		MYH(2+24) 24×	LS-37	280	370	450	4

载流导线列中部：LJ-120 LJ-150 LJ-185

二、硬母线金具

固定和悬挂硬母线附件的金具为硬母线金具。

（一）矩形母线固定金具

1. 户内矩形母线固定金具

中小型发电厂和变电站户内外配电装置中，矩形母线使用最广泛。将母线矩形固定在支柱绝缘子上的金具，称为矩形母线固定金具。

平放金具的上夹板和立放的支柱均采用 ZL102A 铸造铝硅合金制成，可以消除磁滞损失。母线之间的间隔垫采用不低于 1050A（L3）的铝板，其余底板、间隔垫均采用抗拉强度不低于 375N/mm² 普通碳素结构钢铸造。

（1）MNP 型户内矩形母线平放固定金具，分一片、二片、三片、四片结构，如图 8-26 所示。MNP 型户内一片矩形母线平放固定金具技术参数，见表 8-13。

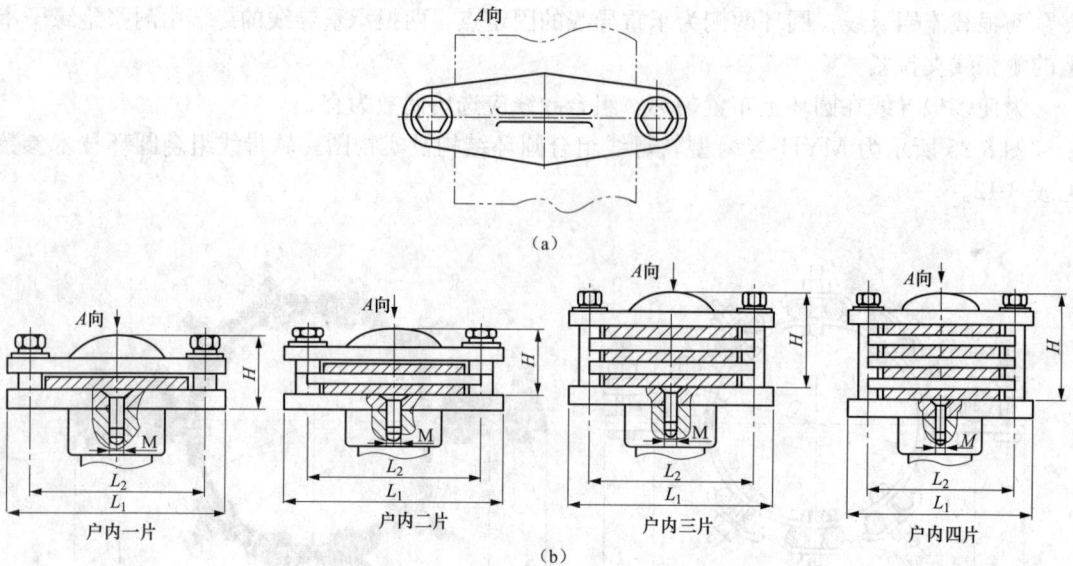

图 8-26　MNP 型户内矩形母线平放固定金具
(a) A 向示意图；(b) 结构图

表 8-13　　　　　　　　MNP 型户内一片矩形母线平放固定金具技术参数

型　号	母线宽度（mm）	主要尺寸（mm）				参考质量（kg）
		M	H	L_1	L_2	
MNP-101	63	10	38	113	83	0.4
MNP-102	80	10	42	130	100	0.5
MNP-103	100	10	46	150	120	0.6
MNP-104	125	10	48	175	145	0.6

注　型号含义：M—母线；N—户内；P—平放；"-"后数字—第一位表示片数（1 为 1 片，2 为 2 片，3 为 3 片），第二、三位表示适用母线规格。

例：型号 MNP-101 表示适用母线 MNP 型户内矩形母线平放金具，适用母线宽度 63mm。

（2）MNL 型户内矩形母线立放式固定金具，分一片、二片、三片结构，如图 8-27 所示，MNL 型户内二片矩形母线立放式固定金具技术参数见表 8-14。

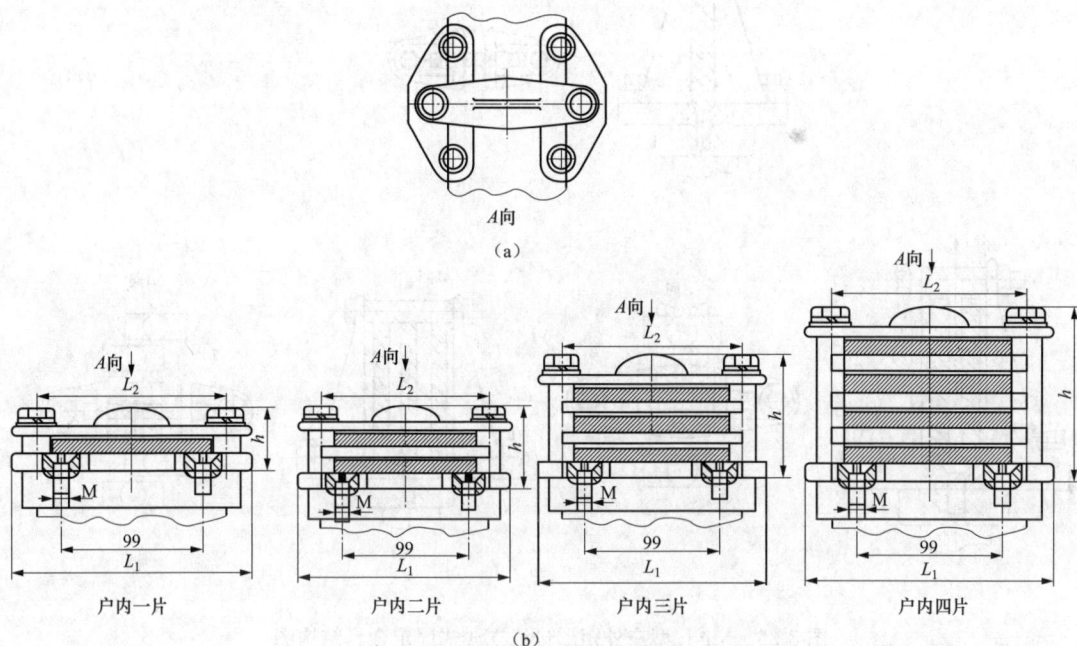

图 8-27 MNL 型户内矩形母线立放式固定金具
（a）结构图；（b）A 向示意图

表 8-14   MNL 型户内二片矩形母线立放式固定金具技术参数

型 号	母线宽度（mm）	主要尺寸（mm）				质量（kg）
		M	H	L_1	L_2	
MNL-201	63	10	82	90	60	0.9
MNL-202	80	10	100	90	60	1.0
MNL-203	100	10	120	90	609	1.1
MNL-204	125	10	145	90	60	1.2

注 型号含义：M—母线；N—户内；L—立放；"-"后数字—第一位表示矩形母线片数（1 为 1 片，2 为 2 片，3 为 3 片），第二、三位表示适用母线规格。

例：型号 MNL-201 表示适用母线 MNP 型户内二片矩形母线立放式固定金具，适用母线宽度 63mm。

2. 户外矩形母线固定金具

定型的平放户外矩形母线固定金具，是由钢板制成的底板和铝合金盖板及紧固件组成的框架式金具。盖板采用铝合金制成，以消除磁滞损失。立放式户外矩形母线固定金具有两块铝合金的夹板式立柱，用以夹住母线，该金具也具有消除磁滞损失的性能。

（1）MNL 型户内矩形母线立放式固定金具，如图 8-28 所示。

（2）MWL 型户外矩形母线立放式固定金具结构图及户内三片实物图如图 8-29 所示，技术参数见表 8-15。

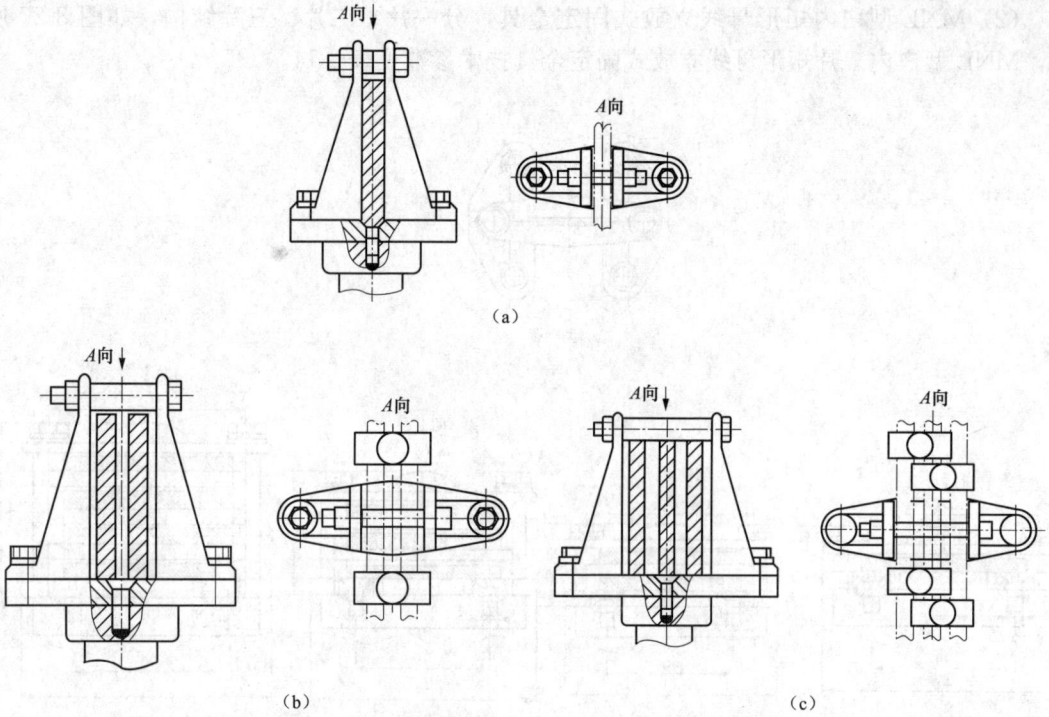

图 8-28　MNL 型户外矩形母线立放式固定金具结构图

(a) 户内一片；(b) 户内二片；(c) 户内三片

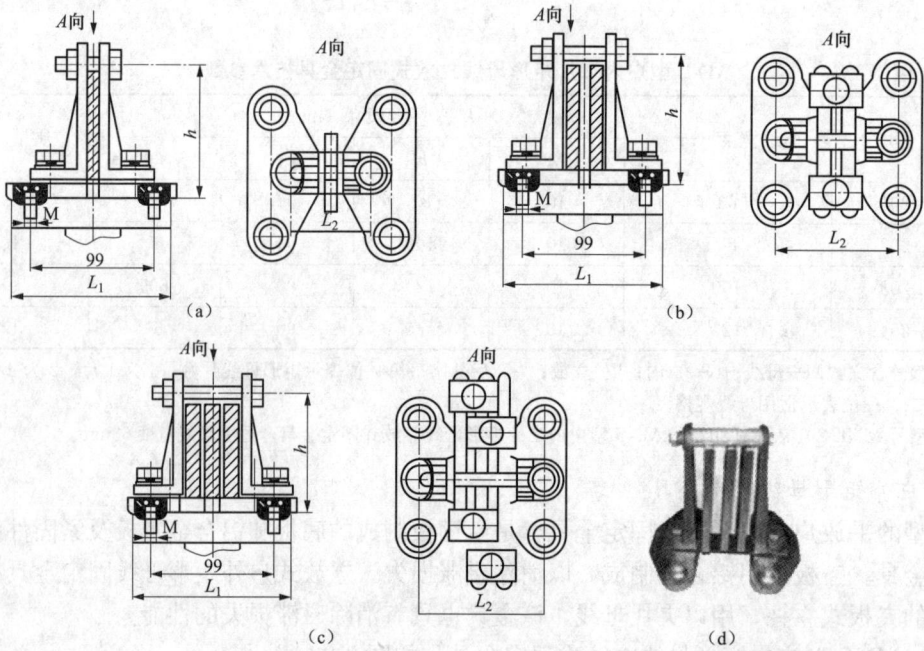

图 8-29　MWL 型户外矩形母线立放式固定金具结构图及户内三片实物图

(a) 户外一片结构图；(b) 户外二片结构图；(c) 户外三片结构图；(d) 户内三片实物图

表 8-15　　　　　　　MWL 型户外一片矩形母线立放式固定金具技术参数

型　号	母线宽度（mm）	主要尺寸（mm）				参考质量（kg）
		M	h	L_1	L_2	
MWL-101	63	12	82	140	60	2.1
MWL-102	80	12	100	140	60	2.2
MWL-103	100	12	120	140	60	2.3
MWL-104	125	12	145	140	60	12.4

注　型号含义：M—母线；W—户外；L—立放；"-"后数字—第一位表示矩形母线片数（1 为 1 片，2 为 2 片，3 为 3 片），第二、三位表示适用母线规格。

例：型号 MWL-101 表示 MWP 型户外一片矩形母线立放式固定金具，适用母线宽度 63mm。

除矩形母线固定金具外，还有矩形母线立放固定金具，它由钢板制成底板，两根长螺栓和铝合金盖板组成框架螺栓。为减少母线与螺栓的间隙，提高刚度，其上套有无缝钢管。矩形母线立放式固定金具也分户内、户外型，如图 8-30 所示。

（二）槽形母线固定金具

槽形母线由两个槽形铝导体焊接成一个矩形桶状母线，用于发电机引出线与升压变压器、发电机电压配电装置间的连接。

发电厂和变电站户内外配电装置中将槽形母线固定在支柱绝缘子上的金具称为槽形母线固定金具。

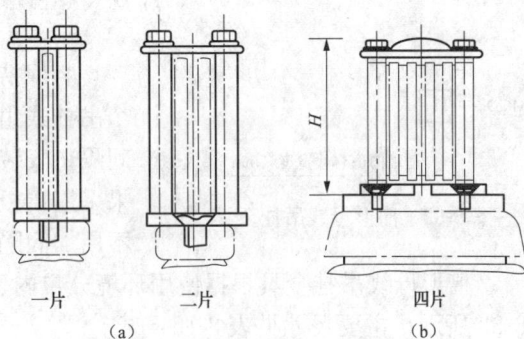

图 8-30　矩形母线立放式固定金具
(a) 平放固定（户内一片、二片）JNL 型；
(b) 立放固定（户外四片）JWL 型

槽形母线固定金具，由一个钢板制成的底板、两根长螺杆和盖板组成。上压板采用铸造铝合金制造，底板、紧固垫采用抗拉强度不低于 $375N/mm^2$ 的普通碳素结构钢制造，吊挂式的吊架采用牌号不低于 KTH 330-08 的可锻铸铁制造。

1. 户内、户外槽形母线固定金具

户外槽形母线固定金具，适用于安装在 4 孔 M12，孔距为 $\phi140$（型号 ZS-20/1600、ZS-20/3000、ZS-3/800、ZS-60/400、ZS-110/400、ZS-35/400 等）的支柱绝缘子上固定 [100～[250 规格的槽形母线。

户内槽形母线固定金具，适用于安装在单孔 M16 支柱绝缘子上，以固定 [100～[250 规格的槽形母线。

户内槽形母线固定金具（MCN 型）、户外槽形母线固定金具（MCW 型）基本结构，如图 8-31 所示。

2. 槽形母线吊挂金具

槽形母线吊挂金具，分为 MCD 型、MCG 型。根据 DL/T 683—2010 规定，槽形母线吊挂金具型号标记，如图 8-32 所示。

MCD 型槽形母线固定金具由槽形母线间隔垫及吊架组成。它是供槽形母线弹性固定用的附件之一。对吊挂在母线走廊内的吊挂槽形母线绝缘子串，可选用 XP-70 型悬式绝缘子进行组装。

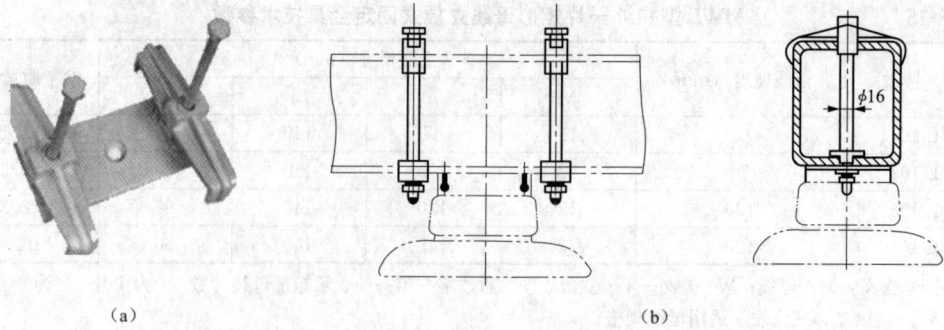

图 8-31　MCN 型、MCW 型槽形母线固定金具

(a) MCN 型实物图；(b) MCW 型结构图

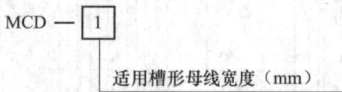

图 8-32　槽形母线吊挂金具

为保持槽形母线的形状和尺寸，每个支柱绝缘子或两个吊挂式组装串之间的槽形母线上需安装 MCW 型间隔垫。间隔垫安装的数量和距离按图纸设计规定的要求进行。如果采用铝板焊接槽形母线的方法连接两片槽形母线时，则不用加间隔垫。

槽形母线吊挂金具根据使用环境分户内、户外型。该类母线吊挂金具结构及实物图如图 8-33 所示，主要尺寸见表 8-16。

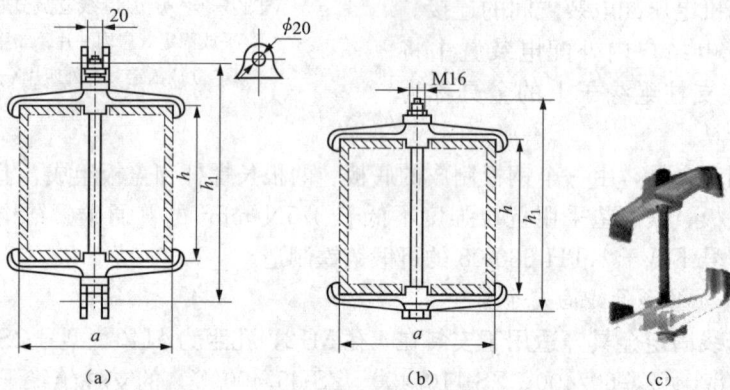

图 8-33　MCD 型、MCG 型槽形母线固定金具

(a) MCD 型（户内）结构图；(b) MCG 型（户外）结构图；(c) 实物图

表 8-16　　　　　　　　MCD 型、MCG 型槽形母线吊挂及固定金具的主要尺寸

型　号	适用母线（mm）	主要尺寸（mm）		
		a	h	h_1
MCD-1、MCG-1	⌈200	214	200	306 (270)
MCD-2、MCG-2	⌈225	244	225	330 (300)
MCD-3、MCG-3	⌈250	264	250	356 (320)

注　型号含义：M—母线；C—槽形；D—吊挂；G—固定；"-"后数字—适用母线规格。

例：型号 MCD-1 表示 MCD 型槽形母线吊挂金具，适用槽形母线 ⌈200mm。

3. 调整环

安装发电厂母线桥，吊挂母线和母线组装及距离调整，需要采用调整环，其结构和实物如图 8-34 所示，技术参数见表 8-17。

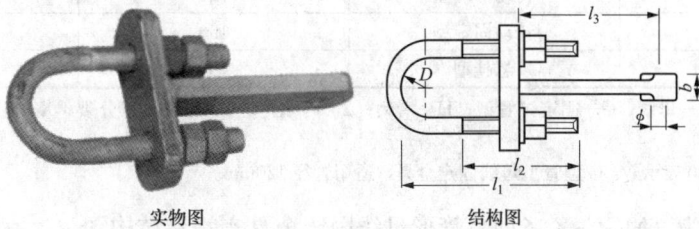

实物图　　　　　　　　　　　　结构图

图 8-34　调整环（发电厂母线桥等用）

表 8-17　　　　　　　　　　　　调 整 环 技 术 参 数

型　号	主要尺寸（mm）						标称破坏荷载（≥，kN）	参考质量（kg）
	l_1	l_2	l_3	b	D	ϕ		
DT-6	125	90	110	16	16	18	60	1.7
DT-7	157	106	120	16	18	18	70	2.5
DT-10	160	110	140	16	20	20	100	3.7
DT-12	160	110	140	1	22	24	120	4.0
DT-16	160	110	140	20	24	24	160	4.2

（三）管形母线金具

发电厂和变电站户外配电装置中将管形母线固定在支柱绝缘子上或固定在带托架的支柱绝缘子上的金具。管形母线金具与软母线高压配电装置比较有以下优点：

（1）缩小占地面积约 1/3，减少基础工作量。

（2）节省钢材用量及制造成本。

（3）布置清晰美观，运行维护方便，运行成本相对较低。

（4）对无线电干扰小，但临界电晕电压高。

鉴于管型母线金具临界电晕电压高的问题，目前某些发达国家及我国少数地区已研制开发了绝缘管形母线——一种新型母线，具有载流量大、集肤效应低、功率损耗小、散热条件好、温升低、电气绝缘性能强的优点，这样就可克服管型母线金具的电晕电压高的现象。

管形母线用金具的固定金具、终端屏蔽金具及封头均采用代号为 ZL102 的铸造铝合金。

管形母线高压配电装置，用铝锰合金管做母线，母线隔离开关选用单柱式，出线隔离开关选用双柱、三柱隔离开关的中、低型布置方式的配电装置。

管形母线金具主要包括母线固定金具、T 型接续金具、母线封头、母线终端屏蔽和母线支架。它是用来将管形母线固定在支柱绝缘子上或固定在带托架的支柱绝缘子上。

根据 DL/T 683—2010 规定，管形母线金具的型号标记方法如图 8-35 所示，命名示例见表 8-18。

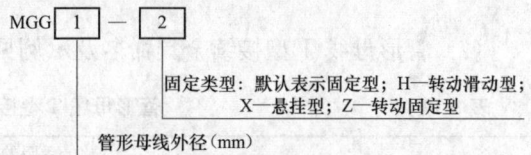

MGG　1 － 2

固定类型：默认表示固定型；H—转动滑动型；
　　　　　X—悬挂型；Z—转动固定型

管形母线外径（mm）

图 8-35　管形母线金具的型号标记

表 8-18　　　　　　　　　　　　　管形母线固定金具命名示例

名　称	类　型	管径（mm）	管形母线数量
MGG-120	固定型	120	1
MGGH-120S	转动滑动型	120	2
MGGZ-150	转动固定型	150	1
MGGX-180S	悬挂型	180	2

注　型号含义：M—母线；G—固定，管型；H—滑动；Z—终端；S—双分裂、三分裂；X—悬挂；"-"后数字—适用管径规格。

例：型号 MGG-120 表示 MGG 型管型母线固定金具，适用管径 120mm。

图 8-36 所示为（MGG-××型）管形母线固定金具实物及结构图。

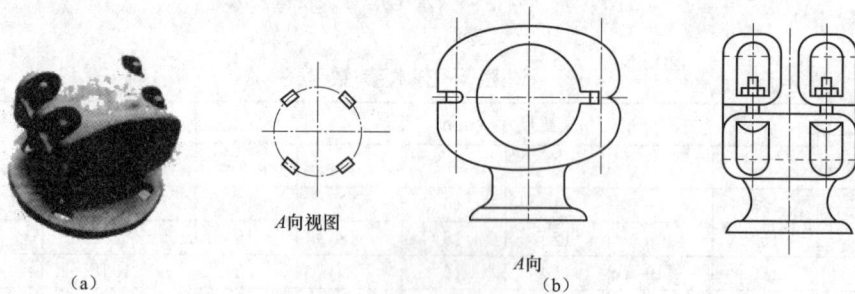

图 8-36　管形母线固定金具

（a）MGG-××型实物图；（b）结构图（图示为松固定，紧固定时盖板翻转 180°）

固定金具应满足管形母线在固定金具中呈紧固定或松固定的（可以滑移的）安装要求。

（1）管形母线 T 型接续金具（如图 8-37 所示），主要用于管形母线 T 接引下，可以与压缩型接线端子或螺栓型接线端子接续，也可用于母线伸缩节的安装。

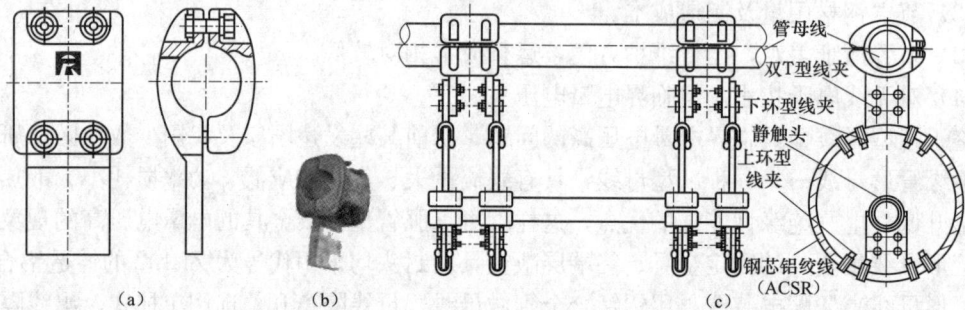

图 8-37　管形母线 T 型接续金具结构图、实物图及设计示例

（a）结构图；（b）实物图；（c）设计示例

（2）管形母线 T 型接续金具命名及示例见表 8-19。

表 8-19　　　　　　　　　　　管形母线 T 型接续金具命名示例

名　称	被引下线的引流方式	适用的管形母线外径（mm）	引流板的位置或引流管的角度	引流板的数量
MGTP-150	端子板引流、引流面与管形母线轴线在同一水平面上	150	—	1

名　　称	被引下线的引流方式	适用的管形母线外径（mm）	引流板的位置或引流管的角度	引流板的数量
MGTC-120CS	端子板引流，引流面与管形母线轴线垂直	150	引流管的角度为90°	2
MGTL-150	螺栓引流	150	—	1
MGTY-150A	压缩型引流	150	引流管的角度为0°	2

注　型号含义：M—母线；G—固定，管型；T—T型；L—螺栓；Y—压缩；"-"后数字—适用管型母线外径；附加字母C—引流管的安装角度90°；S—双分裂；A—引流管的安装角度0°。

例：型号 MGTL-150A 表示 MGTL 型管母线 T 型接续金具，适，适用管母线外径150mm。双分裂引下线的引流方式。

（3）铝管母线的端头，以半圆形封头加以封闭。封头一般装在伸缩节处两根铝管的端部。根据 DL/T 683—2010 规定，管形母线封头的型号标记，如图 8-38 所示。

图 8-39 所示为 MGF 型铝管形母线的端头实物图及结构图。

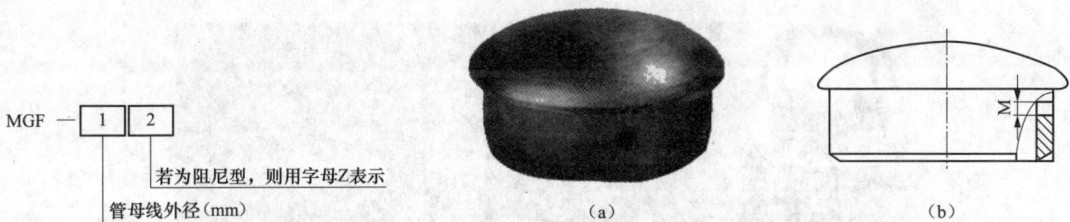

图 8-38　管形母线封头的型号标记

图 8-39　MGF 型铝管母线的端头
(a) 实物图；(b) 结构图

（4）管形母线伸缩节，用于管形母线连接，具有对管形母线伸缩起伸缩节的功能，其结构及实物如图 8-40 所示。

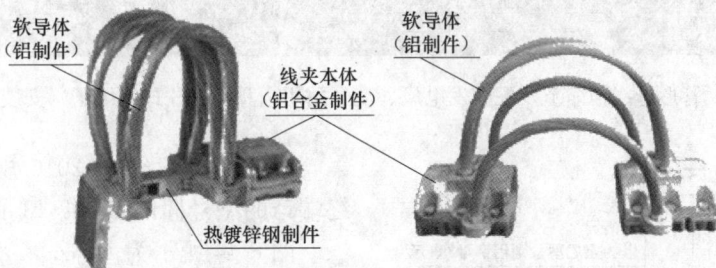

图 8-40　管形母线伸缩节实物图

图 8-41 所示为管形母线金具（变电站金具）等金具组装示意图。

图 8-42 管形母线伸缩节及配套发电厂、变电站用金具（含柱式绝缘子）安装实景。

（5）MGZ 型管形及球形母线终端屏蔽金具。铝管母线在户外配电装置中为露天布置，若管口敞开经常有雀类和其他小动物进入管内，会影响安全运行，且铝管端部在高压电场下也会产生电晕。因此，在电压为 220kV 以上的铝管母线终端出口处加装了球形终端屏蔽金具。

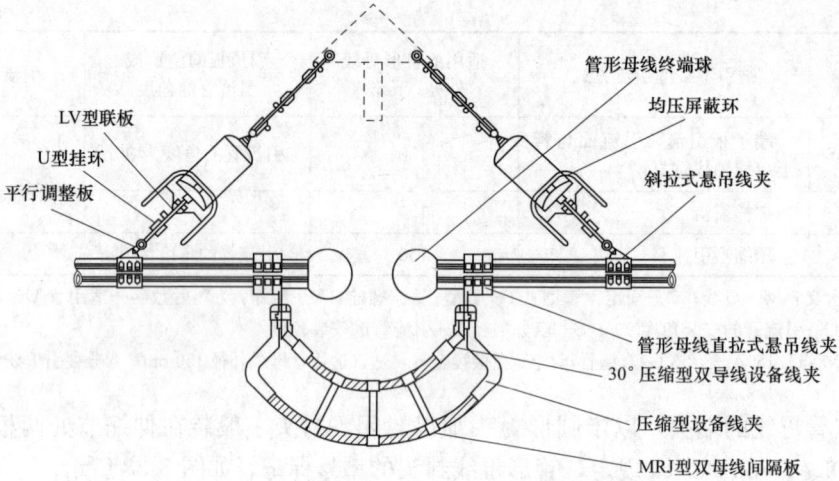

图 8-41　$\phi250$ 管形母线金具等金具组装示意图

LV型联板
U型挂环
平行调整板
管形母线终端球
均压屏蔽环
斜拉式悬吊线夹
管形母线直拉式悬吊线夹
30°压缩型双导线设备线夹
压缩型设备线夹
MRJ型双母线间隔板

产品图例

图 8-42　管形母线伸缩节及配套发电厂、变电站用金具（含柱式绝缘子）安装实景图

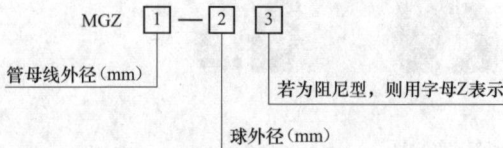

MGZ 1—2 3
管母线外径（mm）
球外径（mm）
若为阻尼型，则用字母Z表示

图 8-43　管形母线终端球的型号标记

根据 DL/T 683—2010 规定，管形母线终端球的型号标记如图 8-43 所示。

图 8-44 所示为 MGZ-×× 型管形母线终端屏蔽金具。

（6）管形母线托架。管形母线在需要安装伸缩节时，安装伸缩节的支柱绝缘子上应安装托架，且托架两侧分别安装一套固定金具，两固定金具内侧安装 T 型接续金具，以便与伸缩节相接。

根据 DL/T 683—2010 规定，管形母线支架的型号标记如图 8-45 所示。

根据厂家生产的电力金具产品，管形母线托架分为 MGJ 型、MGJ（B）型、MGJ（B）型、MGY 型和 MGTZ 型管母线等托架金具。

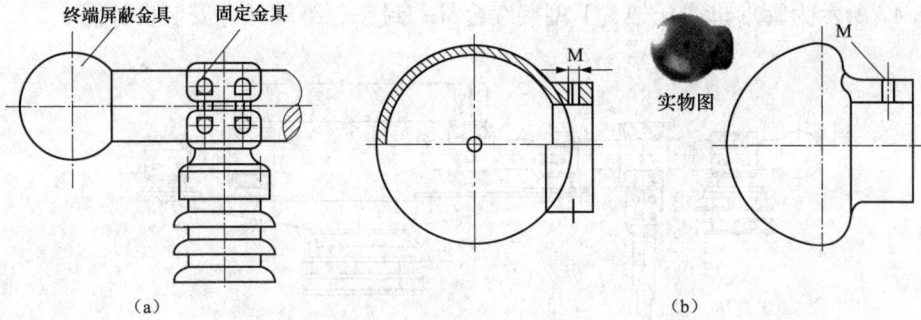

图 8-44 MGZ-××型管形母线终端屏蔽金具
（a）球形终端屏蔽金具安装示意图；（b）球形终端屏蔽金具结构图及实物图

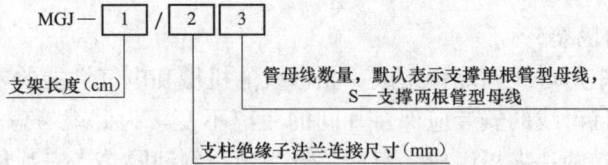

图 8-45 管形母线支架的型号标记

图 8-46 所示为 MGJ 型管形母线托架，技术参数见表 8-20。

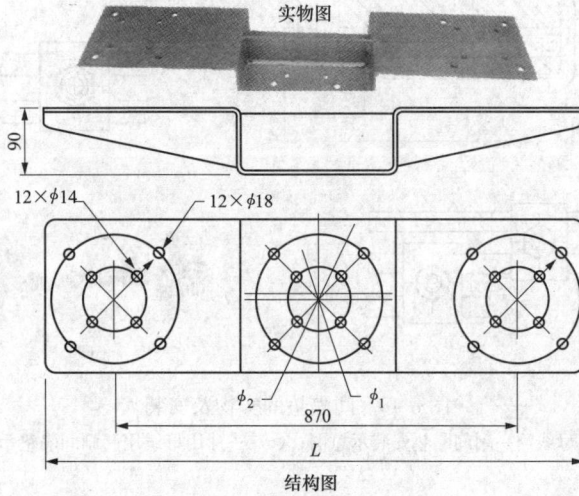

图 8-46 MGJ 型管形母线托架

表 8-20 　　　　　　　　　　　**MGJ 型管形母线托架技术参数**

型　号	主要尺寸（mm）			参考质量（kg）
	ϕ_1	ϕ_2	L	
MGJ-1040	140	—	1040	14.4
MGJ-1100	140	225	1100	21.5
MGJ-1150	149	250	1150	24.1

注 型号含义：M—母线；G—固定，管形；J—连接；"-"后数字—托架距离 L。

例：型号 MGJ-1040 表示 MGJ 型管形母线连接托架，托架距离 L 为 1040mm。

图 8-47 所示为管形母线托架、T 型接续金具、封头、终端球等安装设计图。

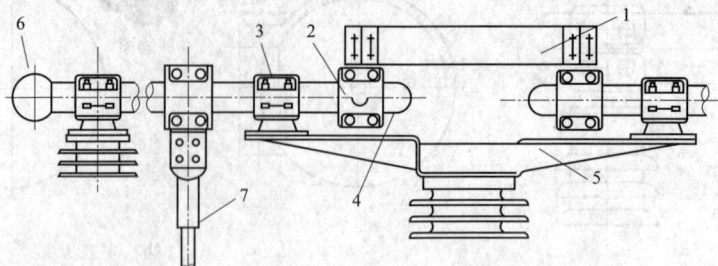

图 8-47　管形母线托架、T 型接续金具、封头、终端球等安装设计图
1—伸缩节；2—T 型接续金具；3—固定金具；4—封头；5—托架；6—终端球；7—压缩型设备线夹

（四）矩形母线间隔垫

根据对二片以上矩形母线间隔垫组成一相母线的机械和电气性能的要求，母线片间距应为单片母线的厚度，且母线的安装应保持片间的距离不变，为此就考虑采用间隔垫来实现。间隔垫由一根双螺柱和两片夹板组成。每两片母线用一副间隔垫。三片母线则用两副间隔垫相隔一定距离固定。两个支柱绝缘子间的间隔垫安装数量，由设计给定。

MJG 矩形母线间隔垫的实物及安装如图 8-48 所示，主要尺寸见表 8-21。

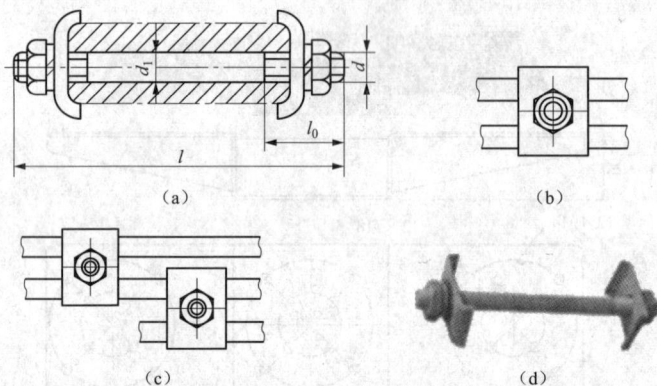

图 8-48　间隔垫的实物及安装
（a）结构图；（b）每两片用母线用一副间隔垫安装示意图；（c）三片用母线用两副间隔垫示意图；（d）产品实物图例

表 8-21　　　　　　　　　　　　MJG 矩形母线间隔垫的主要尺寸

型　号	标称规格	主要尺寸（mm）			
		d_1	d	l_0	l
MJG-01	M10×100				100
MJG-02	M10×120				120
MJG-03	M10×140	10	10	26	140
MJG-04	M10×160				160

注　型号含义：M—母线；G—固定，管型；J—连接、矩形；G—固定；"-"后数字—标称规格。
例：型号 MJG-01 表示 MJG 型母线间隔垫，标称规格 M10×100mm（M10 螺栓直径 10mm，长 100mm）。

第九章　绝　缘　子

供处在不同电位的电气设备或导体电气绝缘和机械固定用的器件，称为绝缘子。它是架空输电线路绝缘的主体，其作用是悬挂导线，并使架空输电线路的导线与杆塔、大地保持绝缘及防止电流流回大地的一种特殊的绝缘控件。它不但要承受工作电压和过电压，还要承受垂直荷载、水平荷载和导线张力。因此，绝缘子应具有足够的电气绝缘强度和耐潮湿性能。

绝缘子按用途可分为线路绝缘子、变电站绝缘子以及套管（套管是一个或几个导体穿过像墙壁或箱子之类的隔板，并使导体对隔板绝缘的一种器件），按绝缘件材料可分为由瓷、玻璃或有机材料制作的绝缘子。

另外，绝缘子还分为实心绝缘子和空心绝缘子。杆体为实心且仅由同一绝缘材料构成的绝缘子，称为实心绝缘子。从一端到另一端穿通敞开的带或不带伞（裙）的一种绝缘子，称为空心绝缘子（通常，空心绝缘子不包括紧固附件或端部附件）。绝缘子可以由一个、两个或多个永久地装配在一起的绝缘元件所构成。

由陶瓷、玻璃或有机绝缘材料制作的空心绝缘子分别称为瓷套、玻璃套或有机材料套。

第一节　瓷　绝　缘　子

盘形绝缘子，又称为盘形悬式绝缘子，简称悬式绝缘子。瓷绝缘子在国内外已有悠久历史，广泛用于额定电压高于 1000V、频率不超过 100Hz 的交流架空电力线路、变电站和电气化铁路接触网中，做绝缘和固定导线用。

一、绝缘子型号

JB/T 9683—2012《绝缘子产品型号编制方法》标准适用于标称电压高于 1000V 系统用高压绝缘子有盘形悬式瓷（或玻璃）绝缘子串元件、棒形悬式复合绝缘子、长棒形瓷绝缘子串元件、线路柱式绝缘子、线路针式瓷绝缘子、架空输电线路地线用绝缘子和棒形支柱绝缘子，以及空心绝缘子和套管绝缘子。

绝缘子产品型号以产品型式为主要分类编制。基本型号应能反映产品的型式和主要特征参数；基本型号后可以增加其他特征代号和特征数字，用以反映产品的识别参数、其他特征和设计序号，并以此构成产品全型号。

绝缘子型号编制的原则：①设计序号由型号管理单位统一编排，用两位阿拉伯数字表示，反映其他必要的参数信息；②各制造商的原产品型号可以作为工厂型号或代号存在。

1. 盘形悬式瓷（或玻璃）绝缘子产品型号的编制

根据 JB/T 9683—2012 规定，盘形悬式瓷（或玻璃）绝缘子串元件全型号，由八部分组成，如图 9-1 所示。

型号代号、伞形结构和连接标记各部分字母，分别见表 9-1～表 9-3。

基本序号，则为产品全型号的前六部分 [(1)～(6)] 示意。但对结构高度和爬电距离参数在产品型号中的表达方式与 GB/T 7253—2005《标称电压高于 1000V 的架空线路绝缘子　交流系统用瓷或玻璃绝缘子件　盘形悬式绝缘子件的特性》不同。

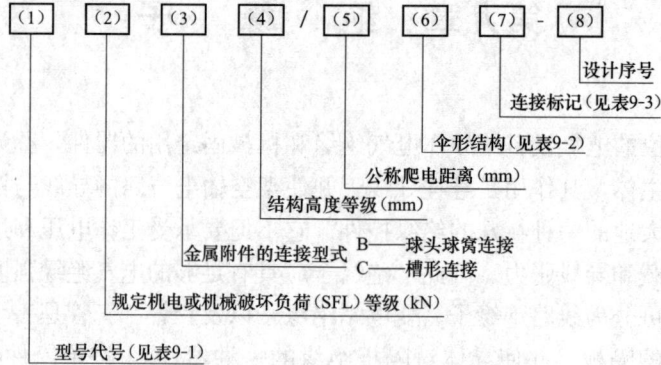

图 9-1　盘形悬式瓷（或玻璃）绝缘子串元件产品全型号表示

表 9-1　　　　　　　　　　　　　型号代号［第（1）部分］

型号代号	字母含义说明	型号代号	字母含义说明
U	交流系统用盘形悬式瓷绝缘子串元件	UC	交流系统用盘形悬式瓷复合绝缘子串元件
UD	直流系统用盘形悬式瓷绝缘子串元件	UDC	直流系统用盘形悬式瓷复合绝缘子串元件
HG	交流系统用盘形悬式玻璃绝缘子串元件	UGC	交流系统用盘形悬式玻璃复合绝缘子串元件
UDG	直流系统用盘形悬式玻璃绝缘子串元件	UDGC	直流系统用盘形悬式玻璃复合绝缘子串元件

表 9-2　　　　　　　　　　　　　伞形结构［第（6）部分］

伞形结构	说　明	伞形结构	说　明
N	标准伞形	H	钟罩伞形
D	双伞形	A	空气动力伞形（开放伞形）
T	三伞形	R	其他伞形

表 9-3　　　　　　　　　　　　　连接标记［第（7）部分］

连接标记	字母含义说明	连接标记	字母含义说明
×R	标准伞形	×W	钟罩伞形

2. 盘形悬式瓷或玻璃绝缘子串元件产品全型号示例

产品全型号 U160B170/525D20R-04 表示交流系统用盘形悬式瓷绝缘子串元件，其规定机电破坏强度等级 160kN，球头球窝连接方式，结构高度等级 170mm，公称爬电距离 525mm，双伞形，连接标记 20，R 型锁紧销，设计序号 04。

产品全型号 UDG160B160/550H20R-02 表示直流系统用盘形悬式玻璃绝缘子串元件，其规定机械破坏强度等级 160kN，球头球窝连接方式，结构高度等级 160mm，公称爬电距离 550mm，钟罩伞形，连接标记 20，R 型锁紧销，设计序号 02。

二、盘形绝缘子的结构

盘形瓷绝缘子由瓷件、钢帽和钢脚用不低于 525 号硅酸盐水泥、瓷砂或石英砂胶合剂胶装而成，钢帽及钢脚与胶合剂接触表面薄涂一层缓冲层，钢脚顶部有弹性衬垫，如图 9-2 所示。

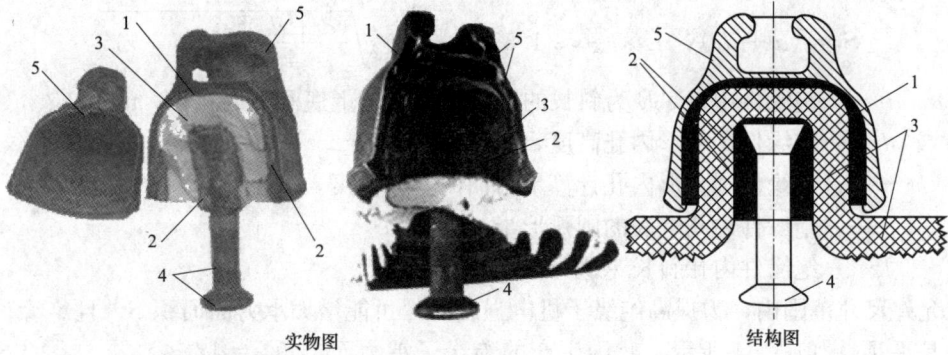

图 9-2　盘形瓷绝缘子（球形）

1—衬垫；2—胶合胶剂；3—绝缘件；4—钢脚；5—钢帽

　　盘形绝缘子使用时一般均串接成不同的串，用于各种电压等级和不同地区的线路上，因此，根据使用要求可分为球窝连接和槽形连接二种。为增加瓷（或玻璃）绝缘子表面的抗电强度和抗湿污能力，瓷绝缘子瓷件常具有裙边和凸棱。由于瓷釉有较强的化学稳定性，且能增加绝缘子的机械强度，通常在瓷件表面涂以白色、棕色或蓝灰色的瓷釉。

　　1. 钢帽

　　钢帽一般采用可锻铸铁铸成，脚一般采用 Q235 钢、低合金结构钢、优质碳素钢或合金钢制造，其破坏强度一般在 $0.4\sim0.6\mathrm{MPa}$。部分钢帽产品外形如图 9-3 所示。

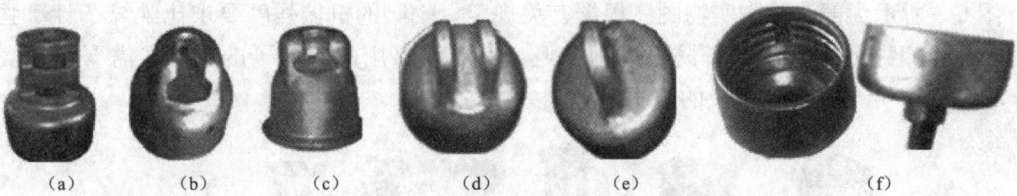

图 9-3　部分钢帽产品外形

　　球形连接结构的推拉式弹性锁紧销有 W 型和 R 型两种结构，均用铜材制成，弹性及防腐性好，拆装方便。

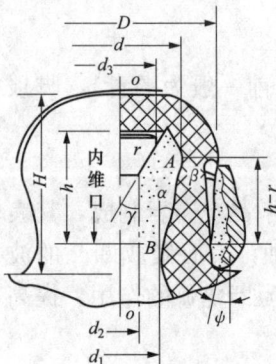

图 9-4　盘形悬式绝缘子头部构造

　　槽形连接，由扁脚、帽槽和圆柱销等所构成的一种连接，如图 9-3（d）及图 9-3（e）所示，它具有有限的可挠性，连接结构金具较简单，一般仅应用在 10kV 线路上。

　　2. 头部结构

　　现代盘形绝缘子绝缘件头部形状有圆锥形和圆柱形两种。圆锥形头部直而高，圆柱形头部小而矮。

　　（1）圆锥形头部。目前大量生产的是圆锥形头部的瓷绝缘子，其头部结构如图 9-4 所示。在钢帽结构中，为减小帽口处的应力，承力部分采用二层台阶，钢脚的承力面取 $\gamma=25°\sim30°$。绝缘子的机电破坏负荷与绝缘件内孔承力面积 S 有关。承力面积可按下式计算

$$S = (d + d_1) \times L \times \frac{\pi}{2} \approx 1.57(d + d_1)\sqrt{\frac{(d + d_1)^2}{4} + (h - r)^2} \tag{9-1}$$

式中　d、d_1——绝缘件中以 AB 为斜长的圆台形内孔的上底和下底直径，mm；

$\qquad h$——绝缘件圆台形内孔高度，mm；

$\quad h - r$——绝缘件圆台形内孔计算承力面的有效高度，mm；

$\qquad r$——绝缘件内孔上底的圆弧形半径，mm；

$\qquad L$——绝缘件内孔斜长 AB，mm。

在允许尺寸范围内，为提高绝缘子机电强度应尽可能增大承力面面积 S，且绝缘件的头部最好是平顶。如图 9-4 所示，我国生产的绝缘子承力面锥角 $\alpha = 12° \sim 18°$，$\beta = 10° \sim 13°$，$h/d = 0.8 \sim 0.9$，并且绝缘子锥口要比帽口高 10mm。其中，α 的大小将会严重影响到绝缘子的机电强度。

（2）柱头结构。它是由国外引进的生产技术，从制作技术看，瓷绝缘子的头部结构除造型结构特殊外，还要有上砂烧制，对提高生产工艺和产品的稳定性的难度加大，国外已有公司克服上述技术问题。

3. 钢脚

钢脚用普通碳素钢、低合金钢或优质碳素钢锻制，并进行耐腐蚀处理，其强度要求比绝缘子计算强度大 10%。为了减小应力集中问题的影响，钢脚承力面做成大弧度结构，以承力面锥角 $\gamma = 25° \sim 30°$ 为宜。悬式绝缘子头部结构中的钢脚端头直径 d，与钢脚柱直径 d_2 之比一般应在 1.75～2.00。

图 9-5 所示为部分钢脚实物图。根据有关规定，钢脚的机械强度要求比绝缘子计算强度大 10%，且钢脚必须经热镀锌防腐处理。但，直流线路用的绝缘子的钢脚，需要用锌套保护，以此来作为"牺牲"电极的技术措施。

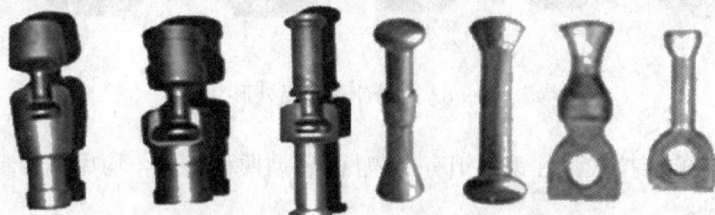

图 9-5　部分钢脚实物图

为缓冲钢帽、钢脚与瓷件之间的冲击影响，都填充油缓冲层（目前一般为沥青），脚顶端与绝缘件之间有弹性衬垫（一般为油毡纸）。

4. 绝缘件

瓷质盘形绝缘子的绝缘件头部，用高质量的塑性黏土、石英砂和微晶花岗岩制成，其表面可以是白色、棕色、乳白色和蓝色等。电力线路中多为白釉和棕釉，表面做成凹凸的波纹，不仅能在同样的有效高度内增加电弧的爬弧距离，而且也能起到阻断电弧的作用，提高绝缘子的滑闪电压。

5. 绝缘子用胶合剂

绝缘子用胶合剂的种类见表 9-4。

表 9-4 胶 合 剂 的 种 类

胶合剂种类	优缺点	应用范围
水泥胶合剂	1. 机械强度高，运行温度高，几乎不受腐蚀影响。 2. 硬化工艺时间较长。 3. 伸长性较差，有体积膨胀和收缩变干现象，能渗油和渗水	所有绝缘子（有机材料绝缘子除外）
硫黄石墨胶合剂	1. 机械强度高，延伸性好，耐气候稳定。 2. 硬化快，但有臭味，劳动条件差。 3. 长期允许运行温度低（80℃或更低），在户外潮湿条件下生成的硫酸会腐蚀铁附件（因此铁附件应热镀锌），能渗油	1. 额定电流小的套管，户内绝缘子。 2. 非污秽地区户外场所线路长棒形绝缘子，尺寸较小的绝缘子
铅锑合金胶合剂	1. 机械强度高，延伸性好，耐气候稳定，运行温度高。 2. 硬化快，但胶装时需加热到 350～400℃，绝缘子部件也要预热。 3. 价格贵	线路长棒形绝缘子，尺寸较小

6. 金属附件和绝缘部件间的连接

金属附件和绝缘部件间的连接一般有胶装和卡装连接两种，配电线路套管还可采用焊接连接方式。

（1）胶装连接。帽和脚与胶合剂接触表面涂有缓冲层（目前一般为沥青），脚顶端与绝缘件之间有弹性衬垫（一般为油毡纸）。该连接结构具有机械强度较高，对绝缘件胶装部位尺寸无较高要求，安装调整较简单等特点。但是由于绝缘件、金属附件和胶合剂三者的材料、热膨胀系数配合不当等，其间可能会出现开裂的现象。

（2）卡装连接（如图 9-6 所示）。卡装连接时，其绝缘件、金属附件可拆卸，但这种连接方式的机械强度较低，连接部位尺寸精确度要求较高，有时需进行研磨。

三、绝缘子类型

1. 普通型绝缘子

普通型悬式瓷绝缘子，结构形状简单，造价低，适合清洁地区选择使用，它们通常用在交流输电线路上。

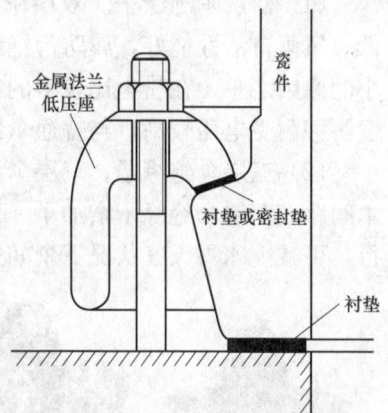

图 9-6 卡装连接结构

普通型绝缘子的特点是瓷件伞裙的棱与棱之间留有较大的间隙，即棱槽宽，如 XP-70 和 X-45 型绝缘子，棱槽宽，清扫方便，钢脚球头一般均伸出瓷裙外有利于带电作业。

图 9-7 所示为普通型（伞形）悬式瓷绝缘子实物如图 9-7 所示。

图 9-7 普通型（伞形）悬式瓷绝缘实物图
（a）UC 型（钢帽：球窝形）；（b）UCB 型（钢帽：球窝形）；（c）UC 型（钢帽：单、双槽型）

2. 钟罩型绝缘子

我国设计制作的钟罩型绝缘子，属于耐污型绝缘子，产品实物如图 1-14（b）所示。

该型绝缘子吸收了欧、美等防雾型绝缘子的结构特点：下表面有较深的棱槽，较长的伞下棱，伞下内腔不易受潮；当内腔充分受潮时，伞上表面已过分受潮，而导致其污秽流失，从而提高绝缘子的污秽耐受电压，因此，更适合在沿海、多雾潮湿和盐碱地区的交、直流输电线路上使用。

由于钟罩型绝缘子利用了伞内外受潮的不同期性及伞下高棱的抑制放电作用，其污闪电压比同级普通绝缘子高 20%～50%。

伞裙的缺点：风雨自洁性差，且不易清扫；被保护爬电距离较大，在沿海盐雾地区的使用效果较好。下裙伞形绝缘子像双层伞，又像钟罩伞，因为其很长的下裙像钟罩伞的外裙，起到遮蔽的作用，因而，按造型看它更接近于钟罩伞。

3. 双层伞绝缘子、三层伞绝缘子

双伞形、三伞形悬式瓷绝缘子，因伞下平滑无棱并呈开放形，风雨自洁性能好，自然积污率低，再加上具有较大的爬电距离，因此具有良好的污秽耐压水平，在多粉尘的环境下使用更能发挥伞形结构的优越性。这种伞形的绝缘子被称作"空气动力型"，它们适应各种运行条件尤其是重污秽、高海拔和沙漠干燥地区的交、直流输电线路。

（1）双层伞绝缘子。双层伞耐污绝缘子爬距大，伞形开放，裙内光滑无棱，积灰速率低，风雨自洁性能好，属防污绝缘子。双层伞绝缘子的伞裙便于人工清扫，这也是其积污量小的原因之一，在粉尘比较多的内陆污秽地区使用效果比较好。同时由于爬距较高，单位高度污秽耐受电压较高，与普通伞绝缘子相比可缩短串长度，降低杆塔高度。

（2）三层伞绝缘子。三层伞绝缘子的特性是两大伞中间增加一个小伞裙，两大伞之间的伞间距较双层伞绝缘子增加了 42%，提高了耐污闪和湿闪性能；上面大伞直径大于下伞直径，可减少冰雪天气状况下伞间短路的机会；大伞裙与小伞裙之间空间距离较大，便于人工冲洗和清扫；爬距大，可达到 545mm，比爬距为 400mm 和 450mm 双层伞绝缘子高 36.3% 和 21.1%；在相同污秽条件下，人工污闪电压比同级普通绝缘子高 46% 以上，防污性能好。

图 9-8 所示为耐污型悬式绝缘子实物图。

图 9-8　部分耐污型悬式绝缘子实物图
（a）双层伞绝缘子；（b）三层伞绝缘子（钢帽：球窝形）；
（c）三层伞绝缘子（钢帽：槽形）

4. 草帽伞形绝缘子

该绝缘子的特点是伞盘直径特别大，伞下光滑无棱，流线型结构，自洁性很好，积污量小，使用特点是将其穿插在交、直流线路绝缘子悬垂串的上部和中部，特大的盘径结构可以起到抑制冰溜和鸟粪造成的线路污闪情况发生。

图 9-9 所示为草帽伞形绝缘子实物图，技术参数见

图 9-9　草帽伞形绝缘子实物图

表 9-5。

表 9-5 　　　　　　　　　　草帽伞形绝缘子性能技术参数

产品型号		XMP-160	XMP2-160
结构高度 H （mm）		155	46
公称盘径 D （mm）		360	425
公称爬电距离（mm）		300	385
额定机电破坏负荷（kN）		160	160
例行拉伸负荷（kN）		80	80
连接标记		20	20
工频击穿电压（kV）	干	40	45
	湿	70	75
雷电冲击干耐受电压（kV）		105	110
工频击穿电压（kV）		130	130
无线电干扰电压（kV）	对地试验电压	10	10
	1MHz 最大无线电干扰电压	50	50
100 只质量（kg）		807	1060

盘形绝缘子的缺点是：为了保证必要的导线对地的距离，电杆必须较高。在 35kV 电压级以下，使用盘形绝缘子时的线路建设费用比使用针式绝缘子时高，因此盘形绝缘子主要使用在 35kV 及以上线路，而针式绝缘子主要使用在 6～35kV 线路，特别是 6～10kV 线路。

四、棒形悬式瓷绝缘子

棒形悬式瓷绝缘子，即兼顾盘式瓷绝缘子、盘式玻璃绝缘子、复合绝缘子的优点。

1. 长棒形瓷绝缘子串元件全型号及示例

(1) 产品全型号如图 9-10 所示。基本型号为产品全型号的前五部分。

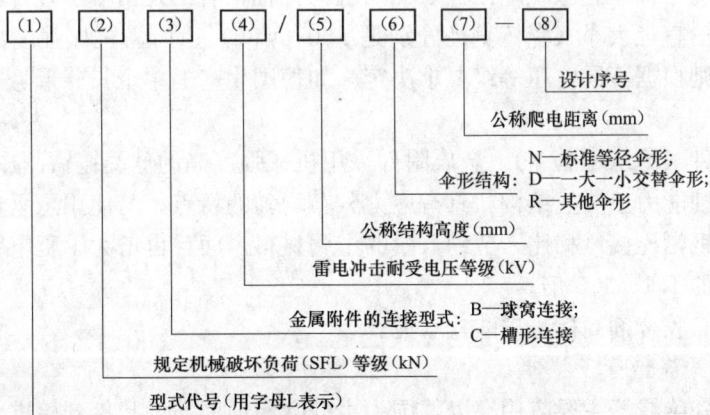

图 9-10　长棒形瓷绝缘子串元件产品全型号

(2) 长棒形瓷绝缘子串元件产品全型号编制示例。

产品全型号 L160B650/1435D5000-03：表示长棒形瓷绝缘子串元件，规定机械破坏负荷等级 160kN，金属附件球窝连接结构，雷电冲击耐受电压等级 650kV，公称结构高度

1435mm，一大一小交替伞形，公称爬电距离 5000mm，设计序号 03。

产品全型号 L300B750/1715N5833-01：表示长棒形瓷绝缘子串元件，规定机械破坏负荷等级 300kN，金属附件球窝连接结构，雷电冲击耐受电压等级 750kV，公称结构高度 1715mm，标准等径伞形，公称爬电距离 5833mm，设计序号 01。

2. 长棒形悬式瓷绝缘子的结构

长棒形悬式瓷绝缘子的结构、实物及安装实景图如图 9-11 所示。

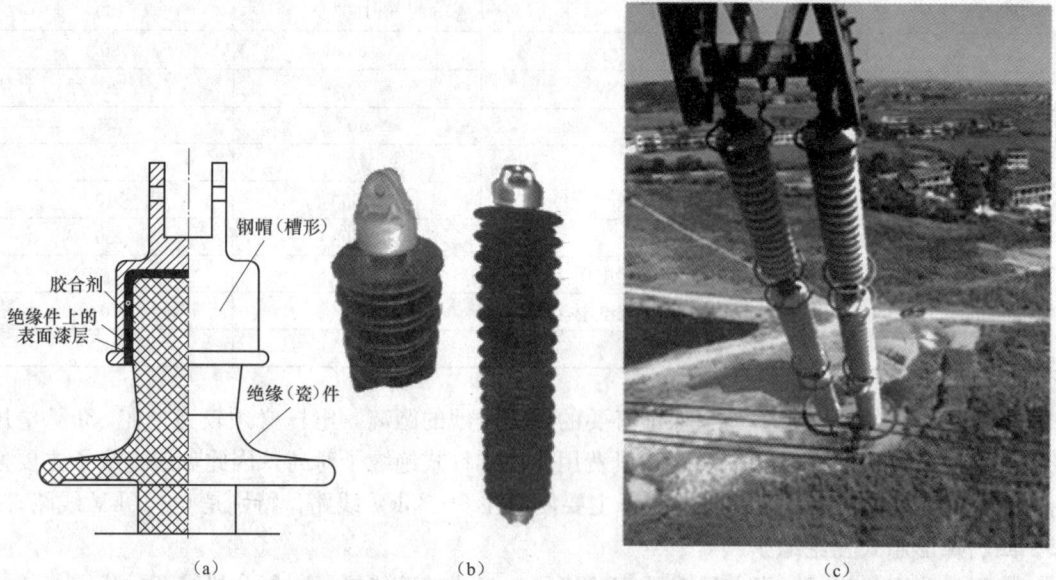

图 9-11　长棒形悬式瓷绝缘子结构、实物图及在±500kV 线路中（双联双挂点）安装实景图
(a) 结构图；(b) 实物图；(c) 安装实景图

（1）绝缘（瓷）件。绝缘（瓷）件表面一般为棕釉，有的是白釉。瓷件的长度可以根据需要而定，瓷体的直径大小（瓷棒直径分别是 $\phi60\sim\phi85$）由所需机械强度决定，棒长和伞裙数目以及伞径则根据不同电压等级要求决定。如德国生产的单个长棒形悬式瓷绝缘子瓷件长度达 1.7m。

（2）金属附件（绝缘子法兰）。金属附件采用机械强度高的球墨铸铁制成，表面热镀锌，具有优良的耐腐蚀能力。法兰结构，具有应力分布均匀的特点。与使用悬垂绝缘子片串（使用几个至几十个钢帽连接）相比，节约大量的金属材料，而且也增大了爬电距离，其爬电比距为标准绝缘子的 1.1～1.3 倍。

（3）胶合剂，胶合剂高标号硅酸盐水泥。

3. 长棒形悬式瓷绝缘子特性

长棒形悬式瓷绝缘子主要应用在以德国为主的欧洲地区，近几年开始进入中国市场。

（1）主要优点是：

1）金属连接件少，结构简单、尺寸小、质量轻，质量仅为盘形瓷绝缘子的 50%。

2）电瓷材料无老化变质问题，寿命长；年损坏率一般在（1～3）/百万，使用寿命取决于金具，可在 50 年以上。

3）价格低，性能比较优越。

4）长棒形悬式瓷绝缘子属于不可击穿型，电气性能好，无须检测零值。

5）伞盘之间无金具连接，相比盘形绝缘子串，在绝缘部分等长情况下，相当于增加约20％爬距；在同等长度和同样污秽条件下，长棒形悬式瓷绝缘子的介电强度比帽脚式玻璃绝缘子要高出10％～25％。

另外，伞盘无下棱，伞盘（气动力型）与伞盘之间的芯棒本身就是绝缘体，瓷芯和相对较小的开放式无棱伞裙，比瓷或玻璃盘形绝缘子有更好的自洁性能，无须清扫。

6）单位高度的爬距比双伞或三伞的盘形瓷绝缘子大得多，因此可以提高耐污闪电压。

7）由于装有配套的招弧角、均压环，因此可以提高电晕电压和耐电弧水平。

8）适用环境温度为−40～40℃，部分产品可用于海拔4000m的地区。

（2）长棒形悬式瓷绝缘子存在的缺点：

1）制造精度要求高，制造困难，生产效率较低，成本较高。

2）瓷件上一旦有一点缺陷也可能引起断串掉线事故，同时要求整根更换。

3）同样结构高度的长棒形瓷绝缘子的绝缘距离最短；为了获得取得较好的可靠性，耐张串最好是双串并联使用。

4. 长棒形瓷绝缘子的应用

长棒形瓷绝缘子串，一般由1～4节绝缘子单元件组成。在西方和东南亚诸多国家，在运行线路中使用长棒形瓷绝缘子相当普遍。选用情况如下：

（1）110kV以下送电线路采用棒式（或针式）绝缘子，绝缘子单元件一般只选用1节。

（2）220kV线路选用长棒形瓷绝缘子串，绝缘子单元件组成为2节。

（3）330kV线路选用绝缘子单元件组成为3节或2节。

（4）500kV超高压线路选用绝缘子单元件组成为3节（如结构高度为5340mm，相当于32片串160kN级悬式绝缘子，其爬电比距可达4.12cm/kV，而相同结构高度的悬式绝缘子爬电比距为3.17cm/kV；又如结构高度为6280mm的长棒形瓷绝缘子，相当于37片串210kN悬式绝缘子，其爬电比距可达4.6cm/kV，而相同结构高度的悬式绝缘子的爬电比距为67cm/kN）或4节，每节都带有均压环和招弧角。

图9-12所示为长棒形瓷绝缘子设计图。

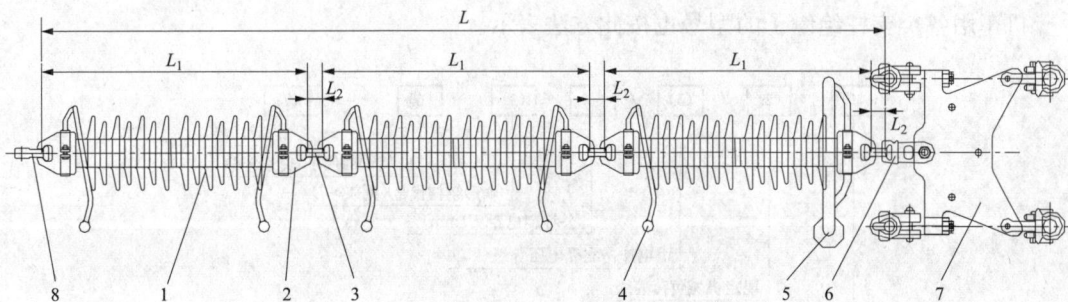

图9-12 长棒形瓷绝缘子设计图

1—长棒形瓷绝缘子；2—钢帽；3—双碗头连接销；4—引弧环；5—均压环；6—碗头挂板；7—联板；8—球头挂环

五、支柱（瓷）绝缘子

由一个或多个绝缘零件与一个金属底座并且有时还有一个帽胶装在一起构成的一种刚性

绝缘子，此金属底座，通过装在其上的螺栓可以刚性地安装在支持结构上，称为支柱（瓷）绝缘子。

支柱（瓷）绝缘子由上、下金属附件和绝缘件（瓷件）通过胶合剂胶合而成。胶合剂由不低于 42.5 号的硅酸盐水泥和石英砂配制而成。

瓷件为实心结构，胶装部分采用柱体上砂结构。上砂用的砂子是专用的经过严格工艺控制的造粒砂，具有与瓷体优良的结合性能和合理的膨胀系数，能有效地保证其机械强度。

金属附件一般由铸铁制成，表面刷上防锈漆或热镀锌，上、下金属用铸铁（表面热镀锌或涂上防锈漆）制成。

支柱（瓷）绝缘子主要用于工频交流系统标称电压 10～750kV 变电、配电装置和电站电气设备中作为导电部分的绝缘和支持，适用于海拔不超过 1000m，周围环境温度为－40℃～40℃环境安装。

图 9-13 所示为支柱绝缘子产品实物图及用于户外电站安装效果实景图。

图 9-13　支柱（瓷）绝缘子
(a) 实物图；(b) 用于户外变电站安装效果实景图

1. 棒形支柱绝缘子全型号编制及示例

（1）棒形支柱绝缘子全型号编制。棒形支柱绝缘子全型号由七部分组成，如图 9-14 所示。机车用各类支柱绝缘子的型号也按此方法表示。

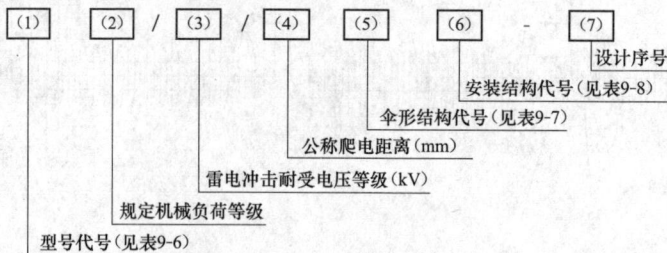

图 9-14　棒形支柱绝缘子全型号

棒形支柱绝缘子基本型号，则用产品全型号的前五部分表示。

表 9-6   **型号代号字母含义说明**

型号代号	说 明	型号代号	说 明
J	户内内胶装支柱瓷绝缘子	E	户外针式支柱瓷绝缘子元件
JG	户内内胶装支柱玻璃绝缘子	EG	户外针式支柱玻璃绝缘子元件
JR	户内内胶装有机材料支柱绝缘子	P	户外针式支柱瓷绝缘子
H	户外内胶装支柱瓷绝缘子	PG	户外针式支柱玻璃绝缘子
HG	户外内胶装支柱玻璃绝缘子	CC	棒形支柱复合绝缘子
C	户外外胶装圆柱形支柱瓷绝缘子	TC	棒形操作复合绝缘子
CG	户外外胶装圆柱形支柱玻璃绝缘子	CCP	棒形支柱瓷芯复合绝缘子
T	户外外胶装圆柱形操作瓷绝缘子	TCP	棒形操作瓷芯复合绝缘子

表 9-7   **伞形结构代号字母含义说明**

伞形结构代号	说 明	伞形结构代号	说 明
N	标准等径伞形	DR	伞下带棱交替伞形
NR	伞下带棱等径伞形	R	其他伞形
D	一大一小交替伞形		

表 9-8   **针式支柱绝缘子安装结构代号**

安装结构代号	安装孔中心圆直径（mm）	螺栓数	螺栓孔	
			螺孔	光孔 ϕ/mm
01	76	4	M12	—
02			—	15
03	127	4	M16	—
04			—	18
05	178	4	M20	—
06			—	22
07	254		M20	—
08			—	22
09	356	8	M20	—
10			—	22

    1）对主要承受弯曲负荷的绝缘子，规定弯曲破坏负荷等级为千牛（kN）数；对操作绝缘子，规定扭转破坏负荷等级为千牛米（kN·m）数；对户外针式支柱瓷（或玻璃）绝缘子，按照 GB/T 8287.2—2008《标称电压高于 1000V 系统用户内和户外支柱绝缘子　第 2 部分：尺寸与特性》划分为 A、B、C、D、E 五级。

    2）安装结构：对 J、JG、JR、H、HG 型绝缘子，顶部附件中心螺孔标记/底部附件中心螺孔标记；对 E、EG 型绝缘子和 P、PG、型绝缘子，顶部附件安装结构代号/底部附件安装结构代号。对 C、CG、T、TG、CC、TC、CCP、TCP 型绝缘子，顶部附件安装结构代号/底部附件安装结构代号，支柱和操作绝缘子安装结构代号见表 9-9。

表 9-9 部分支柱和操作绝缘子安装结构代号

安装结构代号	安装孔中心圆直径（mm）	螺栓数	螺栓孔	
			螺孔	光孔 φ（mm）
01	55	4	M10	—
02	76	4	M12	—
03	100	4	M12	—
04		4	M10	—
05	127	8	M10	—
06		4	M12	—
07			M16	
08	127		—	12
09		8	—	12
10			—	14
11	140	4	M12	
12		4	M16	

（2）棒形支柱绝缘子产品全型号示例。

产品全型号 J4/125/300NM12/M16-05 表示户内内胶装支柱瓷绝缘子，规定弯曲破坏负荷等级 4kN，雷电冲击耐受电压等级 125kV，公称爬电距离 300mm，标准等径伞形，顶部附件中心螺孔标记 M12，底部附件中心螺孔标记 M16，设计序号 05。

产品全型号 JR8/170/600NM16/M24-04 表示户内内胶装有机材料支柱绝缘子，规定弯曲破坏负荷等级 8kN，雷电冲击耐受电压等级 170kV，公称爬电距离 600mm，标准等径伞形，顶部附件中心螺孔标记 M16，底部附件中心螺孔标记 M24，设计序号 04。

2. 支柱绝缘子的优点

（1）机械强度高，分散性小，运行安全可靠中。

（2）绝缘子低温机械性能好。

（3）耐污性能优良。

（4）耐地震水平高。根据有关生产厂家提供的研究资料表明，额定电压 252、500kV 的绝缘子，进行烈度 9 级的抗地震性能试验后，试品完好无损。

（5）无线电干扰低。额定电压 550kV 的绝缘子，在 1.1 倍最高运行相电压下，产生无线电干扰不大于 500μV，晴天夜晚无可见电晕，可见电晕电压高达 450kV。

3. 支柱绝缘子的类型

（1）根据安装位置分户内外胶装型支柱绝缘子、户内内胶装型支柱绝缘子、户内联合胶装型支柱绝缘子、户外棒形支柱绝缘子和户外针式支柱绝缘子等。

（2）按使用环境大气的清洁程度，支柱绝缘子分普通型、耐污型和耐重污型三种。

（3）按支持的电气设备不同，分为母线及隔离开关支柱、阻波器支柱和空心电抗器支柱三种。

（4）按电压等级分 7.2、12、24、40.5、72.5、126、252、362kV 和 550kV 等不同电压等级的支柱绝缘子。

图 9-15 所示为棒形支柱绝缘子结构，技术参数见表 9-10。

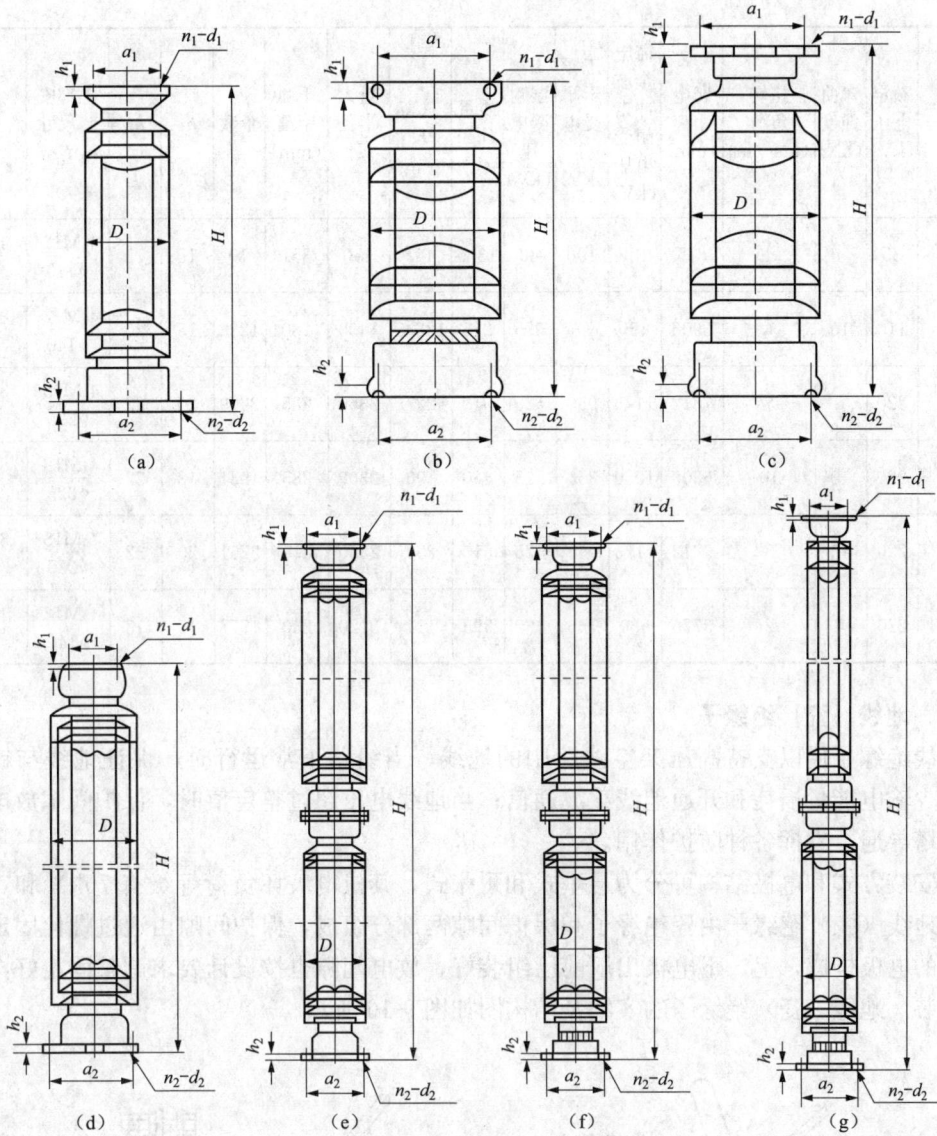

图 9-15　部分棒形支柱绝缘子结构

(a) ZS-63/5；(b) ZSW-35/4K-2；(c) ZSW-35/4-2；(d) ZSW-110/10-4；(e) ZSW-220/8-3；
(f) ZSW-220/10-3；(g) ZS-220/10-3 (或 ZS-220/4)

表 9-10　　　　　　　　　　　　　　部分棒形支柱绝缘子技术参数

型　号	额定电压(kV)	弯曲强度(kN)	扭转负荷(kN·m)	爬电距离(mm)	需电金波冲击耐受电压(kV)	工频干耐受电压(kV)	工频湿耐受电压(kV)	质量(kg)	总高 H	最大半径 D	干弧距离(mm)	伞数	h_1	h_2	上部安装尺寸 n_1-d_1-a_1	下部安装尺寸 n_2-d_2-a_2
ZS-63/5	63	5	2	1160	325	175	140	38	710	180	565	11	15	20	4-M12-ϕ140	4-M18-ϕ225

型　号	额定电压(kV)	弯曲强度(kN)	扭转负荷(kN·m)	爬电距离(mm)	需电金波冲击耐受电压(kV)	工频干耐受电压(kV)	工频湿耐受电压(kV)	质量(kg)	总高 H	量大半径 D	干弧距离(mm)	伞数	h_1	h_2	上部安装尺寸 n_1-d_1-a_1	下部安装尺寸 n_2-d_2-a_2
ZSW3-35/4-2	35	4	4	875	185	100	80	13.5	445	150	351	10	15	15	4-M12-φ140	4-M12-φ140
ZSW-110/10-4	110	10	4	3906	650	—	375	275	128.5	1400	280	1222	15	20	4-M12-φ140	8-M18-φ254
ZSW-220/8-3	220	8	8	7812	1175	950	525	510	227	2350	285	2279	20	22	4-M18-φ225	8-M18-φ254
ZSW-220/10-3	220	10	10	6300	1050	850	525	460	190	2300	285	1931	18	22	4-M18-φ225	8-M18-φ254
ZSW-220/10-3	220	10	8	7812	1175	950	525	510	253	2350	310	2251	20	22	4-M18-φ225	8-M18-φ300
ZS-220/4	220	4	2	3776	950	750	490	395	114	2120	230	1777	15	18	4-M12-φ140	4-M18-φ250

六、地线（瓷）绝缘子

地线绝缘子用以支持高压架空线路中的地线，当线路正常运行时，保证地线与铁塔绝缘，减少输电能量损耗和开通地线载波通信；当地线电压超过整定值时，保护间隙放电，地线与铁塔导通，发挥各种防护作用。

按安装方式和电极结构可分为悬垂式和耐张式，其机电破坏负荷等级有 70kN 和 100kN 两级。地线（瓷）绝缘子由瓷绝缘子和保护间隙两部分组成，保护间隙由通过螺栓固定在绝缘子上的电极构成，上、下电极出厂前已组装好，放电间隙也按设计要求调整固定好，无需现场组装。地线（瓷）绝缘子的实物及结构图如图 9-16 所示。

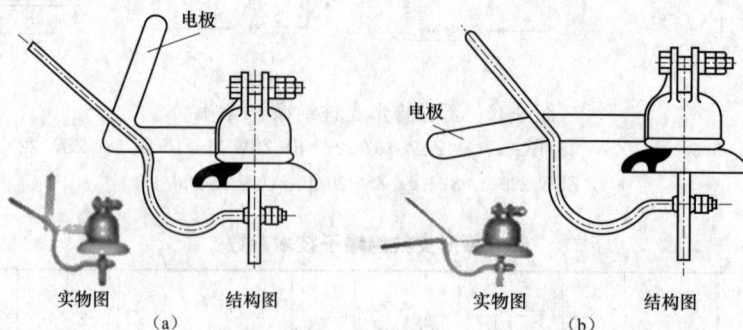

图 9-16　地线（瓷）绝缘子的实物及结构图
(a) 悬垂式；(b) 耐张式

1. 架空输电线路地线用绝缘子全型号表示及示例

（1）架空输电线路地线用绝缘子全型号表示如图 9-17 所示，型式代号见表 9-11。架空输电线路地线用绝缘子的基本型号用全型号的前四部分表示。

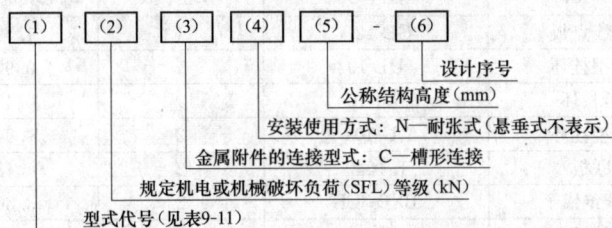

图 9-17　架空输电线路地线用绝缘子全型号

表 9-11　　　　　　　　　　架空输电线路地线用绝缘子型式代号

型式代号	说　明	型式代号	说　明
UE	盘形悬式地线瓷绝缘子	CSE	棒形悬式地线复合绝缘子
UEG	盘形悬式地线玻璃绝缘子	LE	长棒形地线瓷绝缘子

（2）架空输电线路地线用绝缘子全型号示例。

产品全型号 UEG70CN210-03：表示盘形悬式地线玻璃绝缘子，规定机械破坏负荷等级 70kN，金属附件槽形连接，耐张式，公称结构高度 210mm，设计序号 03。

产品全型号 LE70C260-01：表示长棒形地线瓷绝缘子，规定机械破坏负荷等级 70kN，金属附件槽形连接，悬垂式，公称结构高度 260mm，设计序号 01。

2. 地线绝缘子的作用

地线绝缘子在线路正常运行时保证地线与铁塔绝缘，发挥各种防护作用，减少输电能量损耗和开通地线载波通信。

地线绝缘子根据结构分为盘形地线绝缘子、棒/支柱形地线绝缘子；根据制造材料分瓷、玻璃和复合地线绝缘子；地线绝缘子按安装方式和电极结构可分为悬垂式和耐张式。

3. 地线绝缘子组装设计举例

图 9-18 所示为某 500kV 线路瓷质地线绝缘子耐张串组装设计及工程应用图例，材料配置见表 9-12。

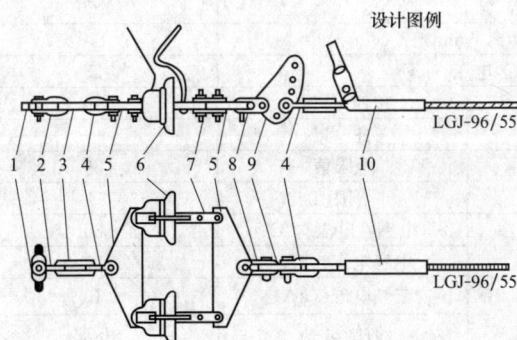

图 9-18　某 500kV 线路瓷质地线绝缘子耐张串组装设计图例

表 9-12　　　　　　　　**500kV 线路瓷质地线绝缘子耐张串组装设计图例材料表**

编 号	名 称	型 号	每组个数	每个质量（kg）	共计质量（kg）
1	挂线点板	GD-12A	1	1.79	1.9
2	U 型挂环	UL-10	1	0.92	0.9
3	延长环	PH-10	1	0.49	0.5
4	U 型挂环	U-10	2	0.54	1.1
5	联板	L-1040	2	4.43	8.9
6	地线绝缘子	BXP-7CB	2	3.80	7.6
7	挂板	P-7	2	0.60	1.2
8	挂板	Z-10	1	0.87	0.9
9	调整板	BD-10	1	2.70	2.7
10	耐张线夹	NY-95/55	1	2.10	2.1

4. 棒/支柱形地线（瓷）绝缘子

棒/支柱形地线（瓷）绝缘子的作用与地线瓷绝缘子相同，供高压架空输配电线路中绝缘和固定导线用，如图 9-19 所示，技术参数见表 9-13。

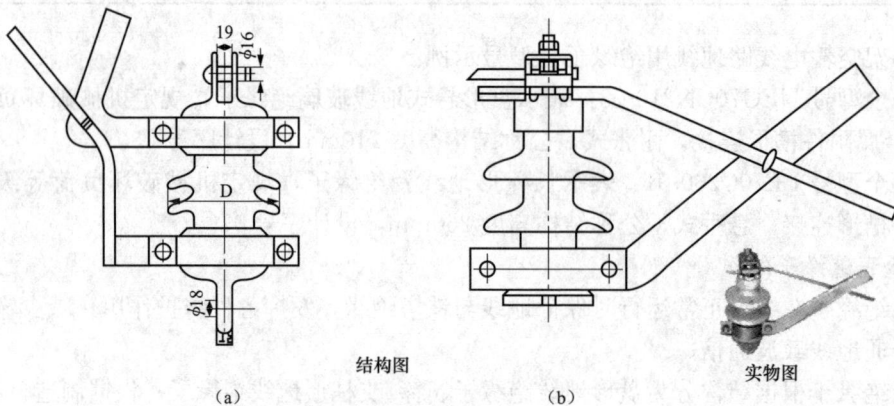

结构图　　　　　　　　　　　　　　　　　实物图

（a）　　　　　　　　　　　　　（b）

图 9-19　棒/支柱形地线（瓷）绝缘子结构图及实物图

表 9-13　　　　　　　　　　**棒/支柱形地线（瓷）绝缘子技术参数**

产品型号		DXB-70C	DZS-4
高度（mm）		1	2
公称直径（mm）		260	270
公称爬电距离（mm）		170	285
绝缘子工频耐湿电压（kV）		25	30
绝缘子机械破坏负荷	拉伸（kN）	70	—
	弯曲（kN）	—	4
地线绝缘子工频（干或湿）放电电压（间隙距离）	上限值	30	30
	下限值	8	8
工频恢复电压 2500V（间隙距离 15mm）时熄灭电弧电流（不小于）	电感性电流（A）	35	35
	电容电流（kA）	20	20
电极耐弧能力（不小于）	工频电流（kA）	10	10
	时间（s）	0.2	0.2
	次数	2	3
100 只质量（kg）		720	570

5. 其他绝缘子

绝缘件全部表面覆盖有高电阻层，称为稳定化绝缘子。为了降低局部电场强度在绝缘件的小面积上覆盖有高电阻层，如半导电釉的绝缘子，有时称为边（缘）釉绝缘子。

第二节 钢化玻璃绝缘子

一、盘形悬式钢化玻璃绝缘子

1. 基本组成结构

盘形悬式钢化玻璃绝缘子与瓷质绝缘子相似，有不同的结构，其基本组成结构为钢帽、钢化玻璃绝缘件和钢脚，并且用水泥胶合剂胶合为一体。

图 9-20 所示为空气动力型、耐污型绝缘子基本结构。

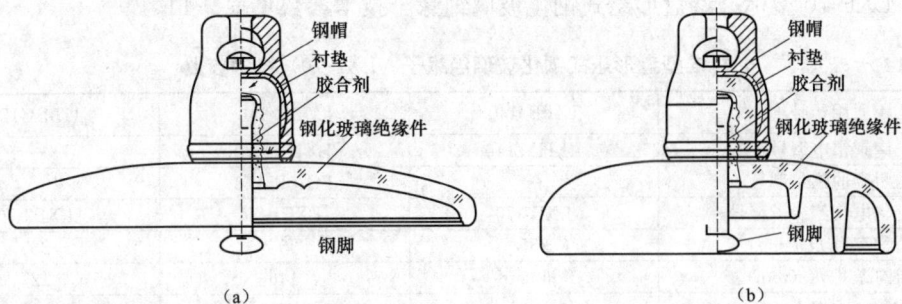

图 9-20 盘形悬式钢化玻璃绝缘子（耐污型）结构图
(a) 空气动力型；(b) 耐污型

2. 特性

（1）盘形悬式钢化玻璃绝缘子可零值自爆（如图 9-21 所示），无需登杆逐片检测，只要在地面或在直升机上观测即可，降低了工人的劳动强度。

图 9-21 某输电线路玻璃绝缘子"零值自爆"实景图

盘形悬式钢化玻璃绝缘子，裙件自爆后仍然具有足够的机械强度，不会发生掉串等现象。根据有关资料统计，年运行自破率为 0.02%～0.04%，可以节约线路的维护费用。

（2）具有足够的绝缘件性能和机械强度。钢化玻璃的机械强度可达 80～120MPa，为瓷质绝缘子的 1～1.7 倍（平均值）。

由于盘形悬式钢化玻璃绝缘子表面强度高，因此其表面不易产生裂缝。根据相关试验，玻璃介质在 1/50μs 冲击时，其平均击穿强度达 1700kV/cm，约为瓷介质的 3.8 倍。因为玻璃介质耐弧性能比瓷介质高，电气性能好，所以它的电气强度在整个运行过程中一般保持不变，老化过程比瓷介质更慢。

（3）不易积污，易于清扫。根据我国数十年的运行情况表明，钢化玻璃绝缘子不仅不易积污，且易于清扫，而且具有较长的使用寿命和长期稳定的机电性能。

（4）自身电容大、电晕小。因玻璃属无机材料，有利于降低导线侧和接地侧附近绝缘子所承受的电压，从而能较好地减少无线电干扰，降低电晕损耗和延长玻璃绝缘子的寿命，其寿命达 50 年以上（劣化绝缘子自爆除外）。

（5）可用环境温度一般在－40～40℃之间。冷冻试验表明，在－60～40℃条件下其性能也不下降。另外，投资建设钢化玻璃绝缘子生产厂比瓷质绝缘子生产厂成本低，并能实现制造全部过程机械化、自动化。

3. 盘形悬式钢化玻璃绝缘子性能参数举例

（1）LXP-70 型标准型盘形悬式钢化玻璃绝缘子技术参数见表 9-14。

表 9-14　　　　　标准型盘形悬式钢化玻璃绝缘子（LXP-70）技术参数

通用代号	U70B/140	U70B/146	U70B/127
南京雷电型号	LXHY4-70	LXHY5-70	—
自贡赛迪维尔型号	—	FC70P/146	—
金利华电气绝缘子型号	LXP3-70	LXP1-70	LXP2-70
公称直径 D（mm）	255	255	255
结构高度 H（mm）	140	146	127
公称爬电距离 L（mm）	320	320	320
连接型式（mm）	16	16	16
机械破坏负荷（kN）	70	70	70
逐个拉伸负荷试验（kN）	35	35	35
工频湿耐受电压（kV）	40	40	40
雷电冲击耐受电压（kV）	100	100	100
冲击击穿电压（标幺值）	2.8	2.8	2.8
工频击穿电压（kV）	130	130	130
无线电干扰（10kV、1MHz，μV）	50	50	50
可见电晕脚/帽（kV）	18/22	18/22	18/22
工频电弧试验	0.12s/20kA	0.12s/20kA	0.12s/20kA
绝缘子单片质量（kg）	3.6	3.6	3.5

（2）空气动力型盘形悬式钢化玻璃绝缘子技术参数见表 9-15。

表 9-15　　　　空气动力型盘形悬式钢化玻璃绝缘子（LXHP-160 型）技术参数

金利华电气绝缘子型号	U70BP/146H	U70BP/146H	U70BP/146H
通用代号	LXHP$_4$-160	LXHP$_5$-160	LXHP$_6$-160
公称直径 D（mm）	255	280	320
结构高度 H（mm）	146	146	146
公称爬电距离 L（mm）	400	450	550
连接型式（mm）	16	16	16
机械破坏负荷（kN）	70	70	70
逐个拉伸负荷试验（kN）	35	35	35
工频湿耐受电压（kV）	45	45	45
雷电冲击耐受电压（kV）	110	125	140

冲击击穿电压（P.U）	2.8	2.8	2.8
工频击穿电压（kV）	130	130	130
无线电干扰（10kV、1MHz，μV）	50	50	50
可见电晕脚/帽（kV）	18/22	18/22	18/22
工频电弧试验	0.12s/20kA	0.12s/20kA	0.12s/20kA
绝缘子单片质量（kg）	4.6	5.8	9.2

（3）耐污型盘形悬式钢化玻璃绝缘子技术参数见表 9-16。

表 9-16　　　　　　　　　耐污型盘形悬式钢化玻璃绝缘子技术参数

通用代号	U100BP/146H	U100BP/146H	U100BP/146H
电气绝缘子型号	LXHP$_3$-100	LXHP$_4$-100	LXHP$_6$-100
公称直径 D（mm）	260	280	320
结构高度 H（mm）	146	146	146
公称爬电距离 L（mm）	400	450	550
连接型式（mm）	16	16	16
机械破坏负荷（kN）	100	100	100
逐个拉伸负荷试验（kN）	50	50	50
工频湿耐受电压（kN）	45	45	45
雷电冲击耐受电压（kN）	110	125	140
冲击击穿电压（标幺值）	2.8	2.8	2.8
工频击穿电压（kV）	130	130	130
无线电干扰（10kV、1MHz，μV）	50	50	50
可见电晕脚/帽（kV）	18/22	18/22	18/22
工频电弧试验	0.12s/20kA	0.12s/20kA	0.12s/20kA
绝缘子单片质量（kg）	5.4	5.8	9.2

二、地线玻璃悬式绝缘子

图 9-22 所示为地线玻璃悬式绝缘子结构图、实物图及安装实景图。地线玻璃悬式绝缘子技术参数见表 9-17。

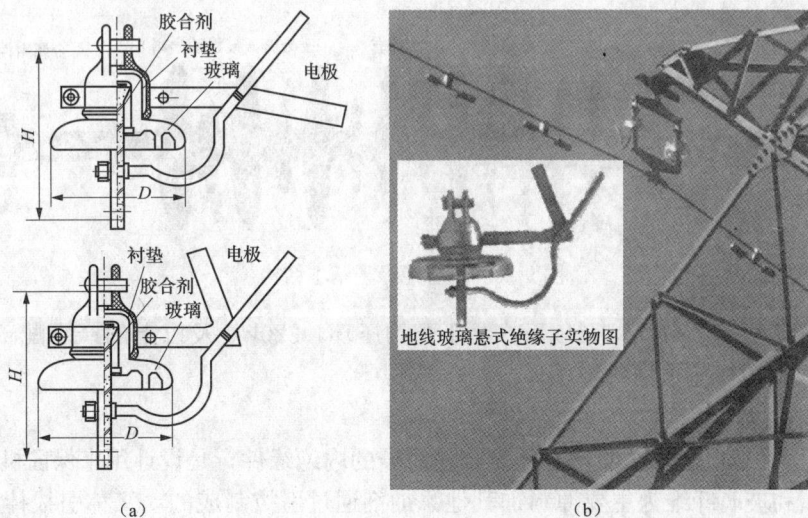

图 9-22　地线玻璃悬式绝缘子结构图、实物图及安装实景图
（a）结构图；（b）实物图及安装实景图

表 9-17　　　　　　　　　　　　地线玻璃悬式绝缘子技术参数

最小机械破坏负荷（kN）		70	70	100	100
1h 机电负荷试验（kN）		52.5	52.5	75	75
悬挂方式		悬垂型	耐张型	悬垂型	耐张型
公称直径 D（mm）		200	200	200	200
结构高度 H（mm）		200	200	200	200
型号		FC70C/200	FC70CN/200	FC100C/200	FC100CN/200
20mm 间隙工频放电电压（kV）	上限	30	30	30	30
	下限	8	8	8	8
15mm 间隙 2500V 时熄弧能力	感性电流（A）	35	35	35	35
	容性电流（A）	20	20	20	20
电极耐弧能力（≥，mm）	工频电流（kV）	10	10	10	10
	时间（s）	0.2	0.2	0.2	0.2
	次数	2	2	2	2
工频击穿电压（kV）		130	130	130	130
连接型式标记		16C	16C	16C	16C
单件质量（kg）		4	4	4	4

第三节　复合绝缘子

至少由两种（有机材料）绝缘材料制作的复合绝缘子，称为有机复合绝缘子（亦称合成绝缘子），也称非陶瓷绝缘子、塑料绝缘子或聚合物绝缘子。

一、复合绝缘子基本组成结构

复合绝缘子（如图 9-23 所示）可以由若干个伞安装在芯体上构成（可具有或不具有中间外套，或者可将外套整件或分成数件直接模塑或浇铸在芯体上构成），即由芯棒（内绝缘）、外套（外绝缘）、端部金具（碗头或球头）及附件（均压环）组成。

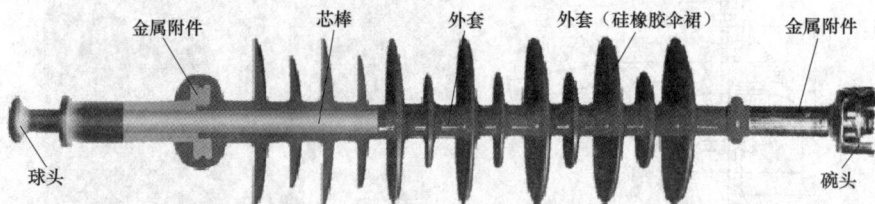

图 9-23　复合绝缘子基本结构

目前复合绝缘子，110kV 及以下产品不配均压环，220kV 及以上的产品配 1～2 个均压环，也可以根据用户需求配备均压环。

1. 绝缘子芯棒

绝缘子芯棒（如图 9-24 所示）是复合绝缘子的内绝缘件，是设计用来保证机械性的。它是由环氧树脂和玻璃纤维为主要原料加其他添加剂通过引拔制成的，又称引拔棒，如图 9-23 所示。它是复合绝缘子的骨架，起着支撑伞套、内绝缘，连接两端金具，以及承受机械负荷等多重作用。

为保证绝缘子芯棒具有良好的机械强度，其芯棒必须有一定的直径：对于圆形芯棒的几何直径；对于非圆形芯棒的直径为 $2\sqrt{\dfrac{A}{\pi}}$，A 为横截面积。

绝缘子芯棒具有很高的抗张强度（大于 1100MPa），约为普通钢的 1.5～2 倍，为高强度瓷的 3～5 倍。此外，芯棒还具有良好的减振性、抗蠕变性及抗疲劳断裂性。芯棒和护套粘接牢固无缝隙，内绝缘性能好，可避免发生界面击穿。

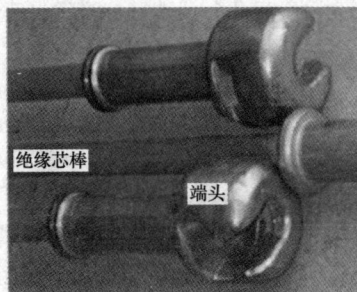

图 9-24 部分绝缘子芯棒实物图

2. 硅橡胶伞裙、伞套

硅橡胶伞裙伞套（简称外套），是绝缘的外部绝缘件，主要用于保护芯棒、遮挡雨雪、增大爬电距离和增强产品外绝缘。伞套外形美观、界面少。

以硅橡胶为基体的高分子聚合物制成的伞裙具有良好的憎水性、耐腐蚀性、耐老化性等优点，能有效防止污闪事故的发生，且减少人工清扫，免除测零值维护，可为输电线路安全运行提供可靠保证。

3. 金属附件（端头）连接方式

金属附件（端头）的连接是指复合绝缘子端部金具与芯棒相连。芯棒和金属附件之间传递负荷的区段称为连接区。连接方式主要有粘接式、楔接式和压接式三种方式（如图 9-25 所示）。

安装接头后，通常都会对接头区域芯棒造成一定程度的应力集中，因此，接头结构是合成绝缘子机械性能的薄弱环节，一般只采用压接式接头。

压接式接头作为一种新的接头结构，具有成本低、工效高的实用特点。同时，在某些机械性能方面有其独特的优点，如较好的长短期静载性能、动载性能以及在端部密封上可能产生的改进等。

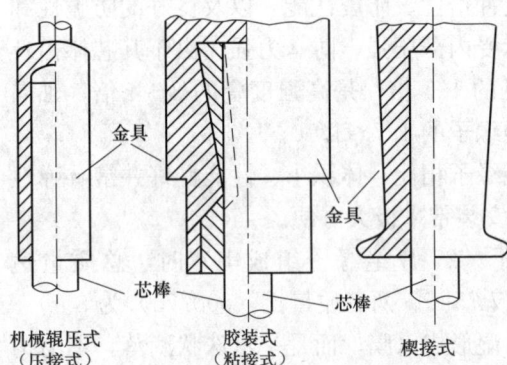

图 9-25 金属附件（端头）连接方式

压接式连接方式，是用周向的挤压力使金具产生一定的塑性变形，使金具与芯棒的接触面产生一定的预压力，同时使芯棒产生一定量的弹性变形，绝缘子承载时，外荷载将由预压力产生的轴向摩擦力和发生弹性变形的芯棒与发生了塑性变形的金具内腔的交界面产生的轴向的剪切力来共同承受。

复合绝缘子上配置均压环具有改善电场分布，减少电晕和无线电干扰，保护伞裙在强电弧时不被烧坏等优点。对于高电压等级的复合绝缘子，效果更加显著。

图 9-26 所示为两端金具的复合绝缘子结构，多采用标准球窝连接结构，十分便于运输安装。

二、复合绝缘子的技术参数及优点

1. 复合绝缘子产品的技术参数

部分复合绝缘子的技术参数见表 9-18。

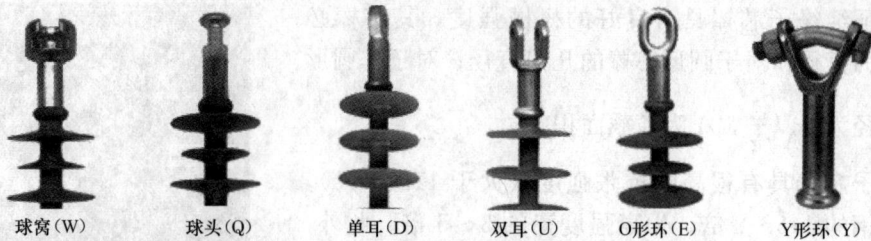

球窝(W)   球头(Q)   单耳(D)   双耳(U)   O形环(E)   Y形环(Y)

图 9-26　两端金具的复合绝缘子实物图

表 9-18   部分复合绝缘子技术参数

产品型号	额定电压(kV)	额定拉伸负荷(kN)	连接标记	结构高度(mm)	绝缘距离(mm)	最小公称爬电距离(mm)	雷电全波冲击耐受电压(kV)	工频湿耐受电压(1min, kV)	均压环直径(mm)
FXBW-220/100	220	100	16W	2150±35	1900	6300	1000	395	φ250
FXBW4-220/100	220	100	16W	2240±30	2000	6600	1000	395	φ250
FXBW5-220/100	220	100	16W	2470±30	2150	6900	1000	395	φ250
FXBW6-220/100	220	100	16W	2240±30	1900	6770	1000	395	φ250/φ350
FXBW-220/160	220	160	20R	2240±30	1900	6300	1000	395	φ250/φ350
FXBW4-220/160	220	160	20R	2470±30	2150	6900	1000	395	φ250/φ350

2. 复合绝缘子的优点

（1）机械性能优越。复合绝缘子具有很强的抗冲击性、防震性能，以及良好的防脆性和抗蠕变性，不易破碎，抗弯曲、抗扭强度高，可承受内部压强，防暴力强。由于其芯棒由环氧玻璃纤维制成，复合绝缘子的扩张强度为普通钢的 1.5 倍，是高强度瓷的 3～4 倍；轴向拉力特别强，并具有较强的吸振能力，一般为瓷绝缘子的 1/7～1/10。

（2）质量轻。复合绝缘子与同电压等级的瓷绝缘子相比，体积小、性能良好并富有弹性外，产品质量仅为瓷绝缘子 1/19～1/6，为运输、安装带来极大方便。

例，某 500kV 普通直线塔，当用瓷质绝缘子（27 片绝缘子组成串）时，总质量达 600kg，使用复合绝缘子，则只需用 3 只，总质量仅 75kg。两者质量比（600/75）为 8。

（3）抗污闪性能好。它的伞形波纹表面不会沾湿形成水膜，而是呈水珠状滴落，不易构成导电通道，其污闪电压较高，为同电压等级瓷绝缘子的 3 倍。

（4）耐电蚀性强。复合绝缘子较瓷绝缘子有较高的湿闪络和污闪络电压，只要复合绝缘子的放电距离等于或稍大于瓷绝缘子串即可满足雷电特性等电气性能的要求。绝缘子表面漏电闪络形成不可逆性劣变起痕现象，一般标准不低于 4.5 级（即 4.5kV），复合绝缘子为 6～7 级。

（5）抗老化性能好。复合绝缘子的均压环可改善电场分布，缓解带电端外套的老化。一般情况下，110kV 及以下电压等级的复合绝缘子不带均压环。

（6）结构稳定性好。一般瓷悬式绝缘子是内胶装结构由于电化腐蚀，运行中会产生低零值绝缘电阻值，而复合绝缘子为外胶装结构，其内心为实心棒绝缘材料，不存在劣化和击穿，不会出现零值绝缘子。

3. 复合绝缘子的缺点

（1）价格高。

（2）承受的径向（垂直于中心线方向）应力很小，因此，为防止绝缘子折断，施工安装、运行检测过程中不得踩踏或增加任何径向荷载。同时，注意硬物跌落碰擦复合绝缘子任何部位，以避免损坏，导致其绝缘性能下降。

（3）复合绝缘子还会出现芯棒断裂、界面击穿、金具与芯棒的连接发生滑移或脱落，以及外绝缘硅橡胶严重老化而造成的芯棒暴露等。

（4）容易受到鸟啄、鼠类等动物的咬噬而导致损坏及雷击破坏。

图 9-27 所示为运行线路中复合绝缘子的部分故障实景图。

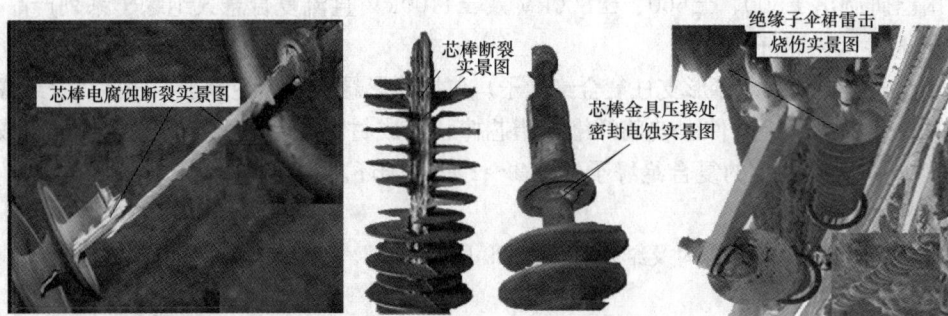

图 9-27　运行线路中复合绝缘子的部分故障实景图

三、复合绝缘子型号表示方法

1. 棒形悬式复合绝缘子型号表示方法

棒形悬式复合绝缘子型号表示方法如图 9-28 所示。

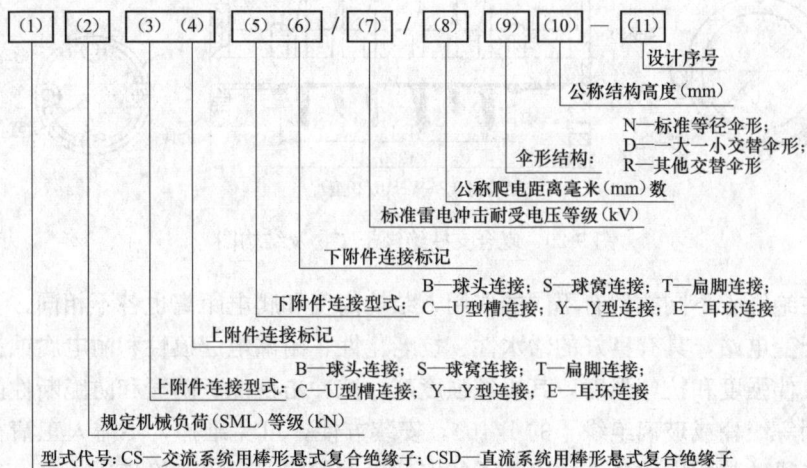

图 9-28　棒形悬式复合绝缘子型号表示方法

基本序号为产品全型号的前八部分。该型号的表示方法不含相间间隔用绝缘子。

2. 棒形悬式复合绝缘子型号表示方法示例

产品全型号 CS120S16B/950/6340D2350-03：表示交流系统用棒形悬式复合绝缘子，规定机械负荷等级 120kV，上附件球窝连接，上附件连接标记 16，下附件球头连接，下附件连接标记 16，标准雷电冲击耐受电压等级 950kV，公称爬电距离 6340mm，一大一小交替伞形，公称结构高度 2350mm，设计序号 03。

产品全型号 CS160S20B20/2550/20300R5440-02：表示交流系统用棒形悬式复合绝缘规定机械负荷等级 160kV，上附件球窝连接，上附件连接标记 20，下附件球头连接，下附件连接标记 20，标准雷电冲击耐受电压等级 2550kV，公称爬电距离 20 300mm，其他交替伞形，公称结构高度 5440mm，设计序号 02。

四、复合绝缘子类型

目前世界上已经开发生产的复合绝缘子类型，包括复合棒悬垂式绝缘子、横担式复合绝缘子、复合支柱绝缘子、复合铁路用绝缘子、空心复合绝缘子等。

我国已研制出 ±500、±660、±800kV 及 ±1100kV 直流复合悬式绝缘子系列产品。

1. 棒悬柱式绝缘子

棒悬柱式绝缘子（即棒形支柱复合绝缘子）包括棒形悬式复合绝缘子、横担复合绝缘子。

棒悬柱式绝缘子绝缘件由玻璃纤维树脂芯棒、合成材料外套和两端的连接金具组成。

对于 110kV 及以上的复合绝缘子配备 1～2 只均压环。

2. 复合支柱绝缘子

复合支柱绝缘子产品结构及结构如图 9-29 所示。

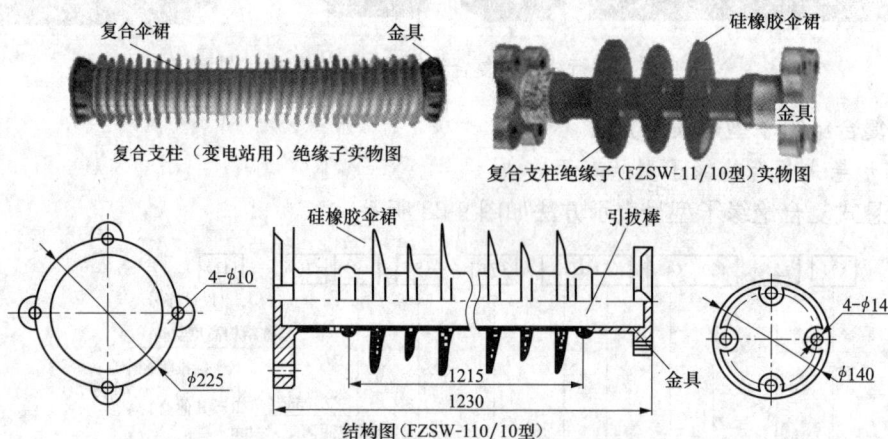

图 9-29　复合支柱绝缘子实物及结构图

复合支柱绝缘子不同类型有不同的作用，结构高度和爬电距离也各不相同，支柱复合绝缘子主要用于变电站，具有良好的憎水性、抗老化性、耐漏电起痕性和耐电腐蚀损坏性，具有很高的抗拉伸强度和抗弯强度，其机械强度高，抗冲击性能、防振和防脆断性能好，质量轻（质量是同等级瓷或玻璃绝缘子的 1/10），安装方便，可免维护，不需人工清扫，因其上下端部的安装尺寸与相应的瓷支柱绝缘子的安装尺寸相同，可以互换使用。

根据工程需要，也设计制造有用于变电站的矩形母线立放式、双软母线安装的复合支柱绝缘子，如图 9-30 所示。

3. 地线复合绝缘子

地线复合绝缘子是近期发展起来的新型绝缘材料、新结构的产品。地线复合绝缘子与前述介绍的复合绝缘子结构基本相同。它与普通瓷绝缘子相比，具有热机、耐污、耐弧、免维护、安装方便、工作性能好、使用寿命长、质量轻、爬电距离大等优点，是超高压输电线路避雷线（地线）使用的替代产品。

地线复合绝缘子（如图 9-31 所示），是用于输电线路杆塔上固定或悬挂架空地线的绝缘部件。

矩形母线固定金具（立放式）
实物图

(a)

实物图

(b)

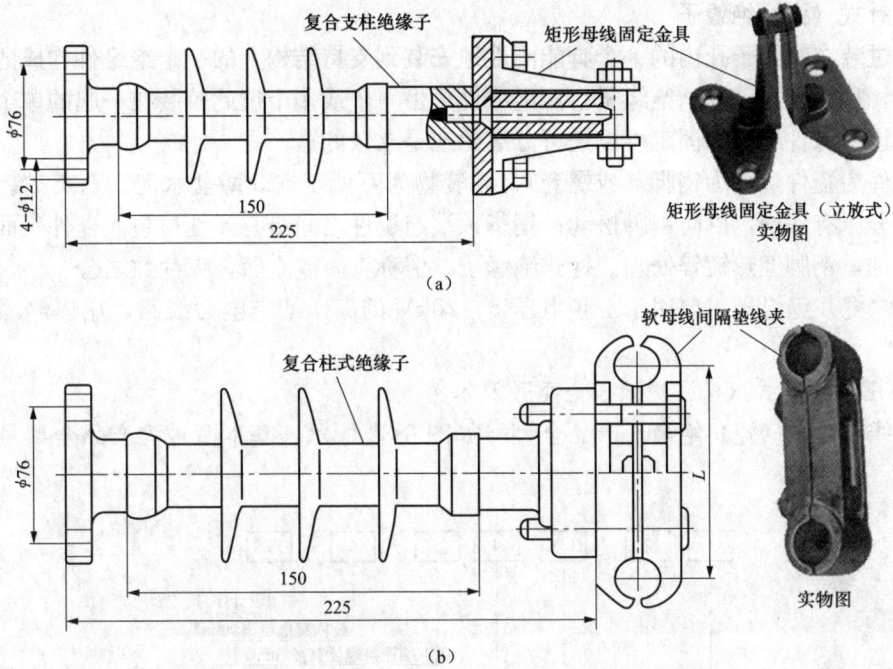

图 9-30 复合柱式绝缘子在变电站中的安装示意图
（a）矩形母线立放式安装示意图；（b）双软母线安装示意图

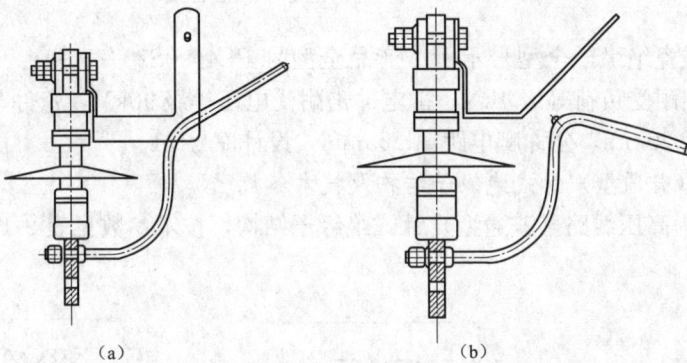

(a)   (b)

图 9-31 地线复合绝缘子
（a）悬垂式复合绝缘子（DFJ-100C）；（b）耐张式复合绝缘子（DFJ-100N）

　　除上述各式复合绝缘子，在配电线路中的复合也广泛采用横担式复合绝缘子、复合针式绝缘子等，见本章第四节专述。

第四节　配电线路绝缘子

　　配电线路中常用的绝缘子有针式（瓷）绝缘子、柱式绝缘子、瓷拉棒、棒形针式复合绝缘子、横担绝缘子、拉线绝缘子、放电箝位柱式绝缘子、防雷绝缘子、蝶式瓷绝缘子等。

一、针式（瓷）绝缘子

由通过装在绝缘子孔内的一个脚能刚性地安装到支持结构上的一个绝缘件构成的一种刚性绝缘子，称为针式（瓷）绝缘子。该绝缘件可由一个或多个彼此胶装在一起的单个绝缘体所构成。该绝缘件与脚的固定可以是可分离的或是永久的。

绝缘件为瓷件，脚为钢脚（或螺套），胶装物为不低于 525 酸盐水泥、石英砂。钢脚胶入瓷件部分压有深槽，以防钢脚松动；钢脚顶端与瓷件之间垫有弹性衬垫。瓷件表面一般上棕釉或白釉，钢脚经热镀锌处理。针式绝缘子，俗称直瓶或立瓶，无片数之分。

针式（瓷）绝缘子主要用于工频电压 6～20kV 的高压架空电力线路，用以绝缘和支持导线。

1. 高压线路针式（瓷）绝缘子全型号及示例

（1）线路针式（瓷）绝缘子产品全型号如图 9-32 所示，基本型号为产品全型号的前五部分。

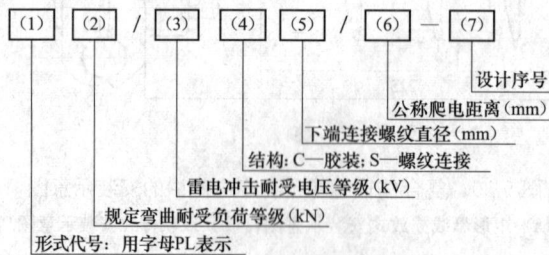

图 9-32 针式（瓷）绝缘子型号含义

（2）线路针式瓷绝缘子全型号示例。产品全型号 PL4/90S20/255-01：表示线路针式瓷绝缘子，规定弯曲耐受负荷等级 4kN，雷电冲击耐受电压等级 90kV，瓷件与钢脚螺纹连接，下端连接螺纹直径 20mm，公称爬电距离 255mm，设计序号 01。

2. 高压线路（普通型）针式绝缘子结构及技术参数

图 9-33 所示为高压线路（普通型）针式绝缘子结构，技术参数见表 9-19。

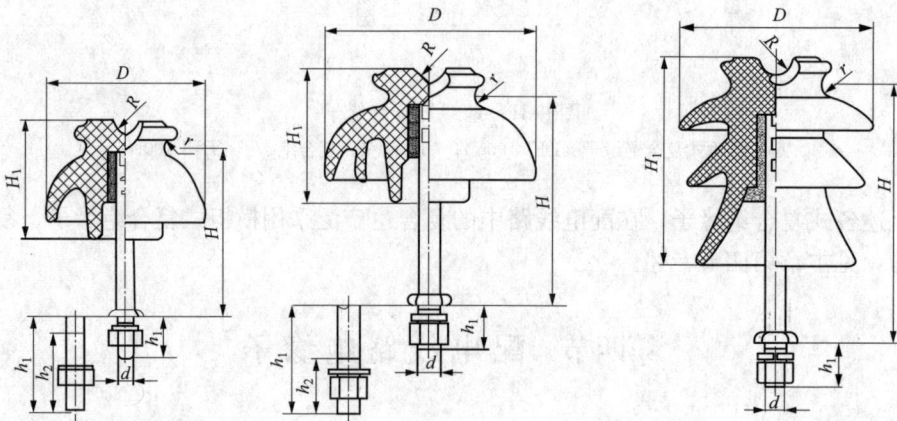

图 9-33 高压线路（普通型）针式绝缘子结构图（一）

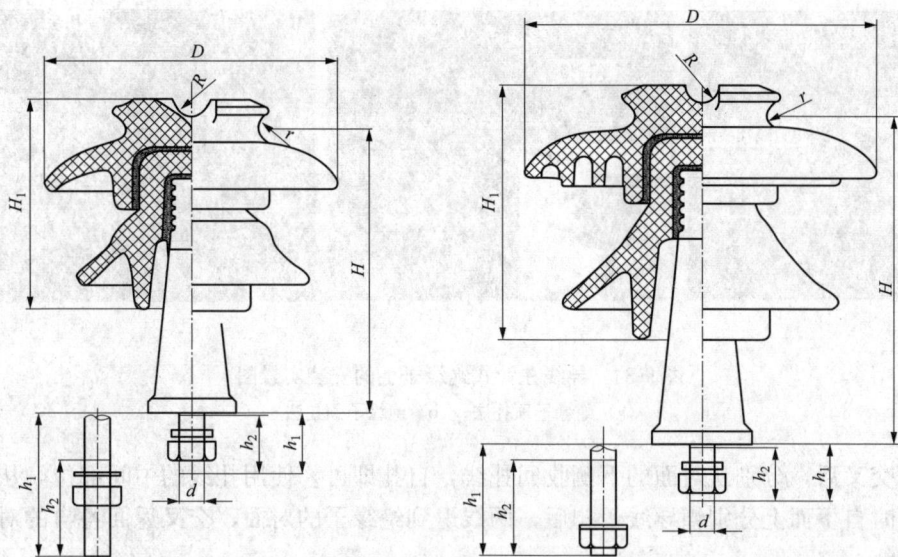

图 9-33　高压线路（普通型）针式绝缘子结构图（二）

表 9-19　　　　　　　　　**图 9-33 中部分针式绝缘子技术参数**

产品型号	主要尺寸（mm）								最小公称爬电距离（mm）	额定电压（kV）	工频电压有效值（≥，kV）				50%全波冲击闪络电压幅值（≥，kV）	标准雷电冲击全波耐受电压峰值（≥，kV）	绝缘子弯曲耐受负荷（≥，kN）	瓷件弯曲破负荷（≥，kN）	质量（kg）
	H	D	H_1	R	r	h_1	h_2	d			干闪络	湿闪络	湿耐受	击穿					
P-6M	132	125	90	11	9	140	50	M16	150	6	50	28	25	65	70	60	1.4	13.7	1.4
P-6T	132	125	90	11	9	35	—	M16	150	6	50	28	25	65	70	60	1.4	13.7	1.3
P-10M	150	145	105	11	9	140	50	M16	195	10	60	32	28	95	80	75	1.4	13.7	2.3
P-20M	218	228	165	14	13	180	75	M20	370	20	86	57	50	111	140	110	3.0	13.2	6.0
P-20T	218	228	165	14	13	45	45	M20	370	20	86	57	50	111	140	110	3.0	13.2	6.0
P-35M	255	280	200	14	13	210	75	M20	560	35	120	80	72	156	225	185	3.0	13.2	10.0
P-35T	255	280	200	14	13	45	45	M20	560	35	120	80	72	156	225	185	3.0	13.2	9.6

注　型号含义：P—普通型针式绝缘子；T—带脚，铁担；M—带脚，木担；破折号后的数字—额定电压。

3. 导线在针式绝缘子上的安装

针式绝缘子安装在电杆横担上（或直接在打在木质电杆上，木质电杆已极少使用了），电力线路的电力导线通常绑扎在其顶槽或侧槽内。

裸导线的架空线路中，将导线固定在绝缘子上的扎线，其材质应与导线的材质相同。在潮湿环境中，如果导线和扎线分别用两种不同的金属材料制成，则在相互接触处会发生严重的电化学腐蚀作用，使导线产生斑点腐蚀或剥离腐蚀，运行到一定的周期导线就会断裂。

（1）绝缘子顶扎法，如图 9-34（a）所示，通常用在运行线路中的直线杆上的绝缘子绑扎。绝缘子的顶绑要求：铝包带应超过绝缘子绑扎部位两侧 3cm，且缠绕均匀。扎线一般应使用同型号的导线，破股后单线绑扎（材料 2m）。缠绕 3～5 扣后，由下侧顺线到绝缘子上

图 9-34 导线在针式绝缘子上的安装实景图
(a) 绝缘子顶扎法；(b) 绝缘子颈扎法

方的顶部交叉后，分别从对面的下侧收回扎线，自扎即可。使用扎线的中间部位，从绝缘子的一侧同时自下而上分别缠导线 1 扣后，两线返到绝缘子的对面，交叉返回各自的对面，自下而上缠绕。

(2) 绝缘子颈扎法，也称绝缘子的侧绑，适用于转角杆上的绝缘子与导线的绑扎，如图 9-34（b）所示。它是将导线放在绝缘子脖颈外侧，若绝缘子顶槽较浅可采用颈扎法。一般为直线杆上的导线与绝缘子固定所采用的方法。

扎线一般应使用同型号的导线，破股后单线绑扎。使用扎线的中间部位，从绝缘子的一侧同时返到绝缘子的对面，自下而上交叉后返回，各自缠绕绝缘子后再由下而上缠绕导线 3~5 扣，分别从对面的下侧收回扎线，自扎即可。

二、柱式绝缘子

由一个或多个绝缘零件与一个金属底座（有时还有一个帽）胶装在一起构成的一种刚性绝缘子，称为柱式绝缘子。此处金属底座通过装在它上面的螺栓可以刚性地安装在支持结构上。

1. 柱式（瓷）绝缘子的结构

柱式绝缘子由瓷件（表面多为白釉）和金属附件（表面涂灰磁漆）用水泥胶合剂胶装而成，可代替针式绝缘子。

图 9-35 所示为柱式绝缘子结构及实物图。

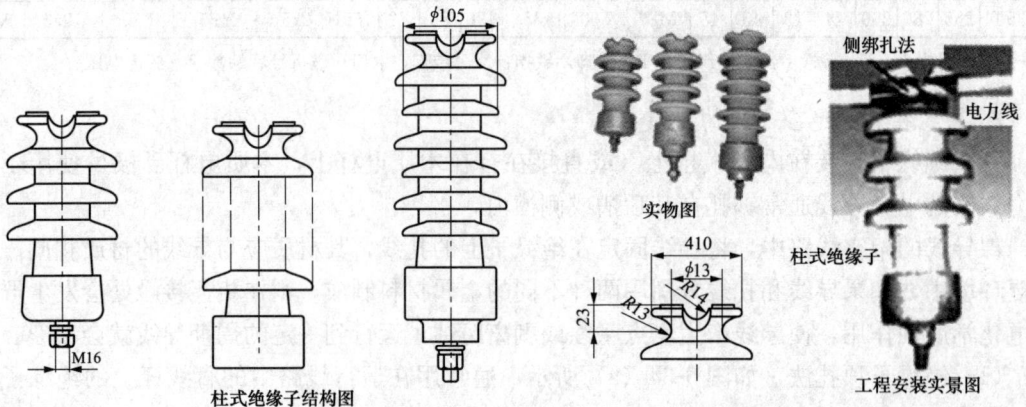

图 9-35 柱式绝缘子结构图及工程安装实景图

瓷件主体结构有空腔隔板（可击穿式）结构和实心（不可击穿式）结构两种。

绝缘子瓷件外形有多棱或少棱两种，多棱型增加了沿面距离，电气性能优于少棱型。除了将要逐步淘汰的外胶装支柱绝缘子，其余产品均为多棱型。

内胶装支柱绝缘子，一般属实心不可击穿式结构。后一种结构比前一种结构提高了安全可靠性，减少了维护测试工作量。而胶装结构由于金属附件胶入瓷件孔内，相应的增加了绝缘距离，提高了电气性能，同时也缩小了安装时所占空间位置，但由于内胶装对提高机械强度不利，因此机械强度要求较高的绝缘子，宜采用联合胶装（即上附件采用内胶装，下附件采用外胶装）。

2. 线路柱式绝缘子全型号及示例

（1）线路柱式绝缘子全型号如图 9-36 所示。基本型号为产品全型号有前五部分，相关字母含义见表 9-20～表 9-22。

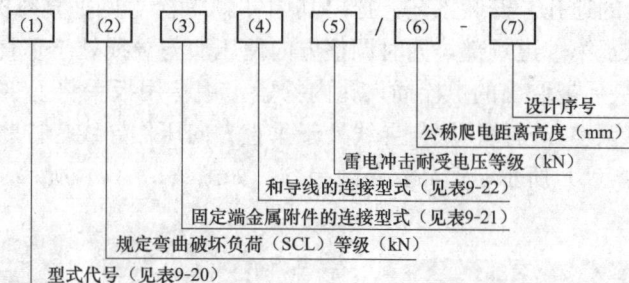

图 9-36　线路柱式绝缘子全型号表示

表 9-20　　　　　型式代号［第（1）部分］字母含义说明

型式代号	字母含义说明	型式代号	字母含义说明
R	线路柱式瓷绝缘子（不包括横担安装方式）	RA	线路柱式复合绝缘子（不包括横担安装方式）
RC	线路柱式复合绝缘子（不包括横担安装方式）	RCA	横担安装方式的线路柱式复合绝缘子

表 9-21　　　固定端金属附件的连接型式［第（3）部分］字母含义说明

固定端金属附件的连接型式	字母含义说明	固定端金属附件的连接型式	字母含义说明
E	金属附件为外胶装型	R	金属附件为压接型
J	金属附件为内胶装型	P	采用其他连接型式连接

表 9-22　　　　　和导线的连接型式［第（4）部分］字母含义说明

和导线的连接型式	字母含义说明	和导线的连接型式	字母含义说明
T	顶部绑扎型式	H	水平安装的顶部线夹型式
C	直立安装的顶部线夹型式	R	采用其他连接型式

（2）线路柱式绝缘子全型号示例。

产品全型号 RC12.5PH650/3150-04：表示线路柱式复合绝缘子（不包括横担安装方式），规定弯曲破坏负荷等级 12.5kN，固定端金属附件压接型式，水平安装的顶部线夹型式，雷电冲击耐受电压等级 650kV，公称爬电距离 3150mm，设计序号 04。

产品全型号 R8ET75/250-01：表示线路柱式瓷绝缘子（不包括横担安装方式），规定弯

曲破坏负荷等级 8kN，固定端金属附件外胶装型式，顶部绑扎型式，雷电冲击耐受电压等级
75kV，公称爬电距离 250mm，设计序号 01。

　　3. 柱式绝缘子的安装

　　(1) 绑扎型安装。柱式瓷绝缘子瓷件的头部与针式瓷绝缘子头部结构相同，安装方式分
顶绑扎法和侧绑扎法。

　　(2) 线夹型安装 (图 9-37)。柱式瓷绝缘子的瓷件的头部胶装有供垂直安装和水平安装
的线夹附件。为保证安装可靠性，某些电力金具公司推出了一种适用于 10kV 及以下架空绝
缘导线、铝绞线与绝缘子的垂直安装的线夹，称为垂直线夹。该线夹固定装置可替代原来的
扎线。

　　垂直线夹 (架空导线固定装置) 由两块半环组成的环状下底盘、上压板和螺栓构成，每
个半环的两端有凸耳，凸耳上设有供螺栓连接的螺孔，上压板的两端有与半圆环凸耳上的螺
孔相对应的穿越螺栓的通孔。安装工艺：拧出其中一颗螺栓 (见垂直线夹产品图例)；再将
上、下环闭合在绝缘子第一道颈部，同时调整方向使压块与导线处于垂直方向压住导线，如
图 9-37 (a) 所示；最后把取出的螺栓插入孔内拧紧，用专用扳手将上、下环闭合在绝缘子
第一道颈部，并注意调整方向使压块与导线处于垂直方向压住导线，拧断螺栓上的两个力矩
螺栓即可，如图 9-37 (b) 所示；产品安装效果图，如图 9-37 (c) 所示。

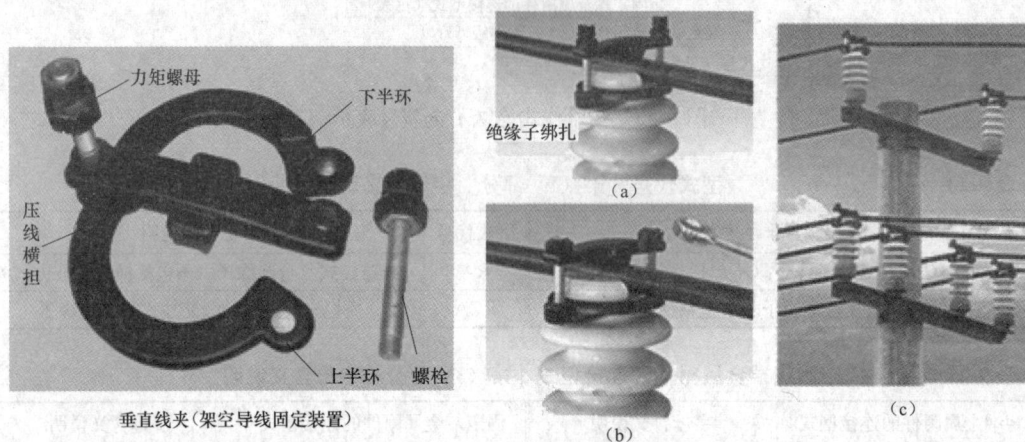

图 9-37　架空导线固定装置安装方法及安装实景效果图

架空导线固定装置参数见表 9-23。

表 9-23　　　　　　　　　　　　架空导线固定装置参数

型　号	适用导线范围 (mm²)	
	架空绝缘导线	铝绞线
LGD-1	50~95	注：包上铝包带后用 LDG-1 型夹紧导线
LDG-2	120~240	

　　注　适用绝缘子：PS15 (如需用在其他绝缘子上可定制)。

三、瓷拉棒绝缘子

　　瓷拉棒绝缘子的一端或两端外浇装钢帽的实心瓷体或纯瓷拉棒体，也称瓷拉棒，如图 9-38
所示。

双耳-槽形　球窝形　单耳
（a）

18
320
φ16
18
（b）

453
280　26　22
R18
φ18
44
架线槽
R9
18
32
（c）

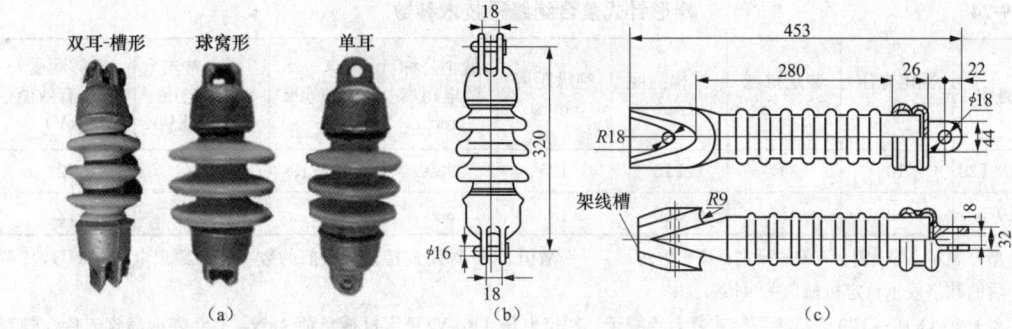

图 9-38　瓷拉棒绝缘子实物及结构图
（a）实物图；（b）SL-10/20 型结构图；（c）XS-10/20 型结构图

瓷拉棒根据结构分双铁头、单铁头和全瓷瓷拉棒。它的优点是长度较短、质量轻，且为实心结构，不会闪击穿等，同时泄漏距离长、绝缘水平高、自洁性优良。另外，绝缘瓷件浇装在底座铁靴内，为"铁包瓷"结构，不易出现瓷件膨裂故障，且浅裙边型自洁性能良好。

图 9-39 所示为运行线路中瓷拉棒及 SL 型双铁头瓷拉棒安装实景图。

瓷拉棒绝缘子
瓷拉棒绝缘子

图 9-39　瓷拉棒安装实景图

四、棒形针式复合绝缘子

棒形针式复合绝缘子也称棒形复合绝缘子，基本性能见复合绝缘子，不再重复。棒形针式复合绝缘子用于高压线路绝缘安装，顶部和底部安装尺寸与相应的瓷针式安装尺寸相同。连接结构型式规定球窝连接为基本型式。

图 9-40 所示为 FPQ-×× 型棒形针式复合绝缘子，技术参数见表 9-24。

伞裙　夹线槽
钢脚
钢脚高度
绝缘距离
结构高度
（a）

夹线槽
伞裙
钢脚
（b）

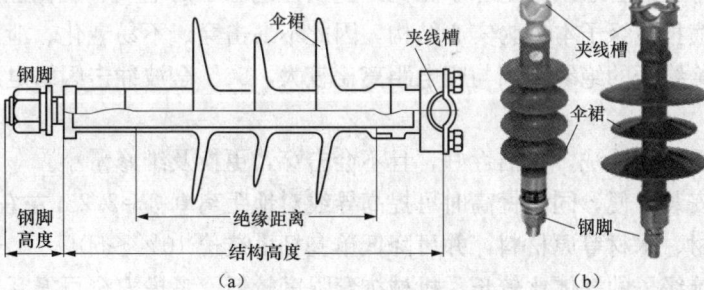

图 9-40　棒形针式复合绝缘子
（a）结构图；（b）部分实物图

表 9-24　　　　　　　　　　　　　棒形针式复合绝缘子技术参数

产品型号	额定电压 (kV)	额定机械负荷 (kN)	结构高度 (mm)	绝缘距离 (mm)	最小公称爬电距离 (mm)	伞径 (mm)	雷电冲击耐受电压峰值 (kV)	工频耐受电压有效值 (kV)
FPQ-10/4T20	10	4	215	125	280	148/118	75	42
FPS-10/5	10	5	250	180	380	90	105	42

　　注　型号表示：F—复合；P—针式；Q—防污；T—铁横担；S—球窝连接；"/"前的数字表示额定电压（kV），"/"后的数字表示额定机械负荷（kN）。

　　例：型号 FPQ-10/4T20 表示棒型针式复合绝缘子，额定电压 110kV/额定机械负荷 4kN，T20 表示扁脚连接，脚直径 20mm。

五、横担绝缘子

　　横担绝缘子同时作为绝缘子和横担的一种刚性绝缘子，通过绝缘件或附件上的安装孔可以刚性地安装在电杆上。横担绝缘子按材料分为瓷横担、玻璃钢横担和复合横担绝缘子等。

　　（一）瓷横担绝缘子

　　瓷横担绝缘子一般由绝缘件（如瓷件）和金属附件（如钢脚、钢帽、法兰等）用胶合剂胶合或机械卡装而成。它分全瓷式和胶装式两种，有带金属附件的，也有不带金属附件的。

　　胶装式结构由实心瓷件和法兰用胶合剂胶合而成，法兰上备有安装孔，供安装螺钉。应用较多的中压及以上电压等级的瓷横担都带有金属附件（法兰）。

　　瓷横担绝缘子是同时起到横担和绝缘子作用的一种圆锥或圆柱形瓷质绝缘子，它除具有与普通线路绝缘子相同的固定导线和对地绝缘的功能外，还可全部或部分代替铁质或木质横担（目前已基本不用木材横担）。

　　1. 瓷横担绝缘子的特点

　　我国制造的瓷横担绝缘子实际上是一种线路柱式绝缘子，安装后的瓷横担绝缘子具有自动偏转一定角度的功能，使得电杆承受的拉力得以缓和，从而避免断线事故的扩大。也就是说，断线时可自行放松导线，防止事故扩大。

　　瓷横担绝缘子主要用于三相电力系统标称电压 35kV 及以下、频率不超过 100Hz、海拔不超过 1000m 的高压架空电力线路中绝缘和支持导线用，尤其是在污秽地区使用，较针式绝缘子可靠。绝缘子安装地点环境温度为 -40～40℃。由于机械强度低于铁横担，在施工、运输时容易损坏或断裂，多用于人烟较稀少的地方。

　　与相同电压等级的普通线路绝缘子相比，瓷横担绝缘子的电气、机械性能特点是：

　　（1）由于瓷横担绝缘子本体为实心结构，因此不易击穿、不易老化、泄漏距离长、绝缘水平高。瓷横担绝缘子的绝缘距离与爬电距离比较大，50％全波冲击闪络电压和干、湿工频闪络电压较高。

　　（2）瓷体易受风雨冲洗，自洁性好，且不会击穿，更换及维修量小。

　　（3）施工、安装方便，同等杆高时可提高导线对地距离 0.3～2.2m 左右。

　　（4）节约钢材、木材等原材料，并可降低单基杆塔造价 10％～50％。

　　（5）瓷横担绝缘子的瓷体比较长，机械抗弯强度较低，考虑安全可靠系数后，允许的最大荷重一般比相同电压等级的普通线路绝缘子小，因此瓷横担不适用于导线截面和档距较大的线路。

2. 瓷横担绝缘子的安装

瓷横担绝缘子有水平安装和直立安装两种结构，如图 9-41 所示。

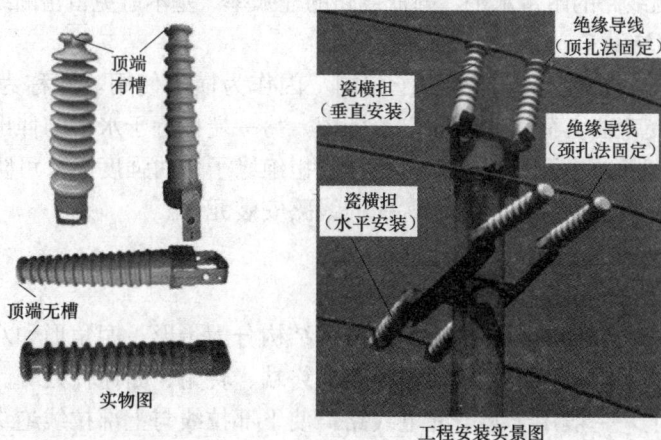

图 9-41 瓷横担绝缘子实物图及其安装实景图

3. 导线在瓷横担绝缘子的绑扎技术

绑扎导线的结构有直接绑扎和经线夹固定两种。

绝缘子水平安装，导线用细金属丝绑扎在瓷件头部侧槽处，此时选用无顶槽的瓷横担绝缘子。

绝缘子直立安装，应选用有顶槽的横担绝缘子，导线绑扎在瓷件顶槽上。固定导线的另一种结构是瓷件头部带有连接金具，用以夹紧导线。

部分瓷横担绝缘子技术参数见表 9-25。

表 9-25 部分瓷横担绝缘子技术参数

型 号	额定电压 (kV)	全波冲击电压 (kV)	工频耐湿电压 (kV)	最小标称爬电距离 (mm)	抗弯矩破坏负荷 (kN)	安装孔与稳定孔的孔距 (mm)	主要尺寸 (mm)		
							绝缘距离	安装孔径	线槽宽度
S-10/2.5	10	165	45	320	2.5	40	315	18	22
S-10/2.5	10	185	50	380	2.5	40	365	18	22
S-10/5.0	10	165	50	360	5.0	40	320	18	22
S-35/5.0	35	250	85	700	5.0	40	490	22	28

4. 瓷横担绝缘子线路架设与杆型要求

架设前，均需对导线、瓷横担绝缘子及支架进行机械强度计算。其计算方法基本与普通绝缘子线路相似，但承受的作用力与普通绝缘子线路略有不同，即应将瓷横担绝缘子自身引起的弯矩，以及所选导线的截面和杆间档距必须满足瓷横担绝缘子有足够大于 3 的安全系数的要求。

(二) 玻璃钢横担绝缘子

玻璃钢横担绝缘子是以玻璃纤维为基本材料，浸以环氧树脂经过模具热固引拔成型的一种新型电力器材，广泛用于架空绝缘线路上做各种开关、避雷器等固定用横担。

玻璃钢横担绝缘子，具有质量轻、机械强度高、抗冲击性能好、介电性能优良、耐腐蚀性和耐热性能良好等优点。使用玻璃钢横担绝缘子不仅可加宽线路走廊通道，并具有辅助防雷功能，以及具有无铁质和涡流损耗等优点。若将其用作支柱横担绝缘子，则可显著增加闪络路径，从而大幅度提高线路的耐雷水平，降低线路的建弧率，基本避免雷击断线事故的发生。

（三）复合横担绝缘子

复合横担绝缘子的特性与复合绝缘子相同，因作为横担使用，即称为横担式复合绝缘子。它主要用于承受弯曲负荷，一端固定于杆塔，另一端接近于水平的伸出导线的连接，一般用于线路走廊宽度的减小及跳线支撑。复合横担绝缘子弯曲强度高，可防止瓷横担出现的级连断裂事故，是瓷横担绝缘子所无法替代的线路安装元件。

六、拉线绝缘子

1. 瓷拉紧绝缘子

瓷拉紧绝缘子，又称拉线圆瓷绝缘子。按其结构分为蛋形、四角形和八角形三种，主要用于工频交流或直流架空电力线路及通信线路的终端、转角、断连杆处等。使用时拉线穿过其孔或嵌在其线槽上，一般用于架空配电线路，使下部拉线与上部拉线绝缘。

瓷拉紧绝缘子的结构及实物图如图 9-42 所示，主要技术参数见表 9-26。

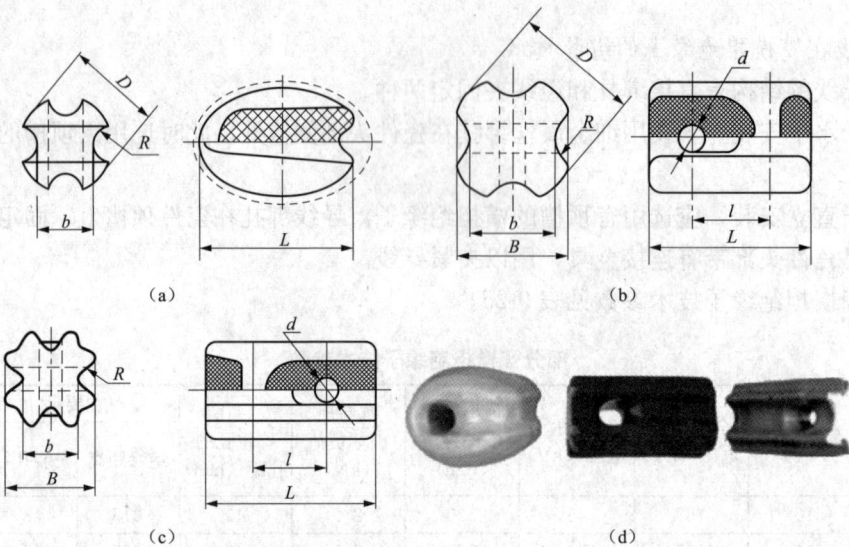

图 9-42　瓷拉紧绝缘子结构及实物图
（a）J-20 型结构图；（b）J-45（54）型结构图；（c）J-70（90、160）型结构图；（d）实物图

表 9-26　　瓷拉紧（线）绝缘子主要技术参数

| 型 号 | 图 号 | 工频电压（kV） | | 机械破坏负荷（≥，kN） | 主要尺寸（mm） | | | | | | | 质量（kg） |
		湿闪	干闪		L	l	D	B	b	d	R	
J-20	(a)	2.8	6	20	72	—	53	—	30	—	9	0.2
J-45	(b)	10	20	45	90	42	64	58	45	14	10	1.1
J-54	(b)	12	25	54	108	57	73	68	54	22	10	—
J-90	(c)	20	30	90	172	72	—	88	60	25	14	2.0

注　型号含义：J—拉紧绝缘子，横线后的数字表示机械破坏负荷。
例：型号 J-20 表示拉紧绝缘子，机械破坏负荷不少于 20kN。

瓷拉紧绝缘子应装在最低导线以下，高于地面3m以上的部位，并要求在断拉线的情况下，带电拉线仍能保持对地有2.5m的垂直安全距离，距成人的抬手高度还有0.2m的安全裕度。

图9-43所示为运行线路中的瓷拉紧绝缘子（含盘形绝缘子）的安装实景图。

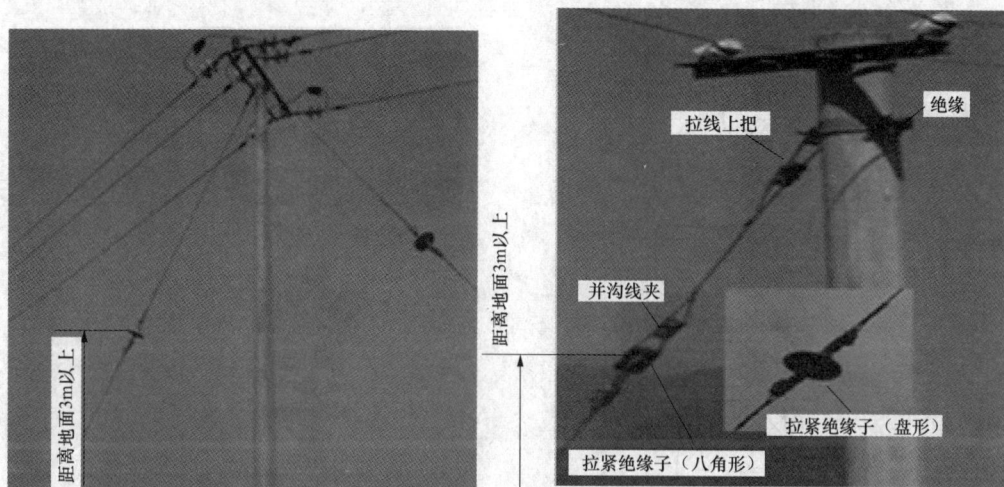

图9-43　瓷拉紧绝缘子安装实景图

2. 拉线耐张复合绝缘子

随着复合绝缘子的应用，拉线耐张复合绝缘子系列也应用于10、6kV及低压架空配电线路中，分普通型和加强型两种。

表9-27为FXBW型拉线耐张复合绝缘子系列技术参数。该类拉线耐张复合绝缘子可满足不同杆型、线径的需要，在运行中免维护，是配电线路一项重要的技术改进，同时它也是悬式绝缘子的换代产品。

表9-27　　　　　　　　FXBW型拉线耐张复合绝缘子系列技术参数

绝缘子型号	FXBW4-10/30-00	FXBW2-10/70-00	部分拉线耐张复合绝缘子系列实物图
连接方式	环/环	环/环	
额定电压（kV）	10	10	
额定拉伸负荷（kN）	30	70	
结构高度（mm）	194	338	
最小电弧距离（mm）	80	80	
最小公称爬距（mm）	176	176	
工频耐干电压（kV）	60	90	

七、放电箝位柱式绝缘子

放电箝位柱式绝缘子除起到一般绝缘子的作用外，还可以防止中压绝缘线遭受雷击断线，其原理为安装绝缘导线时，将绝缘导线剥除绝缘层后用铝压板压紧固定，导线与钢帽为等电位，当发生雷击过电压击穿时，工频续流将由钢帽对铁靴闪络，从而避免工期续流烧断导线。

放电箝位柱式绝缘子分为放电箝位柱式瓷绝缘子和放电箝位柱式复合绝缘子。它们具有普通柱式复合绝缘子的功能，又能箝制导线工频电位，将雷电冲击放电路径定位于高、低压电极之间，疏导工频电弧弧根离开导线至高压电极负荷侧燃烧，以保护绝缘导线免遭雷击断线。

穿刺型放电箝位柱式瓷（复合）绝缘子的结构及实物图如图 9-44 所示。

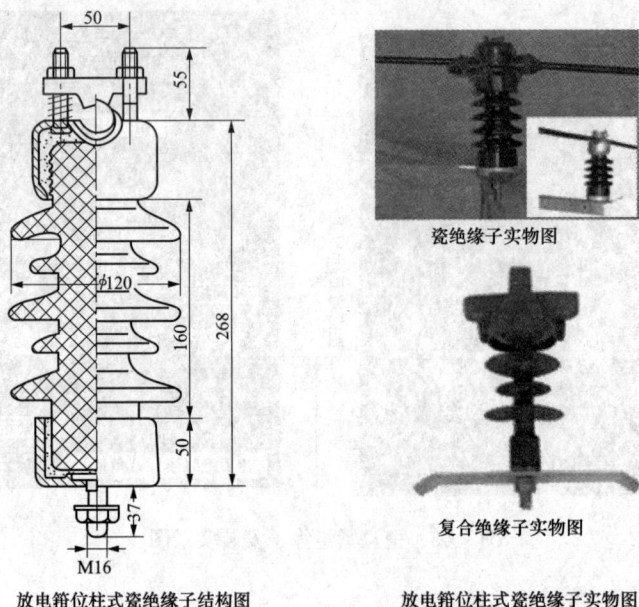

放电箝位柱式瓷绝缘子结构图

瓷绝缘子实物图

复合绝缘子实物图

放电箝位柱式瓷绝缘子实物图

图 9-44　放电箝位柱式瓷绝缘子

穿刺电极整体为环氧树脂浇铸成型，对外绝缘，通过内表面金属尖齿穿刺接触导线芯线引出高电位，利用绝缘引线与高压电极相连，雷电冲击放电路径限定在高压电极与支柱绝缘子底端金属件或杆塔铁横担之间。

八、防雷绝缘子

目前国内外架空配电线路防雷的主要措施有架设架空避雷线、安装钳位绝缘子、在柱式绝缘子上安装过电压保护器、在负荷侧装防弧金具。但现有的技术存在以下缺点：投资成本较大，施工安装复杂，需剥开绝缘层，导致线芯进水和腐蚀，瓷绝缘子伞裙因燃弧烧裂，受环网供电负荷侧变化影响等。

为此，研制了适用于架空线路的新的防雷绝缘子。它由绝缘护罩、压紧螺母、移动压块、压块座、上金属帽、复合绝缘子、引弧棒、绝缘套管和下金属脚等组成。绝缘护罩采用有机复合材料制成，具有良好的绝缘性能、抗老化性能和阻燃性能，把其装配在上金属帽的外部，可起到绝缘保护的作用。引弧棒和上金属帽装配连接成一体，当雷击发生时，引弧棒和下金属脚之间放电，使续流工频电弧移动到引弧棒上烧灼，从而保护绝缘导线不受损伤。移动压块和压块座通过燕尾方式装配成一体，使导线由于热胀冷缩等原因移动时，移动压块随之移动，从而避免导线被线夹划伤。出于经济上的考虑，建议间隔 100m 安装一组新型防雷绝缘子。

图 9-45（a）所示为典型防雷支柱复合绝缘子基本结构举例。图 9-45（b）所示为安装在电杆横担上的防雷绝缘子。

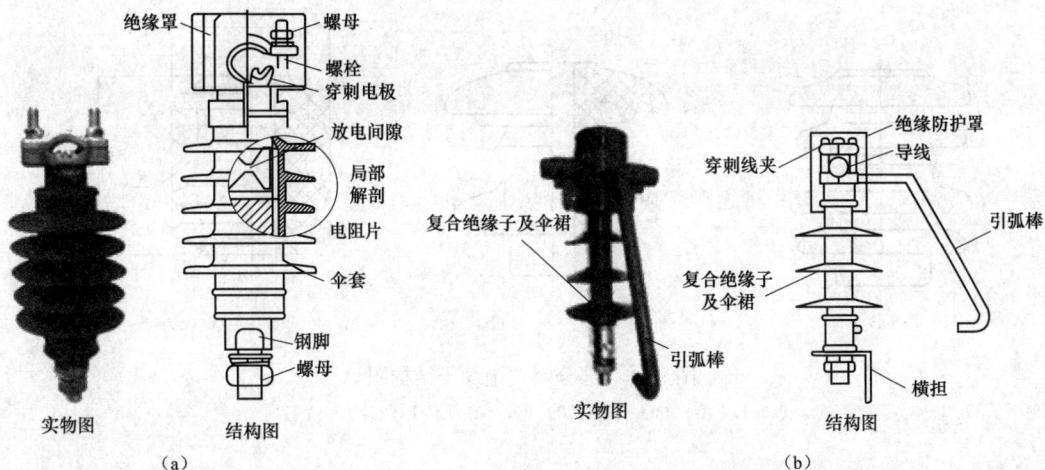

图 9-45 防雷绝缘子

(a) 典型防雷支柱复合绝缘子；(b) 带引弧棒的防雷绝缘子

表 9-28 为 FEG-××型防雷支柱复合绝缘子技术参数。

表 9-28   FEG-××型防雷支柱绝缘子技术参数

型号规格	绝缘导线截面积（mm²）	雷电全波冲击耐受电压（峰值）（kV）	1min 工频耐受电压有效值（kV）		工频电弧电流有效值（kA）	额定弯曲耐受负荷（kN）	最小公称爬电距离（mm）	备 注
			干	湿				
FEG-12/5	70/240	75	42	30	12.5	5	360	穿刺式
FEG-12/5B	70/240	75	42	30	12.5	5	360	非穿刺式

九、蝶式瓷绝缘子

高压线路蝶式瓷绝缘子用于架空配电线路（10kV 及以下）终端、耐张及转角杆上作为绝缘和固定导线用，同时也广泛用于与线路悬式绝缘子配合，作为线路金具中的一个元件，简化金具结构。

1. **蝶式瓷绝缘子型号表示**

（1）老型号表示：E—高压线路蝶式瓷绝缘子；"-"后数字为额定电压（kV）。例，型号 E-6，"E"表示高压线路蝶式瓷绝缘子；横线"-"后的数值"6"表示额定电压为 6kV。

（2）新型号表示：E—高压线路蝶式瓷绝缘子；"-"后数字为形状尺寸序数，1 号为尺寸最大的一种。

（3）蝶式瓷绝缘子机械强度安全系数，根据 DL/T 601—1996《架空绝缘配电线路设计技术规程》规定，不应小于 2.5。

在 10kV 线路上蝶式瓷绝缘子与悬式绝缘子组成"茶吊"，用在小截面导线耐张杆、转角杆、终端杆或分支杆上等；也可用在低压线路上，作为直线耐张绝缘子。

2. **蝶式绝缘子的分类介绍**

低压蝶式绝缘子用于低压线路，其结构如图 9-46 所示，主要技术参数见表 9-29。

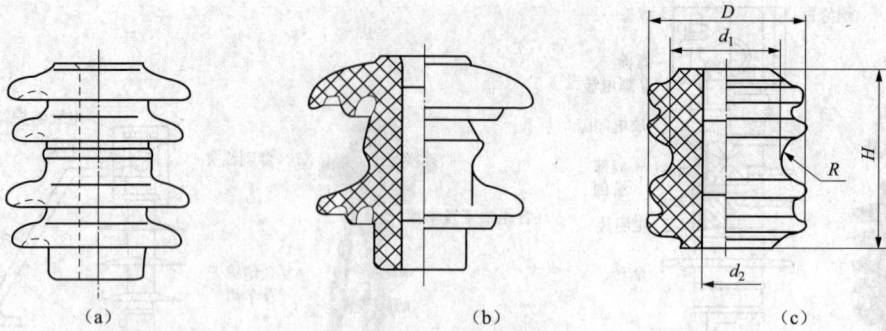

图 9-46　部分蝶式绝缘子结构图
(a) E-1 型；(b) E-2 (10) 型；(c) ED-1 (2、3、4) 型

表 9-29　ED 型低压线轴式绝缘子主要技术参数

英标等级		ED-2 (C)	ED- (B)	ED-2 (B) 1	11617	1618-1	1618-2
主要尺寸（mm）	H	80	76	76	65	75	75
	D	80	89	89	76	89	89
	d_1	50	48	48	46	55	55
	d_2	22	21	17.5	17.5	17	17
	R	6	10	10	9	12.5	12.5
机械破坏负荷（kN）		13	12	12	9	10	13
工频闪络电压（≥，kV）	干	25	25	25	20	20	25
	湿	15	12	12	9	9	12
质量（kg）		0.50	0.50	0.50	0.40	—	—

　　除用于低压线路的蝶式绝缘子外，还有线轴式绝缘子（如图 9-47 所示）和小悬式绝缘子，用于交流或直流额定电压低于 1000V 的架空电力线路中，作为绝缘和固定导线。低压线路用线轴绝缘子实物及安装实景，如图 9-48 所示。

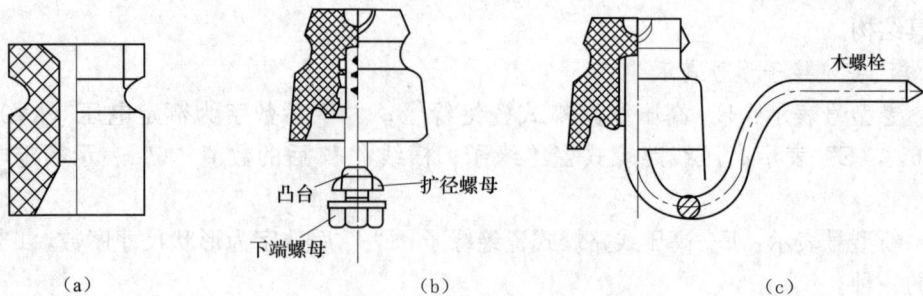

图 9-47　部分低压线路线轴式绝缘子结构图
(a) ED 型；(b) PD 型；(c) PD 型（带弯钩）

　　小悬式绝缘子，也称为双铁头瓷拉棒。图 9-49 所示为小悬式绝缘子基本结构及产品图例。小悬式绝缘子主要用在小截面导线耐张杆、转角杆、终端杆或分支杆上等，或用在低压线路上，作为直线耐张绝缘子。

图 9-48　部分低压线路的绝缘子实物及安装实景图

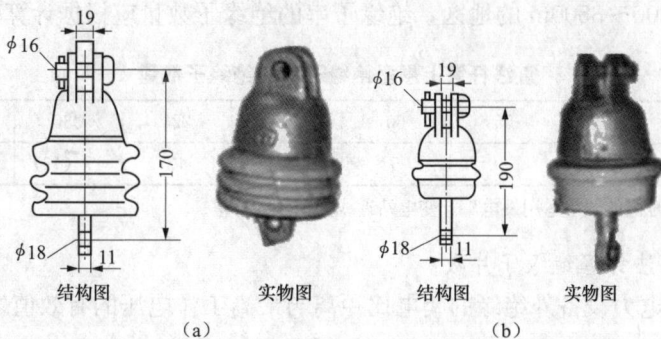

图 9-49　小悬式绝缘子基本结构及实物图
（a）小悬式绝缘子型式（一）；（b）小悬式绝缘子型式（二）

小悬式绝缘子在运行线路中的安装示意如图 9-50 所示。

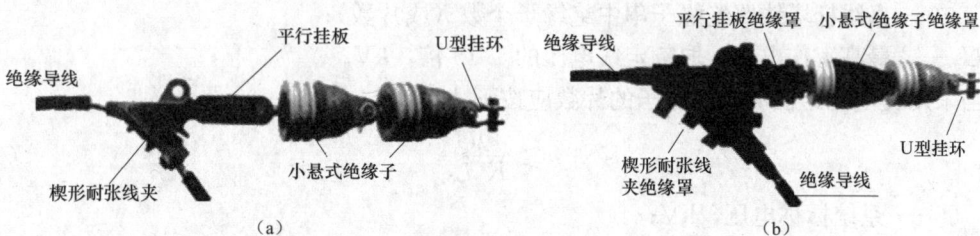

图 9-50　小悬式绝缘子在运行线路中的安装示意图
（a）未安装绝缘罩的小悬式绝缘子；（b）安装了绝缘罩的小悬式绝缘子

第五节　绝缘子串组装技术

一、绝缘子串、绝缘子串组的基本概念

GB/T 1001.2—2010《标准电压高于 1000V 的架空线路绝缘子　第 2 部分：交流系统用绝缘子串及绝缘子串组定义、试验方法和接收准则》定义：一个或多个串接的绝缘子元件，

做架空导线挠性支撑用，主要承受张力的绝缘子，称为绝缘子串。一串或多串绝缘子串适当地连接在一起的装配，完整地装有运行中所要求的金具和保护器件，称为绝缘子串组。

绝缘子串和绝缘子串组的电气值可以由下列一个或几个电气值表征：

(1) 规定的雷电冲击干耐受电压。

(2) 规定的操作冲击湿耐受电压。

(3) 冲击工频湿耐受电压。

二、绝缘子串中绝缘子片数的确定

1. 根据现行及已有设计验算确定悬垂绝缘子串的片数

直线杆塔上悬垂绝缘子串的绝缘子数量见表 9-30。对全高超过 40m 有地线的杆塔，高度每增加 10m，应比表 9-30 增加 1 片相当于高度为 146mm 的绝缘子；全高超过 100m 的杆塔，绝缘子片数应根据运行经验结合计算确定。由于高杆塔而增加绝缘子片数时，雷电过电压最小间隙也应相应增大；750kV 杆塔全高超过 40m 时，可根据实际情况进行验算，确定是否需要增加绝缘子片数和间隙。

当海拔超过 1000～3500m 的地区，绝缘子串的绝缘子数量应根据计算确定。

表 9-30 直线杆塔上悬垂绝缘子串的绝缘子数量

额定电压（kV）	20	35	60	110	220	330	500	750
绝缘子个数	2	3	5	7	13	17 (19)	25 (28)	32

注 330、500kV 括号内的数字适用发电厂、变电站近线保护段的杆塔。

2. 按爬电比距法计算绝缘子片数

爬电比距是指电力设备外绝缘的爬电比距离与最高工作电压的有效值之比，即

$$\lambda = \frac{nL_{01}}{U_m} \tag{9-2}$$

式中 λ——爬电比距，cm/kV；

L_{01}——单片悬式绝缘子几何泄漏距离，cm；

n——直线杆塔线路绝缘子串中绝缘子个数（或片数）；

U_m——最高工作电压，取额定线电压的 1.15 倍，kV。

当采用爬电比距法时，绝缘子的片数应按下式计算

$$n \geqslant \frac{\lambda U}{K_e L_{01}} \tag{9-3}$$

式中 U——系统标称电压，kV；

K_e——绝缘子爬电距离的有效系数，主要由各种绝缘子几何爬电距离在试验和运行中污秽耐压的有效性来确定，并以 XP-70、XP-160 型绝缘子为基础，K_e 取值为 1。

表 9-31 列出了几种常用绝缘子的爬电距离有效系数 K_e。

表 9-31 几种常用绝缘子的爬电距离有效系数 K_e

绝缘子型号	盐密度（mg/cm²）			
	0.05	0.01	0.20	0.40
浅钟罩型绝缘子	0.90	0.90	0.80	0.80
双伞形绝缘子（XWP₂-160）	1.0			

续表

绝缘子型号	盐密度（mg/cm²）			
	0.05	0.01	0.20	0.40
长棒形绝缘子	1.0			
三伞形绝缘子	1.0			
玻璃绝缘子（普通型 LXH-160）	1.0			
深钟罩型玻璃绝缘子	0.8			
复合绝缘子	<2.5（cm/kV）		>2.5（cm/kV）	
	1.0		1.3	

进行绝缘配合设计时，除可采用爬电比距法计算外，也可采用污秽耐受电压法选择合适的绝缘子结构和片数。

【例 9-1】　某 220kV 线路通过Ⅰ级污秽区，采用 XP-70 型悬式绝缘子（爬电距离 $L_{01}=20cm$），试计算其工作电压下绝缘子串的绝缘子片数。

解　按式（9-3）计算，并由《高压架空线路污秽等级和爬电距》关系表中查得 $\lambda=(1.39\sim1.74)cm/kV$，取 $\lambda=1.50cm/kV$，于是可知绝缘子串的绝缘子片数为

$$n \geqslant \frac{\lambda U}{K_e L_{01}} = \frac{1.50 \times (220 \times 1.15)}{1 \times 29} \approx 13.08(片)，取 13 片$$

上述计算事例所得的绝缘子串个数 n 是按工作电压要求初步选定每串绝缘子个数，为了安全起见，还应根据内部过电压（操作过电压）的要求进行校验，即绝缘子串的湿闪电压大于可能出现的内部过电压，并留有裕度。此时，绝缘子串工频湿闪电压 U_{sh}（kV）为

$$U_{sh} = 1.1 K_0 U_{xm} \tag{9-4}$$

式中　U_{xm}——系统最高运行相电压幅值，kV；

K_0——操作过电压倍数（一电网最高运行相电压幅值为基数）。

66kV 及以下时，K_0 取 4.0；110kV 及 220kV 时，K_0 取 3.0；330kV 及 500kV 时，K_0 分别取 2.2 和 2.0。

考虑到内部过电压是波及整个电网运行的，每条线路不可避免会有零值绝缘子存在，并认为每串去除一个零值绝缘子（对 330kV 及 500kV 去除两个）后，在没有完整的绝缘子串操作湿闪电压数据时，仅能近似用绝缘子工频湿闪电压代替。

对于常用的 XP-70 型 m 片绝缘子的工频湿闪电压 U_{sh} 的幅值为

$$U_{sh} = 60m + 14 \tag{9-5}$$

【例 9-2】　某 220kV 线路，设计采用 XP-70 型悬式绝缘子，试按操作过电压原则确定绝缘子串的绝缘子个数。

解　根据式（9-5）计算绝缘子串的工频湿闪电压 U_{sh} 应为

$$U_{sh} = 1.1 K_0 U_{xm} = 1.1 \times 3 \times \frac{1.15 \times 220\sqrt{2}}{\sqrt{3}} = 681.7(kV)$$

满足工频湿闪电压所需的绝缘子个数，根据式（9-5）计算可知

$$n'_{ne} = \frac{U_{sh} - 14}{60} = \frac{681.7 - 14}{60} \approx 11.128(片)，取 12 片$$

考虑零值绝缘子后所需的绝缘子片数，根据前述理论考虑到内部过电压是波及整个电网运行的，每条线路不可避免会有零值绝缘子存在，因此所需绝缘子片数为

$$n_{ne} = n'_{ne} + n_0 = 12 + 1 = 13(片)$$

上述计算出的绝缘子片数（13 片），即为按操作过电压要求确定的绝缘子片数，还要按线路大气过电压进行校验。

3. 按线路大气过电压进行校验的绝缘子片数

一般情况下，按爬电比距及操作过电压确定出的绝缘子片数都能满足耐雷水平；在特殊的高杆塔或高海拔地区，电气过电压成为确定绝缘子片数的决定因素。对全高超过 40m 的有避雷线的杆塔，高度每增加 100m 应增加 1 个绝缘子。线路经过空气污秽地区时，宜采用防尘绝缘子或根据运行经验和可能污染的程度，增加绝缘子数量或绝缘子串的泄漏距离。在海拔为 1000～3500m 的地区，绝缘子串的绝缘子数量，宜按下式计算

$$n_H = ne^{0.125 m_1 (H-1000)/1000} \tag{9-6}$$

式中 n_H——高海拔地区每联绝缘子所需片数；

H——海拔，km；

m_1——特征指数，它反映气压对于污闪电压的影响程度，由试验确定。

各种绝缘子的 m_1 可按 GB 50545—2010 取值，见表 9-32。此时，计算出的 n_H 不仅能避免工作电压下的污闪和内部过电压下的闪络，而且在接地电阻合格时能满足对线路跳闸率的要求。

表 9-32   几种常用绝缘子的特征指数 m_1

| 材料 | 盘径
(mm) | 结构高度
(mm) | 爬电距离
(cm) | 表面积
(cm²) | 机械强度
(kN) | m_1 值 | | |
						盐密 0.05 (mg/cm²)	盐密 0.2 (mg/cm²)	平均值
瓷	280	170	33.2	1730.27	210	0.66	0.64	0.65
	300	170	45.9	2784.86	210	0.42	0.34	0.38
	320	195	45.9	3025.98	300	0.28	0.35	0.32
	340	170	53.0	3627.04	210	0.22	0.40	0.31
玻璃	280	170	40.6	2283.39	210	0.54	0.37	0.45
	320	195	49.2	3087.64	300	0.36	0.36	0.36
	320	195	49.3	3147.4	300	0.45	0.59	0.52
	340	145	36.5	2476.67	120	0.30	0.19	0.25
复合						0.18	0.42	0.30

4. 对特高压输电线路绝缘子串的选用

(1) 1000kV 特高压输电线路，按爬电比距法在不同污秽区选用绝缘子片数。如：1、2 级污秽区选用 XWP-160 型绝缘子分别为 47、59 片，串长分别为 7.3、9.2m；选用 XWP-300 型绝缘子分别为 44、55 片，串长分别为 8.6、10.7m。

(2) 1000kV 特高压输电线路，按污秽耐受电压法。对轻污秽区（等盐密，0.03～0.06mg/cm²）选用 XWP2-160 型绝缘子为 52 片，串长 8.06m；选用 XWP-300 型绝缘子为 41 片，串长 8.0m。对中等污秽区（等盐密，0.03～0.1mg/cm²）选用 XWP2-160 型绝缘子为 61 片，串长 9.46m；选用 XWP-300 型绝缘子为 48 片，串长 9.36m。重污秽区（等盐密，0.1～0.25mg/cm²）选用 XWP2-160 型绝缘子为 74 片，串长 11.4m；选 XWP-300 型绝缘子为 59 片，串长 11.51m。

三、悬垂挂线

（一）悬垂绝缘子串与杆塔横担悬垂挂线

悬垂绝缘子串安装，指垂直或 V 型安装的提挂导线、跳线、引下线、设备连接线或设备等所用的绝缘子串安装。悬垂绝缘子串与杆塔横担悬垂挂线方式分一点悬挂和两点悬挂。

1. 一点悬挂

图 9-51 （a）所示为单串悬垂绝缘子串与杆塔一点悬挂组装方式。它的主要优、缺点：

（1）使用金具和绝缘子数量较少，费用较低。

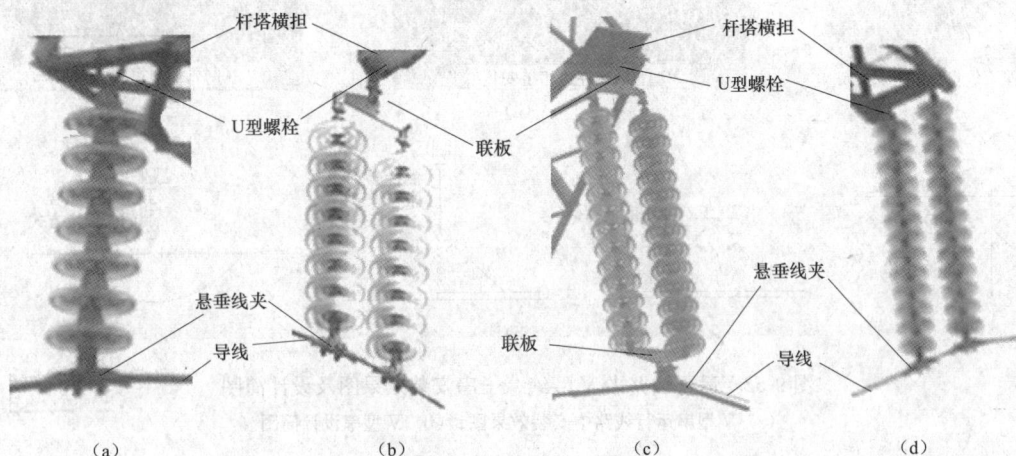

图 9-51　部分悬垂绝缘子串一点或两点悬挂工程安装实景图

（a）单串；（b）双串（双线夹单悬挂）；（c）双串（单线夹单悬挂）；（d）双串（双线夹双悬挂）

（2）破损率也较少，更换、维护及检修所需的费用较低。

（3）由于闪络概率与绝缘子数量和串的数量成正比，绝缘子数量减少，闪络概率较低。然而单联绝缘子串一旦在串中出现破损绝缘子时，其可靠性较低。一般在档距较大、受力较为严重以及重要跨越处，可采用双联或多联绝缘子串。

（4）单串耐张绝缘子串，适用于悬挂中小截面导线（185mm² 及以下），单联绝缘子串一旦在串中出现破损绝缘子时，其可靠性就比较低。

图 9-51 （b）、（c）所示为双串悬垂绝缘子串与杆塔一点悬挂组装方式。当垂直荷载较大，单串强度不能满足时，或在重要跨越处，才有必要使用图 9-50 （c）所示的双联绝缘子串单线夹方式，该方式的设计会使串长增加，相对于杆塔高度降低 0.3～1m。

2. 两点悬挂

用于山区当悬垂角不能满足要求时，为适应工程要求还采用双联双线夹及多联绝缘子串方式。图 9-51 （d）所示为运行线路中的双串悬垂绝缘子串与杆塔两点悬挂组装方式。这种两点悬挂固定，金具用量较少，即使出现断一串绝缘子，仍可继续运行。但当用于转角杆塔时，必须将转角外侧的绝缘子加装延长金具，从而给架线牵引带来困难。另外，该组装方式不仅不能通用，而且应考虑杆塔横担固定点之间的距离应随转角度数的不同进行布置，使杆塔横担悬挂点复杂化。

当线路上直线杆塔的相邻杆塔悬挂点高度差极大时，而直线杆塔上导线悬垂角已超过线夹的允许范围，但经计算其垂直荷载并不超过绝缘子串的允许载荷时，可考虑不设计特殊悬垂角的线夹安装方式，而直接采用单串双线夹绝缘子串。

V 型绝缘子串悬吊组装，主要用于一般酒杯型、门型、猫型杆塔等的中相上，也有的在边相上安装 V 型绝缘子串，如图 9-52 所示。

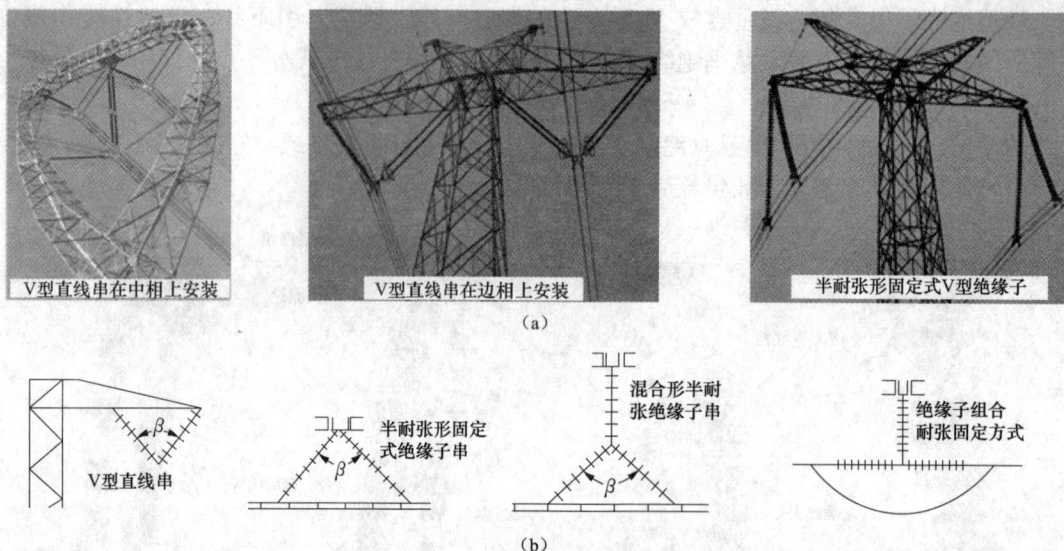

V 型直线串在中相上安装　　V 型直线串在边相上安装　　半耐张形固定式V型绝缘子

(a)

V 型直线串　　半耐张形固定式绝缘子串　　混合形半耐张绝缘子串　　绝缘子组合耐张固定方式

(b)

图 9-52　运行线路中 V 型绝缘子串安装效果图及设计简图

(a) V 型串运行线路中安装效果图；(b) V 型串设计简图

V 型绝缘子串悬吊组装主要解决摇摆角过大的问题，以及减少塔头尺寸。尤其在线路经过居民区、发达地区、林区时，为减少沿线房屋拆迁及对沿线生态环境的破坏，尽量减少林区砍伐量和赔偿费用，减小走廊通道。

另外，图 9-53 所示为链状绝缘子组装实景图，绝缘子串既起到绝缘作用，又代替杆塔横担，它省略了复杂的钢结构横担。若用复合绝缘子替代横担，它还具有质量轻、运输轻便、存放地方小、施工方便等优点。作为高压输电线路的杆塔，尤其做事故抢修用的杆塔是很适合的。但因绝缘子是柔性组合结构件，不能承受压力，所以当用链状绝缘子串做这种杆塔时，不应使绝缘子串承受压力。

图 9-53　链状绝缘子串组装实景图

（二）悬垂绝缘子串与杆塔横担连接

悬垂绝缘子串与杆塔横担连接采用的是 U 型螺栓、U 型挂板、U 型环等，应用这些方式的优点是挂线点结构简单，安装方便；平行和垂直线路方向受力，U 型挂环均能自由转动，受力条件较好，尤其适合于悬挂避雷线。但因 U 型螺栓直接承受轴向及纵横两方面的荷载，因此要求 U 型螺栓部分必须具有良好的工艺质量。此外，由于普通 U 型螺栓在垂直线路方向允许的荷载较小，限制了使用范围，设计出了加强型（UJ 型）螺栓的挂线方式。UJ 型螺栓的特点，是其根部结构有一凸缘，具有增大垂直线路方向的抗弯矩的能力。

（三）绝缘子串上的作用力计算

V 型绝缘子串与杆塔的连接方式，应能保证在断线时平行线路方向灵活转动；在导线最大风偏时，应能避免绝缘子串受压松弛，防止绝缘子脱落后受压损坏。V 型绝缘子串的工作情景，如图 9-52 （b）所示：该方式的绝缘子串是否受压松弛取决于 V 型绝缘子串的夹角，即 V 型联板的夹角 α。此时，夹角 α 与风偏角 φ 有关，即

$$\left.\begin{aligned} p &= \sqrt{p_H^2 + W_V^2} \\ p_1 &= \frac{\sin(\varphi - \alpha)}{\sin 2\alpha} p \\ p_2 &= \frac{\sin(\varphi + \alpha)}{\sin 2\alpha} p \end{aligned}\right\} \tag{9-7}$$

式中　　p——最大风偏时导线的综合荷载，N；

p_H——导线最大风荷载（$p_H = l_H W_1$），N；

W_V——导线自重荷载（$W_V = l_v W_2$），N；

p_1——该力为 p 在绝缘子串 1 上的分力，N；

p_2——该力为 p 在绝缘子串 2 上的分力，N；

l_H、l_V——导线的水平和垂直档距，m；

W_1、W_2——最大风偏时导线的自重荷载和综合荷载，N；

φ——导线最大风荷载时的偏转角，(°)。

当作用在两绝缘子串上的分力（受拉或受压）为 p_1、p_2 时，α 与 φ 的关系。当 $\varphi = 0$ 时，作用在两绝缘子串上的力 p_1、p_2 分别为

$$p_1 = p_2 = \frac{\sin\alpha}{\sin 2\alpha} p \tag{9-8}$$

这时两绝缘子串上的力均为拉力。当 $\varphi = \alpha$ 时，作用在两绝缘子串上的力 p_1、p_2 分别为

$$\left.\begin{aligned} p_1 &= \frac{\sin(\varphi - \alpha)}{\sin 2\alpha} p = 0 \\ p_2 &= \frac{\sin(\varphi + \alpha)}{\sin 2\alpha} p = P \end{aligned}\right\} \tag{9-9}$$

通过计算表明，假定图 9-52 中"左串"不受力，则图示"右串"要受全部综合荷载。因此，根据以上情况分析计算表明，V 型绝缘子串的夹角 α 应大于或等于导线最大风偏角 φ，才能避免绝缘子串受压。但是，α 越大绝缘子受力越大，考虑到导线最大风偏角在一般情况下不超过 60°，所以 V 型绝缘子串的夹角 α 一般取 60°。

GB 50545—2010 指出：在输电线路设计时，为了缩小走廊宽度，减少悬垂绝缘子串的风偏摇摆，V 型串的使用日趋广泛，根据试验和设计研究成果，330kV 以上线路悬垂绝缘子串两肢间夹角之半可比最大风偏角小 5°～10°，或通过试验确定。

倒 V 型绝缘子串与基本正 V 型绝缘子串工况相似。

（四）悬垂绝缘子串数的确定

绝缘子串是由绝缘子组成，绝缘子个数由电压等级、绝缘子材料、安装地点的污秽等级决定。

（1）当已知悬垂绝缘子 1h 机电荷载 $T(N)$ 和作用在绝缘子串上的综合荷载 $\sum G$（N）时，按导线最大综合荷载计算悬垂绝缘子串数 n

$$n \geqslant K_1 \times \frac{\sum G}{T} = 2 \times \frac{\sum G}{T} \tag{9-10}$$

$$\sum G = G_n + G_l \tag{9-11}$$

$$G_n = \sqrt{(L_H W_5)^2 + (L_V W_3)^2} \tag{9-12}$$

式中　G_n——导线覆冰时的综合荷载，N；

　L_H、L_V——水平档距和垂直距离档距，m；

　　W_5——导线覆冰时的综合荷载，N；

　　W_3——导线覆冰时的风荷载，N；

　　K_1——盘形悬式绝缘子的机械强度安全系数（一般情况下取 $K_1=2.0$）。

　　按导线断线条件计算悬垂绝缘子串数 n

$$n \geqslant K_2 \frac{T_d}{T} = 1.3 \frac{T_d}{T} \tag{9-13}$$

式中　K_2——安全系数，悬垂绝缘子在断线情况下的机械强度的安全系数取 $K_2=1.3$。

　　（2）按导线拉力与绝缘子串的配合考虑悬垂绝缘子串的选择。悬垂绝缘子串的数目，可按表 9-33 选择。

表 9-33　　　　　　　　　　　　　　导线拉力与绝缘子串的配合

导线标称截面积（mm²）	导线允许拉力与绝缘子（kgf）（$T_D/T_B=K=2.5$）								配套绝缘子		
	HJ	HL3J	LGJQ	HLJ	LGJ	HL₂GJ①	LGJJ	HLGJ②	串数	型号	允许荷载（kg）
10	63	98		115	147	192		200			
16	103	154		181	212	260		288			
25	160	239		282	316	392		428	双串	X-4.5. XP-6	2500
35	22	323		392	476	580		672	单串	XP-7	2500
50	300	440		564	620	760		880			
70	396	592		792	852	860		1240			
95	604	904		1064	1576	1700		1860			
120	712	1044	1660	1332	1724	2096	2468	2296	双串		
150	1112	1320	2044	1688	2032	2432	2880	2784	单串	X-4.5. XP-7	4500
185	1348	1632	2848	2084	2628	3144	3764	3600		XP-12-	4500
240	1808	2020	3456	2696	3144	3792	5000	4360			
300	2268	2656	3400	3392	4448	5360	6456	6280	双串	XP-10	7000
400	2840	3400	4240	4520	5372	6480		7520			
500	3260	4240	5160	5680					双串	XP-12	9000
600		5160		6920							
700											

注　表中①非热处理铝合金绞线；②热处理铝合金绞线

四、耐张挂线

　　耐张绝缘子串用于耐张、转角和终端杆塔，承受导线的全部张力。当导线截面积在185mm² 及以下时，普遍采用单串耐张绝缘子串，其一点悬挂图例及受力示意图如图 9-54 所示。当导线截面较大或遇到特大档距，导线张力很大时，可采用双串或三串耐张绝缘子串。

　　对耐张绝缘子串数的要求：①应考虑正常运行情况下各联绝缘子串的张力分配相等及满

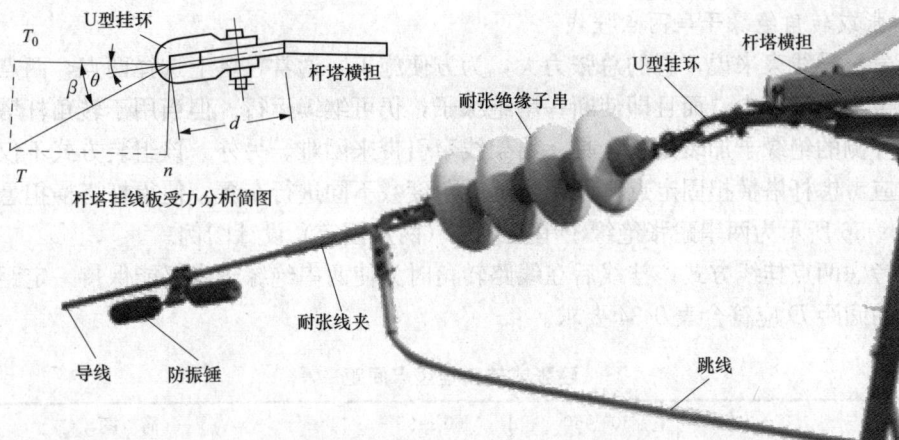

图 9-54 单串耐张绝缘子串一点悬挂图例及受力示意图

足规定的安全系数；②断线断联后只有单联时，能够承受冲击负荷而不损坏，未断联的绝缘子串的张力相同或满足规定的安全系数；③当导线产生跳跃或舞动时，各连接点（含铁塔上的连接点）均能承受磨损和疲劳的影响；④由于导线或绝缘子的长度存在变化，各张力分配引起的差异有可调整或恢复的可能性；⑤根据运行经验及某些设计推荐，为避免耐张绝缘子串一联折断或导线脱落，在设计时考虑在靠近导线侧将各联绝缘子串相互连接到一起，采用专门设计的异型联板，其分肢数与一相内的子导线数相同，可以起到导线与绝缘子串过渡的作用。

1. 单串耐张绝缘子串一点挂线

单串一点悬挂方式的优点是因其上下（靠绝缘子串中的第二个金具零件）、左右都能自由转动。该悬挂方式用于转角杆塔时，虽金具用量较多，却能随线路转角转换悬垂角度，施工方便。

双串耐张绝缘子串，用于经设计计算已超过使用单串绝缘子串所允许的荷载能力或交叉跨越塔位地段。

若将一点悬挂固定方式用于三串耐张绝缘子串如图 9-55 的所示，其明显不足是使用绝缘子串数是单绝缘子串的 3 倍，金具零件数也将成倍增加，同样给检修人员在绝缘子串上操作带来不稳定因素。尤其整条线路均采用该安装方式是不可取的，应将加大一级强度的绝缘子组成双串绝缘子串在线路中进行调控，以期取得较好的设计效果。

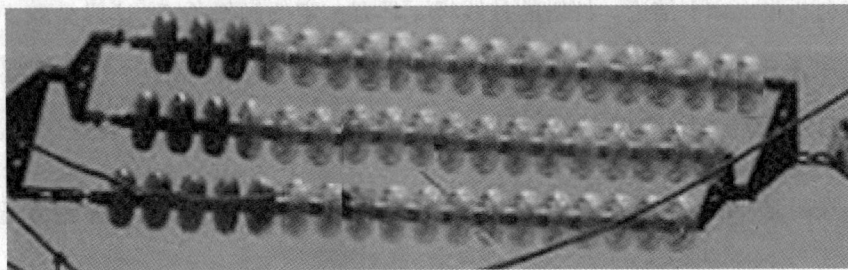

图 9-55 三串耐张绝缘子串（一点悬挂）方式应用图例

2. 耐张或转角绝缘子串两点挂线

对于分裂导线束来说，它的总张力大，为方便施工，通常在塔上选择两点，两点挂线方式，不但金具用量较少，而且即使断一串绝缘子，仍可继续运行。但当用于转角杆塔时，必须将转角外侧的绝缘子加装延长金具，给架线牵引带来困难。另外，该组装方式不仅不能通用，而且应考虑杆塔横担固定点之间距离随转角度数不同进行布置，使得杆塔横担悬挂点复杂化。图 9-56 所示为两串耐张绝缘子串及组装（两点固定）设计图例。

设计考虑两点挂线方式，挂线后在线路转角时为使两串绝缘子串仍能保持一定距离，塔上挂线点的间距 D 应符合表 9-34 要求。

表 9-34   **耐张或转角挂线点间距**

线路转角	0°～30°	30°～60°	60°～90°	简　图
D（mm）	460	500	580	

三串、四串耐张绝缘子串，是当线路遇到特别大档距时，导线张力也很大，采用双耐张绝缘子串不能满足要求时，而采用的高一级强度的绝缘子组装，但它会给运行维护带来不便。

3. 耐张绝缘子串上的作用力计算

耐张绝缘子串挂线后，在挂线点会形成倾斜角，杆塔挂线板受力分析简图如图 9-54 所示。若假定在导线张力 T 的作用下，β 角大于 θ 时，挂线板根部除受拉应力外，还受弯曲应力，则 U 型挂环根部弯矩 M，根据力平衡原理得

$$M = T_0 d\sin(\beta-\theta)\sec\beta \tag{9-14}$$

式中　T_0——导线最低点水平张力。

由式（9-14）可知 $\beta=\theta$ 时，$\sin(\beta-\theta)=0$，$M=0$；当 $\theta=0°$ 时，此时最大弯矩（用 M_{max} 表示）即

$$M_{max} = T_0 d\sin\beta = Wd = (W_V + G_V)d \tag{9-15}$$
$$(W = W_V + G_V)\text{N}$$

式中　W——导线和绝缘子串垂直荷载；

$\quad\quad W_V$——导线垂直荷载，N；

$\quad\quad G_V$——绝缘子串垂直荷载，N。

由上述分析得出如下结论，杆塔的挂线板要具有一定的倾斜角 β，这样会减少其根部的弯矩，一般取 $\beta=\arctan\left(\dfrac{1}{10}\right)=\arctan 0.1$。$\beta$ 一经确定，则为固定值，不可能因导线的倾斜角的变化而自由变动。当 $\beta<\theta$ 时，挂板根部将受到弯矩作用，必须进行验算。

4. 耐张挂线点绝缘子串数

导线挂在耐张杆塔上，耐张绝缘子串应能承受导线的全部张力，其耐张绝缘子串数 n 按下式计算

$$n \geqslant \frac{K_1 T_{max}}{T} = \frac{2T_{max}}{T} \tag{9-16}$$

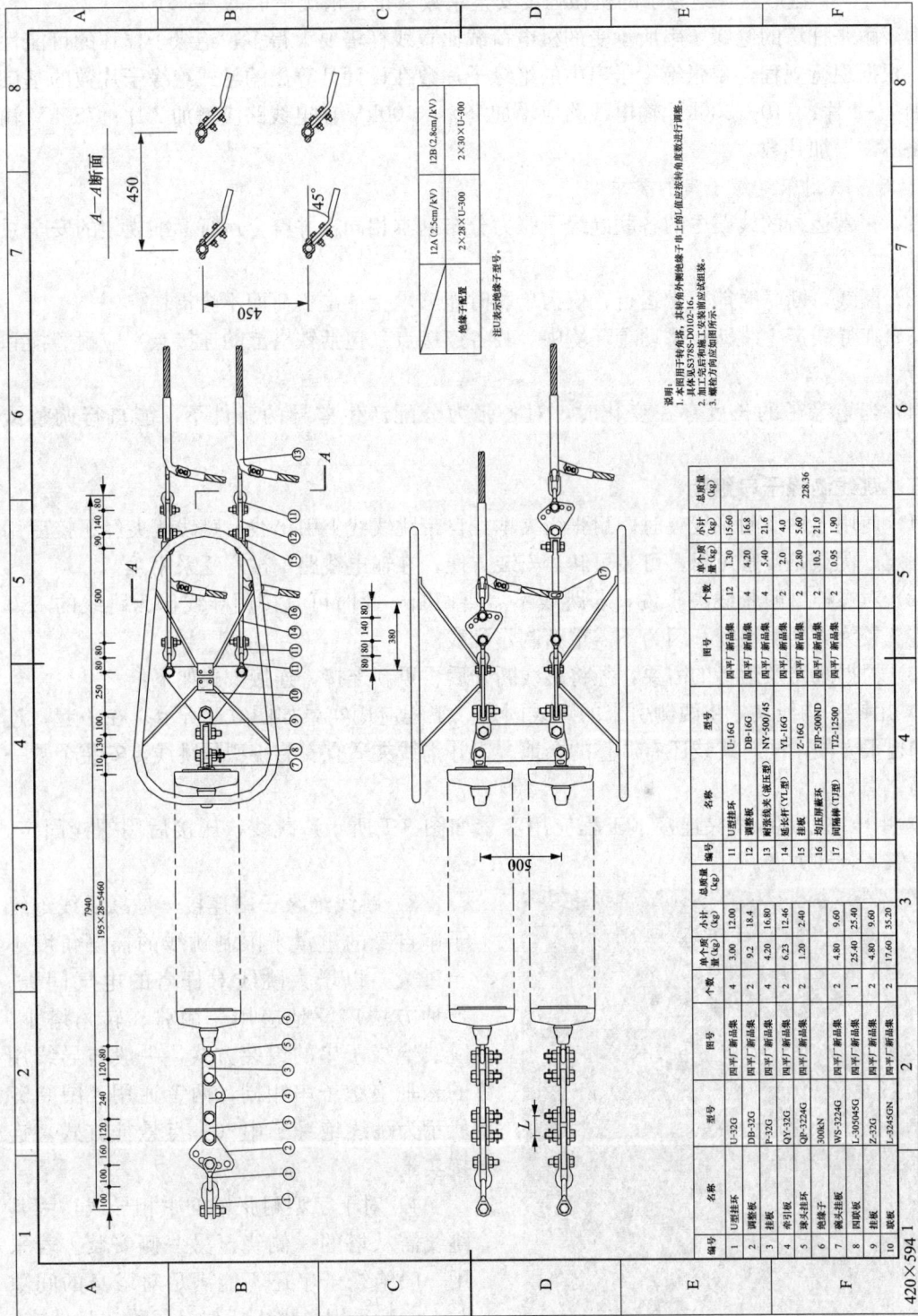

图 9-56 两串耐张绝缘子串及组装（两点固定）设计图

A—A断面

	12A (2.5cm/kV)	12B (2.8cm/kV)
绝缘子配置	2×28×U-300	2×30×U-300

注U表示绝缘子型号。

说明：
1. 本图用于转角杆塔，其转角外侧耐张绝缘子串上的L角应按转角度数进行调整。
   具体见见K5378S-D0102-16。
2. 加工完后和施工安装附应试验装置。
3. 螺栓受力方向应如图所示。

编号	名称	型号	图号	个数	单个质量 (kg)	小计 (kg)	总质量 (kg)
11	U型挂环	U-16G	四平厂新品集	12	1.30	15.60	
12	调整板	DB-16G	四平厂新品集	4	4.20	16.8	
13	耐张线夹（液压型）	NY-500/45	四平厂新品集	4	5.40	21.6	
14	延长杆（YL型）	YL-16G	四平厂新品集	2	2.0	4.0	
15	挂板	Z-16G	四平厂新品集	2	2.80	5.60	
16	均压屏蔽环	FJP-500ND	四平厂新品集	2	10.5	21.0	
17	间隔棒（TJ型）	TJ2-12500	四平厂新品集	2	0.95	1.90	228.36

编号	名称	型号	图号	个数	单个质量 (kg)	小计 (kg)	总质量 (kg)
1	U型挂环	U-32G	四平厂新品集	4	3.00	12.00	
2	调整板	DB-32G	四平厂新品集	2	9.2	18.4	
3	挂板	P-32G	四平厂新品集	4	4.20	16.80	
4	牵引板	QY-32G	四平厂新品集	2	6.23	12.46	
5	接头挂环	QP-3224G	四平厂新品集	2	1.20	2.40	
6	绝缘子	300kN					
7	碗头挂板	WS-3224G	四平厂新品集	2	4.80	9.60	
8	四联板	L-305045G	四平厂新品集	1	25.40	25.40	
9	挂板	Z-32G	四平厂新品集	2	4.80	9.60	
10	脱板	L-3245GN	四平厂新品集	2	17.60	35.20	

420×594

式中　T_{max}——导线使用的最大张力，N；

　　　K_1——盘形悬式绝缘子的机械强度安全系数（正常情况下取 $K_1=2.0$）。

由于耐张杆塔的绝缘子串所承受的机电荷载比直线杆塔要大得多，绝缘子损坏的可能性也大，根据现行规程，耐张绝缘子串中的绝缘子片数在设计计算出的悬式绝缘子片数的基础上增加 1～2 片：110～330kV 输电线路应增加 1 片；500kV 输电线路应增加 2 片；750kV 输电线路不需增加片数。

5. 对多联耐张绝缘子串的要求

（1）正常运行的线路中的各联绝缘子张力分布基本相同，并符合运行标准规定的安全系数要求。

（2）断线、断联时能正常运行，仅为单联时能够承受冲击负荷而不会损坏。

（3）在导线产生跳跃或舞动等环境中，其各连接点（包括铁塔上的连接点）应耐磨损和耐疲劳。

（4）当绝缘子的长度存在变化时，对各张力分配产生差异的条件下，能自行调整或恢复。

五、跳线绝缘子串组装

（1）使用压缩型耐张线夹时，耐张线夹本身自带跳线线夹引出线，跳线线夹经压接后用螺栓固定。优点是接触可靠，可装可卸，安装方便，在输电线路中被广泛采用。

（2）对螺栓型耐张线夹来说，若跳线不需要切断，此时可直接用导线作为跳线的一部分，施工较为方便、快捷，因为不需重新制作跳线。

（3）根据线路及运行的需要，须将跳线断开后再重新连接，连接方式如下：

1）用铝并沟线夹，将两侧引来的跳线固定（工程应用实景如图 3-1 所示）在一起，连接装卸也很方便，同时跳线还有调整的余地。铝并沟线夹适宜安装小型号跳线，安装个数一般以两个为宜。

2）用压缩型跳线线夹连接（工程应用实景如图 3-1 所示）跳线，压接后用螺栓固定，接触可靠，装卸方便。

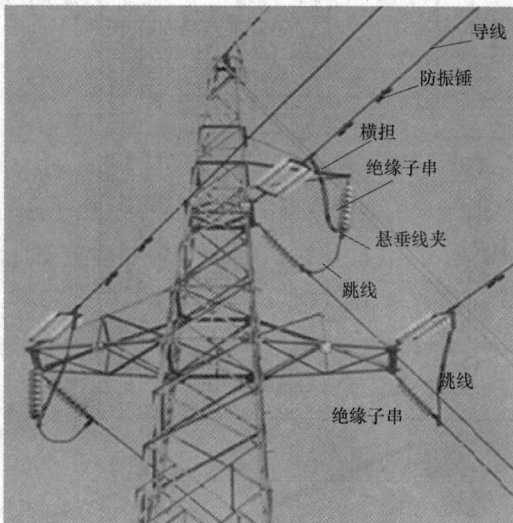

图 9-57　跳线绝缘子串连接实景图

3）跳线绝缘子串连接，是靠跳线绝缘子串自身的重量来限制跳线的摇摆角度不至过大，以增大跳线对杆塔的电气间隙。这种方法广泛地应用于耐张、转角塔上。跳线绝缘子串的组装方式，一般与导线用的悬垂绝缘子串相同，两者通用。图 9-57 所示为跳线绝缘子串（一点悬挂方式）连接实景。

4）对干字型耐张塔的中相导线，因其跳线需从塔的一侧绕至另一侧安装。若采用一般绝缘子串还不能满足对塔身的间隙时，一般采用由跳线托架（俗称扁担线夹）组成的跳线绝缘子串，使跳线远离塔身的方法进行安装。

　　就跳线托架来说，均用角钢做托架，有两种结构：一种将角钢的两端压成弧形，用四个钩型螺栓将跳线固定，如图 9-58（a）所示；另一种仅在托架之下挂两个悬垂线夹，如图 9-58（b）。这两种结构的跳线托架目前均无定型产品，需要时根据工程实际情况自行设计，如已建成的 750kV 刚性跳线长度为 9～13m，1000kV 铝式刚性跳线长度为 14m。

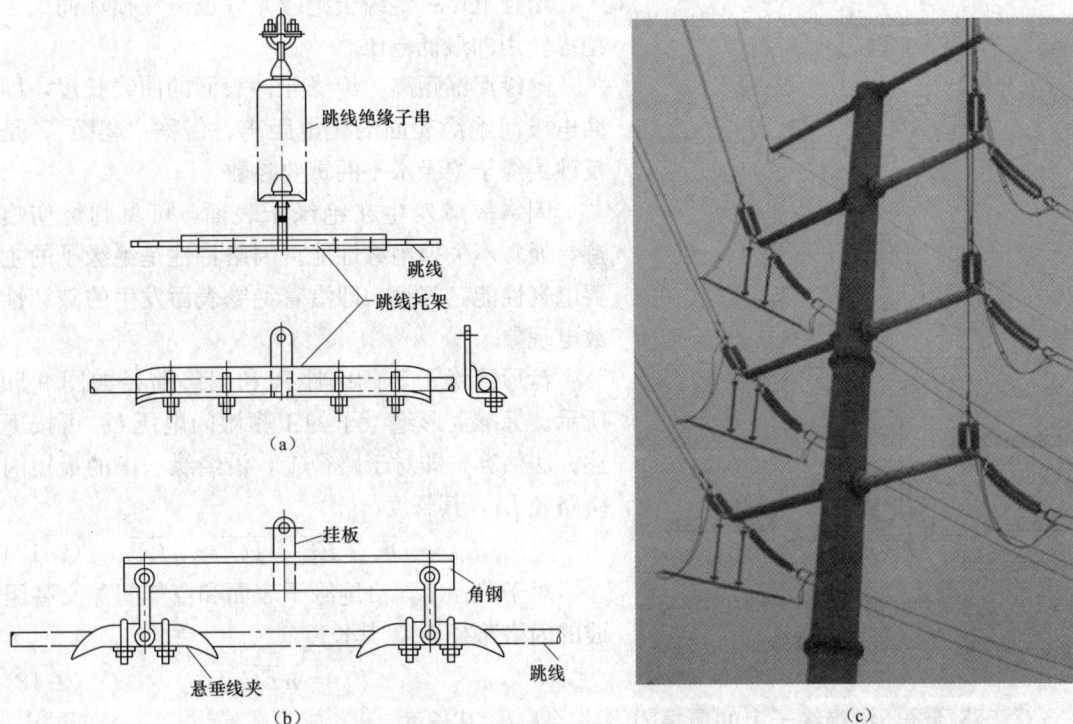

图 9-58　由跳线托架组成的跳线绝缘子串
(a) 装有托架的跳线绝缘子示意图；(b) 跳线绝缘子串托架示意图；
(c) 由跳线托架组成的跳线绝缘子串在运行线路中的安装实景图

第六节　绝缘子的性能分析及其运行与维护简介

一、绝缘子的性能分析

　　输配电线路的绝缘子性能包括机械、电气和热性能。此外，还有耐环境和耐老化等性能。

　　1. 绝缘子的机械性能

　　绝缘子在运行中常受到导线的重力和张力、风力、覆冰重量、绝缘子自重、导线振动、设备操作机械力、短路电动力、地震和其他机械力的作用下，必须有一定的安全强度，以保证线路可靠运行。

　　绝缘子和金具的机械强度安全系数，必须执行 GB 50545—2010 的规定。

　　2. 绝缘子的电气性能故障

　　绝缘子的电气性能常用干闪电压、湿闪电压、击穿电压和绝缘泄漏距离等表示。

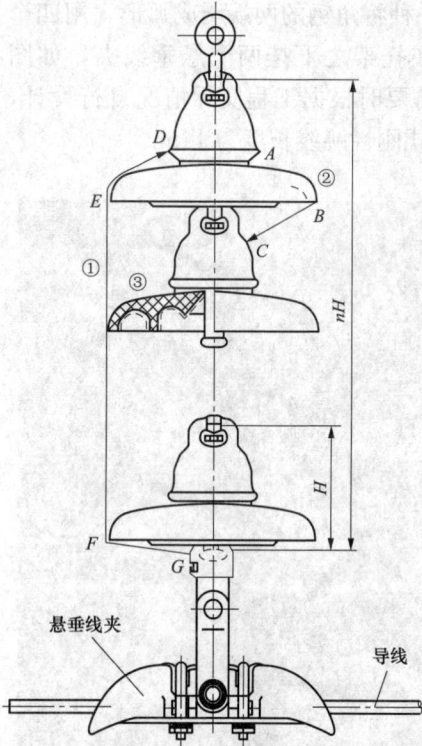

图 9-59　盘形绝缘子串闪络距离和闪络路径
①、②、③—闪络路径

干闪电压：绝缘子表面呈干燥状态时，使其表面闪络所需的最低电压。

湿闪电压：雨水降落方向与水平面呈 45°角淋在绝缘子表面时，使绝缘子闪络的最低电压值。

击穿电压：绝缘子绝缘元件被击穿损坏而失去绝缘作用的最低电压。

绝缘泄漏距离：绝缘元件表面的曲线长度，即两电极间绝缘表面的爬电距离，俗称"爬距"，是反映绝缘子绝缘水平的重要参数。

闪络故障发生在绝缘子表面，可见到烧伤痕迹，通常不失掉绝缘性能。闪络特性是绝缘子的主要电气性能。闪络，即沿着绝缘表面发生的破坏性放电现象。

盘形绝缘子串闪络距离和闪络路径如图 9-59 所示。标准盘形绝缘子的工频湿闪电压 U_S 可按下述方法估算，即对于路径①，沿绝缘子串的最短闪络路径 L_d，其长度

$$L_d = \overline{DE} + \overline{EF} + \overline{FG} = n\overline{BC} \tag{9-17}$$

对于路径②，沿绝缘子表面和空气间隙交替组成的闪络路径 L_g，其长度

$$L_g = n\overline{BC} \tag{9-18}$$

对于路径③，沿绝缘子串的最短闪络路径 L_w，其长度

$$L_W = n\overline{AB} \tag{9-19}$$

此时，工频湿闪电压 U_S（kV）为

$$U_S = 2.76L_a + E_h L_h \tag{9-20}$$

式中　E_h——湿闪部分闪络强度，kV/cm。

式（9-20）中：L_a 的单位为 cm，范围为 $25\sim220$cm；L_h 的单位为 cm，范围为 $30\sim270$cm；当 $L_h > 200$cm 时，可按 $E_h = 2.4L_h^{-0.111}$ 计算。

事实上，线路导线绝缘主要依赖于绝缘子，但因制造缺陷或外界因素的影响，其绝缘性能会不断劣化，绝缘电阻降低或为零（此时称为低值或零值绝缘子）。为保证运行线路的正常运行，线路中的零值绝缘子必须从线路摘除，新建线路被检测出的绝缘电阻降低或为零时的绝缘子也不能使用。

运行经验表明，雾、露、毛毛雨最容易引起绝缘子的污秽闪络，其中雾的威胁性最大。露是空气中水分在温度低于周围空气时绝缘子上的冷凝物，和雾一样，也能使绝缘子上下表面都湿润而造成绝缘子的污秽闪络。

绝缘子的电气故障，除闪络故障外，还会发生击穿故障。

图 9-60 所示为某些运行线路中瓷质绝缘子钢脚、钢帽、伞裙被雷击烧伤的实景图。图 9-61 所示为某运行线路中玻璃绝缘子遭受雷击电弧烧伤的实景图。

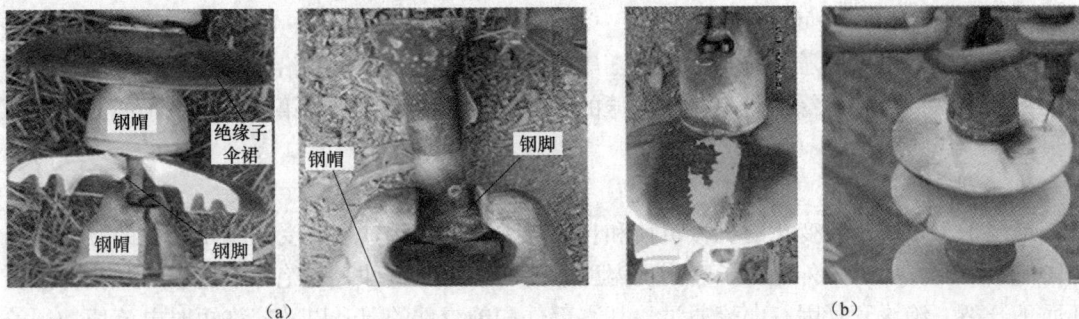

图 9-60 瓷质绝缘子钢脚、钢帽、伞裙被雷击烧伤的实景图

（a）绝缘子钢脚、钢帽及伞裙雷击烧伤；（b）绝缘子伞裙雷击烧伤

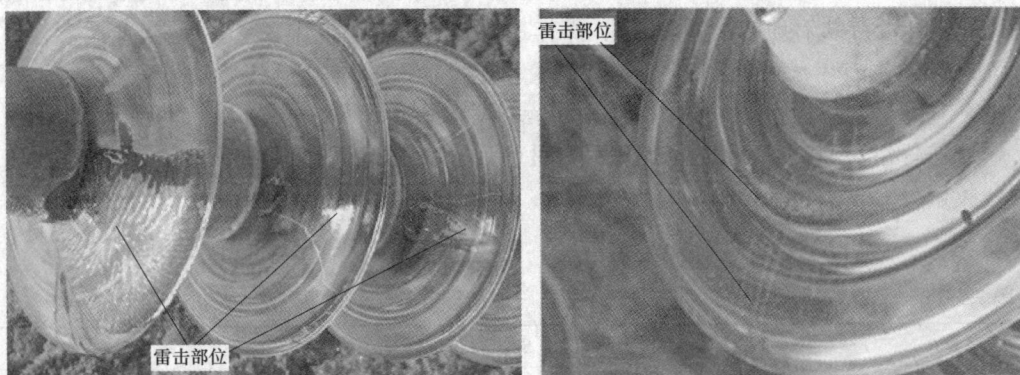

图 9-61 某运行线路中玻璃绝缘子遭受雷击电弧烧伤的实景图

3. 绝缘子串的电压分布常识简介

悬挂在输电线路杆塔上的绝缘子串的组装示意及等效电路如图 9-62 表示：S_1 表示每隔一个绝缘子的几何间隙，S_2 表示相隔两个绝缘子的间隙，依此类推，S_i 表示相隔 i 个绝缘

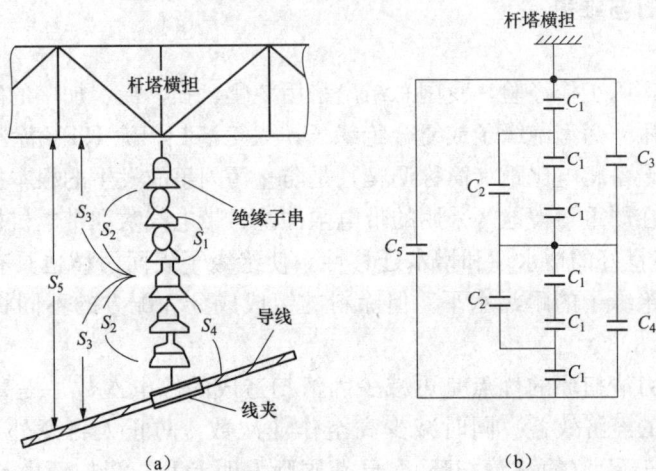

图 9-62 绝缘子串的组装示意图及等效电路图

（a）绝缘子串的组装示意图；（b）等效电路图

子的间隙。若假定这些间隙（S_1，S_2，…，S_i）的电容分别为 C_1，C_2，…，C_i，由于这些电容的存在，使沿串电压的分布不均且随串长的增加而上升。这些沿串分布电压一般可用实测的方法求得。由于绝缘子沿串分布电压的不均匀性，靠近导线的第一只绝缘子的分布电压为最高。

4. 热性能

绝缘子不仅要受到变化的机械负荷和自然界大气的作用，还要受到急剧变化的冷热气温的影响。因此，要求户外绝缘子有耐受温度急变的能力。例如，瓷绝缘子要求经几次冷热循环而不开裂。绝缘套管因有电流通过，其零部件和绝缘件的温升以及容许短时电流值均须符合有关标准的规定。

5. 绝缘强度

绝缘材料在电场作用下不被击穿的耐受电压的能力，称为绝缘强度。该耐受电压的能力包括工频电压（导线对地的最高电压）、操作过电压和雷电过电压。

6. 抗电晕、抗无线电干扰

（1）330kV 及以上线路的绝缘子串及金具应考虑均压和防电晕措施。有特殊要求需要另行研制非标准金具时，经试验合格后方可使用。海拔不超过 1000m 时，距输电线路边相导线投影外 20m、离地 2m 高且频率为 0.5MHz 时的无线电干扰限值应符合表 9-35 的规定。

表 9-35   无 线 电 干 扰 限 值

标称电压（kV）	110	220～330	500	750
干扰限值（dB，$\mu V/m$）	46	53	55	58

当电压升到一定的时候，将会产生电晕放电，这种电晕放电会对无线电产生干扰，因而绝缘子必须防电晕产生。

（2）海拔不超过 1000m 时，距输电线路边相导线投影外 20m 处，湿导线条件下的可听噪声限值，对标称电压 110～750kV 的线路其可听噪声限值为 55dB（A）。

二、绝缘子运行与维护

1. 防止污闪

经过多年的防污闪工作经验，我国总结出采用"爬、扫、涂、加"的防污闪方法：调整设备爬电比距，采用防污型绝缘子或复合绝缘子；人工清扫；涂 RTV 涂料；安装绝缘子风力清扫环。而调整设备爬电比距（简称调爬）是防止污闪事故发生的根本措施。

人工清扫，是在严重污秽地区采用的带电水冲洗、带电气吹和带电机械干清扫等方法。

RTV 涂料具有良好的憎水性和憎水迁移性，使绝缘子表面污秽也具有憎水性、不易受潮溶解，从而提高绝缘子的耐污水平。但涂料的组成成分和配方的不同将影响涂料的性能指标。

安装绝缘子风力清扫环的优点是可减少因清扫造成的停电次数，提高供电量及安全保障，增加供电企业的经济效益。同时减少高空作业次数，防止人身意外伤亡事故的发生。"QSH-25/60 型清扫环"（简称清扫环），已获国际发明专利。清扫环由绝缘环、风力推动碗、刮板等部件组成。在自然风力作用下，清扫环在绝缘子表面旋转，刮、扫表面污垢，防止污闪发生。清扫环在旋转时发出声响，有驱鸟防害的功效。

图 9-63 所示为风力清扫环结构及其在绝缘子上的安装图。

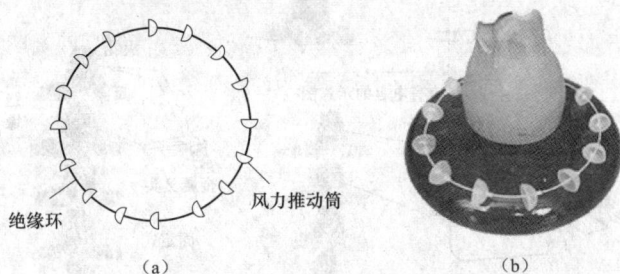

图 9-63　风力清扫环及安装图
(a) QSH-25/60 型风力清扫环结构图；(b) 安装图

为了解决原有瓷绝缘子爬电距离不够及耐污闪能力差的问题，在普通绝缘子钢帽上加装一个外表面覆盖硅橡胶的金属环片（如图 9-64 所示），外径约为绝缘子盘径的 2/3，主要用于 10～500kV 变电站的支柱、开关、断路器、避雷器、电压（电流）互感器等瓷套，增加其爬距，增强耐污闪能力，从而达到提高其耐污力的目的。

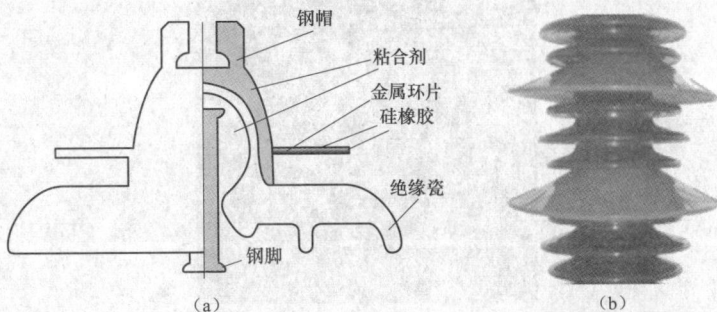

图 9-64　普通绝缘子钢帽上加装硅橡胶的金属环片
(a) 基本设计结构；(b) 实物图

2. 绝缘子性能的测试及其在线监测

(1) 测试绝缘子的绝缘性能。绝缘子长年运行在各种气候条件下，而且受到交流电压和机械的作用，因而瓷质部分渐渐老化，绝缘性能降低直至失去绝缘。因此，应定期检测其绝缘子的绝缘性能，发现绝缘严重降低的或完全失去绝缘性能的绝缘子及时更换，以保证线路有足够的绝缘水平。测试绝缘子的绝缘性能，可用绝缘子检测器（串有可调式或固定式间隙），如图 9-65 所示。

(2) 绝缘子在线监测。变电站和输电线路中的绝缘子长期运行在强电磁场、强机械应力、外界侵蚀、骤冷骤热等恶劣环境中，绝缘子易出现表面积污、内部裂隙、表面破损、阻抗降低、老化等多种安全隐患，严重威胁电力系统的安全运行。据统计由于污秽而引起的绝缘子闪络事故的次数，在目前电网总事故中居第二位，仅次于雷害事故，而闪络事故的损失却是雷害事故的 10 倍。闪络事故涉及面广、停电时间长、经济损失大，是电网安全发、供电的一大威胁。而传统的检测方法须到现场逐个、逐段进行检测，耗费大量的人力、物力、财力，但这样仍无法杜绝事故的发生。

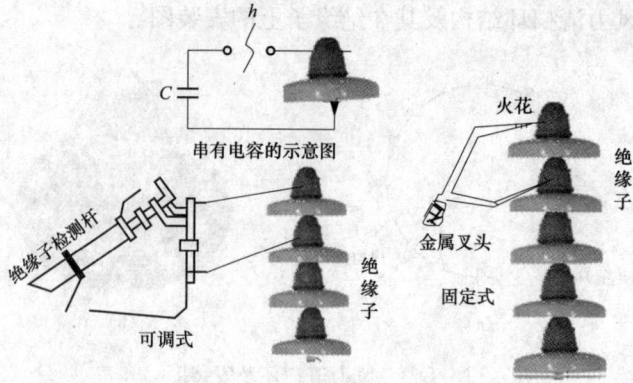

图 9-65 可调式及固定式间隙检测器

计算机技术、新能源技术、通信技术、强电磁场环境下微电量采集技术的迅猛发展，为在线监测领域的研究提供了可靠的技术保障。图 9-66 所示为绝缘子在线监测实景。

图 9-66 绝缘子在线监测实景图

参 考 文 献

[1] 董吉谔. 电力金具手册. 3 版. 北京：中国电力出版社，2010.

[2] 国家电力公司东北电力设计院，张殿生. 电力工程高压送电线路设计手册. 2 版. 北京：中国电力出版社，2008.

[3] 浙江省电力公司. 输电线路绝缘子运行技术手册. 北京：中国电力出版社，2003.

[4] 中国电器工业协会《输配电设备手册》编辑委员会. 输配电设备手册. 北京：机械工业出版社，2000.

[5] 刘振亚. 特高压电网. 北京：中国经济出版社，2005.

[6] 山西省电力公司晋城供电分公司. 线路运行与检修 1000 问. 北京：中国电力出版社，2003.

[7] 黄伟中，赵君虎，黄爱华. 大跨越工程悬垂线夹型式选择. 电力金具，2005（2）：1-8.